匡时 新方法系列

稀疏表示学习理论与应用

田 博 朱鹏程 杨 磊 著

SPARSE REPRESENTATION LEARNING THEORY AND APPLICATIONS

上海财经大学出版社

图书在版编目(CIP)数据

稀疏表示学习理论与应用 / 田博,朱鹏程,杨磊著. —上海:上海财经大学出版社,2023.11

(匡时·新方法系列)

ISBN 978-7-5642-4205-3/F·4205

Ⅰ.①稀… Ⅱ.①田…②朱…③杨… Ⅲ.①计算机-图像信息处理-研究 Ⅳ.①TN911.73

中国国家版本馆 CIP 数据核字(2023)第 122371 号

本书由"上海财经大学中央高校双一流引导专项资金"和"中央高校基本科研业务费"资助出版。

责任编辑:徐 超
封面设计:贺加贝

稀疏表示学习理论与应用

著 作 者:田 博 朱鹏程 杨 磊 著
出版发行:上海财经大学出版社有限公司
地　　址:上海市中山北一路 369 号(邮编 200083)
网　　址:http://www.sufep.com
经　　销:全国新华书店
印刷装订:上海华业装璜印刷厂有限公司
开　　本:787mm×1092mm 1/16
印　　张:17.25(插页:2)
字　　数:337 千字
版　　次:2023 年 11 月第 1 版
印　　次:2023 年 11 月第 1 次印刷
定　　价:88.00 元

前　言

2006年，在稀疏表示理论和信号逼近算法的基础上，多诺霍（Donoho）、坎迪斯（Candes）、龙伯格（Romberg）和陶哲轩（Tao）等提出了一种新的信号处理方式，即压缩感知（compressive sensing，CS）理论。压缩感知理论突破了香农（Shannon）采样定理的限制，打开了信号处理的新局面，与传统的信号采样方式不同，采样的同时就去除了数据间的相关性，达到了压缩的目的。近些年来围绕压缩感知理论的研究，主要集中在下面三方面：（1）寻找适合的信号稀疏变换；（2）构造满足有限等距性质（restricted isometry property，RIP）的观测矩阵；(3)设计高效而又鲁棒的信号重构算法。信号稀疏性是压缩感知理论精确地重构原始信号的先验基础；测量矩阵设计的好坏关系着信号重要信息的获取与否，而能否精确地重构原始信号关系着压缩感知理论是否切实可行。

本书概述了信号稀疏性与压缩感知的关系，阐述了压缩感知的前提条件、压缩感知的数学表达、压缩感知的重构过程；分析了稀疏的概念、稀疏表示主要模型与理论；介绍了稀疏表示相关的信号变换方法，包括小波变换、脊波变换及曲波变换，分析了空间超完备基的稀疏表示。

理论分析方面，介绍了信号重构的确定性和概率性证明，对 L_0 范数优化问题（P_0）和 L_1 范数问题（P_1）解的唯一性进行证明；证明了稀疏随机矩阵的有限等距性质。介绍了稀疏表示理论字典学习方法，字典学习的目标是学习一个过完备字典，从字典中选择少数的字典原子，通过对所选择的字典原子的线性组合来近似表示给定的原始信号；介绍了 LASSO 模型和 Dantzig 选择器，以及稀疏贝叶斯分类模型。

计算方法方面，分析了稀疏表示模型中的主要数值计算方法，包括次梯度优化方法、交替方向乘子法、近端线性化近似方法、坐标下降法、阈值迭代方法及其改进算法等；介绍了稀疏表示学习中 L_2 优化平滑方法。

实际应用方面，分析了稀疏表示理论与子空间结合的稀疏子空间聚类方法、稀疏人脸识别与检测算法、RPCA 全变分运动检测方法、稀疏约束条件下的非负矩阵分解方法及其在复杂网络社区发现中的应用。

对于可以稀疏表示的信号，压缩感知理论用一个观测矩阵将变换后的高维信号聚类到低维空间再重构。理论上只要发现相应的稀疏表示空间是可压缩的，就可以压缩任何信号。稀疏表示与压缩感知理论业已成熟。由于作者水平和精力有限，本书没有涉及动态稀疏理论、稀疏—低秩理论等内容，这些也是稀疏表示理论的重要研究内容和发展方向。

本书是在作者多年教学和科研基础上编写而成。本书出版过程中得到上海财经大学信息工程与管理学院和上海大学自动化系的支持。感谢上海大学机自学院人工智能研究中心提供良好的科研环境，感谢上海大学模式识别相关课程各级同学参与讨论。2018—2022 级硕士学位课程“控制中的数学基础”、文献阅读课“数字图像处理”等研究生提供了相关内容材料搜集和程序编写工作；研究生庞芳参与相关研究工作，刘文龙、张铁刚等进行了部分后期文字编辑、程序验证等。本书是老师们与同学们共同劳动的结果。本书参考了国内外信号处理、小波分析、稀疏表示理论、模式识别、数字图像处理与计算机视觉、人工智能以及机器学习方面的期刊、图书等资料，对所引用文献的作者表示感谢。由于本书内容涉及面较广，作者一般采用直接引用，成熟理论采用间接引用方式，在章节起始注明参考出处。作者文责自负。感谢上海财经大学出版社立项出版。

大音稀声，既是东方自然智慧，也是稀疏表示理论的思想起源。本书思路起于十年前课堂接触到信号稀疏分析，内容选取成熟于近五年相关课程教学，执笔于疫情闭门在家三年敲字演算，付梓于疫情后的春夏之交。时光如斯，本书既是对过去近十年工作的总结，也是作者在该领域中的些许想法。稀疏表示理论内容丰富、发展迅速，应用广泛。由于编者水平有限、编写时间较短及作者个人选题偏好，书中难免存在不足和错误之处，敬请读者批评指正。

2023 年 4 月

目　录

第 1 章　稀疏表示与压缩感知概述

本章介绍稀疏与压缩感知理论的研究背景、发展、信号稀疏表示概况，以及压缩感知理论的主要研究内容及其与信号稀疏性的关系。

1.1　稀疏性实例

1.1.1　奥卡姆剃刀定律与帕累托原理

在 14 世纪，逻辑学家奥卡姆的威廉就提出了“奥卡姆剃刀定律”，该原理可以表述为“简单有效原理”。帕累托原理是指世界上充满了不平衡性，比如 20%的人口拥有 80%的财富，20%的员工创造了 80%的价值，80%的收入来自 20%的商品，80%的利润来自 20%的顾客，等等。这种不平衡关系就是帕累托发现的二八法则。该法则认为，资源总会自我调整，以求将工作量减到最少。抓好起主要作用的 20%的问题，其他 80%的问题就迎刃而解了。所以，在工作中要学会抓住关键的少数，要用 20%的精力付出获取 80%的回报。因此，这种法则又叫省力法则。因此，起作用的元素在整个集合中所占的比例具有稀疏性。

1.1.2　投资市场区间交易与价格跳跃

股票价格的跳跃性特征指股票价格运动具有的以较短的交易时间完成较大的运动距离的特性。其最突出的市场表现：一是运动的突发性特征(包括运动的起始与终结)；二是运动的急速性特征。股价运动跳跃时的急速性使股价的跳跃速度能够超越市场绝大多数投资人的反应时间。当投资者以进出场时机的判定为投资的基本原则时，如果他不能成功地捕捉到价格运动的跳跃过程，则他的总投资效益几乎必然以亏损结局。而股价跳跃时的突发性和急速性使投资人很难捕捉到各次的股价跳动。同时，股票价格运动的跳跃性对长期持有投资战略的投资人也具有极大的杀伤力。如果长期持有投资战略投资人的股票持有时间正好错开了股票价格运动的跳跃区间，则其长期持有的投资效益将被极大地削弱甚至可能以亏损结局。因此，股票价格大幅波动具有稀疏特性。

1.1.3　单像素相机成像

美国莱思(Rice)大学利用数字微镜阵列和单一信号光子检测器研制出单像素相机。随后，杜克(Duke)大学研制出了压缩感知多光谱成像相机。压缩感知(compressive sensing,CS)为成像系统提供了新的思路，已成功应用于光谱成像、雷达成像和医疗成像等领域[1-9]。在雷达成像方面，压缩感知理论将成像重点由传统的设计昂贵的接收端硬件转化为设计新颖的信号恢复算法，从而简化了成像系统。将压缩感知理论应用到 SAR 图像数据获取上，采用基于压缩感知理论的 ISAR 成像算法，可解决海量数据采集和存储问题，显著降低了卫星图像处理的计算代价。在医学成像方面，提出了压缩感知三维磁共振波谱成像。压缩感知理论通过少量的采样数据进行 MRI 图像的重建，将基于傅里叶算法的凸优化扩展到非凸问题，结合变量分裂和布雷格曼(Bregman)迭代方法以及 p 收缩算子，在重建性能和计算复杂度之间找到平衡。

1.1.4　图像融合与图像压缩

在图像融合方面，从低分辨全色图像中构建一个与高分辨图像相关联的字典，然后通过求解 L_1 范数最小化的优化问题找到采样域主要样本在低分辨图像块的稀疏表示[10-12]。压缩感知理论认为高分辨图像应该具有和稀疏表示相同的形式，这样便可以将稀疏表示和高分辨图像的主成分联系起来生成高分辨融合图像。在图像压缩方面，结合在图像压缩中用到的经典的局部 DCT 变换以及在全局 noiselet 域测量，提出了基于压缩感知的图像压缩框架，如首先利用二维轮廓线模型拉普拉斯(Laplace)算子的特征向量构造了一组基，二维轮廓线模型的几何结构在这组基下可以被稀疏表达，利用随机矩阵对二维轮廓线模型的几何结构抽样，完成压缩。恢复过程中，通过最优化 L_1 范数，实现几何信号恢复[6-9]。

在无线通信领域，信道估计是其中的一个主要应用。压缩感知区别于传统的信道估计方法，充分利用了无线信道的稀疏性。在同样条件下，能够获得较好的信道估计值。此外，压缩感知理论在信息压缩、计算机视觉与模式识别、生物感知、无线传感网络、图像采集设备的开发、机器学习及图像处理等多方面已有研究和应用[13-21]。许多实际信号本身具有稀疏性或通过某种变换进行稀疏表示(称之为可压缩信号)，压缩感知理论将有广泛的应用和发展前景。

1.2　稀疏表示的研究背景

21 世纪初“压缩感知”在信息科学掀起一场“革命”。“压缩感知”利用信号的稀疏特性，用低于甚至远低于奈奎斯特(Nyquist)采样率获取信号离散样本，通过高性能的优化算法重建信号。传统信号处理理论框架下，采样频率必须大于或者等于信号带宽的两倍，才能够无失真地重构出原始信号[1]。此外，若硬件设备达不到高带宽的要求，将会使信号产生一定的失真。在传统的图像处理系统中，通过高采样率获取的数据包含大量的冗余数据。为便于存储和传输，要对传感器阵列获取的数据进行压缩，即通过对图像进行某种变换(如傅里叶变换、余弦变换、小波变换等)，将图像的信息尽可能地集中在较少的参数上，从而最大限度地去除原始图像数据中的相关性。在这个过程中大量数据被丢弃了，只保留了小部分包含原图像重要信息的数据，接着再把这些数据进行存储或者送入信道进行传输，最后在接收端对接收到的图像数据进行解压缩以及逆变换，便得到了原始图像。整个过程中图像的采样和压缩是分开来进行的，隔离了二者之间的相关性，压缩后获得的数据只占了很小一部分的比例。另外，这一小部分重要数据的位置随着信号的不同而不同，因此需要分配额外的空间存储这些位置。整个过程不仅浪费了时间，而且浪费了带宽和存储空间。2006 年，在稀疏表示理论和信号逼近算法的基础上，多诺霍(Donoho)、坎迪斯(Candes)、龙伯格(Romberg)和陶哲轩(Tao)等人正式提出了一种新的信号处理方式，即为压缩感知理论[2-6]。之后迅速引起了许多领域的学者的广泛关注。2007 年，该理论获得了美国麻省理工学院评出的十大科技奖之一。压缩感知理论对信号的采样不依赖于信号的带宽，而是取决于信息在信号中的分布及内容，从而突破了奈奎斯特采样定理的限制，打开了信号处理的新局面。

压缩感知理论的关键之处在于实现了信号采样和数据压缩的结合，即对信号采样的同时也实现了压缩信号的目的，以远低于奈奎斯特所要求的采样率对信号采样。如果图像本身是稀疏的或者经过某种变换后是稀疏的，那么就可以脱离奈奎斯特采样定律的限制，通过压缩的形式来直接获取数据，也即是用一个观测矩阵(要求该矩阵与信号的稀疏变换基是不相关的)将原始的高维图像信号投影到一个低维的空间里，然后联合最优化求解方法和稀疏性的先验知识以高概率精确重构出原始的图像。在新的信号处理模式下，采样频率不再被信号带宽的大小所决定，而是与测量矩阵和稀疏变换基的不相关程度、信号的稀疏程度等因素有关。压缩感知是对信号信息的采样，与传统对信号的采样方式不同，采样的同时就去除了数据间的相关性，达到了压缩的目的。

1.3　信号稀疏表示的发展

自然界大多数信号具有一定的结构性，结构性信号的自由度要远低于信号本身的维度。海量数据的典型特征是信息冗余，也就是说海量数据仅携带非常有限的信息量，我们用稀疏来描述这个特性。稀疏表示是节省性原则在现代统计学、机器学习与信号处理领域的特殊体现。在信号处理领域，由于观测成本或者其他方面的限制，需要从数量较少的观测中对未观测高维信号进行精准表示或复原。当仅有少量变量为真正重要的变量时，真实解可以很好地由稀疏向量来近似。或者说，如果信号是稀疏的，或具有某种恰当的结构，则可以在表示方面具有可利用的特性。目前信号稀疏表示的主要研究内容包括稀疏表示模型建模、模型求解方法、稀疏表示性能分析、模型参数选择、超完备字典设计以及稀疏表示应用等方面。下面是稀疏表示的主要发展过程。

稀疏的概念最早可以追溯到著名的普罗尼(Prony)方法：在噪声干扰情况下从稀疏复指数函数的线性组合中估计复指数参数的方法。后来，法国数学家拉普拉斯在1809年提出了“L_1－范数测度”，将稀疏性的概念引入了线性代数领域。在20世纪末，美国斯坦福大学的蒂施莱尼(Tibshirani)等和陈(Chen，音译)等分别从机器学习和信号处理的角度几乎同时提出了L_1正则化的稀疏线性模型，揭示了稀疏性在信号表征中的重要作用[1-3]。

1959年，休布尔(Hubel)等研究猫的简单细胞感受，发现位于主观视觉皮层V1区的细胞能够对视觉信息进行稀疏表示，由此稀疏性引起学者广泛关注。1993年，马拉特(Mallat)提出字典的概念，并阐述了超完备字典的概念，同时提出了匹配追踪方法(matching pursuit，MP)，开启了求解稀疏表示结果的算法研究领域[7-8]。之后，帕蒂(Pati)提出了正交匹配追踪方法(orthogonal matching pursuit，OMP)，在正交匹配追踪中，残差总是与已经选择过的原子正交[9]。这意味着一个原子不会被选择两次，结果会在有限的几步收敛。因此，相比MP算法收敛速度更快，从而形成了贪婪类追踪算法的主要内容。1995年，多诺霍与陈提出了基追踪(basis pursuit，BP)方法，之后研究认为BP问题可以转化为线性规划问题，可利用现有的高效、成熟的方法进行求解[8]。1999年，恩甘(Engan)提出最优方向MOD方法，字典更新方式简单，但收敛速度较慢[2]；2006年，埃拉德(Elad)提出了K－SVD方法，相比MOD方法，收敛速度提高，但在图像处理中，受噪声影响会丢失部分细节，产生模糊效果[1]。2004年，多诺霍证明了如果字典满足某种条件，那么L_0范数优化问题具有唯一解[9]。2006年，陶哲轩与坎迪斯证明在有限等距性质(restricted isometry property,RIP)条件下,L_0 范数最小化与 L_1 范数最小化问题等价。2006 年,压缩感知理论由美国科学院院士多诺霍正式提出,这篇题为《压缩感知》(*Compressed Sensing*)的文章用大量实验证明其在信号处理方面的广阔应用前景[13]。随后,坎迪斯等证明了如果一个信号在某个变换域中是稀疏的,那么可将其投影到另外一个不相关的低维基上,并据此重建信号[14−21]。

1.4　信号稀疏表示概述

信号表征的基本任务是描述信号组成的基本要素,揭示信号组织和生成方式。离散余弦变换和小波变换等经典信号表征方法已经在信号、图像、视频分析等领域发挥着重要作用,但它们的不足之处是不能揭示信号深层次的组织和生成方式,仅仅只能描述信号的基本要素和简单线性组织方法。另外,经典信号表征方法没有办法对特定应用(如指纹和脑信号等)的信号特征进行有效表征。在统计学习和机器学习的驱动下,尤其是深度学习的驱动下,从数据中学习信号特征的表征方法开始崭露头角,信号表征进入了深度表征的时代。深度表征与传统的信号表征方式不同之处在于,它以信息深度组织方式的形式进行表征。并且将信号表征和类别认知结合在一起,这样更具有结构性和更适合完成特定任务的需求。图 1—1 是一些常用的信号表征方法[4]。

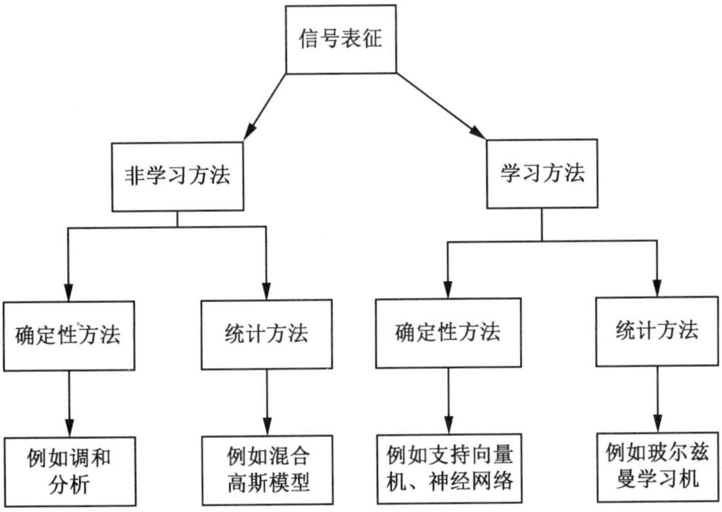

图 1—1　信号表征的一些方法

1.4.1　稀疏表示

稀疏表示是通过一字典将原信号表示成少数几个字典原子线性组合与误差之和的形式：

$$\boldsymbol{y}=\boldsymbol{A}\boldsymbol{x}+\boldsymbol{\varepsilon} \tag{1-1}$$

式中，$\boldsymbol{y}$ 是原始信号，$\boldsymbol{A}$ 是字典，$\boldsymbol{x}$ 是信号 $\boldsymbol{y}$ 在字典 $\boldsymbol{A}$ 上的稀疏线性组合，也称为稀疏编码，$\boldsymbol{\varepsilon}$ 表示误差。

稀疏表示的基本功能就是在字典 $\boldsymbol{A}$ 上以尽可能稀疏的方式对原始信号 $\boldsymbol{y}$ 的重构，也就是说使得误差 $\boldsymbol{\varepsilon}$ 尽可能小，公式化描述为

$$\begin{cases}\min\|\boldsymbol{x}\|_0 \\ \text{s. t. } \boldsymbol{y}=\boldsymbol{A}\boldsymbol{x}\end{cases} \tag{1-2}$$

为了得到字典，考虑多个样本在字典 $\boldsymbol{A}$ 上的稀疏表示，假设将稀疏参数 T 固定，寻找字典 $\boldsymbol{A}$ 就变成最优化问题

$$\begin{cases}\operatorname{argmin}\|\boldsymbol{y}-\boldsymbol{A}\boldsymbol{x}\|_2^2 \\ \text{s. t. } \min\|\boldsymbol{x}\|_0\leqslant T\end{cases} \tag{1-3}$$

式中，T 是一个常数，用于设置编码的稀疏度，该值越小，则稀疏编码越稀疏。

L_0 范数求解是 NP 难问题，为了解决 L_0 范数求解难的问题，将稀疏表示的正则项用 L_1 范数替换原来 L_0 范数，使得算法用如下线性规划的方法来求解，大大降低了计算难度：

$$\begin{cases}\operatorname{argmin}\|\boldsymbol{y}-\boldsymbol{A}\boldsymbol{x}\|_2^2 \\ \text{s. t. } \|\boldsymbol{x}_i\|_1\leqslant T\end{cases} \tag{1-4}$$

L_0、L_1、L_2 以及各种不同形式的范数的数学定义在第 2 章具体给出。以图像为例，图像在小波域的表示系数中只有少部分较大值，大量系数值都很小，满足压缩感知理论的稀疏性前提。但是，图中边缘处却集中了较大的值，因此不是最佳的稀疏表示，只有找到最佳稀疏域，才能最简洁有效地表示原始信息。图像内容的稀疏表示为后续的图像处理(如图像去噪、复原和特征提取等)研究提供了便利。而通常自然图像具有丰富的几何及纹理特征，这就要求稀疏表示字典中的原子要具备不同的表征能力，能够匹配图像的各种成分信息。因此，图像稀疏表示字典的设计成了图像稀疏表示的关键问题。此外，针对不同的应用，目标函数往往具有多种约束形式，如梯度稀疏性和光滑性约束等。因此，针对不同稀疏正则项的约束，求解最佳稀疏表示系数，也是一个需要研究的重要问题。

1.4.2　稀疏表示字典

稀疏表示字典的性能决定其稀疏表示的程度，字典中原子与图像的结构越匹配就越易形成稀疏表示。傅里叶字典能很好地表示平稳信号，多分辨时频分析小波字典对一维非平稳信号具有最优逼近性能，能有效表示图像中各向同性的点状结构，但其不具备方向敏感性，不能有效地表示图像中各向异性结构如边缘和轮廓等[1]。针对图像中局部结构的几何正则性，出现一系列多尺度几何分析方法（multiscale geometric analysis，MGA）[2-3]。MGA 具有更高的方向分辨率，且各向异性，能有效地表示图像中的高维空间结构。现有的正交系统与 MGA 不足以表示包含多种形态结构成分的复杂自然图像。如局部余弦字典能够有效匹配纹理结构却不能稀疏表示边缘轮廓结构。高斯函数及其二阶导数作为原子的生成函数构造各向异性强化高斯（anisotropic refinement-Gaussian，AR-Gauss）混合字典，能够有效匹配边缘轮廓结构，但不能有效匹配震荡的纹理样式[4-5]。于是，研究者通过组合正交基或学习方法增加原子的个数与结构种类数，得到能表示图像中不同形态的局部几何结构的超完备字典，增强表示的稳健性，降低对噪声与误差的敏感性，如把变换基是正交基的条件扩展到由多个正交基构成的正交基字典。对于图像卡通纹理模型，可建立相应的加博尔（Gabor）感知多成分字典（multi-component Gaborperception dictionary，McGP），能有效表示图像平滑、边缘轮廓及纹理等多种几何结构[5]。还有学者通过学习算法，如 K-SVD、在线学习等构造超完备字典，这种字典对于特定类型的图像如人脸和指纹等通常可产生更为稀疏的表示[9-12]。

1.5　压缩感知理论

压缩感知理论主要包括三部分：信号的稀疏表示；设计测量矩阵，在降低维数的同时保证原始信号 $\boldsymbol{x}$ 的信息损失最小；设计信号恢复算法，利用 M 个观测值无失真地恢复出长度为 N 的原始信号[13-21]。只要信号是可压缩的或在某个变换域是稀疏的，那么就可以用一个与变换基不相关的观测矩阵将变换所得高维信号投影到一个低维空间上，然后通过求解一个优化问题就可以从这些少量的投影中以高概率重构出原信号，可以证明这样的投影包含了重构信号的足够信息。在该理论框架下，采样速率不再取决于信号的带宽，而在很大程度上取决于两个基本准则：稀疏性和非相关性，或者稀疏性和等距约束性。

1.5.1　压缩感知

压缩感知采样过程中，信号采样和压缩步骤被合并，这种步骤整合使得采集得到的压缩测量数据量被大大压缩，而通过重构算法可以无损还原原始数据。压缩感知还原所需的测量量远低于按照传统奈奎斯特采样得到的数据量，实现数据信号有效采集。压缩感知理论框架如图 1—2 所示。

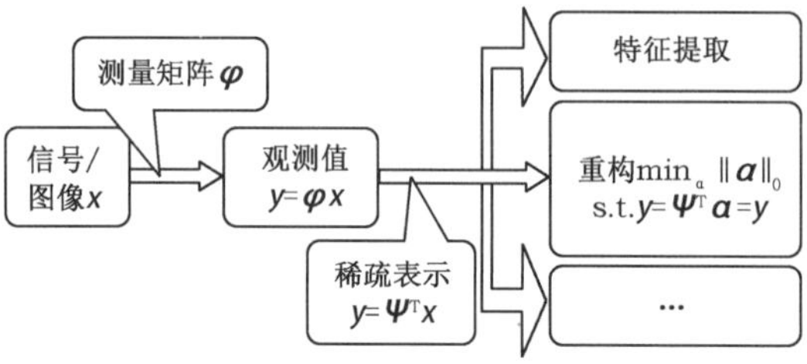

图 1—2　压缩感知理论框架

图 1—3 是压缩采样数学模型。已知测量矩阵为 $\boldsymbol{\Phi}\in\mathbf{R}^{M\times N}(M\ll N)$，且已知待求信号 $\boldsymbol{x}$ 相对于该测量矩阵的线性投影为 $\boldsymbol{y}\in\mathbf{R}^{N}$，即

$$\boldsymbol{y}=\boldsymbol{\Phi x} \tag{1—5}$$

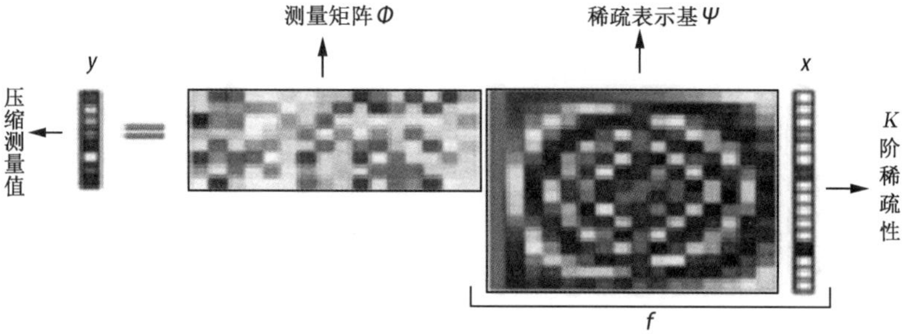

图 1—3　压缩采样数学模型

考虑从原信号 $\boldsymbol{x}$ 在 $\boldsymbol{\Phi}$ 下的线性投影 $\boldsymbol{y}$ 中还原原始信号。由于 $\boldsymbol{y}$ 的维度远小于 $\boldsymbol{x}$ 的维数，上式是不适定的，有无数个解。但根据压缩感知理论，当待求信号 $\boldsymbol{x}$ 满足特定投影域稀疏性，并且测量矩阵 $\boldsymbol{\Phi}$ 与信号稀疏域不相关，则待求信号 $\boldsymbol{x}$ 可以通过对关于 $\boldsymbol{y}$ 的 L_0 范数最优化问题求解实现信号还原：

$$\begin{cases}\hat{\boldsymbol{x}}=\mathrm{argmin}\|\boldsymbol{x}\|_0\\ \mathrm{s.\,t.}\ \boldsymbol{\Phi x}=\boldsymbol{y}\end{cases} \tag{1—6}$$

式中$\|\cdot\|_0$表示计算向量 L_0 范数，即统计向量中非零元数目。

一般自然采集的信号并不具备稀疏性，无法直接适用于以上提及的压缩重构模型。需将自然信号经过某种变换 $\boldsymbol{\Psi}$ 获得稀疏性，即该信号在这个变换基下的分解系数大部分为零，只有有限的非零值。设时域不稀疏的信号 $\boldsymbol{f}$ 在变换基 $\boldsymbol{\Psi}$ 上稀疏，则有 $\boldsymbol{f}=\boldsymbol{\Psi x}$，$\boldsymbol{x}$ 表示 $\boldsymbol{f}$ 在变换基的稀疏系数，稀疏度为 K（具有 K 个非零分量）。将稀疏表示代入测量过程，则有

$$\boldsymbol{y}=\boldsymbol{\Phi f}=\boldsymbol{\Phi\Psi x}=\boldsymbol{Ax} \tag{1-7}$$

式中，$\boldsymbol{A}=\boldsymbol{\Phi\Psi}$，$\boldsymbol{A}\in\mathbf{R}^{M\times N}$ 为新的感知矩阵。若 $\boldsymbol{A}$ 满足有限等距性质条件，则上述压缩重构方案适用于 $\boldsymbol{x}$ 的求解，即可以通过求解关于 $\boldsymbol{x}$ 的如下约束优化模型：

$$\begin{cases}\hat{\boldsymbol{x}}=\operatorname{argmin}\|\boldsymbol{x}\|_0\\ \text{s. t.}\ \ \boldsymbol{Ax}=\boldsymbol{y}\end{cases} \tag{1-8}$$

求解上述关于 $\boldsymbol{x}$ 的 L_0 范数最优化问题得到系数 $\boldsymbol{x}$ 之后，进一步与 $\boldsymbol{\Psi}$ 组合得到最初的信号 $\hat{\boldsymbol{f}}$：

$$\hat{\boldsymbol{f}}=\boldsymbol{\Psi}\hat{\boldsymbol{x}} \tag{1-9}$$

1.5.2　测量矩阵

若要完整重构稀疏信号，感知矩阵需满足有限等距性质[13]。对于不具备天然稀疏性的自然信号，其感知矩阵 $\boldsymbol{A}$ 由测量矩阵 $\boldsymbol{\Phi}$ 和变换基 $\boldsymbol{\Psi}$ 构成，巴拉比尤克（Barabiuk）指出 RIP 条件的另一相似条件是测量矩阵 $\boldsymbol{\Phi}$ 和稀疏变换基 $\boldsymbol{\Psi}$ 的各原子间无法互相线性表达[7]。想要直接找到一个测量矩阵 $\boldsymbol{\Phi}$ 使得 $\boldsymbol{y}=\boldsymbol{\Phi x}$ 满足 RIP 条件比较困难，但是当保持变换阵 $\boldsymbol{\Psi}$ 不变，只考虑测量矩阵 $\boldsymbol{\Phi}$，使二者乘积 $\boldsymbol{A}$ 满足有限等距条件是可以做到的。按照压缩感知理论，对于测量矩阵，将其组成基向量随机分配并构造不定大小的子阵，这些子阵的秩是独立的，不会相互影响。组成随机测量矩阵的向量应互不相关；压缩感知重构问题的最优解为 L_0 范数值最小的向量。

压缩感知理论的信号采集模型类似于传统采样方法。如果 $\boldsymbol{x}$ 表示被感知的信号，即原始信号，那么观测过程为 $\boldsymbol{y}=\boldsymbol{\Phi x}$。其中，$\boldsymbol{\Phi}$ 是 $M\times N$ 维观测矩阵。传统压缩采样方法中，采样值个数，即 $\boldsymbol{y}$ 的维数 M 至少等于原始信号的维数 N。如果信号具有较好的稀疏性，且观测矩阵与稀疏域不相关时，那么采样值 M 可远小于 N，就能高精度恢复原信号。这就是压缩感知理论更关心基于随机函数的观测矩阵，而不是传统采样方式中的狄拉克函数的原因。根据压缩感知理论，若要根据上述最优化问题实现较小误差的信号重构，且保证其稀疏度为 K，需使得采集次数 M（数学意义上表现为测量值 $\boldsymbol{y}$ 的维数）符合 $M\geqslant K\log(N/K)$。观测矩阵 $\boldsymbol{\Phi}$ 可以取为高斯矩阵、伯努利矩阵、傅里叶矩阵，或其他不相关的随机矩阵。基追踪算法中提到，大部分 K 稀疏的信号都可以精确恢复，只要保证采样值 $M>4K$。对于鲁棒的压缩采样，需要考虑的另

一个重要因素是,观测值中应该较好地保存原始信号中的重要信息。而这则由观测矩阵 $\boldsymbol{\Phi}$ 所满足的 RIP 保证。δ_K 是使得下式对于所有 K 稀疏的信号 $\boldsymbol{x}$ 成立的最小值,称为等距常量。同时为保证测量值 $\boldsymbol{y}$ 中包含的能量接近原始信号中包含的能量,在设计测量矩阵 $\boldsymbol{\Phi}$ 时,有限等距准则式(1－10)需得到满足。

$$(1-\delta_K)\|\boldsymbol{x}\|_2^2 \leqslant \|\boldsymbol{\Phi x}\|_2^2 \leqslant (1+\delta_K)\|\boldsymbol{x}\|_2^2 \tag{1-10}$$

如果 δ_K 不接近于 1,那么我们可以说矩阵满足阶为 K 的 RIP 准则。RIP 准则保证了矩阵中选取的所有 K 列的子集都是几乎正交的,且稀疏信号没有投影到观测矩阵的空间中,否则将不能恢复信号。同样,如果 δ_{2K} 远小于 1,那么对于 K 稀疏向量,所有的各分量之间的距离都可以在观测空间中得到

$$(1-\delta_{2K})\|\boldsymbol{x}_1-\boldsymbol{x}_2\|_2^2 \leqslant \|\boldsymbol{\Phi}(\boldsymbol{X}_1-\boldsymbol{X}_2)\|_2^2 \leqslant (1+\delta_{2K})\|\boldsymbol{x}_1-\boldsymbol{x}_2\|_2^2 \tag{1-11}$$

另外一个重要的约束条件则是,观测矩阵 $\boldsymbol{\Phi}$ 中的列 $\{\boldsymbol{\Phi}_i\}$ 不能稀疏表示 $\boldsymbol{\Psi}$ 中的列 $\{\boldsymbol{\Psi}_i\}$,即 $\boldsymbol{\Phi}$ 与 $\boldsymbol{\Psi}$ 具有不相关性。相关性测量两个不同矩阵(包括基矩阵或表示域)的任意两个元素之间的最大相关度。如果 $\boldsymbol{\Psi}$ 矩阵维数为 $N\times N$,其列分别为 $\boldsymbol{\Psi}_1,\cdots,\boldsymbol{\Psi}_M$,$\boldsymbol{\Phi}$ 矩阵维数为 $M\times N$,其行分别为 $\boldsymbol{\Phi}_1,\cdots,\boldsymbol{\Phi}_M$。那么其相关性 μ 定义为

$$\mu(\boldsymbol{\Phi},\boldsymbol{\Psi})=\sqrt{n}\times \max_{1\leqslant k\leqslant M,1\leqslant j\leqslant N}|\boldsymbol{\Phi}_k\boldsymbol{\Psi}_j| \tag{1-12}$$

在压缩感知理论框架中,$\boldsymbol{\Phi}$ 与 $\boldsymbol{\Psi}$ 之间相关性越低,信号重建所需的采样值越少,越能保证重建效果。

利用观测矩阵 $\boldsymbol{\Phi}$ 使 $\boldsymbol{\theta}=\boldsymbol{\Phi\Psi}$ 成立,并满足式(1－12)的 RIP 准则,对长度为 N 的向量中的 K 个非零值对信号进行直接重建有 C_N^K 种组合。

RIP 理论特性很完美,但难以直接应用。要把压缩感知推向实用化,还应具有普适性且便于硬件和优化算法的实现。基于此,一些观测矩阵被提出来,按照矩阵元素是否是随机值大致分为两类。一类是元素独立同分布的随机观测矩阵。其中,一致球矩阵是指矩阵的列在 N 维单位球面上独立且均匀分布,当测量次数 $M=O(K\log(N))$ 时,能较大概率地准确重构信号。高斯测量矩阵、二值测量矩阵、局部傅里叶矩阵以及局部哈达码矩阵等都是适用于压缩感知的随机测量矩阵。另一类是确定性观测矩阵。如 Chirps 感知矩阵和托普利兹(Toeplitz)矩阵。托普利兹矩阵以及循环矩阵在 $K\leqslant CM^3/\ln(N/M)$ 时,以很大概率满足 RIP,并能得到快速算法,对高维问题特别有效。提出的多项式确定性观测矩阵,不需要大量重复实验来确定其稳定性,但随着值的增大,观测矩阵构造时间会快速增长。

随机观测矩阵具有不确定性,需要用多次求平均的方法来消除,增加了计算复杂度,在硬件电路中也难以实现。而确定性矩阵精确重建需要的测量次数较多。如果重建算法不变,观测矩阵的性能越好,则重建信号与原始信号的误差值越小。如何构造高性能的观测矩阵,仍值得深入研究。

1.5.3　重构算法

信号复原主要指的是信号复原算法以及与之相关的理论。由贝叶斯公式可知[4]

$$P(\text{信息}|\text{数据})=\frac{P(\text{数据}|\text{信息})}{P(\text{数据})}\times P(\text{先验}) \tag{1-13}$$

信息推断是由先验和数据两者共同起作用的，前者反映了主观认知，而后者反映了客观推理。从概率角度看，经典信号复原算法旨在最大似然函数 $P(\text{数据}|\text{信息})/P(\text{数据})$，它只处理测量数据。然而稀疏感知算法旨在处理 $P(\text{数据}|\text{信息})/P(\text{数据})\times P(\text{先验})$，它不仅处理数据，也分析信号的先验信息 $P(\text{先验})$对结果的影响和作用。由于经典信号处理仅限于考虑目标信号本身，而没有考虑信号内在深层次的信息(即使这些信息已经被很好地认知或将被认知)，因此经典的信号理论的许多结论过于保守和悲观。稀疏感知信号复原算法不仅处理数据，而且挖掘利用信号的先验信息，将信号的先验知识有机融入信号的获取和处理中，为发展高性能信息感知奠定了基础。数据中信息是稀疏的，将稀疏先验信息引入复原算法将会提高解的精度。虽然稀疏正则化信号复原算法得到了长足发展，在一些情况下利用信号的稀疏性可以有效克服经典复原算法方法的各种制约，但是在以前大多数算法都是启发式的，缺乏严格的数学理论支撑。其中一个根本问题是：在什么条件下信号的稀疏性能保证病态问题的精确、稳定求解。压缩感知理论明确回答了精确稳定求解线性病态问题所需要的信号稀疏性和问题病态性(测量数据)之间需要满足的关系，明确了观测数据和信号稀疏先验有机融合对精确稳定重构目标信号的作用。压缩感知理论揭示了从少数测量中恢复可压缩信号的条件和方法，将信号的采样和压缩合为一体，通过 K 个采样数据精确重建 N 维原始信号($K\ll N$)。利用信号的先验信息(稀疏性或可压缩性)，在信号获取的同时进行信号压缩，有效地缓解了数据获取、传输和存储以及通信的压力。

重建算法是将压缩感知理论实用化关键之一，其数学本质是寻找欠定方程组的最简单解问题。重建算法的目的是从测量值 $\boldsymbol{y}$ 重建出最稀疏的 $\boldsymbol{x}$。直接求解式需穷举 $\boldsymbol{x}$ 中非零值的所有组合，是一个 NP 难问题。但可近似求解，贪婪算法可求解 L_0 范数最优化问题，它逐次迭代选择 $\boldsymbol{x}$ 的支撑，最终可逼近原始信号。为了有效地重建原始信号，最早采用 L_2 范数作为约束，然而对于这个优化问题求得的解并不是稀疏的。后来，坎迪斯等证明了用于信号重建的 L_2 范数问题可以等价于另一 L_0 范数最小优化问题。然而，最小 L_0 范数优化问题是一个 NP 难问题，要得到包含 N 个元素(其中 K 个非零元)的稀疏信号 $\boldsymbol{x}$ 需要穷举其中所有非零值的位置可能，在维数较大的情况下不能有效求解。之后，研究者针对欠采样信号还原问题开发了很多优化求解算法，典型算法有[13-21]：(1)最小 L_2 范数重建(minimum L_2 norm reconstruction)；(2)最小化 L_1 范数算法；(3)最小 L_0 范数重建(minimum L_0 norm reconstruction)；(4)正交匹配追踪为代表的贪婪算法、迭代阈值算法等，迭代阈值算法（iterative thresholding algorithm）包括迭代硬阈值（iterative hard thresholding，IHT）算法和迭代软阈值（iterative soft thresholding，IST）算法等。

1.5.4 信号稀疏重建的一个实例

通过一实例分析压缩感知的条件与原因。假设有一稀疏信号由三个余弦函数信号叠加构成，如以远低于奈奎斯特采样频率进行等间距采样，则频域信号周期延拓后，就会发生混叠，无法从结果中复原出原信号，如图 1—4 所示。

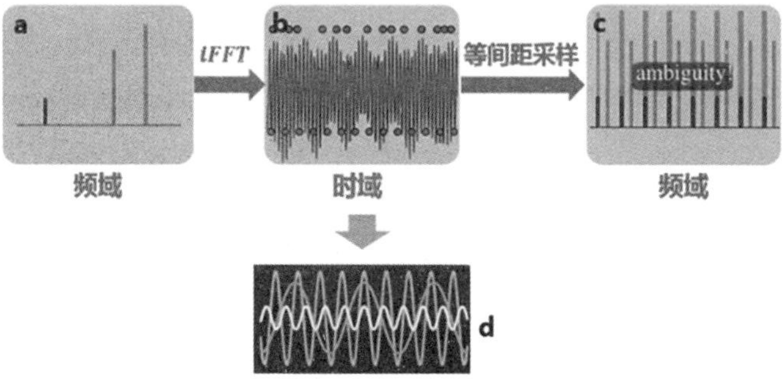

图 1—4 稀疏信号以低频率等距采样

如果采用随机采样，频域就不再是以固定周期进行延拓，而会产生大量不相关的干扰值。如图 1—5 所示，采样后的信号其最大的几个峰值还依稀可见，只是一定程度上被干扰值覆盖。这些干扰值看上去非常像随机噪声，但实际上是由于三个原始信号的非零值发生能量泄漏导致的，其中不同干扰值表示它们分别是由于对应的原始信号的非零值泄漏导致的。这样一来信号的恢复就变容易了，可设置阈值将信号过滤出来。

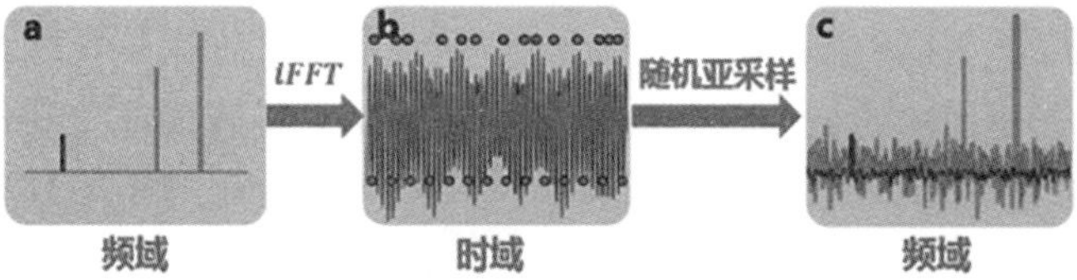

图 1—5 稀疏信号以低频率随机采样

结合上面例子可以直观地理解压缩感知过程：$\boldsymbol{x}$ 就是三个正弦信号叠加在一起的原信号，可以看成是稀疏化后的信号；稀疏矩阵 $\boldsymbol{\Psi}$ 就是傅里叶变换，将信号变换到频域 S；而观测矩阵 $\boldsymbol{\Phi}$ 就对应了我们采用的随机采样方式；$\boldsymbol{y}$ 就是最终的采样结果。这个例子之所以能够实现最终信号的恢复，是因为它满足了两个前提条件：这个信号在频域只有 3 个非零值，所以可以恢复出它们；采用了随机采样机制，使频率泄漏均匀地分布在整个频域。

通过对上面由三个余弦函数信号叠加构成的稀疏信号的重构为例了解匹配追踪算法。稀疏信号采样后会产生大量不相关的干扰值，信号的恢复过程如图 1－6 所示。由于原信号的频率非零值在采样后的频域中依然保留较大的值，因此，其中较大的两个非零值可以通过设置阈值检测出来；假设信号只存在这两个非零值，则可以计算出由这两个非零值引起的干扰；用原采样信号减去由两个非零值引起的干扰，即可得到仅由剩余非零值和由它导致的干扰值，再设置阈值即可检测出它，得到最终复原频域；如果原信号频域中有更多的非零值，则可通过迭代将其逐一解出。

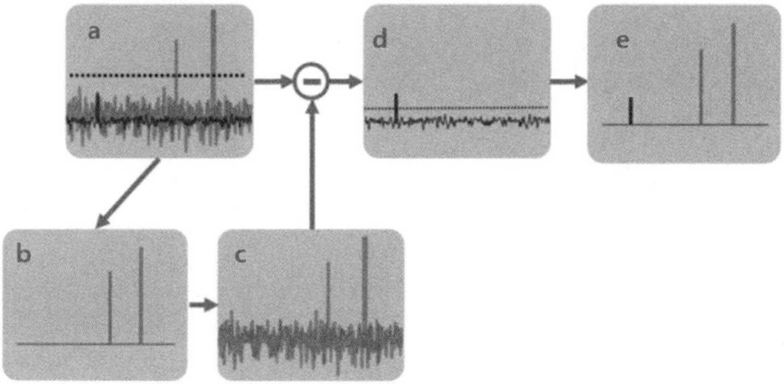

图 1－6　压缩感知的信号重构

稀疏分解解决的问题是在冗余字典 $\boldsymbol{\Psi}$ 中选出 K 列，用这 K 列的线性组合近似表达待稀疏分解信号 $\boldsymbol{x}$，而后可以根据 $\boldsymbol{x}=\boldsymbol{\Psi}\boldsymbol{s}$，求出稀疏系数 $\boldsymbol{s}$ 。压缩感知中信号重构要解决的问题是事先存在一个稀疏系数 $\boldsymbol{s}$ 和传感矩阵 $\boldsymbol{\Theta}$，得到 $\boldsymbol{y}=\boldsymbol{\Theta}\boldsymbol{s}$，其中 $\boldsymbol{y}$ 和 $\boldsymbol{\Theta}$ 是已知的，以此来求出 $\boldsymbol{s}$。实际上它们要解决的问题都是对已知 $\boldsymbol{y}/\boldsymbol{x}$ 和 $\boldsymbol{\Psi}/\boldsymbol{\Theta}$ 的情况下求 $\boldsymbol{s}$。因此，压缩感知的重构与稀疏分解存在密切的关联。

本章小结

信号稀疏表示是指用较少数据捕获感兴趣目标的重要信息的能力，通过基或字典中很少量元素的线性组合的形式来描述信号。压缩感知是如果一个信号在某个变换域是稀疏的，那么就可以用一个与变换基不相关的观测矩阵将变换所得高维信号投影到一个低维空间上，然后通过求解一个优化问题就可以从这些少量的投影中以高概率重构出原信号。压缩感知是稀疏表示在信号处理中的一个具体应用。信号稀疏表示在压缩感知过程中起着关键性作用，只有信号是稀疏的，才可以由远低于采样定理要求的采样点重建恢复。压缩感知的实现过程可以简述为采样和重建这两种过程的结合，而这两个过程都是以信号稀疏为前提的，因此稀疏性是压缩感知得以实现的前提与依据。

第 2 章　稀疏表示模型

本章介绍信号稀疏表示理论的相关概念与模型，包括稀疏性概念，稀疏表示模型的构建、分析与求解方法。

2.1　稀疏性的概念

2.1.1　稀疏概念

一个向量或者矩阵，当只有少部分元素的绝对值比较大，其余大部分元素等于零或者接近零时，我们说这个向量或者矩阵是稀疏的。向量的稀疏性常用向量范数衡量。如果一个稀疏向量包含 k 个非零系数，那么该向量的稀疏度为 k，或者称向量为 k 稀疏的。非零元素的坐标组成的集合称为支撑，表示为 $S=\{i \mid x_i \neq 0\}$。一个长度为 N 的信号 $\boldsymbol{x}=(x_1,x_2,\cdots,x_N)^{\mathrm{T}}$，它的 L_0 范数可以被表示为

$$\|\boldsymbol{x}\|_0=\#\{j=1,2,\cdots,N,x_j\neq 0\} \tag{2-1}$$

式中，$\|\cdot\|_0$ 表示 L_0 范数，# 表示计数。向量的 L_0 范数表示向量中非零元素的个数。稀疏表示理论中如果说一个向量是 k 稀疏的，指该向量的 L_0 范数小于等于 k。

2.1.2　稀疏概念的分类

在线性方程中，向量 $\boldsymbol{x}$ 除了 k 个元素非零外，其他元素严格等于 0，此为严格稀疏(strict sparsity)的稀疏概念。这样的稀疏向量在求解与实际应用中一般较难获取。给出一种近似稀疏的概念，即

$$k=\#\{i \| x_i| \geqslant \varepsilon\} \tag{2-2}$$

式中，ε 为小正常数，不同应用中可取不同的数，如 10^{-6} 和 10^{-8} 等。相应的支撑可表示为

$$S=\{i \| x_i| \geqslant \varepsilon\} \tag{2-3}$$

实际应用中，可在利用求解方法得到结果后，通过阈值化处理得到严格稀疏向量。

除了严格稀疏和近似稀疏两类稀疏概念外，还有绝对稀疏和相对稀疏的概念。绝对稀疏与严格稀疏、近似稀疏表达式一致，是指向量中非零元素的绝对数量较小。相对稀疏是指稀疏向量 $\boldsymbol{x}$ 中非零元素个数为相对 $\boldsymbol{x}$ 中元素的个数 n 较少，而非数量绝对值较小。假设向量 $\boldsymbol{x}$ 的非零元素个数为 k，如果 k 的绝对值较大，但 $k \ll n$，那么按照相对稀疏的概念，也可称向量 $\boldsymbol{x}$ 为稀疏的。

"绝对"和"相对"的概念，对应非零元素的个数比较；"严格"和"近似"的概念，对应非零元素是否严格非 0。故对于"稀疏"概念来说，存在四类稀疏表达方式：(1)严格绝对稀疏：指非零元素数量绝对值较小，且非零元素严格不等于 0；(2)严格相对稀疏：指非零元素数量相对向量的全部元素数量较少，且非零元素严格不等于 0；(3)近似绝对稀疏：指非零元素数量绝对值较少，且非零元素并非严格不等于 0，而是绝对值大于某较小常数；(4)近似相对稀疏：指非零元素数量相对向量的全部元素数量较少，且非零元素并非严格不等于 0，而是绝对值大于某较小常数。稀疏概念并没有一个通用定义，即没有一个统一的要求，称满足该要求的 $\boldsymbol{x}$ 为稀疏的，故一般在不同的应用中，根据实际需求来确定。

2.2　信号稀疏－冗余表示

稀疏表示的产生起源于两个方面：信号处理领域和统计分析领域[22]。信号处理领域主要是信号表示的需要，稀疏表示模型建立在信号冗余变换基础上。研究病态反卷积问题中 L_1 惩罚的问题，出现了新的信号处理问题，即超完备信号表示，用两个不同的基集合来表示信号。一般采取正交基来有效表示目标，有效是指仅需要较少的重要参数。信号领域进行变换域处理，如小波变换、傅里叶变换等，在这些变换中信号通常是稀疏的。基有各自应用的范围，可进行组合信号表示，从几种不同的基中选择几项组合成基集合。如某信号由多种现象重叠而成，其中一项可有效地由基 1 表示，另一项可以有效地由基 2 表示，那么这两组基组合就可以有效表示该信号。这种出现多个变换混合来表示信号的方法，就是超完备信号稀疏表示。稀疏表示具有如下优点：一是捕捉数据结构时的灵活性，用更多一般化的基集合来表示特定的信号，形成更紧致的表示，每一个基函数可以描述数据中的一个较重要的结构；二是超完备表示增加了表示的稳定性，对信号中的小干扰不敏感。

统计分析领域主要是参数估计的需要[10]。当方程数目小于未知数(待估)参数数量时，构成欠定方程(under-determined equation)。欠定方程，若没有额外信息，是病态逆问题。常用的求解线性方程的普通最小二乘(ordinary least squares，OLS)存在以下不足：一是预测精度问题，OLS 一般具有低偏差、高方差的问题；二是解译性，是否可以在大量的预测值中找到最具影响的子集。针对此问题，提出了子集选择和岭回归，但仍存在不足。子集选择为离散过程，提供了可解译的模型，但是数据的较小变化会引起模型的较大变化，降低了预测模型精度。岭回归为连续过程，对系数进行压缩，比较稳定，但是因为不能将任何系数设置为 0，因此不能得到易解译的模型。针对上述情况，可以利用稀疏先验信息构成正则化模型求解。该理论表明，待估参数较为稀疏的情况下，稀疏表示方法能够从较少观测中严格复原未知参数。稀疏信号复原的前提是观测信号可以由给定字典中的若干原子组成线性组合。

马拉特基于小波分析提出了信号可以用一个过完备字典进行表示，从而开启了稀疏表示的先河[23]。信号经稀疏表示后，越稀疏则信号重建后的精度就越高，而且稀疏表示可以根据信号的自身特点自适应地选择合适的过完备字典。相对完备正交基而言，过完备基的基底一般是冗余的，也就是基元素的个数比维数要大。信号稀疏表示的两大主要任务就是字典生成和信号稀疏分解。对于字典选择，一般有分析字典和学习字典两大类。用分析字典进行信号的稀疏表示时，虽然简单易实现，但信号的表达形式单一且不具备自适应性；而学习字典的自适应能力强，能够更好地适应不同的图像数据。信号稀疏表示的目的就是在给定的过完备字典中用尽可能少的原子来表示信号，可以获得信号更为简洁的表示方式，从而更容易地获取信号中所蕴含的信息，方便进一步对信号进行加工处理，如压缩、编码等。从表达式看，有 $\boldsymbol{X}=\boldsymbol{\Psi}\times\boldsymbol{S}$，$\boldsymbol{X}$ 是待处理的信号，$\boldsymbol{\Psi}$ 为字典，$\boldsymbol{S}$ 为系数向量表示。令$\|\boldsymbol{X}\|_0$ 为 $\boldsymbol{X}$ 的稀疏度，表示 $\boldsymbol{X}$ 中非 0 系数的个数。我们希望公式的解 $\boldsymbol{S}$ 尽可能稀疏，即$\|\boldsymbol{X}\|_0$ 尽可能小，如此一来，在给定一组字典 $\boldsymbol{\Psi}$ 的前提下，稀疏表示的目的是选择最小个数的系数向量，从而重构信号。稀疏表示与重构中主要概念介绍如下。

(1)基选择与原子分解。稀疏表示是指通过选择向量的超完备集合(称为字典或冗余基)将信号分解为数量较少的若干分量的技术。稀疏信号是指可以用几种相对较少的基元素或超完备字典表示为线性组合的信号。基选择(basis selection)为相似概念。基向量的最小生成集(minimal spanning set)通常对于有效表示一小类信号是足够的，但通过恰当选择冗余基向量的集合构成超完备字典可以紧致表示更广范围的信号。选择恰当的冗余基向量，称为基选择问题。原子分解(atomic decomposition)是指给定信号向量 $\boldsymbol{y}$，寻找最稀疏向量 $\boldsymbol{x}$，使得 $\boldsymbol{Dx}=\boldsymbol{y}$。其中 $\boldsymbol{D}$ 不限制是否完备，重点在于用尽可能少原子进行信号分解。

(2)稀疏复原与稀疏编码。稀疏复原(sparse recovery)或稀疏近似表示(sparse approximate representation)指含噪情况下的稀疏表示过程，基于 m 个含噪的观测集合，估计 n 维但为 k 稀疏的向量 $\boldsymbol{x}$。稀疏编码(sparse coding)是指将数据向量建模为基元素的稀疏线性组合。将已知 $\boldsymbol{D}$、$\boldsymbol{x}$ 计算 $\boldsymbol{y}$ 的过程称为编码；将从 $\boldsymbol{y}$ 求解 $\boldsymbol{x}$ 的过程称为解码。

(3)超完备字典。完备通常是指该对象不需要添加其他任何元素。一个空间被称为是完备的，是指该空间任何 ξ 数列均一致收敛，且极限包含于该空间中。一个拓扑向量空间 $\boldsymbol{V}$ 的子集 $\boldsymbol{S}$ 的集合称为完备的，是指该 $\boldsymbol{S}$ 的扩张在 $\boldsymbol{V}$ 中稠密。一个测度空间是否完备，是指该空间任何零集合的任何子集都可测。假定在 N 维复向量空间 $\boldsymbol{W}$ 中的含有 $M \geqslant N$ 个非零信号的集合 $\boldsymbol{F}$，可以张成 $\boldsymbol{W}$，那么称 $\boldsymbol{F}$ 为字典。字典的列向量称为原子。如果字典 $\boldsymbol{D}$ 的原子恰好能张成 n 维欧氏空间，则称字典 $\boldsymbol{D}$ 为完备的。如果 $\boldsymbol{D}$ 的列数大于行数，则 $\boldsymbol{D}$ 是冗余的，若仍能张成 n 维欧氏空间，则称 $\boldsymbol{D}$ 是超完备的。

2.3　稀疏表示模型

信号处理中的数据模型是包含数据应满足的数学属性的模型。达到稀疏表示处理目的的基础也是建立相应的模型。该类模型一般从欠定线性方程开始。稀疏向量的稀疏性主要从显式与隐式两个方面来体现。对于显式方式来说，根据稀疏表示的需要施加相应的约束，该约束由明确数学表达式来反映，从而与线性方程构成目标优化模型。缩小解空间，便于求解。对于隐式方式来说，稀疏性约束不以具体数学形式体现，只是将思想贯穿于求解过程中，从而得到稀疏向量。

2.3.1　线性方程与稀疏表示

在信号与图像处理应用中经常需要求解线性逆问题。给定矩阵 $\boldsymbol{D} \in \mathbf{R}^{m \times n}$，不含噪线性方程可表示为

$$\boldsymbol{y} = \boldsymbol{D}\boldsymbol{x} \tag{2—4}$$

式中，$\boldsymbol{y} \in \mathbf{R}^m$ 或 $\boldsymbol{y} \in \mathbf{C}^m$ 表示观测数据或信号，$\boldsymbol{x} \in \mathbf{R}^n$ 或 $\boldsymbol{x} \in \mathbf{C}^n$ 为待估向量(一般在实数域进行研究)。相应的含噪观测线性方程为

$$\boldsymbol{y} = \boldsymbol{D}\boldsymbol{x} + \boldsymbol{\omega} \tag{2—5}$$

式中，$\boldsymbol{\omega}$ 为噪声，且一般假定为高斯噪声，即噪声服从均值为 0，方差为 σ^2 的正态分布。观测信号 $\boldsymbol{y}$ 已知，矩阵(字典)$\boldsymbol{D}$ 一般情况下已知(对于稀疏表示问题来说，$\boldsymbol{D}$ 未知情况对应稀疏编码问题)，要求解待估向量 $\boldsymbol{x}$。求解方式可分为以下三种情况。

当 $m > n$ 时，该问题为超定系统下的参数求解问题，即方程数目大于未知参数数目。一般情况下是无解的，只能在新设定的准则下定义其解。

当 $m=n$ 时，方程数目等于未知参数数目，矩阵 $\boldsymbol{D}$ 为方阵，在满秩情况下可直接利用矩阵求逆方法进行求解，即 $\hat{\boldsymbol{x}}=\boldsymbol{D}^{-1}\boldsymbol{y}$。

当 $m<n$ 时，该问题为欠定系统下的参数求解问题，方程数目小于未知参数数目，需要根据求解需要，或挖掘关于 $\boldsymbol{x}$ 的先验信息，构成新的约束条件，缩小解空间。

信号分解旨在用较少原子（矩阵 $\boldsymbol{D}$ 的列）表示信号，线性组合表达式可表示为

$$y_i=\sum_{j=1}^{n}D_{ij}x_j \tag{2—6}$$

式中，D_{ij} 为 $\boldsymbol{D}$ 的第 i 行第 j 列的元素。设集合 $\Theta=\{i=1,...,N\}$，Ω 为 Θ 的子集，如 $\Omega=\{i\,|\,x_i\,|\neq 0\}$，$k$ 表示 Ω 中元素数量，$k=|\Omega|$，且 $k\ll N$。其线性组合可表示为

$$y_i=\sum_{j\in\Omega}D_{ij}x_j \tag{2—7}$$

稀疏表示问题的目的就是要在已知 $\boldsymbol{x}$ 为稀疏向量（仅含有少量非零元素）的情况下，根据观测向量 $\boldsymbol{y}$ 以及线性模型来估计（复原）$\boldsymbol{x}$。从线性逆问题中计算稀疏解，可以看成从欠定方程 $\boldsymbol{y}=\boldsymbol{Dx}+\boldsymbol{w}$ 中求解稀疏解问题。由于欠定性，采用最小二乘法或最小 L_2 范数方法：

$$\min\|\boldsymbol{y}-\boldsymbol{Dx}\|_2^2 \tag{2—8}$$

该问题有诸多解，可表示为 $\boldsymbol{x}=\boldsymbol{x}_{mn}+\boldsymbol{v}$。其中，$\boldsymbol{x}_{mn}$ 表示最小二乘解 $\boldsymbol{x}_{mn}=\boldsymbol{D}^{\mathrm{T}}(\boldsymbol{DD}^{\mathrm{T}})^{-1}\boldsymbol{y}$，上标“T”表示矩阵或者向量转置，$\boldsymbol{v}$ 表示 $\boldsymbol{D}$ 的零空间 $N(\boldsymbol{D})$ 中任意向量。最小 L_2 范数准则局限表现为以下两点：得到的解中包含很多小的非零元素，意味着该解并非稀疏，且倾向于将能量分布于 $\boldsymbol{x}$ 的大部分元素，而非将所有能量或者主要能量分配给少量的元素。尽管最小二乘法比较简单且具有无偏性，但是如果设计矩阵 $\boldsymbol{D}$ 非满秩，解非唯一。而且如果 $\boldsymbol{D}$ 接近共线性，估计值的方差 $(\boldsymbol{D}^{\mathrm{T}}\boldsymbol{D})^{-1}\sigma^2$ 会很大。

为得到更好预测性能，常用方法是根据 $\boldsymbol{x}$ 的先验信息，施加相应的约束条件，缩小解空间，如回归方法，其特例是岭回归与子集选择；LASSO 方法压缩普通最小二乘的估计值，使其趋于零，并基于二次规划的方法求解 LASSO 模型。

2.3.2　稀疏性度量

稀疏度量函数，也称为散度测度（diversity measure）或节省性测度（simplicity measure）。稀疏性与散度概念的区别在于稀疏性是从稀疏向量中等于 0 的元素数目较多的角度来研究，散度度量稀疏向量元素不等于 0 的数目。稀疏约束并不是定义一个唯一解，而是将唯一解缩小到一个有限的子空间中。稀疏性度量常采用范数形式。

范数是指定义在赋范线性空间中的函数，需要满足非负性、正值齐次性与三角不等式。假设 $\boldsymbol{x}$ 为域 $\mathbf{R}$ 上的向量，将 $\boldsymbol{x}$ 的范数表示为 $F(\boldsymbol{x})$，那么 $F(\boldsymbol{x})$ 需要同时满足：

(1)非负性：$F(\boldsymbol{x})\geqslant 0$；

(2)正值齐次性：$F(a\boldsymbol{x})=|a|F(\boldsymbol{x})$；

(3)三角不等式：$F(\boldsymbol{x}_1+\boldsymbol{x}_2)\leqslant F(\boldsymbol{x}_1)+F(\boldsymbol{x}_2)$。

不同数据类型存在不同范数定义，如矩阵范数、向量范数等。向量存在不同范数形式，常用的欧几里得向量长度即为 L_2 范数：

$$\|\boldsymbol{x}\|_2=\sqrt{\sum_{i=1}^{n}|x_i|^2} \tag{2-9}$$

又称为弗罗贝尼乌斯(Frobenius)范数。

在稀疏表示中，向量常用的范数形式为 L_p 范数，其中 $0\leqslant p\leqslant 2$。对于 L_p 范数，当 p 取不同的值时，不同形式的范数表达式下面分别介绍。

(1)L_0 范数

因为要测量向量 $\boldsymbol{x}$ 中非零元素的数目，对该稀疏性最直接的测度为 L_0 范数，如前所述，L_0 范数是指向量 $\boldsymbol{x}$ 中非零元素的个数，即 $\boldsymbol{x}$ 的稀疏度(sparse level)。称 $\boldsymbol{x}$ 为 k 稀疏的，是指 $\boldsymbol{x}$ 的非零元素个数为 k，或者说 $\boldsymbol{x}$ 的 L_0 范数值为 k。其定义为

$$\|\boldsymbol{x}\|_0=\lim_{p\to 0}\{|x_1|^p+\cdots+|x_n|^p\} \tag{2-10}$$

L_0 范数虽然与稀疏表示的出发点一致，即度量 $\boldsymbol{x}$ 中非零元素的数目，但其存在三方面的不足：一是求解具有 L_0 范数约束的优化模型是一个 NP 难问题，即模型求解难以在多项式时间内完成，在最坏的情况下，可能要遍历所有找到最优；二是 L_0 范数并非真正的范数，因为其不满足正值齐次性；三是其在零点不可微。

(2)L_p 范数

由于 L_0 范数模型求解为组合优化与 NP 难问题，实际中常采用

$$\|\boldsymbol{x}\|_p=\sum_{i=1}^{n}|x_i|^p,\ p>0 \tag{2-11}$$

稀疏表示中一般将 p 的范围限定为 $0<p\leqslant 1$。在部分文献中将 p 的取值范围扩展到 $p\leqslant 0$，也就是说 p 可以取负值：

$$E(\boldsymbol{x})=\operatorname{sgn}(p)\sum_{i=1}^{n}|x_i|^p=\begin{cases}\displaystyle\sum_{i=1}^{n}|x_i|^p & 0\leqslant p\leqslant 1\\ \displaystyle-\sum_{i=1,|x_i|\neq 0}^{n}|x_i|^p & p<0\end{cases} \tag{2-12}$$

当 $0<p<1$ 时，L_p 也并不是一个真正的范数。原因在于其不满足齐次性与三角不等式。例如 $p=0.5$，$a=2$，$\boldsymbol{x}_1=(3,4)$，$\boldsymbol{x}_2=(9,16)$。那么有 $\|a\boldsymbol{x}_1\|_p\approx 5.27$，而 $a\|\boldsymbol{x}_1\|_p\approx 7.464$。同时 $\|\boldsymbol{x}_1+\boldsymbol{x}_2\|_p\approx 7.94$，$\|\boldsymbol{x}_1\|_p+\|\boldsymbol{x}_2\|_p=7$。故称为类 p 范数(p-norm like)测度。当 $0<p<1$ 时，可以证明 L_p 范数为非凸的，如果和其他目标函数难

以构成凸函数,则会陷入局部解中。

当 $p=1$ 时, L_1 范数为真正的范数,表示为向量 $\boldsymbol{x}$ 中各元素的绝对值(模)的和,为幅度意义上的概念。此时,L_1 范数为凸的,这也是 L_1 范数能得到广泛应用的主要原因。

当 $p>1$ 时,L_p 范数也满足范数的条件,也为凸。其中一个特例就是 L_2 范数,表示向量 $\boldsymbol{x}$ 中各元素模的平方的和,然后再开方,为距离或强度意义上的概念。

图 2—1 给出了当 p 取不同值时,L_p 范数的不同曲线形状。可以看到,当 $p=0.25$、0.5 时,L_p 范数为凹的,且 $p=0.25$ 时,L_p 范数接近于L_0 范数。当 $p=1$、2 时,L_p 范数为凸的,尤其是 $p=2$ 时,L_p 范数为常见的二次曲线。

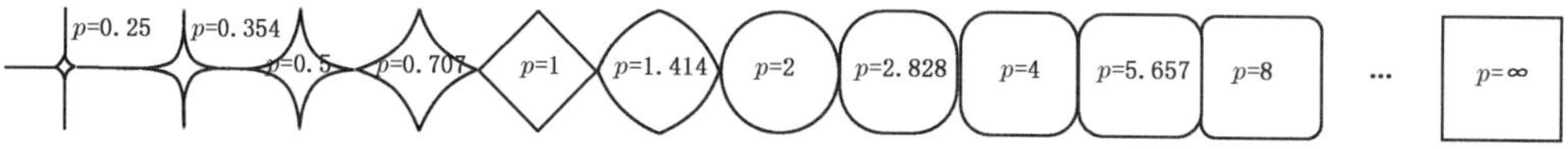

图 2—1　L_P 范数曲线示意图

(3) L_∞范数

当 $p\to\infty$时,L_∞范数表示为

$$\|\boldsymbol{x}\|_\infty=\max\{|x_i\|i=1,2,\cdots,n\} \tag{2—13}$$

即表示 $\boldsymbol{x}$ 中具有模最大值的元素。

2.3.3　稀疏表示模型构建

将欠定线性方程和表示稀疏性常用的 L_p 范数相结合即可构成信号稀疏表示模型。该模型含有一个目标函数与一个约束条件。观测模型分为含噪和不含噪情况,其优化模型都可以通过拉格朗日乘子统一为含正则参数的形式。

(1)L_0 范数表示模型

对于不含噪线性模型 $\boldsymbol{y}=\boldsymbol{D}\boldsymbol{x}$ 来说,稀疏表示优化模型为

$$\begin{cases}\min\limits_{\mathbf{x}\in\mathbf{R}^n}\|\boldsymbol{x}\|_0\\ \text{s. t. } \boldsymbol{y}=\boldsymbol{D}\boldsymbol{x}\end{cases} \tag{2—14}$$

相应含噪模型为

$$\begin{cases}\min\limits_{\mathbf{x}\in\mathbf{R}^n}\|\boldsymbol{x}\|_0\\ \text{s. t. }\ \boldsymbol{y}=\boldsymbol{D}\boldsymbol{x}+\boldsymbol{w}\end{cases} \tag{2—15}$$

式中,$\boldsymbol{w}$ 为噪声,一般假设为高斯白噪声。通过交换目标函数与约束条件也可重写为

$$\begin{cases}\min\limits_{x\in\mathbf{R}^n}\|\boldsymbol{y}-\boldsymbol{D}\boldsymbol{x}\|_2\\ \text{s. t. }\ \|\boldsymbol{x}\|_0\leqslant k\end{cases}\tag{2-16}$$

式中，k 为稀疏度。利用拉格朗日乘子 λ，上述形式统一为

$$\hat{\mathbf{x}}=\underset{x\in\mathbf{R}^n}{\operatorname{argmin}}\|\boldsymbol{y}-\boldsymbol{A}\boldsymbol{x}\|_2^2+\lambda\|\boldsymbol{x}\|_0\tag{2-17}$$

式中，λ 也称为正则参数，控制拟合误差与稀疏度之间的平衡。

L_0 范数稀疏表示模型最小化求解的困难在两点：一是 L_0 范数为非凸的；二是求解属于 NP 难问题。因为预先不知道稀疏向量中非零元素的个数与支撑，那么最直接的做法是：假设稀疏度为 1，那么将 $\boldsymbol{x}$ 的每个元素测试一遍，这里假设 $\boldsymbol{x}$ 的维数为 $1\times n$，那么需要测试 n 次；如果 $\boldsymbol{x}$ 的稀疏度为 2，那么需要测试 $n(n-1)/2$ 次。这样测试下去，组合数目呈指数增长。因此，称 L_0 范数最小化问题为 NP 难问题。

(2)L_1 范数表示模型

由于 L_0 范数稀疏表示模型的求解是 NP 难问题，为求解方便，通常采用的是 L_1 范数稀疏表示模型。由于 L_1 范数为凸的，且是对 L_0 范数的近似，L_1 范数稀疏表示模型为 L_0 范数模型的凸松驰方法。L_1 范数的凸松弛做法是将 L_0 范数问题中的计数，变换为计算幅度。所构造的松弛优化模型为

$$\begin{cases}\min\|\boldsymbol{x}\|_1\\ \text{s. t. }\ \boldsymbol{y}=\boldsymbol{D}\boldsymbol{x}\end{cases}$$

$$\begin{cases}\min\|\boldsymbol{x}\|_1\\ \text{s. t. }\|\boldsymbol{y}-\boldsymbol{D}\boldsymbol{x}\|_2\leqslant\boldsymbol{\varepsilon}\end{cases}$$

与

$$\hat{\boldsymbol{x}}=\underset{x\in\mathbf{R}^n}{\operatorname{argmin}}\|\boldsymbol{y}-\boldsymbol{D}\boldsymbol{x}\|_2^2+\lambda\|\boldsymbol{x}\|_1\tag{2-18}$$

L_1 范数为凸的，根据凸函数的性质，两个凸函数之和也为凸，即上述优化函数可以得到全局最小值解。研究表明对于 L_1 罚函数，只要信噪比足够高并且正确选择参数 λ，其最小值解可以正确地找到表示信号的所有原子。L_2-L_1 优化问题的求解方法有传统的迭代优化算法，包括梯度下降、迭代加权最小二乘、内点算法等，同伦解法以及贪婪算法等。由于 L_1 范数可转化为等价的凸二次优化问题，利用现有的线性规划求解算法进行快速求解。而且可以证明在一定条件下，L_1 范数稀疏表示模型可以获得与 L_0 范数稀疏表示模型相同的解。

(3)L_p 范数表示模型

对于更一般的情况，通常 $0<p<1$。虽然 $p=1$ 时，具有凸性，但 $0<p<1$ 时，可能得到更为稀疏的解。相应的稀疏表示模型为

$$\begin{cases}\min\|\boldsymbol{x}\|_p\\ \text{s. t. } \ \boldsymbol{y}=\boldsymbol{D}\boldsymbol{x}\end{cases}$$

$$\begin{cases}\min\|\boldsymbol{x}\|_p\\ \text{s. t. } \ \|\boldsymbol{y}-\boldsymbol{D}\boldsymbol{x}\|_2\leqslant\boldsymbol{\varepsilon}\end{cases}$$

与

$$\hat{\boldsymbol{x}}=\underset{\boldsymbol{x}\in\mathbf{R}^n}{\arg\min}\|\boldsymbol{y}-\boldsymbol{D}\boldsymbol{x}\|_2^2+\lambda\|\boldsymbol{x}\|_p \tag{2-19}$$

2.3.4 稀疏表示模型的解释

(1)稀疏表示的 MAP 解释

MAP 为最大后验概率(maximum a posterior)的缩写。设观测信号的噪声 $\boldsymbol{w}$ 为高斯白噪声,即其服从均值为 0、方差为 σ^2 的正态分布,即 $\boldsymbol{w}\sim N(\boldsymbol{0},\sigma^2\boldsymbol{I})$,$\boldsymbol{I}$ 为单位矩阵,根据线性模型 $\boldsymbol{y}=\boldsymbol{D}\boldsymbol{x}+\boldsymbol{w}$,则有 $\boldsymbol{y}\sim N(\boldsymbol{D}\boldsymbol{x},\sigma^2\boldsymbol{I})$,即

$$p(y_i)=\frac{1}{\sqrt{2\pi}\sigma}\mathrm{e}^{-\frac{(y_i-D_ix)^2}{2\sigma^2}} \tag{2-20}$$

假定 $\boldsymbol{x}$ 为与 $\|\boldsymbol{Y}-\boldsymbol{A}\boldsymbol{X}\|_F^2=\|\boldsymbol{Y}-\sum\limits_{j=1}^{k}a_jx_j\|_2^2$ 独立的随机向量,且服从拉普拉斯分布,即

$$p(x_i)=\frac{1}{2b}\mathrm{e}^{-\frac{|x_i-\mu|}{b}} \tag{2-21}$$

式中,μ 为位置参数,b 为尺寸参数。图 2—2 显示了 b 取不同值时的拉普拉斯分布形式。

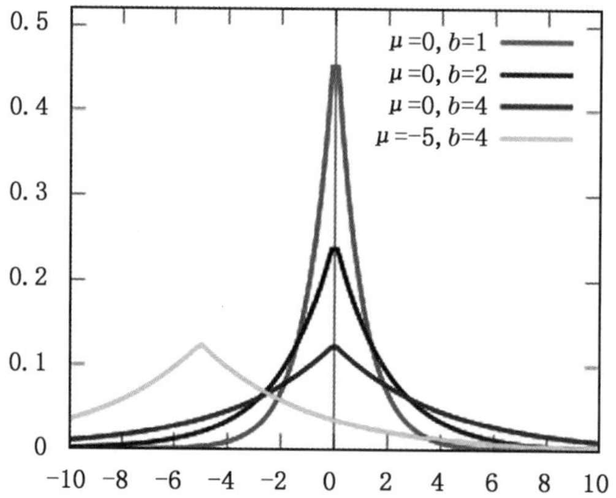

图 2—2　取不同值时的拉普拉斯分布

在该假设条件下,$\boldsymbol{x}$ 的最大后验概率(MAP)估计可以由下式得到:

$$
\begin{aligned}
\hat{\boldsymbol{x}}_{\mathrm{map}} &= \underset{\boldsymbol{x}}{\operatorname{argmax}} \ln p(\boldsymbol{x} \mid \boldsymbol{y}) = \underset{x}{\operatorname{argmax}} [\ln p(\boldsymbol{y} \mid \boldsymbol{x}) + \ln p(\boldsymbol{x})] \\
&= \underset{\boldsymbol{x}}{\operatorname{argmax}} \left(-\ln\sqrt{2\pi}\sigma - \frac{\|\boldsymbol{y}-\boldsymbol{D}\boldsymbol{x}\|_2^2}{2\sigma^2} - \ln 2b - \frac{\|\boldsymbol{x}-\boldsymbol{\mu}\|_1}{b} \right)
\end{aligned} \tag{2-22}
$$

去掉常数项，并令 $\boldsymbol{\mu}=\mathbf{0}$，可得

$$
\begin{aligned}
\hat{\boldsymbol{x}}_{\mathrm{map}} &= \underset{\boldsymbol{x}}{\operatorname{argmax}} \left(-\frac{\|\boldsymbol{y}-\boldsymbol{D}\boldsymbol{x}\|_2^2}{2\sigma^2} - \frac{\|\boldsymbol{x}\|_1}{b} \right) \\
&= \underset{\boldsymbol{x}}{\operatorname{argmax}} \left(-\|\boldsymbol{y}-\boldsymbol{D}\boldsymbol{x}\|_2^2 - \frac{2\sigma^2\|\boldsymbol{x}\|_1}{b} \right) \\
&= \underset{\boldsymbol{x}}{\operatorname{argmax}} \left(\|\boldsymbol{y}-\boldsymbol{D}\boldsymbol{x}\|_2^2 + \frac{2\sigma^2\|\boldsymbol{x}\|_1}{b} \right)
\end{aligned} \tag{2-23}
$$

令 $\lambda=2\sigma^2/b$，则可以得到与 L_1 范数稀疏表示模型相同的形式。对于其他稀疏表示模型，通过改变分布形式，可以得到相似结果。

(2)稀疏表示的几何解释

通过图形可说明 $L_p(0<p\leqslant 1)$ 产生稀疏解的原因。采用两种形式，一种形式是二维情况，一种形式是将 L_p 范数看成一个 L_p 球。图 2—3 与图 2—4 分别给出了二维和三维情况下的示意图[25]。

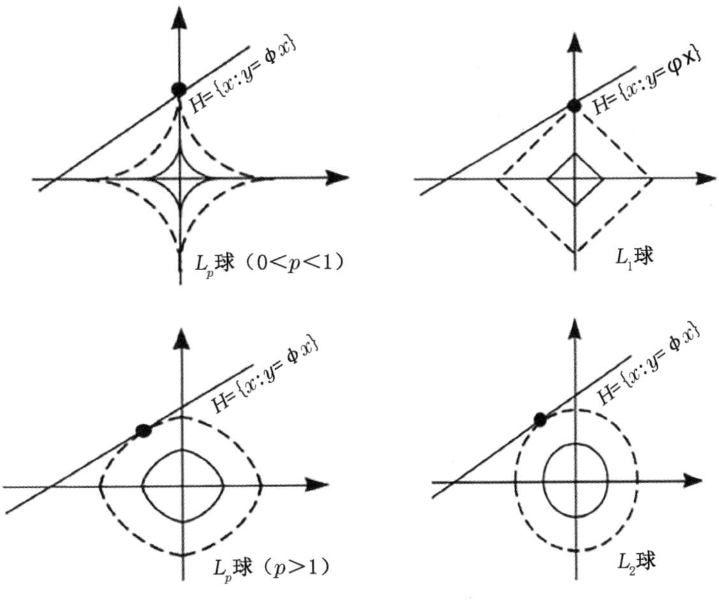

图 2—3　二维情况下稀疏解示意图

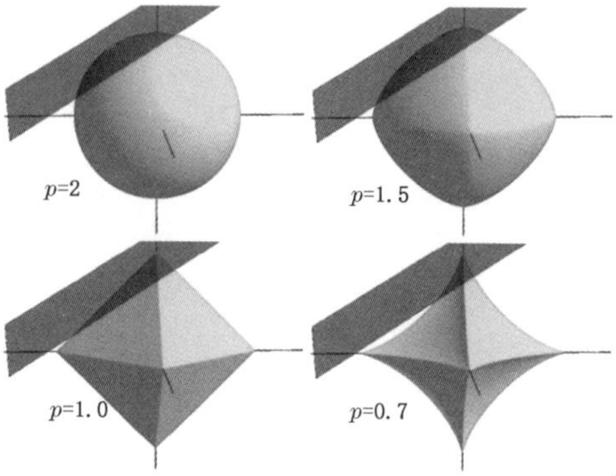

图 2—4　三维情况下稀疏解示意图

图 2—3 与图 2—4 可见，将 $\boldsymbol{y}=\boldsymbol{\phi x}$ 表示为二维空间的一条直线(三维空间的一个平面)，L_p 可看成一个球。坐标轴上的点可以看成稀疏向量(只在该坐标轴上的坐标不为 0)。当 $0<p<1$ 时，L_p 球为凹的，随着 p 的增加，球的半径逐渐增加。可以看到，直线与 L_p 球可相交于不同的坐标轴点，说明此时有不同的解。当 $p=1$ 时，L_p 球为菱形，会得到一稀疏解。当 $p>1$ 时，L_p 为凸的，当球半径膨胀时，与直线的切点不会位于坐标轴上，故难以产生稀疏解。

2.4　稀疏表示学习算法

在给定的超完备字典中用尽可能少的原子来表示信号，可以获得信号更为简洁的表示方式，它是一种对原始信号的分解过程。设稀疏表示模型一般形式为

$$\boldsymbol{X}=\operatorname{argmin}\|\boldsymbol{y}-\boldsymbol{Dx}\|_k+\lambda\|\boldsymbol{x}\| \tag{2—24}$$

式中，$\boldsymbol{y}$ 为观测数据，$\boldsymbol{D}$ 为字典，$\boldsymbol{X}$ 为待估稀疏向量，λ 为正则参数，$k(1\leqslant k<2)$为稀疏度量。其中，λ 与 k 未知，需预先确定(通常取 $k=1$，而 $k<1$ 时模型更灵活)。学习算法研究主要包括模型解与 L_0 范数解的逼近程度、稀疏表示模型解的唯一性与稳定性等。

2.4.1　稀疏编码

设有一组基向量 $\boldsymbol{\Phi}_i$，将输入向量 $\boldsymbol{x}$ 表示为这些基向量的线性组合

$$\boldsymbol{x}=\sum_{i=1}^{k}a_i\boldsymbol{\Phi}_i \tag{2—25}$$

主成分分析(principal component analysis，PCA)能方便地找到一组“完备”基向

量。现在是找到一组“超完备”基向量来表示输入向量 $\boldsymbol{x}\in\mathbf{R}^n$。超完备基能更有效地找出隐含在输入数据内部的结构与模式。然而对于超完备基来说，系数 a_i 不再由输入向量 $\boldsymbol{x}$ 单独确定。因此，在稀疏编码算法中，另加了一个评判标准“稀疏性”来解决因超完备而导致的退化问题。有 m 个输入向量的稀疏编码代价函数定义为

$$\min_{a_i^{(j)},\varphi_i}\sum_{j=1}^{m}\left[\left\|\boldsymbol{x}^{(j)}-\sum_{i=1}^{k}a_i^{(j)}\boldsymbol{\Phi}_i\right\|^2+\lambda\sum_{i=1}^{k}S(a_i^{(j)})\right] \tag{2-26}$$

此处，$S(\cdot)$是一个稀疏代价函数，由它来对远大于零的 a_i 进行“惩罚”。可以把稀疏编码目标函数的第一项解释为一个重构项，这一项迫使稀疏编码算法能为输入向量 $\boldsymbol{x}$ 提供一个高拟合度的线性表达式，而公式第二项即“稀疏惩罚”项，它使 $\boldsymbol{x}$ 的表达式变得“稀疏”。常量 λ 是一个变换量。此外，因为增加 a_i 或增加 $\boldsymbol{\Phi}_i$ 至很大的常量，使得稀疏惩罚变得非常小。为防止此情况发生，将限制$\|\boldsymbol{\Phi}\|^2$ 要小于某常量 C。包含限制条件的稀疏编码代价函数为

$$\begin{cases}\min\limits_{a_1^{(1)},\varphi_i}\sum\limits_{j=1}^{m}\left[\left\|x^{(j)}-\sum\limits_{i=1}^{k}a_i^{(j)}\boldsymbol{\Phi}_i\right\|^2+\lambda\sum\limits_{i=1}^{k}S(a_i^{(j)})\right]\\ \text{s. t. }\|\boldsymbol{\Phi}_i\|^2\leqslant C,\ \forall i=1,\cdots,k\end{cases} \tag{2-27}$$

2.4.2　字典学习

字典学习的目标是学习一个过完备字典，从字典中选择少数的字典原子，通过对所选择的字典原子的线性组合来近似表示给定的原始信号。字典学习大体上可以分为两类：第一类是以重构原始信号为目标的字典学习，该类学习算法不考虑分类信息在字典学习中的作用，称为非监督字典学习方法；第二类是在重构原始信号的过程中，加入训练数据的分类信息，形成以原始信号重构为目标，以分类为导向的监督字典学习方法[33-38]。

(1)非监督字典学习方法

以重构原始信号为目标的字典学习，在不考虑分类信息的情况下学习字典，称为非监督字典学习。非监督字典学习的优化目标主要集中在原始信号的重构和编码的稀疏性问题上，使得算法在学习到的字典上生成稀疏编码，可以更加精准地对原始信号进行重构。因为稀疏表示的正则项是 L_0 范数，求解该项是 NP 难问题，直接求解计算量过于巨大，为了规避对 L_0 范数项的求解，一些学者开发出一些新的解决方法来求得次优解，典型算法有 MOD 和 K-SVD 等。

MOD(method of option directions)算法是恩甘于 1999 年提出。MOD 算法同时学习一个字典并找到训练数据的稀疏表示矩阵，使得原始信号与重构数据误差最小化

$$\begin{cases}\operatorname{argmin}\|\boldsymbol{Y}-\boldsymbol{A}\boldsymbol{X}\|_2^2 \\ \text{s. t. } \|\boldsymbol{X}_i\|_1 \leqslant T, \forall i\end{cases} \tag{2—28}$$

式中，$\boldsymbol{Y}$ 为训练数据集，$\boldsymbol{A}$ 为字典，$\boldsymbol{X}$ 为对应训练数据集的稀疏编码，$\boldsymbol{X}_i$ 为第 i 个训练样本所对应的稀疏编码。

MOD 算法是一个迭代的求解过程，其迭代操作主要由两个步骤来完成。第一步，稀疏编码阶段，实现方法是固定字典，求解重构原始数据的最优稀疏表示；第二步，字典更新阶段，固定当前的稀疏编码矩阵，求解满足当前稀疏编码矩阵条件的最优表示的字典。其中第二步使用二次规划方法求解，通过对式(2—28) 求导，可以得到字典表示的解析解：

$$\boldsymbol{A}=\boldsymbol{Y}\boldsymbol{X}^{\mathrm{T}}(\boldsymbol{X}\boldsymbol{X}^{\mathrm{T}})^{-1} \tag{2—29}$$

由算法第二步求解可以看出，该算法需要对矩阵求逆运算，求逆运算的计算量非常大，计算复杂性比较高，特别是在大数据量的计算中对性能影响更为明显。

与 MOD 的一次性更新整个字典不同，K-SVD 算法在满足稀疏性等条件的情况下，对字典的所有原子逐个进行更新[25]。其主要思路是使用贪婪思想，力求找到每个原子“最优”的形式，再将所有“最优”的原子组装构成一个字典，以局部最优去逼近整体最优，即最大化发挥每个原子的作用来共同减小整体的重构误差。针对式(2—28) 的稀疏表示的字典更新：固定参数矩阵 $\boldsymbol{X}$ 和字典 $\boldsymbol{A}$，对字典 $\boldsymbol{A}$ 逐列(逐原子) 进行更新：

$$\|\boldsymbol{Y}-\boldsymbol{A}\boldsymbol{X}\|_F^2=\left\|\boldsymbol{Y}-\sum_{j=1}^{k}a_j x^j\right\|_2^2=\left\|(Y-\sum_{j\neq h}a_j x_r^j)-a_h x^j\right\|_2^2=\|E_h-a_h x^j\|_2^2 \tag{2—32}$$

式中，k 为字典原子个数，即字典的长度；h 为当前屏蔽的原子的索引；E_h 为屏蔽第 h 个原子后的误差，突出第 h 个原子在总误差中的贡献。

最小化$\|E_h-a_h x_r^j\|_2^2$ 即可达到最小化$\|\boldsymbol{Y}-\boldsymbol{A}\boldsymbol{X}\|_F^2$ 的效果。通过调整 a_h 和 x^j 使其乘积与 E_h 的差尽可能小，可找到最合适的原子和对应的稀疏编码。由 SVD 算法的迭代步骤可以看出，该迭代算法不能保证得到全局最优的结果，但该算法计算量小并且能刻画数据最重要的特征，在实际应用中取得非常好的效果，所以实际应用非常广泛。后续章节将详细分析上述相关的字典学习算法。

(2)监督字典学习方法

为了提高分类的准确性，将分类信息加到稀疏字典学习过程中，来提取数据中隐含的分类信息。相对于没有将数据的分类信息应用到字典学习中的非监督字典学习方法，监督字典学习方法在训练字典的过程中，充分利用数据的分类信息，深度挖掘数据中潜在的分类信息，将有益于数据分类的潜藏的信息附加到学习到的字典中，使得训练出的字典除了可以很好地以稀疏的方式重构原始数据外，在其上生成的稀疏编码在应用到数据分类时，对数据分类也起到非常好的加强作用。

按分类信息生成字典的算法，在字典学习过程中引入训练数据的分类信息，以加强学得的字典对各个分类数据差异性的表示能力。最简单的方法就是分组进行字典学习，使用每个分类里的数据各自进行字典学习，学习出各个分类数据集的子字典，最后再将各个分类子字典组合成一个稀疏字典。此类算法在训练数据量比较小的情况下，计算效果很好，但如果数据量很大的话，如在分类数目特多的情况下，算法可能会不稳定。

2.4.3 稀疏重建算法

信号在过完备字典下的稀疏分解是一种全新的信号表示理论，也是近几年信号稀疏表示研究领域的热点和难点。它的基本思想最早是由马拉特提出的，马拉特采用超完备加博尔字典对图像进行稀疏表示，并提出了匹配追踪算法[23,32]。根据图像的几何结构特性，从人类视觉系统特性出发，建立了匹配各层面图像结构的加博尔感知多成分字典，进而提出一种高效的基于匹配追踪的图像稀疏分解算法。在过完备字典中，用于稀疏表示的不再是"单一基"，而是通过构造或学习得到的冗余原子库，通过提高变换系统的冗余性增强信号逼近的灵活性，提高对图像等复杂信号的稀疏表示能力。由于过完备稀疏表示理论还不够成熟，算法所涉及的计算繁重，因此给实际研究和应用带来一定的困难。可以相信，随着对该理论的进一步研究和完善，该方法将有可能成为继正交分解方法和多尺度几何分析方法之后另一研究高潮。信号在过完备字典下的稀疏表示的研究集中在两个方面：①如何构造一个适合某一类信号的过完备字典；②如何设计快速有效的稀疏分解算法。目前，构造过完备字典的方法主要包括人工构造和训练学习两大类。其中，基于人工构造方法的过完备字典设计是当前的主流方法，它通过一组参数和一套含参数的函数中选取若干函数来近似表示信号。从稀疏分解压缩感知重建算法角度来讲，主要可分为如图2—5所示的六类[36,38]。

(1)凸松弛算法

该类算法利用线性规划求解凸优化问题以完成信号重构，利用的采样值个数较少，但算法复杂度较高。该类算法主要包括基追踪(basis pursuit，BP)、去噪基追踪(basis pursuit de-noising，BPDN)、修正的去噪基追踪(modified BPDN)、最小化的绝对收缩和选择算子(least absolute shrinkage and selection operator，LASSO)以及最小角回归(least angle regression ，LARS)算法等。

- 压缩感知重建算法
  - 凸松驰算法
    - 基追踪(BP)
    - 去噪基追踪(BPDN)
    - 修正的去噪基追踪(MBPDN)
    - 最小化的绝对收缩和选择算子(LASSO)
    - 最小角回归(LARS)
  - 贪婪迭代算法
    - 匹配追踪(MP)
    - 正交匹配追踪(OMP)
      - 正则化 OMP(ROMP)
      - 分段 OMP(StaOMP)
    - 子空间追踪(SP)
    - 稀疏自适应匹配追踪(SAMP)
    - 梯度追踪(GP)
  - 迭代阈值算法
    - 迭代软阈值(IST)
    - 迭代硬阈值(IHT)
    - 信息传送算法(MP)
      - 扩展匹配追踪(EMP)
      - 稀疏匹配追踪(SMP)
      - 连续 SMP
      - 置信传播(BP)
  - 组合算法
    - 链追踪
    - HHS 算法
    - 傅里叶采样算法
  - 非凸最小化算法
    - FOCUSS
    - 迭代二次加权最小二乘
    - 稀疏贝叶斯学习算法
    - 基于蒙特卡洛的算法
  - 布雷格曼迭代算法

图 2—5　压缩感知重建算法

(2)贪婪迭代算法

该类算法以迭代的形式逐步找到最优解以完成信号重建。以一种贪婪的方式寻找矩阵 $\boldsymbol{\Theta}$ 的列,在每次迭代中,与观测值 $\boldsymbol{y}$ 最相关的 $\boldsymbol{\Theta}$ 的列被选出。迭代中不考虑行,当列的合适的集合被选出时,迭代停止。应用最广泛的是 MP 和 OMP 算法,具有低重构复杂度和高重构效率的优点。但是,当信号稀疏性不理想时,重建计算量较大。该类算法能够较快地完成原始信号的重构,但需要较多采样值。

(3)迭代阈值算法

该类算法含软阈值和硬阈值两类算法,阈值函数根据迭代完成的次数和具体问题来设定。信息传送算法(message passing ,MP)是迭代阈值算法中一个重要的改进,其中的基向量与有向图边缘相关。该领域近年提出的方法有扩展匹配追踪(expander matching pursuit)、稀疏匹配追踪(sparse matching pursuit)以及连续稀疏匹配追踪(sequential sparse matching pursuit)等。置信传播(belief propagation)也归于这一类。该类方法有很多优势,如低计算复杂度及易实现性等。

(4)组合算法

相比于前面的算法,该类算法快速且有效,但需要特定的模式。典型算法包括傅里叶采样算法(Fourier sampling algorithm)、链追踪(chaining pursuit)及 HHS(heavy hitterson steroids)等算法。

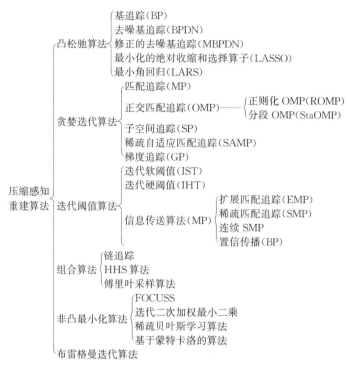

(5)非凸最小化算法

非凸优化算法主要用于医学影像成像、网络状态推断及流数据还原。该类算法主要包括:焦点欠定系统解(focal underdetermined system solution,FOCUSS),迭代二次加权最小二乘(iterative reweighted least squares),稀疏贝叶斯学习算法(sparse Bayesian learning algorithms,SBL),及基于蒙特卡洛的算法(Monte-Carlo based algorithms)等。

(6)布雷格曼迭代算法

通过迭代解决一系列由布雷格曼迭代正则化方法产生的无约束子问题,为约束性问题的精确求解提供了一种新的思路。对于压缩感知问题,利用布雷格曼距离正则化的迭代方法进行数次迭代可完成重建,算法运行速度较快。

目前,多数算法能够高精度恢复原始稀疏信号,但仍都存在或多或少有待改进的问题。凸松弛算法和贪婪迭代算法应用较广泛,但前者重建过程运算量巨大,很难应用到需要求解大规模数据的情况下。而贪婪迭代算法重构效率较高,但是却牺牲了一定的信号恢复质量,仍有很大优化空间。如何既能保证信号重建质量,又不增加算法复杂度,成为重建算法需要解决的一大问题,也是其继续发展的方向。

本章小结

本章介绍了稀疏表示理论的数学模型。早期的稀疏表示理论主要解决信号的表示问题,研究的重点集中在信号的稀疏重构上,即字典学习的目标是学习到一个超完备字典,可以用尽可能少的原子、以最小的误差重构原始信号。近年来,基于机器学习方法的超完备字典学习方法在稀疏表示领域中扮演着越来越重要的角色。区别于以往字典学习算法,将训练数据的分类信息加入字典学习的过程中,使得通过训练得到的字典对分类信息也具有潜在的辨别性,使用加入分类信息的训练集训练得到的字典进行信号的稀疏编码,在进行数据分类时可以得到更高的准确率。

第3章　小波变换、脊波变换及曲波变换

本章介绍与稀疏表示理论相关的三种信号变换方法，包括小波(wavelet)变换、脊波(ridgelet)变换及曲波(curvelet)变换。

3.1　小波变换

3.1.1　小波理论的发展

小波变换由傅里叶变换发展而来。1807年傅里叶提出了用一系列正弦波来表示任何周期函数，由此开创了傅里叶分析。为了研究非平稳信号在局部区域内的频率特征，1946年加博尔提出了短时傅里叶变换(STFT)，其对不同的信号选择长度不一样的窗函数，这样STFT就具有多分辨率功能，具有对信号的自适应性[23]。但短时傅里叶变换也有一定弱点，它的窗口就是固定的，这就无法同时兼顾信号的高频和低频特征。另外，短时傅里叶变换不能提供一组便于数值计算的离散正交基，这导致STFT不能得到更加广泛的应用。

小波变换是一种处理非平稳信号的数学工具。1910年哈尔(Haar)提出了最简单的小波，它具有最好的时间分辨率，但是哈尔小波基不是连续函数。所以哈尔小波变换对信号的频率分辨率很差[3]。1980年法国数学家莫莱特(Morlet)首先提出了具有平移伸缩性质的小波公式，用于非稳定的地震信号分析[23]。1985年，法国数学家迈耶(Meyer)提出了连续小波的容许性条件及其重构公式。同年迈耶和多贝西(Daubeichies)提出“正交小波基”，通过构成L^2的一个准正交完全集的方式选取连续小波空间的一个离散子集，这个离散子集称为框架，并且这两位科学家证明了一维小波函数ψ的存在性[39]。后来，法国科学家马拉特和迈耶合作，提出了多分辨分析理论(MRA)，在分辨率上由粗到细或由细到粗地对事物进行分析的过程称为多分辨率分析，有时又称多尺度分析[40-41]。1986年，马拉特在此基础上建立了快速小波算法，也就是马拉特算法，该算法与经典的快速傅里叶变换相对应[42]。马拉特算法的提出，实

现了小波分析从数学到技术的转变，奠定了小波分析在工程技术中的地位。1992 年，维特里(Vetterli)和科瓦切维奇(Kovacevic)提出了双正交小波的概念。同年，多贝西和费维(Feauveau)等构造出具有紧支撑、对称性、正则性、消失矩等性质的双正交小波[43]。1992 年，科伊夫曼(Coifman)和威克豪泽(Wickerhauser)提出了小波包(wavelet packet，WP)分析[44]。1993 年科瓦切维奇、维特里提出了有理离散小波变换[45]。有理离散小波变换减小了频率混叠现象，具有比二进制小波变换更高的频率分辨率，并且具有近似平移不变性。尽管小波变换到目前为止取得了显著性的成果，但是小波变换确实有一些不可避免的局限性。离散小波变换的不足主要表现在以下三个方面：首先，缺少平移不变性，这将导致小波提取的频率成分不真实；其次，对不同类型的信号采用固定的频率采样方式，从而导致了较低的频率分辨率和严重的频率混叠现象；最后，小波函数较低的震荡性不足以匹配振动信号的特征。1998 年金斯伯里(Kingsbury)提出了双树复小波变换，克服了通常离散小波变换的缺陷，提高了频率分辨率，减小了频率的混叠效应[46]。2009 年贝拉姆(Bayram)提出了过完备有理小波变换，大大提高了小波变换的频率分辨率[47]，2011 年其提出了有理双树复小波变换(dual-tree rational-dilation complex wavelet transform，DT-RADWT)[48]，DT-RADWT 作为一种新型的振动信号处理方法，同传统的双树复小波变换相比能更精细地划分信号分析频带，具有更高的时频分辨率，很大程度上减少了频率的混叠现象。本节内容主要选自文献[39,41]。

3.1.2　小波分析

小波分析能够较好地克服短时傅里叶变换的不足，它提供了一个可以随频率改变的时—频窗口，比傅里叶分析有着本质的进步。下面介绍小波函数和小波分析理论。

(1)小波函数

小波是一迅速衰减的振荡，如图 3—1 所示。数学中的小波定义如下。

定义 3.1　设 $\psi(t)\in L^1(\mathbf{R})\cap L^2(\mathbf{R})$，并且 $\hat{\psi}(0)=0$，即 $\int_{\mathbf{R}}\psi(t)\mathrm{d}t=0$，则称 $\psi(t)$ 为一个基本小波或母小波，对母小波 $\psi(t)$ 做伸缩和平移变换得到

$$\psi_{a,b}(t)=\frac{1}{\sqrt{|a|}}\psi\left(\frac{t-b}{a}\right),a,b\in\mathbf{R},a\neq 0 \tag{3—1}$$

式中，$\psi_{a,b}(t)$ 称为小波函数，简称小波。其中 a 叫做伸缩因子，b 叫做平移因子。变量 a 反映函数的尺度，变量 b 检测小波函数在时间轴上的平移位置。一般的，母小波 $\psi(t)$ 的能量聚集在原点，$\psi_{a,b}(t)$ 的能量聚集在 b 点。

实际工程应用中常假设 $a>0$。这时在小波函数 $\psi_{a,b}(t)$ 的定义中，被称为尺度因

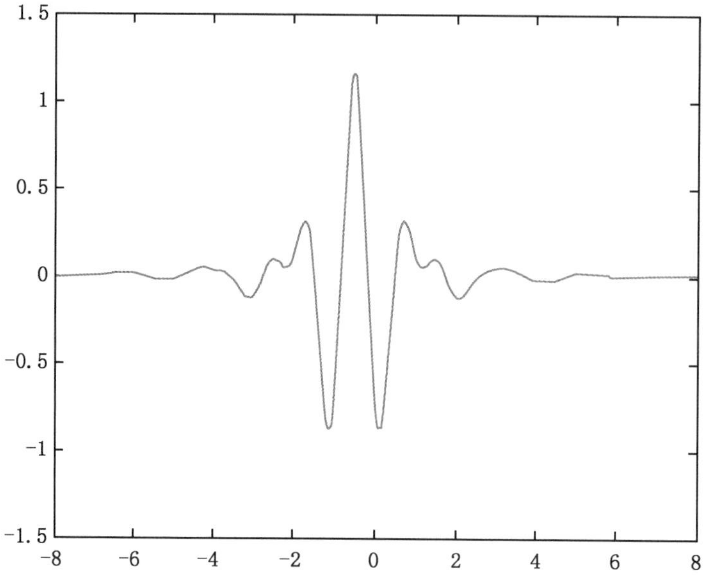

图 3—1 小 波

子的 a 的作用是将母小波 $\psi(t)$ 做伸缩，a 越大，则 $\psi(1/a)$ 越宽，$\psi(t)$ 的持续时间随着 a 的变大而增宽；幅度与 $\sqrt{a}$ 成反比缩小，值得注意的是小波的形状却保持不变，$\psi_{a,b}(t)$ 中 $1/\sqrt{a}$ 的作用是使具有不同值尺度因子的小波的能量能保持相等，即 $\|\psi_{a,b}(t)\|_2=\|\psi(t)\|_2$。

定义 3.2 设 $\psi(t)=L^1(\mathbf{R})\cap L^2(\mathbf{R})$，其傅里叶变换为 $\psi(\omega)=\int_{-\infty}^{+\infty}\mathrm{e}^{-i\omega t}\psi(t)\mathrm{d}t$，当 $\psi(\omega)$ 满足

$$C_\psi=\int_R\frac{|\hat{\psi}(\omega)|^2}{|\omega|}\mathrm{d}\omega<\infty \tag{3-2}$$

称 $\psi(t)$ 为允许小波。式(3—2)称为允许条件。

由 $C_\psi<+\infty$ 知，$\hat{\psi}(0)=0$，因此允许小波就一定是基本小波；反过来，若 $\hat{\psi}(0)=0$。且 $\psi(t)$ 满足 $|\psi(t)|\leqslant c(1+|t|)^{-1-\varepsilon}(\varepsilon>0)$，其中 a 是一个常数，则式(3—2)成立。这表明，允许条件与 $\int_R\psi(t)\mathrm{d}t=0$ 基本上是等价的。下面是一些常见的小波函数。

①哈尔小波。

$$\psi(t)=\begin{cases}1 & 0\leqslant t\leqslant 1/2\\ -1 & 1/2\leqslant t<1\\ 0 & \text{其他}\end{cases} \tag{3-3}$$

哈尔小波是最简单以及最古老的小波变换，它具有最短的支撑集。因为它只有一

阶消失矩，故不太适合用来对光滑函数进行逼近。

②多贝西小波。多贝西小波是由英格丽德·多贝西(Ingrid Daubechies)构造的紧支撑正交小波，多贝西小波没有明确的解析表达式。

③莫莱特小波。

$$\psi(t)=e^{-t^2}e^{i\omega_0 t} \tag{3-4}$$

这是一个很常用的小波，因为它在时间频率的局部性比较好。

④加博尔小波。

$$\psi(t)=\frac{1}{(\sigma^2\pi)^{1/4}}e^{-\frac{t^2}{2\sigma^2}+j\eta t} \tag{3-5}$$

式中，η 是 $\hat{\psi}(\omega)$ 的中心频率，σ 是 $\psi(t)$ 的时间扩频，通过调整 η 和 σ 的值，可以获得所需要的加博尔小波。特别地，当 $\sigma=1,\eta=5$ 时，加博尔小波就变成了莫莱特小波，加博尔小波在特征提取等方面具有重要作用。

⑤高斯小波。高斯小波是高斯函数的一阶导数，在很多方面具有重要的应用，比如信号的特征提取、图像的边缘提取等。它的表达式为

$$\psi(t)=-\frac{1}{\sqrt{2\pi}}te^{-t^2/2} \tag{3-6}$$

高斯小波函数和它的傅里叶变换具有同一函数表示形式。

⑥迈耶小波。迈耶小波是由迈耶在 1985 年构造[39]，它的尺度函数与小波函数都是在频域中定义的。迈耶小波是一个光滑性很好的正交小波，是频率带限函数，具有无穷阶消失矩；具有对称性，具有很好的衰减性，但达不到指数衰减。

(2)小波变换

对于任意的函数 $f(t)\in L^2(\mathbf{R})$ 的连续小波变换为

$$WT_f=\langle f,\psi_{a,b}\rangle=|a|^{-\frac{1}{2}}\int_{\mathbf{R}}f(t)\overline{\psi}\left(\frac{t-b}{a}\right)\mathrm{d}t \tag{3-7}$$

式中，$\overline{\psi}$ 为 ψ 的共轭运算，很显然经过小波变换后的函数是二维的，也就是说小波变换把之前的一维信号变换为了表“时间一频率”的二维信号，以此来分析信号的时频性质。a 影响窗口在频率轴上的位置和其形状，b 影响其在时间轴上的位置。小波变换的窗口是可以改变的，其在信号的低频部分具有较高的频率分辨率和较低的时间分辨率，在高频部分具有较低的频率分辨率和较高的时间分辨率，因为这种特性，使得小波变换具有对信号的自适应性，优于传统的时频分析方法。连续小波变换具有如下两条重要性质。

线性性：如果 $f(t)$ 和 $g(t)$ 的小波变换分别为 $WT_f(a,b)$ 和 $WT_g(a,b)$，则 $k_1f(t)+k_2g(t)$ 的小波变换为 $k_1WT_f(a,b)+k_2WT_g(a,b)$。

平移不变性：如果 $f(t)$ 的小波变换为 $WT_f(a,b)$，则 $f(t-t_0)$ 的小波变换为 $WT_f(a,b-t_0)$。也就是说 $f(t)$ 的平移对应于 $WT_f(a,b)$ 的平移。

连续小波变换可用卷积公式来改写

$$WT_f(a,b)=\frac{1}{\sqrt{|a|}}\int_{-\infty}^{+\infty}f(t)\psi^*\left(\frac{t-b}{a}\right)\mathrm{d}t=|a|^{1/2}\overline{\psi}_{|a|}(b) \tag{3-8}$$

式中，$\overline{\psi}_{|a|}(t)=|a|^{-1}\psi^*(-t/a)$。所以小波变换也可以看成是信号与滤波器的一个卷积运算。从工程意义来看，$\overline{\psi}_{|a|}$ 可以当成高通滤波器。

如果 ψ 是允许小波，则对任何 $f\in L^2(\mathbf{R})$ 和 f 连续的点 $x\in\mathbf{R}$，

$$f(t)=\frac{1}{C_\psi}\int_{-\infty}^{+\infty}\int_{-\infty}^{+\infty}|a|^{-\frac{1}{2}}WT_f(a,b)\psi\left(\frac{t-b}{a}\right)\mathrm{d}a\,\mathrm{d}b \tag{3-9}$$

式中，$a,b\in\mathbf{R},a\neq 0$。由于母小波 $\psi(t)$ 生成小波函数 $\psi_{a,b}(t)$ 在小波变换中对研究的信号起着观测窗的作用，因此 $\psi_{a,b}(t)$ 还应该满足约束条件 $\int_{-\infty}^{+\infty}|\psi(t)|\mathrm{d}t<\infty$，为了构造完美的重构条件，$\psi(w)$ 在原点的值应该为 0，即

$$\hat{\psi}(0)=\int_{-\infty}^{+\infty}\psi(t)\mathrm{d}t=0 \tag{3-10}$$

在实际的运用中，为了能够进行数值计算，必须针对连续的平移参数 b 和连续的尺度参数 a 加以离散化。令参数 $a=2^{-j}$，$b=k2^{-j}$，则离散小波为

$$\psi_{j,k}(t)=2^{-j/2}\psi(2^{-j}t-k),j,k\in\mathbf{Z} \tag{3-11}$$

要注意，记号 $\psi_{j,k}(t)$ 与连续小波变换的记号 $\psi_{a,b}(t)$ 是不同的，两者不能混淆。

函数 $f(t)$ 的离散小波变换为

$$WT_f(j,k)=\langle f,\psi_{j,k}\rangle=2^{j/2}\int_{-\infty}^{+\infty}f(t)\psi^*(2^jt-k)\mathrm{d}t \tag{3-12}$$

其重构公式为

$$f(t)=c\sum_{-\infty}^{+\infty}\sum_{-\infty}^{+\infty}C_{j,k}\psi_{j,k}(t) \tag{3-13}$$

$C_{j,k}$ 是小波系数，c 是与信号无关的常数。

(3)多分辨分析

马拉特提出了多分辨分析的概念。多分辨分析的思想是将 $L^2(\mathbf{R})$ 用它的子空间 V_j 和 W_j 表示，其中 V_j 和 W_j 分别被称为尺度空间和小波空间，它的定义如下：

单调性：$\forall j\in\mathbf{Z},V_{j+1}\subset V_j$

逼近性：$\overline{\bigcup_{j\in\mathbf{Z}}V_j}=L^2(\mathbf{R})$，$\bigcap_{j\in\mathbf{Z}}V_j=\{0\}$

伸缩性：$\forall j\in\mathbf{Z},f(x)\in V_j\Leftrightarrow f(2x)\in V_{j+1}$

平移不变性：$\forall k\in\mathbf{Z},f(x)\in V_0\Leftrightarrow f(x-k)\in V_0$

里斯(Riesz)基存在性：存在函数 $\phi \in V_0$，使得 $\{\varphi(t-k)\}_{k\in \mathbf{Z}}$ 构成 V_0 的里斯基。即 $\{\varphi(t-k)\}_{k\in \mathbf{Z}}$ 是线性无关的，且存在常数 A 和 B，满足 $0<A\leqslant B<\infty$，使得对任意的 $f(x)\in V_0$，总存在序列 $\{c_k\}_{k\in \mathbf{Z}}\in l^2$ 使得 $f(t)=\sum\limits_{-\infty}^{\infty} c_k\phi(t-k)$ 且 $A\|f\|_2^2\leqslant \sum\limits_{k=-\infty}^{\infty}|c_k|^2\leqslant B\|f\|_2^2$，则 ϕ 称为尺度函数，称 ϕ 生成空间 $L^2(\mathbf{R})$ 的一个多分辨分析 $\{V_j\}_{j\in \mathbf{Z}}$。$V_j$ 称为逼近空间，不同的 V_j 对应不同的尺度函数 ϕ。在实际应用中常用的是具有紧支撑性的尺度函数。

(4)有理多分辨分析

有理多分辨分析的概念最先由 P. 奥舍尔(P. Auscher)提出，后来由马拉特对其进行了系统的介绍[41]。

令 $M=\dfrac{p}{q}$($p,q\in \mathbf{Z}$ 且 $M>1$)，$\{V_j\}_{j\in \mathbf{Z}}$ 为 $L^2(\mathbf{R})$的闭子空间上的序列，如果满足以下条件，$\{V_j\}_{j\in \mathbf{Z}}$ 便可构成有理多分辨分析：

单调性：$\forall j\in \mathbf{Z}, V_{j+1}\subset V_j$

逼近性：$\overline{\bigcup\limits_{j\in \mathbf{Z}} V_j}=L^2(\mathbf{R})$，$\bigcap\limits_{j\in \mathbf{Z}} V_j=\{0\}$

伸缩性：$\forall j\in \mathbf{Z}, f(x)\in V_j \Leftrightarrow f(M^{-1}x)\in V_{j+1}$

平移不变性：$\forall k\in \mathbf{Z}, f(x)\in V_0 \Leftrightarrow f(x-k)\in V_0$

V_j 上的正交基为：$\varphi_{j,n}=M^{-j/2}\varphi(M^{-j}x-n), j\in \mathbf{Z}$

设 W_j 为 V_j 的正交补空间，$V_{j-1}=V_j+W_j$，则有：

$$f(x)\in W_j \Leftrightarrow f(M^{-1}x)\in W_{j+1}, \forall j,k\in \mathbf{Z}, j\neq k \tag{3-14}$$

$$L^2(\mathbf{R})=\bigoplus_{j\in \mathbf{Z}} W_j, W_j\perp W_k \tag{3-15}$$

如果在 V_0 中存在函数 φ，要使$\{\varphi(t-k), k\in \mathbf{Z}\}$是 V_0 的一组标准正交基，则 φ 满足如下条件：

$$\forall \omega \in \mathbf{R}, \sum_{k\in \mathbf{Z}}|\hat{\varphi}(\omega+2k\pi)|^2=1 \tag{3-16}$$

$$|\hat{\varphi}(0)|=1 \tag{3-17}$$

$$\forall \omega \in \mathbf{R}, \sum_{k\in \mathbf{Z}}|\hat{\varphi}(x-k)|^2=\hat{\varphi}(0) \tag{3-18}$$

f 在空间 V_j 上的正交投影为

$$A_j f=\sum_n \langle f,\varphi_{j,n}\rangle \varphi_{j,n}=\sum_n a_{j,n}\varphi_{j,n} \tag{3-19}$$

式中，$a_{j,n}$ 为 f 的近似系数。

在 W_0 中存在 $p-q$ 个母小波$\{\psi^1,\psi^2,\cdots,\psi^{p-q}\}$，它们的伸缩平移变换$\{\psi_{j,n}^m(x)\}_{j,n\in \mathbf{Z},1\leqslant m\leqslant p-q}$ 构成空间 $L^2(\mathbf{R})$上的正交小波基，各个母小波构成的子空间有性质

$V_{j-1}=V_j\oplus\bigcup_m W_j^m$，$W_j$ 上的正交基为

$$\psi_{j,n}^m=M^{-j/2}\psi^m(M^{-j}x-nq),j,n\in\mathbf{Z} \tag{3-20}$$

f 在空间 W_j 上的正交投影如下：

$$D_jf=\sum_n\langle f,\psi_{j,n}\rangle\psi_{j,n}=\sum_n d_{j,n}\psi_{j,n} \tag{3-21}$$

式中，$d_{j,n}^m$ 为细节系数。

(5)马拉特算法

1989 年，马拉特在小波变换多分辨分析理论与图像处理应用研究中受到塔式算法的启发，提出了信号的塔式多分辨分析与重构的快速算法，称为马拉特算法。

设 $\varphi_{j,0}(t)$ 和 $\psi_{j,0}(t)$ 分别为尺度空间 V_j 以及小波空间 W_j 的一个标准正交基，那么有：

$$\begin{cases}\phi_{j,0}(t)=\sum_n h_0(n)\phi_{j-1,n}(t)=\sqrt{2}\sum_n h_0(n)\phi_j(2t-n)\\ \varphi_{j,0}(t)=\sum_n h_{1(n)}\phi_{j-1,n}(t)=\sqrt{2}\sum_n h_1(n)\phi_j(2t-n)\end{cases} \tag{3-22}$$

称为二尺度方程。其中 $h_0(n)=\langle\phi_{j,0},\phi_{j-1,n}\rangle$，$h_1(n)=\langle\psi_{j,0},\psi_{j-1,n}\rangle$，称它们为滤波器系数。并且 h_0 相当于低通滤波器，而 h_1 相当于高通滤波器。且满足互相正交的关系。由二尺度方程得到 $\varphi(t)=\sum_n h_0(n)\cdot\sqrt{2}\phi(2t-n)$，将其对时间进行伸缩和平移得到 $\phi(2^{-j}t-k)=\sum_n h_0(n)\cdot\sqrt{2}\phi(2(2^{-j}t-k)-n)=\sum_n h_0(n)\sqrt{2}\phi(2^{-j+1}t-2k-n)$

令 $m=2k+n$，则

$$\phi(2^{-j}t-k)=\sum_m h_0(m-2k)\sqrt{2}\phi(2^{-j+1}t-m)$$

根据多分辨分析，定义空间 $V_{j-1}=\overline{span\{2^{((-j+1)/2}\phi(2^{-j+1}t-k\}}$。那么对于任意函数 $f(t)\in V_{j-1}$，在 V_{j-1} 空间的展开式为

$$f(t)=\sum_k c_{j-1,k}2^{(-j+1)/2}\phi(2^{-j+1}t-k)$$

将 $f(t)$ 分别投影到空间 V_j 和空间 W_j 上得到分解式为

$$f(t)=\sum_k c_{j,k}2^{-j/2}\phi(2^{-j}t-k)+\sum_k d_{j,k}2^{-j/2}\psi(2^{-j}t-k) \tag{3-23}$$

其中

$$\begin{cases}c_{j,k}=\langle f(t),\phi_{j,k}(t)\rangle=\int_{\mathbf{R}}f(t)2^{-j/2}\phi(2^{-j/2}t-k)\mathrm{d}t\\ d_{j,k}=\langle f(t),\psi_{j,k}(t)\rangle=\int_{\mathbf{R}}f(t)2^{-j/2}\psi(2^{-j/2}t-k)\mathrm{d}t\end{cases} \tag{3-24}$$

整理可得

$$c_{j,k}=\sum_m h_0(m-2k)c_{j-1,m},d_{j,k}=\sum_m h_1(m-2k)c_{j-1,m} \tag{3-25}$$

可见，j 尺度空间的尺度系数 $c_{j,k}$ 和小波系数 $d_{j,k}^m$ 可以通过 $j-1$ 尺度空间的尺度系数 $c_{j-1,k}$ 及滤波器系数 $h_0(n)$ 和 $h_1(n)$ 得到。并且空间 V_j 的尺度系数 $c_{j,k}$ 可以进一步分解下去，从而可以得到任意尺度空间的尺度系数和小波系数，这就是马拉特算法。用类似的方法递推可以得到小波变换系数的重构公式

$$c_{j-1,m}=\sum_k c_{j,k}h_0(m-2k)+\sum_k d_{j,k}h_1(m-2k) \tag{3-26}$$

(6)哈尔小波过完备字典矩阵

一组线性独立的向量 $\boldsymbol{\varphi}=\{\boldsymbol{\phi}_i\}_{i\in l}$ 组成基，它能张成整个空间。向量空间 $\boldsymbol{S}\in\mathbf{R}^M$ 是由 N 个线性无关的基 $\boldsymbol{\psi}=\{\boldsymbol{\varphi}_i\}$，$i=1,2,3,\cdots,N$ 组成，称这组基张成空间 $\boldsymbol{S}$。空间中的任意一个向量 $\boldsymbol{s}$ 都可以通过这组基的线性组合展开：

$$\boldsymbol{s}=\sum_{i=1}^N \alpha_i\boldsymbol{\varphi}_i \tag{3-27}$$

$\alpha_i=\langle \boldsymbol{s},\boldsymbol{\varphi}_i\rangle$ 是 $\boldsymbol{s}$ 在基向量 $\boldsymbol{\varphi}_i$ 上的展开系数，因为基是线性独立的，所以这种展开是唯一的。如果 $\boldsymbol{\varphi}_i\perp\boldsymbol{\varphi}_j$，$i\neq j$，则基 $\boldsymbol{\psi}$ 为空间 $\boldsymbol{S}$ 上的一组正交基。

上式可以写成矩阵形式 $\boldsymbol{s}=\boldsymbol{\Phi\alpha}$，$\boldsymbol{\Phi}\in\mathbf{R}^{M\times N}$ 为基向量组成的矩阵，每一列对应一个基向量；$\boldsymbol{\alpha}$ 为展开系数列矩阵。若 $N<M$，则 M 维向量空间 $\boldsymbol{S}$ 的某些向量将不可能完整地表示为 $\boldsymbol{\varphi}_i$ 的线性组合，称基集合 $\{\boldsymbol{\varphi}_i\}$ 为非完备的(incomplete)；若 $N>M$，则 M 维向量空间 $\boldsymbol{S}$ 的每个向量用 $\boldsymbol{\varphi}_i$ 线性组合展开的形式有无穷多种，此时 $\boldsymbol{\alpha}$ 不是唯一的，称基集合 $\boldsymbol{\varphi}_i$ 为过(超)完备的(overcomplete，也称为冗余的)。如果 $N=M$，那么 M 个线性无关的基向量 $\boldsymbol{\varphi}_i$ 组成一组完备基。通常，信号也可以采用一组向量 $\{t_i\}_{i=1}^N$ 来进行表示。给定信号 $\boldsymbol{f}\in\mathbf{R}^N$，也可以通过基向量 $\{\boldsymbol{t}_i\}_{i=1}^N$ 的线性组合的形式来对其进行展开：

$$\boldsymbol{f}=\boldsymbol{T\alpha}=[\boldsymbol{t}_1,\boldsymbol{t}_2,\cdots,\boldsymbol{t}_N]\begin{bmatrix}\alpha_1\\ \alpha_2\\ \vdots\\ \alpha_N\end{bmatrix} \tag{3-28}$$

$\boldsymbol{\alpha}_i$ 是 f 在基向量 $\boldsymbol{t}_i$ 上的展开系数，$\boldsymbol{T}$ 称为合成矩阵，矩阵的列矢量为合成向量。在实际工程应用中，目前常用的基有小波基、余弦基和傅里叶基等。通常，这些基对应的合成向量形成完备正交基，合成矩阵 $\boldsymbol{T}$ 是一个 $N\times N$ 的非奇异矩阵。交换系数 $\boldsymbol{\alpha}=\boldsymbol{T}^{-1}\boldsymbol{f}$，且唯一存在，$\boldsymbol{T}^{-1}$ 称为分析矩阵。为了更灵活地对信号进行表示，采用过完备基来代替传统的正交基。此时，基向量 $\boldsymbol{t}_i$ 组成一个过完备集 $\{\boldsymbol{t}_i\}_{i=1}^K$，而且 $K\gg N$。由于 $\boldsymbol{t}_i$ 不是线性无关的，因此 $\boldsymbol{D}=\{\boldsymbol{t}_i\}_{i=1}^K$ 不是一个基，通常称为字典。采用过完备字典

对信号进行表示时，合成矩阵不再是方阵。设$\{\boldsymbol{t}_i\}_{i=1}^{K}$对应的合成矩阵为$\boldsymbol{D}$，则信号$\boldsymbol{f}\in\mathbf{R}^N$的超完备表示为：

$$\boldsymbol{f}=\boldsymbol{D}\boldsymbol{\alpha} \tag{3—29}$$

式中$\boldsymbol{D}$是一个$N\times K$维的矩阵，且$\boldsymbol{K}\gg\boldsymbol{N}$。

给定$\boldsymbol{D}$和$\boldsymbol{f}$，上式是一个存在无穷多个解$\boldsymbol{\alpha}$的欠定问题。然而，正是信号的过完备表示问题的欠定性，使信号的稀疏表示成为可能。

小波变换往往不能满足实际应用，需要非抽样小波变换所对应的变换矩阵，即生成过完备字典。以哈尔小波为例，推导其对应的过完备字典，并将变换扩展到二维的情况。考虑一$d\times d$的二维信号，如要进行1级的二维非抽样小波变换，可定义一级低通变换矩阵

$$\boldsymbol{L}_1=1/\sqrt{2}\begin{bmatrix}1 & 1 & 0 & \cdots & 0\\ 0 & 1 & 1 & \cdots & 0\\ & & \cdots & & \end{bmatrix} \tag{3—30}$$

其中每一行均为上一行向右平移一个元素，$\boldsymbol{L}_1$大小为$d\times d$。类似定义一级高通变换矩阵

$$\boldsymbol{H}_1=1/\sqrt{2}\begin{bmatrix}1 & -1 & 0 & \cdots & 0\\ 0 & 1 & -1 & \cdots & 0\\ & & \cdots & & \end{bmatrix}$$

如要进行二级的二维非抽样小波变换，还需定义二级低通变换矩阵

$$\boldsymbol{L}_2=1/\sqrt{2}\begin{bmatrix}1 & 1 & 1 & 1 & 0 & \cdots & 0\\ 0 & 1 & 1 & 1 & 1 & 0 & \cdots\\ & & & \cdots & & & \end{bmatrix}$$

二级高通变换矩阵

$$\boldsymbol{H}_2=1/\sqrt{2}\begin{bmatrix}-1 & -1 & 1 & 1 & 0 & \cdots & 0\\ 0 & -1 & -1 & 1 & 1 & 0 & \cdots\\ & & & \cdots & & & \end{bmatrix}$$

则对于二级哈尔非抽样小波变换，其对应的过完备字典为

$$\boldsymbol{\Psi}=[\boldsymbol{L}_2\otimes\boldsymbol{L}_2,\boldsymbol{L}_2\otimes\boldsymbol{H}_2,\boldsymbol{H}_2\otimes\boldsymbol{L}_2,\boldsymbol{H}_2\otimes\boldsymbol{H}_2,\boldsymbol{L}_1\otimes\boldsymbol{H}_1,\boldsymbol{H}_1\otimes\boldsymbol{L}_1,\boldsymbol{H}_1\otimes\boldsymbol{H}_1] \tag{3—31}$$

$\boldsymbol{\Psi}$的大小为$d^2\times 7d^2$，这显然不是一个正交矩阵，而是冗余的。$\otimes$表示克罗内克积，是一种矩阵间的元素相乘的运算。

离散小波大都是二进制小波。二进制小波的应用中，因为离散小波很难满足所使用的小波是某一个平滑函数的导数这一要求，因此，需要构造其他小波。过完备变换，

或者说是框架，已经成为一种公认的信号处理方法。在过去的几十年中，各种框架被设计出来，并且成功地被应用到信号处理。但是这些算法都是在二进制小波算法的基础上设计出来的，这样每一级尺度的分辨率是上一级尺度的 2 倍。采样因子是位于 1 到 2 之间的一个有理数，我们称这种小波变换为过完备有理小波变换。进一步分析可见相关专著。

3.2　脊波变换

3.2.1　多尺度几何分析

小波对于具有点状奇异性的目标函数表示是最优的，而自然图像一般并不是简单的一维的相互分离点的组合，不连续的点（如边缘）是目标物体的显著特点。边缘是图像具有奇异性的地方，通过边缘可以找到目标图像的特征，进而提取目标的位置、形状、朝向等信息。但小波分析在一维具有的优异特性并不能简单推广到二维或更高维。二维小波可以有效地处理分离的、不连续的边缘点，而不能处理光滑的边缘轮廓线，且小波变换只能获得有限的方向信息，不能“最优”表示含线或者面奇异的高维函数。小波分析之后发展起来的多尺度几何分析（multiscale geometric analysis，MGA）的目的正是要致力于发展一种新的高维函数的最优表示方法[49—57,61—62]。图像的多尺度几何分析方法分为自适应和非自适应两类。自适应方法一般先进行边缘检测再利用边缘信息对原函数进行最优表示，实际上是边缘检测和图像表示方法的结合，此类方法以条带波（bandelet）和楔波（wedgelet）为代表；非自适应的方法并不要先验地知道图像本身的几何特征，而是直接将图像在一组固定的基或框架上进行分解，这就摆脱了对图像自身结构的依赖，其代表为脊波、曲波和轮廓波（contourlet）变换。脊波作为一种新的多尺度分析方法比小波更加适合分析具有直线或超平面奇异性的信号，而且具有较高的逼近精度和更好的稀疏表达性能。图 3—2 是多尺度几何分析的主要方法分类[61]。

3.2.2　脊波函数

首先引入参数空间

$$\Gamma=\{\gamma=(a,u,b);a,b\in\mathbf{R},a>0,u\in S^{d-1}\} \tag{3—32}$$

其中，S^{d-1} 是 d 维空间的单位球面。记多维空间 $\mathbf{R}^d$ 的傅里叶变换 $\hat{f}(\xi)$

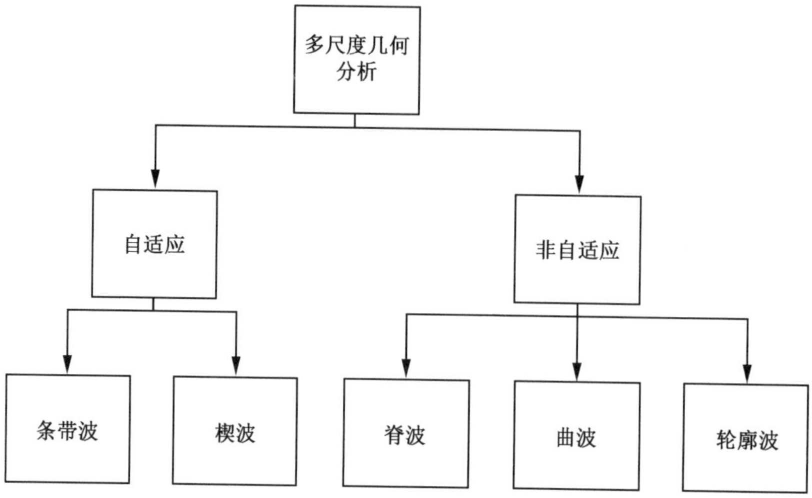

图 3—2　多尺度几何分析分类

$= \int e^{-ix\cdot\xi} f(x) dx, x \in \mathbf{R}^d$。

设光滑一元函数 $\psi: \mathbf{R} \to \mathbf{R}$，$\psi$ 具有充分快速的衰减性和消失矩，$\int \psi(t) dt = 0$ 并满足容许条件

$$K_\psi = \int \frac{|\hat{\psi}(\xi)|^2}{|\xi|^2} d\xi < \infty \tag{3—33}$$

则对于参数集 Γ，定义一个多元函数

$$\psi_\gamma(x) = a^{-1/2} \cdot \psi\left(\frac{u \cdot x - b}{a}\right) \tag{3—34}$$

则称 ψ_γ 为由容许条件 ψ 生成的脊波；其中，a 称为脊波的尺度参数，u 表示方向，b 为位置参数。$u=(\cos\theta, \sin\theta)$，$x=(x_1, x_2)$，则脊波函数可以表示为

$$\psi_{a,b,\theta}(x) = a^{-1/2} \psi((x_1 \cos\theta + x_2 \sin\theta - b)/a) \tag{3—35}$$

由定义可以知，脊波的支撑集是带状区域：$\{x \in \mathbf{R}^d : |u \cdot x - b| < c\}$，在垂直于直线 $u \cdot x - b = 0$ 方向的横截面上是一条类似小波的曲线。脊波函数就是在小波的基础上增进了沿脊线 $u \cdot x - b = 0$ 的方向信息，从而可以有效表示或检测信号中具有方向性的线状奇异特征。

如图 3—3 所示为脊波的几种形式的图解，(a)原函数，(b)尺度 a 变化，(c)平移 b 变化，(d)旋转 θ 变化，其中 ψ 取马尔(Marr)小波 $\psi(t) = (1-t^2)\exp\left(-\frac{t^2}{2}\right)$。

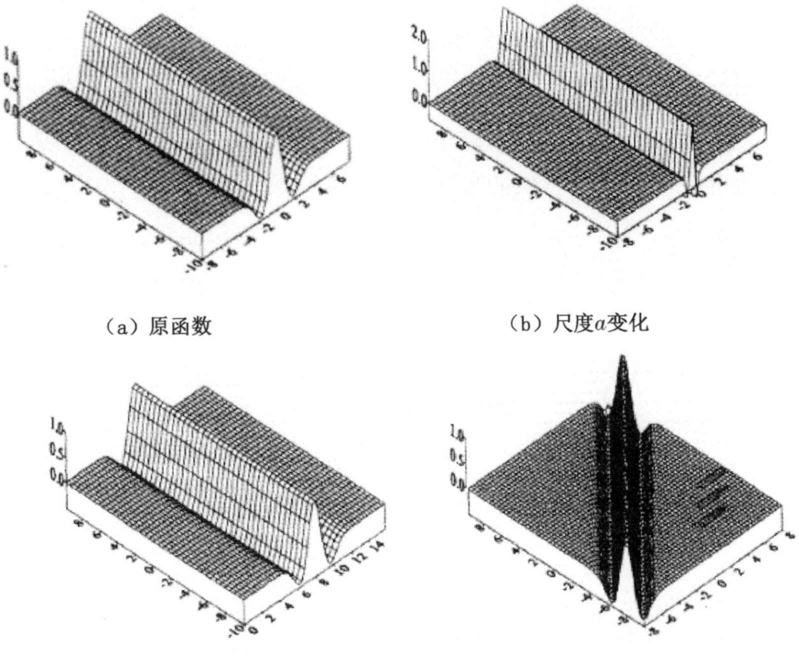

（a）原函数　（b）尺度a变化

（c）平移b变化　（d）旋转 θ 变化

图 3—3　脊波的几种形式的图解

3.2.3　二维连续脊波变换

二维连续脊波变换(continuous ridgelet transform，CRT)在 $\mathbf{R}^2$ 域的定义为

$$CRT_f(a,b,\theta)=\int_{\mathbf{R}^2}\overline{\psi}_{(a,b,\theta)}(X)f(X)\mathrm{d}X \tag{3—36}$$

反变换公式

$$f(X)=\int_0^{2\pi}\int_{-\infty}^{\infty}\int_0^{\infty}CRT_f(a,b,\theta)\psi_{a,b,\theta}(X)\frac{\mathrm{d}a}{a^3}\mathrm{d}b\frac{\mathrm{d}\theta}{4\pi} \tag{3—37}$$

从以上关系式可以看出，脊波变换和二维小波变换有相似之处，只是用线参数代替点参数。因此，小波变换是逐点刻画点的奇异性，而脊波变换是沿脊线刻画线的奇异性。

函数 $f(X)$，其拉东(Radon)变换可表示为

$$R_f(\theta,t)=\int_{\mathbf{R}^2}f(x_1,x_2)\delta(x_1\cos\theta+x_2\sin\theta-t)\mathrm{d}x_1\mathrm{d}x_2 \tag{3—38}$$

则脊波变换可以表示为函数拉东变换切片上的一维小波变换

$$CRT_f(a,b,\theta)=\int_{\mathbf{R}^2}\psi_{a,b}(t)R_f(\theta,t)\mathrm{d}t \tag{3—39}$$

拉东变换的一维傅里叶变换等效于原图像的二维傅里叶变换结果，只不过傅里叶

变换的参数是极坐标系中的参数。因此，图像的二维傅里叶变换空间中对通过原点的径向线应用一维逆傅里叶变换，就可得到原图像的拉东变换结果。2001 年，多诺霍等人给出了脊波变换的离散实现方法，称为 Z_p^2 方法，此方法是可逆且非冗余的，但运算量较大[56]。斯塔克(Starck)等人提出了一种脊波变换的近似数字实现[50]，关键的技术是在傅里叶空间中计算近似的数字拉东变换结果。虽然插值方法比较粗糙，但具有较好的可视效果。傅里叶变换、拉东变换、脊波变换关系如图 3—4 所示。函数从二维傅里叶空间经过傅里叶逆变换到拉东空间，再经一维小波变换到脊波空间。

图 3—4　三者变换关系

3.2.4　正交脊波变换

多诺霍构造了 $L^2(\mathbf{R}^2)$中的一组规范正交基，并称之为正交脊波。正交脊波多了局域化的优点，在空域光滑并快速衰减，在频域中其支撑区间为某个局部的“径向频率×角度频率”区间。正交脊波在频域中定义如下。

设$\{\psi_{j,k}(t):j,k\in\mathbf{Z}\}$是 $L^2[0,2\pi)$中由迈耶小波构成的规范正交基。令 $\hat{\psi}_{j,k}(\omega)$表示 $\psi_{j,k}(t)$的傅里叶变换，于是 $\rho_\lambda(x)$，$\lambda=(j,k;i,l,\varepsilon)$的正交脊波表示为

$$\hat{\rho_\lambda}(\xi)=|\xi|^{-\frac{1}{2}}(\hat{\psi}_{j,k}(|\xi|)\omega_{i,l}^{\varepsilon}(\theta)+\hat{\psi}_{j,k}(-|\xi|)\omega_{i,l}^{\varepsilon}(\theta+\pi))/2 \qquad (3-40)$$

正交脊波的构造要用到迈耶小波的两个特殊“封闭性质”：

$$\psi_{j,k}(-t)=\psi_{j,1-k}(t) \qquad (3-41)$$

$$\omega_{i,l}^{\varepsilon}(\theta+\pi)=\omega_{i,l+2^{i+1}}^{\varepsilon} \qquad (3-42)$$

另外，迈耶小波的封闭特性对于大多数常见的小波族并不成立，如多贝西小波族，这样使得能用来构造正交脊波的小波非常少。

3.2.5　单尺度和多尺度脊波变换

坎迪斯和多诺霍提出可以对整个目标区域作均匀分割，再在各自区域上分别作脊波变换，并称之为单尺度脊波(monoscale ridgelet)[56]。单尺度脊波变换利用二进剖分的方法，用直线来逼近曲线，如在二维情况下，设曲线 Γ 的支撑区间为单位方体$[0,1]^2$，当以某种合适的尺度均匀剖分此方体，设曲线 Γ 与某一剖分块相交，当剖分尺度合适时，在此剖分块中，可以近似用直线来逼近，如图 3—5 所示。

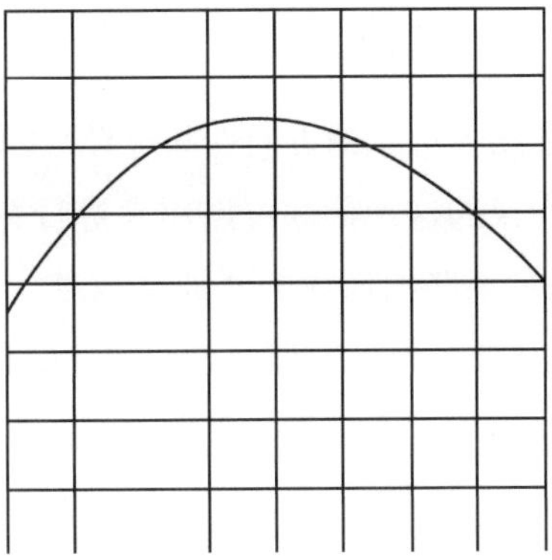

图 3—5　近似用直线逼近

单尺度脊波巧妙地将曲线奇异转化为直线奇异来处理，当然，其好的逼近性能是以计算复杂度的增加为代价的。单尺度脊波变换因能有效地处理边缘，已经获得一些实际初步应用，如在图像处理领域，基于单尺度脊波变换的图像去噪方法能够获得信噪比非常高的去噪结果，尤其对于原图像中的边缘恢复视觉效果要远好于传统的基于小波变换的去噪方法。

单尺度脊波是在一个基准尺度上进行脊波变换，对应于单尺度脊波，坎迪斯和多诺霍于 1999 年构造了曲波，也称为多尺度脊波，它是在所有可能的尺度上进行脊波变换。在二维情况下，当图像具有奇异性曲线并且曲线是二次可微的，则曲波可以自适应地“跟踪”该奇异曲线。

3.2.6　脊波变换应用介绍

利用图像信号的脊波变换和白噪声的脊波变换的不同性质，可以减少噪声，提高信噪比[3,56−58]。图像经过脊波变换后，原始图像和噪声所体现的特征不同，图像特征的幅值较大，噪声在变换域分布均匀，通过设置阈值，将小于阈值的系数置为 0，去除大部分噪声，而保留图像特征。由于脊波变换可以更好地表征图像中的直线，所以对于那些分段光滑、沿直线边缘奇异的图像来说，脊波变换可以达到既去除噪声又较好地保留特征的目的。经过脊波变换系数主要由两部分组成：一类是噪声信号变换得来，该部分系数幅值较小；另一类是由主要信号，特别是信号奇异部分变换得来，通过简单的阈值化可将噪声除去。

用脊波变换进行图像压缩[58]的主要过程包括：(1)图像预处理，改变分辨率像素大小；(2)提取图像的均值；(3)用正交有限脊波变换对零均值矩阵进行分解；(4)使用近似多级树集合分裂编码对脊波变换系数进行压缩。基于脊波变换的图像增强技术是将图像经过脊波变换后得到的系数进行分类：第一类仅仅由噪声变换后得到，这一类系数幅值小，数目较多；第二类主要由信号，特别是由图像的直线特征变换而来，并包含噪声的变换，这类系数幅值大，数目较小。

脊波变换能够充分考虑图像边缘的方向性和奇异性，能够有效地处理高维情况下的线状奇异性。利用脊波变换的这一特性可以用来进行数字水印嵌入。直接对图像块进行脊波变换，有选择地对某些图像块的脊波系数进行水印嵌入，步骤[59-60]如下：(1)选择图像块最强方向的脊波系数；(2)保留该图像块的最强能量方向的能量系数大于某个阈值；(3)嵌入该方向的脊波中频带的系数。

3.3　曲波变换

3.3.1　曲波变换的构建原理

曲波变换是由脊波理论衍生而来，是基于脊波变换理论、多尺度脊波变换和带通滤波器理论的一种变换[3,61-62]。单尺度脊波变换的基本尺度是固定的，而曲波变换则不然，其在所有可能的尺度上进行分解。曲波变换是通过一种特殊的滤波过程和多尺度脊波变换来实现。多尺度脊波字典(multiscale ridgelet dictionary)是所有可能的尺度的单尺度脊波字典的集合

$$\{\psi_\mu=\psi_{Q,\alpha},s\geqslant 0,Q\in\Omega_s,\alpha\in\Gamma\} \tag{3-43}$$

完成曲波变换需要使用一系列滤波器：$\Phi_0,\psi_{2s}(s=0,1,2,\cdots)$，这些滤波器满足：

(1)Φ_0 是一个低通滤波器，并且其通带为：

$$|\xi|<1 \tag{3-44}$$

(2)$\psi_{2s}(s=0,1,2,\cdots)$是带通滤波器，通带范围：

$$|\xi|\in[2^{2s},2^{2s+2}] \tag{3-45}$$

(3)所有滤波器满足

$$|\hat{\Phi}_0(\xi)|^2+\sum_{s\geqslant 0}|\hat{\Phi}_{2s}(\xi)|^2=1 \tag{3-46}$$

设滤波器组将函数映射为

$$f\to(P_0f=\Phi_0f,\Delta_{0f}=\Psi_0f,\cdots,\Delta_sf=\psi_{2s}f,\cdots) \tag{3-47}$$

满足

$$\|f\|_2^2=\|P_0f\|_2^2+\sum_{s\geqslant 0}\|\Delta_sf\|_2^2 \tag{3-48}$$

于是，可以定义曲波变换系数为

$$\alpha_\mu=\langle\Delta_sf,\psi_{Q,\alpha}\rangle,Q\in\Omega,\alpha\in A \tag{3-49}$$

定义 3.3　曲波变换是将任意均方可积函数 f 映射为系数序列 $\alpha_\mu(\mu\in M)$ 的变换，其中表示系数 α_μ 的参数集的元素 $\sigma_\mu=\Delta_s\psi_{Q,\alpha}, Q\in\Omega_s, \alpha\in\Gamma$ 为曲波。

曲波的集合构成 $L_2(IR_2)$ 上的一个紧框架：$\|f\|_2^2=\sum_{\mu\in M}|\langle f,\sigma_\mu\rangle|^2$，并且 f 有分解式

$$f=\sum_{\mu\in M}\langle f,\sigma_\mu\rangle\sigma_\mu \tag{3-50}$$

对于曲波变换，有如下结论。

设 $g\in W_2^2(\mathbf{R}^2)$，令 $f(x)=g(x)1_{\{x_2\leqslant\gamma(x_1)\}}$，其中曲线 γ 二阶可导，则函数 f 的曲波变换的 M 项非线性逼近 $Q_M^C(f)$ 能达到误差界

$$\|f-Q_M^C(f)\|_2^2\leqslant CM^{-2}(\log M)^{1/2} \tag{3-51}$$

由上式可知，曲波变换对于二阶可导函数已经达到了一种“几乎最优”逼近阶（最优逼近阶应该是 $O(M^{-2})$，式（3－51）中 $(\log M)^{1/2}$ 项的出现是成为“几乎最优”的缘由）。值得注意的是，此时，非线性小波变换逼近误差的衰减速度依然是 M^{-1} 阶的。

曲波变换的一个最核心的关系是曲波基的支撑区间有：

$$width\propto\sim length^2 \tag{3-52}$$

称这个关系为各向异性尺度关系（anisotropy scaling relation），这一关系表明曲波是一种具有方向性的基原子。事实上，曲波变换是一种多分辨、带通、方向的函数分析方法，符合生理学研究所指出的“最优”的图像表示方法应该具有的三种特征。这也是曲波变换之所以具有好的非线性逼近能力的一个根本原因。

3.3.2　曲波变换的实现过程

利用前面介绍过的滤波器和多尺度脊波变换，将曲波变换的实现分为以下步骤：

（1）子带分割：对象 f 滤波分解为公式中的各个子带

$$f\rightarrow(P_0f,\Delta_1f,\Delta_2f,\cdots) \tag{3-53}$$

不同的子带 Δ_sf 包含的宽度为 2^{-2s}。

（2）平滑分块：每个子带被平滑加窗分割为适当尺度下的二进方形，由相应的窗分割函数 W_Q 累计形成的函数得到的结果是趋近于 Q 的。这里的 Q 是一个确定的范围，如：对于所有的 $Q=(s,k_1,k_2)$，对于变化的 k_1 和 k_2，Q 的值是确定的，这个函数的结果是个正方形的光滑分块。该过程将上一步骤所得到的窗口分割进行子带分离。

$$\Delta_sf\rightarrow(\omega_Q\Delta_sf)_{Q\in Q_s} \tag{3-54}$$

（3）重正规化：将每个方形分块的结果 Q 都重新正规化为单位尺度，使得：

$$g_Q=(T_Q)^{-1}(w_Q\Delta_sf), Q\in Q_s \tag{3-55}$$

上式表示经过变换和重新正规化的算子 f 的作用是让介于 Q 范围内的输入数据

变换后的结果应在[1,2]的范围内。该过程将上一步骤所得到的每个方块都进行了重整，使之成为单元大小。

(4)脊波分析：对每一个方形通过标准正交脊波系统进行分析，即：

$$\alpha_\mu = \langle g_Q, \rho_\lambda \rangle, \mu = (Q, \lambda) \tag{3-56}$$

曲波变换重建过程的核心部分是子带分割和脊波变换，其过程为：首先用子带分割算法对原始图像进行分解，从而完成对图像子带滤波的功能，然后对不同的子带图像进行分块，再对每一小块图像进行脊波变换，这样就可以实现曲波的重构。这个过程如图 3－6 所示。

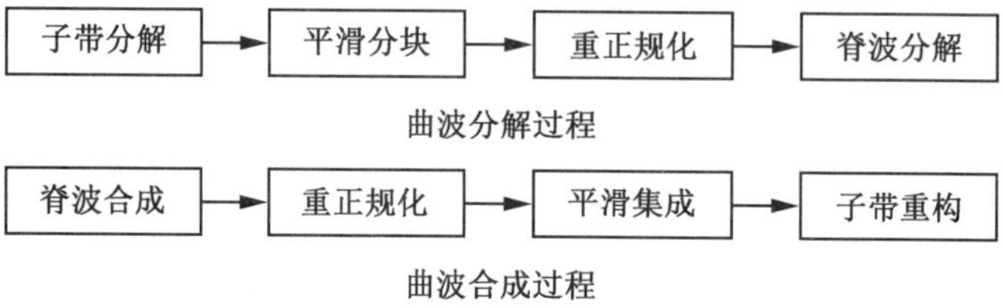

图 3－6 曲波变换及其重构过程图

3.3.3 曲波变换的性质

曲波变换针对二维连续平面上的目标，用来表达边缘和沿着曲线的断点，变换后对于图像边缘的大系数只传播到较少的尺度分量中，可以用较少的系数重构出图像，在给定重建精度时只需要使用较少的系数，具体地，在方差为 $1/N$ 的情况下，表达一个边界需要 $1/N$ 个小波，但只需要 $1/\sqrt{N}$ 个曲波。可见，较少的曲波系数，就可以获得对富含边缘图像的较好重建，和小波相比，用较少的曲波系数就可获得对原始图像更好地重建，体现了曲波变换对图像的压缩潜力。曲波在 $L^2(\mathbf{R}^2)$ 上建立了一个紧致框架，它是由分析因子 $\gamma_\mu = \gamma_\mu(x_1, x_2)$ 组成的集合。它具有如下的性质。

变换定义：

$$\alpha_\mu = \langle f, \gamma_\mu \rangle, \mu \in M' \tag{3-57}$$

帕塞瓦尔(Parseval)关系：

$$\| f \|_2^2 = \sum_{\mu \in M'} | \alpha_\mu |^2 \tag{3-58}$$

L^2 重构公式：

$$f = \sum_{\mu \in M'} \langle f, \gamma_\mu \rangle \gamma_\mu \tag{3-59}$$

上述公式中可以看出，曲波变换可以把一个对象转换为具体且稳定的曲波序列形式。这里要对紧框架的特性作进一步说明，曲波变换展示了一个完全不同于现存的图像的表示形式的结构。曲波的结构为一种新的金字塔结构。这种结构可以看做空间、频域位置金字塔和脊波金字塔两个序列的结合，它既有传统的二进尺度和二进位移的特性，又有独具方向性和微观定位这两个新特性。曲波提供了一种有效的表示边缘的形式。

3.3.4　第二代曲波变换

针对第一代曲波变换数字实现比较复杂、数据冗余大等问题，第二代曲波变换应运而生。第二代曲波变换与第一代曲波变换相比，不仅是全新的架构，而且它还能通过信号频谱的多方向分解实现信号的多方向分解，不再通过脊波变换实现，它和脊波变换的相同点仅仅在于紧支撑、框架等抽象的数学意义。第二代曲波变换频谱分解如图 3—7 所示，其分解过程是通过实现快速傅里叶变换来完成。确定频域方向滤波窗口的大小是第二代曲波变换的关键。

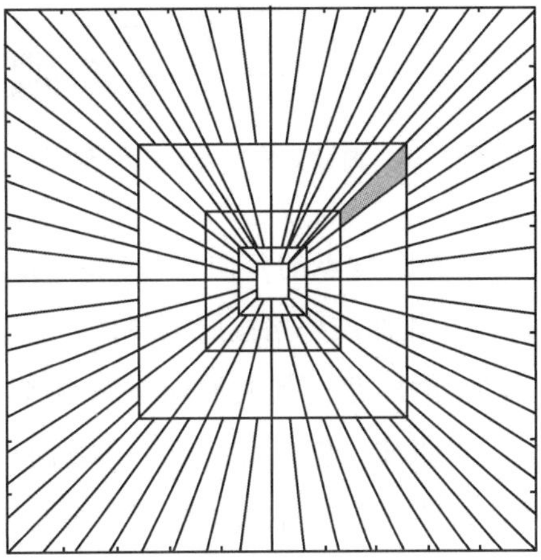

图 3—7　曲波变换频谱分解示意图

假定在二维空间 $\mathbf{R}^2$ 中，定义 x 是描述空间位置的变量，ω 为描述频域的变量，ρ 和 θ 为频域下的极坐标。假定平滑、非负、实值的半径窗和角度窗分别 $W(m)$ 和 $U(n)$，支撑区间分别为 $m\in(1/2,1)$ 和 $n\in(-1,1)$，且满足以下两个容许条件：

$$\sum_{i}^{\infty} W^2(2^j m)=1, m>0 \tag{3-60}$$

$$\sum_{t}^{\infty} U^2(n-1)=1, n\in\mathbf{R} \tag{3-61}$$

上式中的半径窗 $W(m)$、角度窗 $U(n)$ 可以用各种小波来构造描述。

下面直接给出第二代曲波变换的定义，对于函数 $f\in L^2(\mathbf{R}^2)$，其曲波变换为：

$$c(i,j,k)=\langle(f,\varphi_{i,j,k})\rangle=\int_{\mathbf{R}^2}f(x)\phi(x)\mathrm{d}x \tag{3-62}$$

上式中 $\phi(\boldsymbol{x})=\varphi_{i,j,k}(\boldsymbol{x})$，如果 φ_j 为“母”曲波函数，尺度在 2^{-j} 上的所有曲波都可以通过 φ_j 的旋转、平移得到，旋转方向为 ω，位置为 $\boldsymbol{x}_k$ 时得到的曲波为下式，R_ω 表示以 ω 为弧度的旋转：

$$\varphi_{i,j,k}(\boldsymbol{x})=\varphi_j[R_w(\boldsymbol{x}-\boldsymbol{x}_k)] \tag{3-63}$$

第二代曲波变换的信号处理流程可以用图 3－8 示。

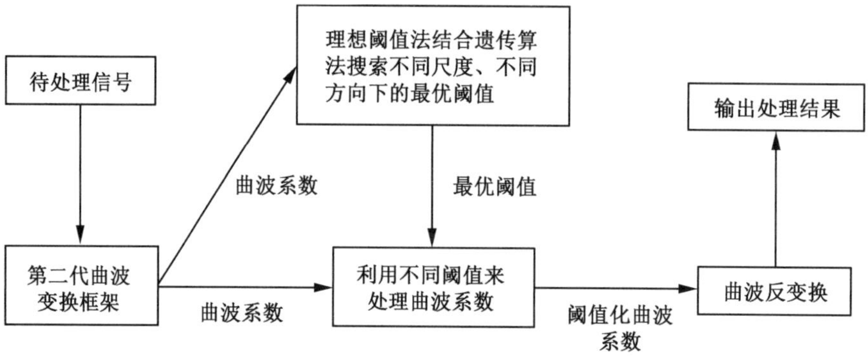

图 3－8　曲波变换信号处理示意图

第二代曲波变换是通过单位尺度点的各向异性伸缩、旋转、平移获得。其性质可以总结如下：(1)紧致框架：第二代曲波严格按照第一代的原有定义、重构规则来构建，同样是紧致框架的。(2)各向异性：第二代曲波同样满足各向异性关系。(3)方向敏感：第二代曲波对方向敏感，当曲波尺度为 2^{-2j} 时，其方向个数为 2^j。(4)局部空间化：对于给定的尺度和方向，通过二维空间中的平移、缩放来实现曲波。

3.3.5　曲波变换应用介绍

目前脊波在图像处理中应用比较多的是图像去噪[50,55]，由于图像信息大部分包含在图像边缘里，脊波变换使得图像边缘传播到较少的大系数分量中，而噪声的脊波系数幅值小，数目较多，可以根据这个特点来进行图像去噪。把经过脊波变换后得到的脊波系数分成两类：第一类，仅由噪声变换后得到，这类系数幅值小，数目较多；第二类，主要由信号，特别是图像的直线奇性特征变换而来的信号，这类系数幅值大，数目较小。这样就可以设置一个阈值(由先验或自适应方法得到)，大于这个阈值的认为是第二类系数，并对其简单保留或进行一定的修正处理可以保留，小于这个阈值的认为是第一类系数，应该去掉它们，从而达到降低噪声的目的。这样既保留了包含大部分信号能量的脊波系数，又可以较好地保持图像细节。

图像识别中目标物体的几何特征是否能在频域得到较好的描述的问题是一个关键而又难以解决的问题[62]。时频变换是在特征提取中常常用到的工具,因为小波变换具有多分辨分析的特点,且在时频两域都具有表征信号局部特征的能力,所以在图像特征提取方面得到越来越广泛的应用。曲波变换针对二维连续平面上的目标,变换后对于图像边缘的大系数只传播到较少的尺度分量中,从中提取的特征向量可以非常好地重构原图,对于原图像的几何特征有比较充分的描述。采用曲波变换提取的特征向量在进行分类检测时,具有良好的抗噪性,具有很好的区分度和分辨率。

传统的边缘增强方法大致可划分为频域高通滤波方法和空间域基于模板的方法。就多尺度体系脊波和曲波而言,由于它们的基函数本身就对方向敏感,属于高度各向异性的变换,因此在边缘很重要的图像的增强中具有优势[4,61]。基于曲波变换的图像增强算法概要:是先对原图像进行曲波变换,然后根据各子带的噪声水平分别进行分段非线性增强,最后进行反变换得到增强图像。其中的关键是处理曲波系数的增益函数时,必须确保对应于噪声的系数不被增强。

本章小结

变换域处理是一种常见的信号处理的思路,本章介绍了常见的三种与稀疏表示有关的相互联系的变换:小波变换、脊波变换以及曲波变换。

第 4 章　稀疏表示理论分析

本章对稀疏表示的确定性部分和概率性分析进行证明。首先证明问题(P_0)和问题(P_1)解的唯一性，然后分析概率性稀疏表示理论，最后讨论稀疏随机矩阵的性质。本章内容参考文献[64,70,87]。

4.1　问题(P_0)和问题(P_1)的等价性

下面的定理给出了从稀疏信号的部分离散傅里叶变换(DFT)系数子集中，进行信号复原时所需的频域采样数的(充分)条件。

定理 4.1[70]　令 $\boldsymbol{x}\in\mathbf{C}^N$ 为一个支撑在集合 $K\subset\mathbf{Z}^N$ 上的稀疏信号，$S\subset\mathbf{Z}^N$ 为其从傅里叶域中均匀随机选取的一个采样子集。那么，对于给定的常数 $\beta>0$，当下述条件成立时，信号重构优化问题的解唯一并等于 $\boldsymbol{x}$ 的概率 $p>1-O(N^{-\beta})$：

$$|S|\geqslant C_\beta|K|\log N \tag{4-1}$$

其中，C_β 大约取值为 $23(\beta+1)$。

该定理表明，如果信号 $\boldsymbol{x}\in\mathbf{C}^N$ 为 K 阶稀疏的，则几乎能够从大小正比于稀疏度 K 和 $\log N$ 的傅里叶谱的任意随机子集中得以精确重构。接下来对该定理的确定性进行证明，即如果 DFT 矩阵在一个给定的频率子集(即行的子集)上的限制在一个 $3|K|$ 维子空间是近似相等的，则原始信号可得以精确重构。

4.1.1　向量稀疏与互相关

定义 4.1　如果一个 N 维向量 $\boldsymbol{x}\in\mathbf{C}^N$ 至多包含 K 个非零坐标，则称其为 K 阶稀疏的。$\boldsymbol{x}$ 的非零坐标集合称为 $\boldsymbol{x}$ 的支撑集，记为 $supp(\boldsymbol{x})$。任意给定一个向量 $\boldsymbol{x}$，若保持其绝对值最大的 k 个坐标不变，而将其他坐标设为零，则获得了 $\boldsymbol{x}$ 的 k 阶稀疏近似。

为方便证明，需定义互相关概念。互相关刻画了矩阵的列之间相互依赖的程度。

定义 4.2　给定一个 $M\times N$ 维矩阵 $\mathbf{A}$，则互相关 $\mu(\mathbf{A})$ 定义为 $\mathbf{A}$ 的标准化列之间

内积的最大绝对值，即

$$\mu(\mathbf{A})=\max\frac{|\boldsymbol{a}_i^*\boldsymbol{a}_j|}{\|\boldsymbol{a}_i\|_2\|\boldsymbol{a}_j\|_2} \tag{4-2}$$

其中，$\boldsymbol{a}_i$ 为矩阵 $\mathbf{A}$ 的第 i 列；$\boldsymbol{a}_i^*$ 为其(共轭)转置(实值向量情况下即为简单转置)。

如果 $M\times N$ 维矩阵 $\mathbf{A}$ 的各列均是相互正交的，则 $\mu(\mathbf{A})=0$。当 $\mu(\mathbf{A})\neq 0$ 时，互相关将是严格正的，即 $\mu(\mathbf{A})>0$。

给定矩阵 $\mathbf{A}$，秩记为 $\mathrm{rank}(\mathbf{A})$，这里秩定义为矩阵线性无关的列的最大数目。下面对 *spark* 概念进行定义。

定义 4.3　给定一个 $M\times N$ 维矩阵 $\mathbf{A}$，$\mathbf{A}$ 线性相关的列的最小数目即为 $spark(\mathbf{A})$。

尽管 *spark* 看上去像是对秩的简单补充，但是 *spark* 的计算需要遍历所有大小直至 $spark(\mathbf{A})+1$ 的列的组合，因而其计算是 NP 难的。在某些情况下，*spark* 的计算却比较简单。

4.1.2　问题(P_0)解的唯一性

下面利用 *spark* 研究问题(P_0)解的唯一性。

定理 4.2[70]　当且仅当向量 $\bar{\boldsymbol{x}}$ 为 $\mathbf{A}\boldsymbol{x}=\boldsymbol{y}$ 的解并满足 $\|\bar{\boldsymbol{x}}\|_0<spark(\mathbf{A})/2$ 时，它是问题(P_0) 的唯一解，即：

$$(P_0)\begin{cases}\min\limits_{\boldsymbol{x}}\|\boldsymbol{x}\|_0\\ \text{s. t. } \boldsymbol{y}=\mathbf{A}\boldsymbol{x}\end{cases} \tag{4-3}$$

证明　首先证明充分条件。

假设 $\boldsymbol{x}\neq\bar{\boldsymbol{x}}$ 是 $\mathbf{A}\boldsymbol{x}=\boldsymbol{y}$ 的另一个解，则 $\mathbf{A}(\boldsymbol{x}-\bar{\boldsymbol{x}})=0$，即与向量 $\bar{\boldsymbol{x}}-\boldsymbol{x}$ 中非零元素对应的 $\mathbf{A}$ 的列为线性相关的。因此，根据 *spark* 定义，这些列的数量 $\|\bar{\boldsymbol{x}}-\boldsymbol{x}\|_0$ 必将不小于 $spark(\mathbf{A})$。由于 $\bar{\boldsymbol{x}}-\boldsymbol{x}$ 的支撑是 $\boldsymbol{x}$ 与 $\bar{\boldsymbol{x}}$ 的支撑的并集，可得 $\|\bar{\boldsymbol{x}}-\boldsymbol{x}\|_0\leqslant\|\bar{\boldsymbol{x}}\|_0+\|\boldsymbol{x}\|_0$。但是，因为 $\|\bar{\boldsymbol{x}}\|_0<spark(\mathbf{A})/2$，所以有：

$$\|\boldsymbol{x}\|_0=\|\bar{\boldsymbol{x}}-\boldsymbol{x}\|_0-\|\bar{\boldsymbol{x}}\|_0>spark(\mathbf{A})/2 \tag{4-4}$$

即证明了 $\bar{\boldsymbol{x}}$ 确实是最稀疏解。

下面证明必要条件。假设存在一个 $\mathbf{A}$ 的非零向量 $\boldsymbol{h}$，且 $spark(\mathbf{A})\leqslant 2k$，那么存在一对支撑不超过 k 的向量 $\bar{\boldsymbol{x}}$ 和 $\boldsymbol{x}$，且 $\boldsymbol{h}=\bar{\boldsymbol{x}}-\boldsymbol{x}$。因此，$\overline{\mathbf{A}\boldsymbol{x}}=\mathbf{A}\boldsymbol{x}$。如果 $\boldsymbol{h}$ 的支撑为 1，那么可令 $\bar{\boldsymbol{x}}=2\boldsymbol{x}=2\boldsymbol{h}$；如果 $\boldsymbol{h}$ 的支撑大于 1，那么可令 $\bar{\boldsymbol{x}}$ 和 $\boldsymbol{x}$ 具有非交叉的支撑。这与 $k\geqslant spark(\mathbf{A})/2$ 阶稀疏解的唯一性相矛盾。证毕。

尽管 *spark* 对于证明上述精确重构的结论有用，但是如前所述，其计算却很难。另一方面，互相关却易于计算。因此，一旦建立起了这两个概念之间的关系，互相关就可在分析中充当一个更好的工具。下面通过将互相关应用于对 *spark* 定下界从而建立二者之间的联系。*spark* 与互相关有如下定理。

定理 4.3　对任意 $M\times N$ 维且满足 $\mu(\mathbf{A})>0$ 的实值矩阵 $\mathbf{A}$，有：

$$spark(\mathbf{A})>1+\frac{1}{\mu(\mathbf{A})} \tag{4-5}$$

证明　首先令 λ 为矩阵 $\mathbf{A}$ 的特征值，$\boldsymbol{x}$ 为相应的(非零)特征向量，即 $\mathbf{A}\boldsymbol{x}=\lambda\boldsymbol{x}$。那么，对于第 i 个坐标分量 x_i 有：

$$(\lambda-a_{ii})x_i=\sum_{j\neq i}a_{ij}x_j \tag{4-6}$$

由 *spark* 的定义，$k=spark(\mathbf{A})$ 是相关的列的最小数目。这些相关列的坐标构成集合 *spark*，将 $\mathbf{A}$ 在 K 上的限制构成一个子集 $\mathbf{A}|_K$。显然，$k=|K|=spark(\mathbf{A})$ 且 $spark(\mathbf{A}|_K)=k$。下面考虑 $\mathbf{A}|_K$ 的格拉姆矩阵，即 $\boldsymbol{G}=(\mathbf{A}|_K)^*\mathbf{A}|_K$。由于矩阵 $\mathbf{A}|_K$ 为退化矩阵，则 $\boldsymbol{G}$ 也为退化矩阵即奇异矩阵。因此，矩阵 $\boldsymbol{G}$ 的谱(特征值的集合)包含 0。将特征值 $\lambda=0$ 代入格什戈林圆盘定理不等式：

$$|a_{ii}-\lambda|\leqslant\sum_{j\neq i}|a_{ij}|\left|\frac{x_j}{x_i}\right|\leqslant\sum_{j\neq i}|a_{ij}| \tag{4-7}$$

从而得到：

$$|1-0|\leqslant\sum_{j\neq i}|g_{ij}|=\sum_{j\neq i}|a_i^*a_j|\leqslant(k-1)\mu(\mathbf{A}) \tag{4-8}$$

且：

$$1\leqslant(spark(\mathbf{A})-1)\mu(\mathbf{A}) \tag{4-9}$$

这就表明定理 4.3 中的边界成立。

将上述结果与定理 4.2 相结合，得到如下基于互相关的精确信号重构的充分条件。

定理 4.4　如果 $\bar{\boldsymbol{x}}$ 是 $\mathbf{A}\boldsymbol{x}=\boldsymbol{y}$ 的一个解，且 $\|\bar{\boldsymbol{x}}\|_0<0.5\left(1+\frac{1}{\mu(\mathbf{A})}\right)$，那么 $\bar{\boldsymbol{x}}$ 是最稀疏的解，即问题(P_0)的唯一解。

4.1.3　问题(P_1)解的唯一性

考虑优化问题(P_1)中 L_1 范数最小化的精确稀疏复原问题(即解的唯一性问题)。首先定义零空间性质(NSP)：

定义 4.4　给定一个 $M\times N$ 维矩阵 $\mathbf{A}$，若对于所有大小为 K 的子集 $K\subset\mathbf{Z}^{\mathbb{N}}$ 及 $\mathbf{A}$ 的零空间中的任意非零向量 $\boldsymbol{v}\in\ker(\mathbf{A})$，有下式成立：

$$\|\boldsymbol{v}|_K\|_1<\|\boldsymbol{v}|_{K^C}\|_1 \tag{4-10}$$

则称 $\mathbf{A}$ 满足 k 阶零空间性质，即 NSP(k)。其中，$\boldsymbol{v}|_k$ 和 $\boldsymbol{v}|_{k^c}$ 分别表示 $\boldsymbol{v}$ 在 K 及其补

集 K^C 上的限制。接下来利用 NSP 给出 L_1 范数重构问题的充分必要条件。

定理 4.5　当且仅当矩阵 $\boldsymbol{A}$ 满足 NSP(k)时，线性系统 $\boldsymbol{Ax}=\boldsymbol{y}$ 的一 k 阶稀疏解 $\boldsymbol{x}$ 可通过求解下述范数 L_1 最优化问题(P_1)来精确重构，即：

$$(P_1):\qquad \begin{cases}\min\limits_{x} \|\boldsymbol{x}\|_1 \\ \text{s. t. } \boldsymbol{y}=\boldsymbol{Ax}\end{cases} \tag{4-11}$$

证明　首先证明充分性，即 NSP(k)意味着问题 (P_1)解的唯一性。

假设 $\boldsymbol{A}$ 具有 k 阶零空间性质，$\bar{\boldsymbol{x}}$ 为方程 $\boldsymbol{Ax}=\boldsymbol{y}$ 的一个解，且其支撑为集合 k，大小不超过 k。令 $\boldsymbol{z}$ 表示该方程的另一个解，即 $\boldsymbol{Az}=\boldsymbol{y}$，则有 $\boldsymbol{A}\bar{\boldsymbol{x}}=\boldsymbol{Az}$。因此，$\boldsymbol{v}=\boldsymbol{x}-\boldsymbol{z}\in\ker(\boldsymbol{A})$。注意到 $\boldsymbol{x}_{k^c}=0$，因此 $\boldsymbol{v}|_{k^c}=\boldsymbol{z}|_{k^c}$，于是：

$$\begin{aligned}\|\bar{\boldsymbol{x}}\|_1&\leqslant\|\bar{\boldsymbol{x}}-\boldsymbol{z}|_k\|_1+\|\boldsymbol{z}|_k\|_1=\|\boldsymbol{v}|_k\|_1+\|\boldsymbol{z}|_k\|_1<\|\boldsymbol{v}|_{k^c}\|_1+\|\boldsymbol{z}|_k\|_1\\&=\|\boldsymbol{z}|_{k^c}\|_1+\|\boldsymbol{z}|_k\|_1=\|\boldsymbol{z}\|_1\end{aligned} \tag{4-12}$$

即向量 $\bar{\boldsymbol{x}}$ 的 L_1 范数严格小于其他任意解，因此为上述最优化问题的唯一解。

接下来证明必要性，问题(P_1)解的唯一性意味着 k 阶零空间性质成立，即 NSP(k)成立。假设对于给定的 $\boldsymbol{A}$ 和 k，以及任意给定的 $\boldsymbol{y}$，问题(P_1)的 k 阶稀疏解总是唯一的。要证明矩阵 $\boldsymbol{A}$ 具有 k 阶零空间性质，可以令 $\boldsymbol{v}$ 为 $\boldsymbol{A}$ 的核中的非零向量，k 表示的 $\mathbf{Z}^{\mathbb{N}}$ 子集，其大小为 k。由于 $\boldsymbol{v}|_k$ 是 k 阶稀疏的且为方程 $\boldsymbol{Az}=\boldsymbol{A}(\boldsymbol{v}|_k)$ 的一个解，因此，根据上述假设，$\boldsymbol{v}|_k$ 必是方程 L_1 范数最小化问题的唯一解。那么由于 $\boldsymbol{A}(\boldsymbol{v}|_k+\boldsymbol{v}|_{k^c})=0$，有 $\boldsymbol{A}(-\boldsymbol{v}|_{k^c})=\boldsymbol{A}(\boldsymbol{v}|_k)$。注意，$\boldsymbol{v}|_k+\boldsymbol{v}|_{k^c}\neq 0$，因而 $-\boldsymbol{v}|_{k^c}\neq\boldsymbol{v}|_k$。那么，$-\boldsymbol{v}|_{k^c}$ 向量是线性方程 $\boldsymbol{Az}=\boldsymbol{A}(\boldsymbol{v}|_k)$的另一个解，由假设的唯一性，其 L_1 范数必定严格大于 $\boldsymbol{v}|_k$ 的 L_1 范数，这正是 NSP(k)的性质。证毕。

尽管 NSP 的验证为 NP 难的，但是它仍然给出了精确重构性质的一个很好的几何特性。

4.1.4　有限等距性质

稀疏信号的精确复原依赖于由矩阵 $\boldsymbol{A}$ 所定义的观测集的性质。现在考虑基于 L_1 范数最小化的精确稀疏问题的一个常用充分条件——有限等距性质(RIP)。RIP 条件一个吸引人的地方在于可以证明它对典型的随机矩阵 $\boldsymbol{A}$ 是满足的。本质上，k 阶稀疏水平的 RIP，即 k 阶 RIP，意味着所有势小于 k 的 $\boldsymbol{A}$ 的列的子集表现得与一个等距变换(保持距离不变的变换)非常接近。对 k 列子集的近似等距限制在本质上意味着此变换几乎可以保持相应的稀疏信号长度。RIP 正式定义如下。

定义 4.5　对于所有 k 阶稀疏向量 $\boldsymbol{x}$，矩阵 $\boldsymbol{A}$ 的 k 阶有限等距常数(δ_k)定义为满足下式的最小数：

$$(1-\delta_k)\|\boldsymbol{x}\|_2^2 \leqslant \|\boldsymbol{A}\boldsymbol{x}\|_2^2 \leqslant (1+\delta_k)\|\boldsymbol{x}\|_2^2 \tag{4-13}$$

如果存在使得上式成立的常数 δ_k，则称矩阵 $\boldsymbol{A}$ 满足 k 阶有限等距性质，即 RIP(k)。

下述引理给出了 δ_k 的一些简单性质。

引理 4.1 令矩阵 $\boldsymbol{A}$ 满足 RIP(k)，则

(1)$\delta_1 \leqslant \delta_2 \leqslant \delta_3 \leqslant \cdots$；

(2)δ_k 可看成对支撑大小为 k 的向量的 L_2 范数失真的度量，即：

$$\delta_k = \max_{K \subset Z_N, |K| \leqslant k} \|\boldsymbol{A}|_K^* \boldsymbol{A}|_K - \boldsymbol{I}\|_2 = \sup_{\|\boldsymbol{x}\|_2=1, \|\boldsymbol{x}\|_0=k, K=\mathrm{supp}(\boldsymbol{x})} |((\boldsymbol{A}|_K^* \boldsymbol{A}|_K - \boldsymbol{I})\boldsymbol{x})^* \boldsymbol{x}| \tag{4-14}$$

其中 $\boldsymbol{I}$ 为大小为 k 的单位矩阵。

证明 因为 $k-1$ 阶稀疏向量同时也是 k 阶稀疏向量，所以引理 4.1 的(1)可直接由 RIP 的定义得到。引理 4.1 的(2)可由下面的等式得到：

$$|\|\boldsymbol{A}\boldsymbol{x}\|_2^2 - \|\boldsymbol{x}\|_2^2| = |((\boldsymbol{A}^*\boldsymbol{A} - \boldsymbol{I})\boldsymbol{x})^* \boldsymbol{x}| \tag{4-15}$$

且：

$$\|\boldsymbol{B}\|_2^2 = \sup_{\|\boldsymbol{x}\|_2=1} |(\boldsymbol{B}^*\boldsymbol{B}\boldsymbol{x})^* \boldsymbol{x}| \tag{4-16}$$

引理 4.2 给出了 δ_k 与互相关之间的关系。

引理 4.2 令 $\boldsymbol{A}$ 表示列已经 L_2 范数标准化的矩阵，则

$$\mu(\boldsymbol{A}) = \delta_2 \tag{4-17}$$

$$\delta_k \leqslant (k-1)\mu(\boldsymbol{A}) \tag{4-18}$$

证明 首先考虑引理 4.1 的结论。对于 $k=2$ 以及 $K=\{i, j\}$，由引理 4.1 所给出的 δ_2 的性质，有：

$$\boldsymbol{A}\Big|_K^* \boldsymbol{A}\Big|_K - \boldsymbol{I} = \begin{pmatrix} 0 & \boldsymbol{a}_i^* \\ \boldsymbol{a}_j^* & 0 \end{pmatrix} = \boldsymbol{a}_i^* \boldsymbol{a}_j \begin{pmatrix} 0 & 1 \\ 1 & 0 \end{pmatrix} \tag{4-19}$$

其中，最后一个等式成立是因为 $\boldsymbol{a}_j^* \boldsymbol{a}_i$ 是实数，$\boldsymbol{a}_j^* \boldsymbol{a}_i$ 的共轭为 $(\boldsymbol{a}_j^* \boldsymbol{a}_i)^* = \boldsymbol{a}_i^* \boldsymbol{a}_j$，而这正是其复共轭 $(\boldsymbol{a}_j^* \boldsymbol{a}_i)^-$。因为 $\boldsymbol{a}_j^* \boldsymbol{a}_i$ 是实数，则 $\boldsymbol{a}_j^* \boldsymbol{a}_i = \boldsymbol{a}_i^* \boldsymbol{a}_j$。因此，$\delta_2 = \max_{i \neq j} \|A|_K^* A|_K - I\|_2 = \mu(A)$。

同理，对引理 4.2 的证明通过引理 4.1 中 δ_k 的性质，有：

$$\begin{aligned} \delta_k &= \sup_{\|\boldsymbol{x}\|_2=1, \|\boldsymbol{x}\|_0=k} \left| ((\boldsymbol{A}|_K^* \boldsymbol{A}|_K - \boldsymbol{I})\boldsymbol{x})^* \boldsymbol{x} \right| \\ &\leqslant \sup_{\|\boldsymbol{x}\|_2=1, \|\boldsymbol{x}\|_0=k} (s-1)\mu(\boldsymbol{A})\|x\|_2 = (s-1)\mu(\boldsymbol{A}) \end{aligned} \tag{4-20}$$

4.1.5 问题($\boldsymbol{P}_0$)和问题($\boldsymbol{P}_1$)的等价性

已讨论 L_0 和 L_1 范数最小化问题[即问题(P_0)和问题(P_1)]解的唯一性。接下

来将讨论在何种情况下这两个问题的解是等价的，即在什么情况下，L_0 范数复原问题的精确解可以通过求解 L_1 范数松弛问题得到。由于 L_1 范数同时具有稀疏性和凸性这独一无二的性质，在不含噪情况下，难于处理的 NP 难问题（P_0）的 L_1 范数松弛可以表述为问题（P_1）。

定理 4.6　如果 $k<0.5\left(1+\frac{1}{\mu}\right)$，那么问题（$P_0$）和问题（$P_1$）的解是等价的。

证明　设 $\bar{\boldsymbol{x}}$ 是问题（P_1）的唯一 k 稀疏解，即 $\|\bar{\boldsymbol{x}}\|\leqslant k$，并设 $\bar{\boldsymbol{x}}+\boldsymbol{h}$ 也是方程 $\boldsymbol{y}=\boldsymbol{A}\boldsymbol{x}$ 的解，那么如下的结论成立：

$$\|\bar{\boldsymbol{x}}\|_1<\|\bar{\boldsymbol{x}}+\boldsymbol{h}\|_1 \tag{4-21}$$

设 $\mathrm{supp}(\bar{\boldsymbol{x}})=T$，并将 $\boldsymbol{h}$ 表示为 $\boldsymbol{h}=\boldsymbol{h}_T+\boldsymbol{h}_{T^c}$（$T^c$ 表示 T 的补集），那么

$$\|\bar{\boldsymbol{x}}+\boldsymbol{h}\|_1=\|\bar{\boldsymbol{x}}+\boldsymbol{h}_T\|_1+\|\boldsymbol{h}_{T^c}\|_1>\|\bar{\boldsymbol{x}}\|_1-\|\boldsymbol{h}_T\|_1+\|\boldsymbol{h}_{T^c}\|_1 \tag{4-22}$$

综合式（4－21）和式（4－22）可知，如果 $\|\bar{\boldsymbol{x}}\|_1-\|\boldsymbol{h}_T\|_1+\|\boldsymbol{h}_{T^c}\|_1>\|\bar{\boldsymbol{x}}\|_1$ 是 $\|\bar{\boldsymbol{x}}\|_1<\|\bar{\boldsymbol{x}}+\boldsymbol{h}\|_1$ 的充分条件，那么 $\|\boldsymbol{h}_{T^c}\|_1>\|\boldsymbol{h}_T\|_1$ 或 $\|\boldsymbol{h}_T\|_1<0.5\|\boldsymbol{h}\|_1$ 是 $\|\bar{\boldsymbol{x}}\|_1<\|\bar{\boldsymbol{x}}+\boldsymbol{h}\|_1$ 的充分条件。

另一方面，由于 $\boldsymbol{A}\boldsymbol{h}=0$，由此可得

$$(\boldsymbol{G}-\boldsymbol{I})\boldsymbol{h}=\boldsymbol{h} \tag{4-23}$$

其中，$\boldsymbol{G}=\boldsymbol{A}^{\mathrm{T}}\boldsymbol{A}$，由上式可得

$$\|\boldsymbol{h}_T\|_1=\|((\boldsymbol{G}-\boldsymbol{I})\boldsymbol{h})_T\|_1\leqslant\mu(\boldsymbol{G})(k\|\boldsymbol{h}\|_1-\|\boldsymbol{h}_T\|_1) \tag{4-24}$$

结合 $\|\boldsymbol{h}_T\|_1<0.5\|\boldsymbol{h}\|_1$，有 $k<0.5\left(1+\frac{1}{\mu}\right)$ 是问题（P_0）和问题（P_1）的解等价的充分条件。

最后，不加证明地给出基于 RIP 的精确重构定理，有兴趣的读者参考文献[70]。

定理 4.7[70]令 $\boldsymbol{x}$ 和 $\boldsymbol{x}^*$ 分别表示方程 $\boldsymbol{A}\boldsymbol{x}=\boldsymbol{y}$ 的解和问题（P_1）的解，而 $\boldsymbol{A}$ 的 δ_k 表示 RIP 定义 4.5 中的 k 阶有限等距常数。令 $\boldsymbol{x}_k\in\mathbf{C}^N$ 表示 $\boldsymbol{x}$ 的截断，除其绝对值最大的 k 个分量以外，其他分量均被设为零。

（1）如果 $\delta_{2k}<1$ 且 $\boldsymbol{x}$ 为 $\boldsymbol{A}\boldsymbol{x}=\boldsymbol{y}$ 的 k 阶稀疏解，则为唯一解；

（2）如果 $\delta_{2k}<\sqrt{2}-1$，那么

$$\|\boldsymbol{x}^*-\boldsymbol{x}\|_1<C_0\|\boldsymbol{x}-\boldsymbol{x}_k\|_1 \tag{4-25}$$

$$\|\boldsymbol{x}^*-\boldsymbol{x}\|_2<C_0k^{-1/2}\|\boldsymbol{x}-\boldsymbol{x}_k\|_1 \tag{4-26}$$

式中，C_0 为常数。

上述定理表明，一个 k 阶稀疏信号可以通过求解 L_1 范数最小化问题式（4－11），从一组不含噪的线性观测 $\boldsymbol{y}=\boldsymbol{A}\boldsymbol{x}$ 中精确复原。对任意 $\boldsymbol{x}$，其复原的质量依赖于 $\boldsymbol{x}$ 与其 k 阶稀疏截断信号 $\boldsymbol{x}_k$ 的近似程度。在信号处理中确定精确信号复原条件的经典结

果是奈奎斯特—香农采样定理。但理论证明信号完全可能从某一组采样率低于标准采样定理所要求的下界的采样得以精确复原。其中关键是挖掘并利用了信号的稀疏结构。

4.2 稀疏表示理论概率性证明

4.2.1 稀疏复原优化模型

对于稀疏约束优化问题，下面给出了问题的三种稳定点[79]：基本可行向量（basic feasibility，BF）、L—稳定点（L-stationarity）以及分量意义下的坐标稳定点（coordinate-wise，CW）。三种稳定点的定义依次如下。

定义 4.6 $\boldsymbol{x}^* \in S$ 称为问题的基本可行向量，若

（1）当$\|\boldsymbol{x}^*\| < s$ 时，$\nabla f(\boldsymbol{x}^*) = 0$；

（2）当$\|\boldsymbol{x}^*\| = s$ 时，$\nabla f_i(\boldsymbol{x}^*) = 0, i \in \Gamma(\boldsymbol{x}^*)$。

定义 4.7 $\boldsymbol{x}^* \in S$ 是问题的 L—稳定点，若它满足

$$\boldsymbol{x}^* \in P_s\left(\boldsymbol{x}^* - \frac{1}{L}\nabla f(\boldsymbol{x}^*)\right) \tag{4—27}$$

其中，$0 < L < L_f$，L_f 是函数∇f 的利普希茨（Lipschitz）常数。

定义 4.8 $\boldsymbol{x}^* \in S$ 是问题的坐标稳定点，若它满足

$$f(\boldsymbol{x}^*)\begin{cases} = \min\limits_{t \in \mathbf{R}} f(x^* + te_i), \forall i \\ \leqslant \min\limits_{t \in \mathbf{R}} f(x^* - x_i^* e_i + te_j), \forall i \in \Gamma(x^*), \forall j \end{cases} \tag{4—28}$$

对于一类非利普希茨约束优化问题的精确罚方法（存在 $\lambda^* > 0$，使得当罚因子 $\lambda > \lambda^*$ 时，求解罚问题可以得到原问题精确解的方法），其考虑问题为式（4—29），相应的惩罚形式为式（4—30）：

$$\begin{cases} \min \Phi(\boldsymbol{x}) \\ \text{s. t. } \boldsymbol{x} \in S_1 \cap S_2 \end{cases} \tag{4—29}$$

$$\min F_\lambda(\boldsymbol{x}) = \min_{x \in S_1} \lambda \left[(\|\boldsymbol{Ax} - \boldsymbol{b}\|^2 - \sigma^2)_+ + \|(\boldsymbol{Bx} - \boldsymbol{h})_+\|_1 \right] + \Phi(\boldsymbol{x}) \tag{4—30}$$

其中，$\Phi: \mathbf{R}^n \to \mathbf{R}$ 是非负的连续函数，$S_1 \subseteq \mathbf{R}^n$ 是一简单多面体。

下面是其他几种具体的稀疏复原优化应用模型。

矩阵去噪行选择模型：

$$\begin{cases}\min\limits_{X\in\mathbf{R}^{m\times n}}\|\boldsymbol{X}\|_{p,0}\\ \text{s. t. } \|\boldsymbol{AX}-\boldsymbol{B}\|_2\leqslant\sigma,\|\boldsymbol{BX}\|_1\leqslant h\end{cases} \tag{4-31}$$

矩阵稀疏约束行选择模型：

$$\begin{cases}\min\limits_{X\in\mathbf{R}^{m\times n}}\|\boldsymbol{AX}-\boldsymbol{B}\|_2^2\\ \text{s. t. } \|\boldsymbol{X}\|_{p,0}\leqslant k,\|\boldsymbol{BX}\|_1\leqslant h\end{cases} \tag{4-32}$$

带惩罚项的矩阵去噪行选择模型：

$$\min_{X\in\mathbf{R}^{m\times n}}\|\boldsymbol{X}\|_{p,0}+\lambda((\|\boldsymbol{AX}-\boldsymbol{B}\|_2^2-\sigma^2)_+ +\|(\boldsymbol{BX}-\boldsymbol{h})_+\|_1) \tag{4-33}$$

文献[67,69]建立了 L_0 正则化问题与稀疏约束问题最优解的关系，结论如下：寻求 L_0 极小化问题的解可以退化为对稀疏约束问题的全局最优解集的计算；在一定参数范围内，L_0 极小化问题与稀疏约束问题具有相同的全局最优解集。稀疏信号复原中的优化问题，即从一个简单的不含噪声的线性观测情况开始，随后将其扩展为更实际的含噪复原问题，最终目的是寻找最稀疏解。

4.2.2　随机信号有限等距性质

稀疏信号的精确复原依赖于由矩阵 $\boldsymbol{A}$ 所定义的观测集的性质，基于 L_1 范数最小化的稀疏精确复原问题的一个常用充分条件——有限等距性质（RIP），RIP 的优势在于可以证明它对典型随机矩阵 $\boldsymbol{A}$ 是满足的。

如果存在使得式（4－13）成立的常数 δ_k，则称矩阵 $\boldsymbol{A}$ 满足 k 阶有限等距性质（RIP（k））。本节研究 RIP 时，主要有如下三类矩阵[70]。

具有独立同分布元素的随机矩阵（令矩阵 $\boldsymbol{A}$ 的元素独立同分布且服从亚高斯分布，那么，当 $\mu=0,\sigma=1,M\geqslant\text{const}(\varepsilon,\delta)\cdot S\cdot\log\left(\frac{2N}{S}\right)$ 时，$\hat{\mathbf{A}}=\frac{1}{\sqrt{M}}\boldsymbol{A}$ 满足 $\delta_S\leqslant\delta$ 的 RIP 的概率为 $p>1-\varepsilon$。分布实例包含：高斯分布、伯努利分布、亚高斯分布）。本节公式中，$\|x\|l_2^N$ 表示向量 $x\in\mathbf{R}^N$ 的 L_2 范数。

傅里叶集（$\hat{\mathbf{A}}=\frac{1}{\sqrt{M}}\boldsymbol{A}$，$\boldsymbol{A}$ 为从 $N\times N$ 维 DFT 矩阵中随机选择 M 行组成的矩阵。那么，当 $M\geqslant\text{const}(\varepsilon,\delta)\cdot S\cdot\log^4(2N)$，则 $\hat{\mathbf{A}}$ 满足 $\delta_S\leqslant\delta$ 的 RIP 的概率为 $p>1-\varepsilon$）。

一般正交集。令 $\hat{\mathbf{A}}$ 为从 $N\times N$ 维正交矩阵 $\boldsymbol{U}$ 中随机选择 M 行组成的矩阵，其列被重新标准化。那么如果 $M\geqslant\text{const}(\varepsilon,\delta)\cdot M^2(U)\cdot S\cdot\log^6(2N)$，则以高概率对 S 阶稀疏向量 $\boldsymbol{x}$ 进行复原。下面进行讨论。下一节公式中，$\|x\|_{l_2^N}$ 表示向量 $\boldsymbol{x}\in\mathbf{R}^N$ 的

L_2 范数。

4.2.3 Johnson-Lindenstrauss 引理

定理 4.8 Johnson-Lindenstrauss 引理　令 $\varepsilon \in (0,1)$ 已给定，对 $\mathbf{R}^N$ 中含有 $|Q|$ 个点的每个集合 Q，如果 n 为整数，且 $n > n_0 = O(\ln(|Q|)/\varepsilon^2)$，那么存在一个利普希茨映射 $f:\mathbf{R}^N \to \mathbf{R}^n$ 使得对于所有的 $u, v \in Q$，有

$$(1-\varepsilon)\|\boldsymbol{u}-\boldsymbol{v}\|_{l_2^N}^2 \leqslant \|f(\boldsymbol{u})-f(\boldsymbol{v})\| \leqslant (1+\varepsilon)\|\boldsymbol{u}-\boldsymbol{v}\|_{l_2^N}^2 \tag{4-34}$$

定理 4.9　对于任意 $\boldsymbol{x} \in \mathbf{R}^N$，随机变量 $\|\Phi(w)\boldsymbol{x}\|_{l_2^n}^2$ 围绕其期望值强集中，则

$$\mathrm{Prob}(\|\Phi(w)\boldsymbol{x}\|_{l_2^n}^2 - \|\boldsymbol{x}\|_{l_2^N}^2 \geqslant \varepsilon\|\boldsymbol{x}\|_{l_2^N}^2) \leqslant 2\mathrm{e}^{-nc_0(\varepsilon)}, 0<\varepsilon<1 \tag{4-35}$$

其中，在所有 $n \times N$ 维矩阵 $\Phi(w)$ 上计算概率，$c_0(\varepsilon)>0$ 为仅依赖 $\varepsilon \in (0,1)$ 的常数。式(4－35)又称为 Johnson-Lindenstrauss 集中不等式。

定理 4.10　对于随机矩阵的 RIP，假设给定 n，N 与 $0<\varepsilon<1$。如果产生 $n \times N$ 维矩阵 $\Phi(w)$ 的概率分布满足式(4－35)，$w \in \Omega^{nN}$，那么存在依赖项 δ 的常数 $c_1, c_2 > 0$，使得对于具有指定的 δ 以及任意 $k \leqslant c_1 n/\log(N/k)$ 的 $\Phi(w)$，式(4－13)中的 RIP 满足的概率不低于 $1-2\mathrm{e}^{-c_2 n}$。

下面是 Johnson-Lindenstrauss 集中不等式的证明。

对于式(4－35)，令 $\|\boldsymbol{x}\|_{l_2^N}^2 = 1$，则

$$|\Phi(w)\boldsymbol{x}\|_{l_2^n}^2 - 1 = \frac{1}{n}\left(\sum_{i=1}^{n}\left(\sum_{j=1}^{N}R_{ij}x_j\right)^2 - n\right) \tag{4-36}$$

再令 $\|\Phi(w)\boldsymbol{x}\|_{l_2^n}^2 - 1 = \frac{1}{\sqrt{n}}Z$，$Y_i = \sum_{j=1}^{N}R_{ij}x_j$，则 $Z = \frac{1}{\sqrt{n}}\left(\sum_{i=1}^{n}(Y_i)^2 - n\right)$ 。由于 R_{ij} 是独立同分布的，因此 Y_i 也是独立同分布，且 Y_i 为亚高斯随机变量，$E[Y_i]=0$，$\mathrm{Var}[Y_i]=1$，有

$$\mathrm{Prob}[\|\Phi(w)\| \geqslant 1+\varepsilon] \leqslant \mathrm{Prob}[\|\Phi(w)\|^2 \geqslant 1+2\varepsilon] = \mathrm{Prob}[Z \geqslant 2\varepsilon\sqrt{n}] \tag{4-37}$$

令 $\varepsilon \leqslant \frac{1}{2}$，则

$$\mathrm{Prob}[\|\Phi(w)\| \geqslant 1-\varepsilon] \leqslant \mathrm{e}^{-a(2\varepsilon\sqrt{n})^2} \leqslant \mathrm{e}^{-C(\varepsilon)n}, C(\varepsilon) = 4a\varepsilon^2 \tag{4-38}$$

即获证。

Johnson-Lindenstrauss 引理证明如下。

证明　考虑 $|Q|^2$ 向量 $\boldsymbol{u}-\boldsymbol{v}$，其中，$\boldsymbol{u}, \boldsymbol{v} \in Q$。取任意 $F(w)$，其元素为亚高斯独立同分布的随机变量 R_{ij}，且 $E[R_{ij}]=0$，$\mathrm{Var}[R_{ij}]=1$，以及具有由常数 a 定义的一致亚高斯尾。通过选择 $n > C\log(|Q|)/(\alpha\varepsilon^2)$，可知

$$|Q|^2(\mathrm{Prob}[\|\Phi(w)\|\geqslant 1+\varepsilon]+\mathrm{Prob}[\|\Phi(w)\|\geqslant 1-\varepsilon])<2|Q|^2\mathrm{e}^{-a(2\varepsilon n)^2}<1 \tag{4-39}$$

由式(4－39)可知，存在 w_0 使得对于任意一对 $\boldsymbol{u},\boldsymbol{v}\in Q$，$f=\Phi(w_0)$，有：

$$(1-\varepsilon)\|\boldsymbol{u}-\boldsymbol{v}\|^2\leqslant\|f(\boldsymbol{u})-f(\boldsymbol{v})\|\leqslant(1+\varepsilon)\|\boldsymbol{u}-\boldsymbol{v}\|^2 \tag{4-40}$$

即获证。

为了从 Johnson-Lindenstrauss 引理过渡到 RIP，需要满足对于所有的单位向量，集中不等式一致成立。根据 Johnson-Lindenstrauss 引理的证明思想，需要表明两种情况都有很高的概率发生：(1)$\Phi(w)$是有界的；(2)在覆盖单位球面的小球中心，式(4－13)成立。此时，需要研究覆盖单位球面的小球数量。

定义 4.9　令 $D\subset\mathbf{R}^n$，$\varepsilon>0$，如果 D 中的每一个点到集合 $N\subset D\subset\mathbf{R}^n$ 的距离不超过 ε，那么集合 N 称为集合 D 的 ε－网，即

$$\forall x\in D,\exists y\in N,dist(x,y)\leqslant\varepsilon \tag{4-41}$$

集合 N 的最小规模称为覆盖数，$\mathbf{R}^n$ 中凸体对 K,D 的覆盖数表示为 $N(K,D)$，定义为具有含有 D 位移的覆盖 K 的最小规模。

为了求单位球 S^{n-1} 的覆盖数，即 S^{n-1} 的 ε－网大小，有定理 4.11。

定理 4.11　令 $0<\varepsilon<1$，那么 ε－网 N 可选，有

$$|N|\leqslant\left(1+\frac{2}{\varepsilon}\right)^n \tag{4-42}$$

为了估计单位球 S^{n-1} 的体积，有定理 4.12。

定理 4.12　令 $0<\varepsilon<1$，K,D 为 $\mathbf{R}^n$ 中的凸体，那么在 K 上的 D－网 N 可以被选择，且有：

$$|N|\leqslant Volume(K+D)/Volume(D) \tag{4-43}$$

证明　令 $N=\{\boldsymbol{x}_1,\cdots,\boldsymbol{x}_n\}\subset K$ 为一集合，对于 $i\neq j$ 且 $i,j\in\mathbf{Z}_N$，有 $\boldsymbol{x}_i+D\cap\boldsymbol{x}_j+D=\phi$，则：

$$Volume(K+D)\geqslant Volume\left(\bigcup_1^N(\boldsymbol{x}_i+D)\right)=\sum_1^N Volume(\boldsymbol{x}_i+D)=N\cdot Voluem(D) \tag{4-44}$$

因此

$$N(K,D)\leqslant N\leqslant Volume(K+D)/Volume(D) \tag{4-45}$$

即获证。

定理 4.13　令 $K\in\mathbf{R}^n$ 为一凸体，那么对于 $0<\varepsilon<1$，有

$$N(K,\varepsilon K)\leqslant\left(1+\frac{1}{\varepsilon}\right)^n \tag{4-46}$$

定理 4.14 令 $\boldsymbol{\Phi}(\omega)$ 是 $n\times N$ 维随机矩阵，通过从满足集中不等式(4－35)的任意分布中提取得到，$\omega\in\Omega^{n/N}$。那么，对于任意 $|T|=k<n$ 的集合 T 以及任意 $0<\delta<1$，有

$$(1-\delta)\|\boldsymbol{x}\|_{\ell_2^N}\leqslant\|\boldsymbol{\Phi}(\omega)\boldsymbol{x}\|_{\ell_2^N}\leqslant(1+\delta)\|\boldsymbol{x}\|_{\ell_2^N},\boldsymbol{x}\in X_T \tag{4-47}$$

满足上式的概率至少为

$$1-2(9/\delta)^k \mathrm{e}^{-c_0(d/2)n} \tag{4-48}$$

证明 注意，对于 $\|\boldsymbol{x}\|_2=1$ 的 $\boldsymbol{x}$，可以得到式(4－47)的结果。接下来，在 S^{k-1} 中选择 $\delta/4$－网 Q。换句话说，对于任意 $\boldsymbol{x}\in S^{k-1}$，满足

$$dist(\boldsymbol{x},Q)\leqslant\delta/4 \tag{4-49}$$

根据定理 4.11，集合 Q 可以以不超过 $(1+8/\delta)^n\leqslant(9/\delta)^n$ 的大小被选择。通过将式(4－35)应用到点集 Q，下式满足的概率至少为式(4－48)：

$$(1-\delta/2)\|\boldsymbol{q}\|^2\leqslant\|\boldsymbol{\Phi}(\omega)\boldsymbol{q}\|_{\ell_2^n}^2\leqslant(1+\delta/2)\|\boldsymbol{q}\|_{\ell_2^N}^2,\boldsymbol{q}\in Q \tag{4-50}$$

或者通过取平方根，得

$$(1-\delta/2)\|\boldsymbol{q}\|_{\ell_2^N}\leqslant\|\boldsymbol{\Phi}(\omega)\boldsymbol{q}\|_{\ell_2^n}\leqslant(1+\delta/2)\|\boldsymbol{q}\|_{\ell_2^N},\boldsymbol{q}\in Q \tag{4-51}$$

令 $B=\sup\limits_{x\in S^{k-1}}\|\boldsymbol{\Phi}(\omega)\boldsymbol{x}\|-1$，那么 $B\leqslant\delta$。事实上，固定 $x\in S^{k-1}$，挑选满足 $dist(\boldsymbol{x},\boldsymbol{q})\leqslant\delta/4$ 的 $q\in Q$。那么，

$$\|\boldsymbol{\Phi x}\|_{\ell_2^N}\leqslant\|\boldsymbol{\Phi}(\omega)\boldsymbol{q}\|_{\ell_2^n}+\|\boldsymbol{\Phi}(\omega)(x-q)\|_{\ell_2^n}\leqslant1+\delta/2+(1+B)\delta/4 \tag{4-52}$$

通过对所有 $x\in S^{n-1}$ 取上确界，得到

$$B\leqslant\delta/2+(1+B)\delta/4 \tag{4-53}$$

或者 $B\leqslant3\delta/(4-\delta)\leqslant\delta$。这就从上述内容中得到了式(4－48)的结论。下式满足：

$$\|\boldsymbol{\Phi}(\omega)x\|_{\ell_2^N}\geqslant\|\boldsymbol{\Phi}(\omega)q\|_{\ell_2^n}-\|\boldsymbol{\Phi}(\omega)(x-q)\|_{\ell_2^n}\geqslant1-\delta/2-(1+\delta)\delta/4\geqslant1-\delta \tag{4-54}$$

证毕。现在证明定理 4.10。

证明 对于每一个 k 维子空间 X_k，式(4－47)不成立的概率至多为

$$2(9/\delta)^k \mathrm{e}^{-c_0(\delta/2)n} \tag{4-55}$$

对于固定的基，存在 $C_N^K\leqslant(\mathrm{e}N/k)^k$ 个这样的子空间。因此，对于任意子空间，式(4－47)不成立的概率至多为

$$2(\mathrm{e}N/k)^k(12/\delta)^k \mathrm{e}^{-c_0(\delta/2)n}=2\mathrm{e}^{-c_0(\delta/2)n+k[\log(\mathrm{e}N/k)+\log(12/\delta)]} \tag{4-56}$$

对于固定的 $c_1>0$，无论何时 $k\leqslant c_1 n/\log(N/k)$，只要得到 $c_2\leqslant c_0(\delta/2)-c_1[1+(1+\log(12/\delta))/\log(N/k)]$，式(4－56)右侧指数部分不大于 $-c_2 n$。因此，选择足够小的 $c_1>0$ 来保证 $c_2>0$。对于具有 $\|\mathrm{supp}(x)\|_{\ell_0}\leqslant k$ 的 x 来说，矩阵 $\boldsymbol{\Phi}(\omega)$ 满足式(4－47)的概率为 $1-2\mathrm{e}^{-c_2 n}$。

4.2.4　满足 RIP 的随机等距向量

下面用矩阵 $\mathbf{A}$ 的奇异值来表示 RIP，$N\times n$ 维矩阵 $\mathbf{A}$ 的奇异值为非负实数 λ，使得存在一对向量 $\boldsymbol{v},\boldsymbol{u}$ 满足 $\mathbf{A}\boldsymbol{v}=\boldsymbol{\lambda}\boldsymbol{u}$，且 $\mathbf{A}^{\mathrm{T}}\boldsymbol{u}=\boldsymbol{\lambda}\boldsymbol{v}$，其中 $\mathbf{A}^{\mathrm{T}}$ 表示 $\mathbf{A}$ 的转置。奇异值分解(SVD)是将 $\mathbf{A}$ 表示为正交矩阵 $\boldsymbol{U}$ 和 $\mathbf{V}$ 与 $n\times n$ 维对角阵 $\boldsymbol{E}$ 的乘积 $\mathbf{A}=\boldsymbol{U}\boldsymbol{E}\mathbf{V}$，矩阵 $\boldsymbol{E}$ 的对角线元素称为奇异值。通常，奇异值以降序排列，即

$$s_1\geqslant s_2\geqslant\cdots\geqslant s_n\geqslant 0 \tag{4-57}$$

令 $s_{\min}=s_n$，$s_{\max}=s_1$ 分别为奇异值的最小值和最大值，则 $0\leqslant s_{\min}\leqslant s_{\max}=\|A\|$。由于奇异值分解，有 $\langle\mathbf{A}\boldsymbol{x},\mathbf{A}\boldsymbol{x}\rangle=\langle\mathbf{A}^{\mathrm{T}}\mathbf{A}\boldsymbol{x},\boldsymbol{x}\rangle=\langle\boldsymbol{E}^2\mathbf{V}\boldsymbol{x},\mathbf{V}\boldsymbol{x}\rangle$，那么

$$s_{\min}^2=\min_{\|x\|_2=1}\langle Ax,Ax\rangle \tag{4-58}$$

$$s_{\max}^2=\max_{\|x\|_2=1}\langle Ax,Ax\rangle \tag{4-59}$$

因此，RIP 性质可以修改为：

$$(1-\delta_k)\leqslant s_{\min}^2\leqslant s_{\max}^2\leqslant 1+\delta_k \tag{4-60}$$

随机 n 维向量由 $\mathbf{R}^n$ 的某概率测度给出，随机向量 $\boldsymbol{x}$ 的期望 $E\boldsymbol{x}$ 是 n 维逐坐标期望，随机向量 $\boldsymbol{x}$ 的二阶矩为矩阵 $\Sigma\boldsymbol{x}=\boldsymbol{E}\boldsymbol{x}\boldsymbol{x}^{\mathrm{T}}=\boldsymbol{E}\boldsymbol{x}\otimes\boldsymbol{x}$，随机向量 $\boldsymbol{x}$ 的协方差为

$$\operatorname{cov}(\boldsymbol{x})=E(\boldsymbol{x}-E\boldsymbol{x})(\boldsymbol{x}-E\boldsymbol{x})^{\mathrm{T}}=E(\boldsymbol{x}-E\boldsymbol{x})\otimes(\boldsymbol{x}-E\boldsymbol{x})=E\boldsymbol{x}\otimes\boldsymbol{x}-E\boldsymbol{x}\otimes E\boldsymbol{x} \tag{4-61}$$

定义 4.10　对于任意向量 $\boldsymbol{y}\in\mathbf{R}^n$，式(4－62)成立，则称随机向量 $\boldsymbol{x}$ 是等距的：

$$E\langle\boldsymbol{x},\boldsymbol{y}\rangle^2=\|\boldsymbol{y}\|_2^2 \tag{4-62}$$

等距随机矩阵的概念可以追溯到 1940 年，下一节进行分析。

由于 $E\langle\boldsymbol{x},\boldsymbol{y}\rangle^2=E\langle\boldsymbol{x}^{\mathrm{T}},\boldsymbol{y}\rangle^2=\langle\Sigma\boldsymbol{y},\boldsymbol{y}\rangle$，等距条件等价于 $\langle\Sigma\boldsymbol{y},\boldsymbol{y}\rangle=\|\boldsymbol{y}\|_2^2$。

由于 $\langle\Sigma\boldsymbol{x},\boldsymbol{y}\rangle=1/4(\langle\Sigma(\boldsymbol{x}+\boldsymbol{y}),(\boldsymbol{x}+\boldsymbol{y})\rangle-\langle\Sigma(\boldsymbol{x}-\boldsymbol{y}),(\boldsymbol{x}-\boldsymbol{y})\rangle)=\langle\boldsymbol{x},\boldsymbol{y}\rangle$，那么等距性质等价于 $\Sigma=\boldsymbol{I}$。

高斯分布情况：服从分布 $\mathbf{N}(0,\boldsymbol{I})$ 的高斯随机向量 $\boldsymbol{x}$ 为等距的，实际上，协方差矩阵为 $\boldsymbol{I}$，式(4－62)成立。

伯努利分布情况：在 $\{-1,1\}^n$ 等概率取值的 n 维伯努利随机向量为等距的，改变坐标的符号并不改变定义 4.10 中的表达式，因此，$\boldsymbol{x}$ 是等距的。

4.3　稀疏随机矩阵的有限等距性质

测量矩阵满足 RIP 是完全重构稀疏信号的充分条件，而稠密高斯随机矩阵可以

作为普适测量矩阵。后续研究以减少精确重构原始信号所需的测量值个数为目标，构建了部分傅里叶矩阵、托普利兹矩阵等性能优异的稠密测量矩阵[81]。而现有文献缺乏对稀疏随机矩阵 RIP 的证明，本节证明测量矩阵满足 RIP 等价于其子矩阵的格拉姆矩阵特征值分布位于$[1-\delta_k, 1+\delta_k]$，将矩阵满足 RIP 的证明问题转化为格拉姆矩阵特征值分布范围的讨论问题；然后，证明当测量值个数满足特定条件时，格拉姆矩阵特征值以接近 1 的概率位于$[1-\delta_k, 1+\delta_k]$范围内，从而证明稀疏随机矩阵满足 RIP。

4.3.1 稀疏随机矩阵

RIP 定义重写如下。

定义 4.11 如果 $m\times n$ 的矩阵 $\boldsymbol{A}$ 满足

$$(1-\delta_k)\|\boldsymbol{z}\|_2^2\leqslant\|\boldsymbol{A}_T\boldsymbol{z}\|_2^2\leqslant(1+\delta_k)\|\boldsymbol{z}\|_2^2,\quad\forall\boldsymbol{z}\in\mathbf{R}^{|T|}\tag{4-63}$$

那么就称矩阵 $\boldsymbol{A}$ 以参数 $\delta_k\in[0,1)$ 满足 k 阶有限等距性质，简记为 $\boldsymbol{A}\in\mathrm{RIP}(k,\delta_k)$。其中 $J=\{1,2,\cdots,n\}$ 是矩阵 $\boldsymbol{A}$ 的列索引集合，$T\subseteq J$ 是矩阵 $\boldsymbol{A}$ 的子列索引集合，$|T|\leqslant k$，$|\cdot|$表示集合的势，$\boldsymbol{A}_T$ 为保留 $\boldsymbol{A}$ 中子列索引集合 T 对应列构成的子矩阵。文献[8,78,81]表明精确重构 k 稀疏信号的充分条件为 $\delta_{2k}<\sqrt{2}-1$。

稀疏信号 $\boldsymbol{x}$ 的重构问题，利用范数意义下的优化问题可求解得到 $\boldsymbol{x}$ 的近似解

$$\begin{cases}\hat{\boldsymbol{x}}=\operatorname{argmin}\|\boldsymbol{x}\|_1\\ \text{s. t. }\|\boldsymbol{y}-\boldsymbol{A}\boldsymbol{x}\|_2\leqslant\varepsilon\end{cases}\tag{4-64}$$

定义 4.12 稀疏随机矩阵 设 $\boldsymbol{A}$ 为一个 $m\times n$ 的矩阵，如果 $\boldsymbol{A}$ 的每一列仅含有 μm 个非零元素，且非零元素独立同分布，那么就称矩阵 $\boldsymbol{A}$ 为稀疏随机矩阵，且稀疏率为 μ，$0\leqslant\mu\leqslant1$。

稀疏率 μ 控制了稀疏随机矩阵的稀疏度，当 $\mu=1$ 时，稀疏随机矩阵即为稠密随机矩阵。

4.3.2 有限等距性质与特征值分布

通过讨论格拉姆矩阵特征值的分布范围，文献[69]证明了托普利兹矩阵满足有限等距性质。然而，上述文献并未证明矩阵满足 RIP 与格拉姆矩阵特征值分布位于 1 附近的等价关系。下面将利用 Rayleigh-Ritz 定理证明测量矩阵满足 k 阶 RIP 等价于该矩阵任意抽取 k 列构成子矩阵的格拉姆矩阵的特征值分布位于$[1-\delta_k, 1+\delta_k]$[68,69]。

引理 4.3 （Rayleigh-Ritz 定理）设 $\boldsymbol{D}$ 是 $n\times n$ 的厄米特(Hermite)矩阵，并令 $\boldsymbol{D}$ 的特征值按递减排序排列，即 $\lambda_{\max}=\lambda_1\geqslant\lambda_2\geqslant\cdots\geqslant\lambda_n=\lambda_{\min}$，则

$$\max_{z\neq 0}\frac{\boldsymbol{z}^H\boldsymbol{D}\boldsymbol{z}}{\boldsymbol{z}^H\boldsymbol{z}}=\lambda_{\max} \tag{4-65}$$

$$\min_{z\neq 0}\frac{\boldsymbol{z}^H\boldsymbol{D}\boldsymbol{z}}{\boldsymbol{z}^H\boldsymbol{z}}=\lambda_{\min} \tag{4-66}$$

式(4－65)等号成立的条件是 $\boldsymbol{Dz}=\lambda_{\max}\boldsymbol{z}$，式(4－66)等式成立的条件是 $\boldsymbol{Dz}=\lambda_{\min}\boldsymbol{z}$。

定理 4.15 矩阵 $\boldsymbol{A}$ 满足 k 阶 RIP 性质的充要条件为矩阵 $\boldsymbol{A}$ 中任意抽取 k 列构成子矩阵的格拉姆矩阵为矩阵 $\boldsymbol{G}(\boldsymbol{A}_T)=\boldsymbol{A}_T^H\boldsymbol{A}_T$ 的所有特征值均位于 $[1-\delta_k,1+\delta_k]$ 范围内。

证明 充分性。记 $\boldsymbol{G}(\boldsymbol{A}_T)$ 的最大和最小特征值分别为 $\lambda_{\max}(\boldsymbol{G}(\boldsymbol{A}_T))$ 和 $\lambda_{\min}(\boldsymbol{G}(\boldsymbol{A}_T))$，由于 $\boldsymbol{G}(\boldsymbol{A}_T)$ 是厄米特矩阵，根据引理 4.3 可知，对任意的之 $\boldsymbol{z}\in\mathbf{R}^k$ 有式(4－67)成立。

$$\lambda_{\min}(\boldsymbol{G}(\boldsymbol{A}_T))\leqslant\frac{\boldsymbol{z}^H\boldsymbol{A}_T^H\boldsymbol{A}_T z}{\boldsymbol{z}^H\boldsymbol{z}}\leqslant\lambda_{\max}(\boldsymbol{G}(\boldsymbol{A}_T)) \tag{4-67}$$

即

$$\lambda_{\min}(\boldsymbol{G}(\boldsymbol{A}_T))\|\boldsymbol{z}\|_2^2\leqslant\|\boldsymbol{A}_T\boldsymbol{z}\|_2^2\leqslant\lambda_{\max}(\boldsymbol{G}(\boldsymbol{A}_T))\|\boldsymbol{z}\|_2^2 \tag{4-68}$$

令 $\delta_k=\max\{1-\lambda_{\min}(\boldsymbol{G}(\boldsymbol{A}_T)),\lambda_{\max}(\boldsymbol{G}(\boldsymbol{A}_T))-1\}$，那么

$$(1-\delta_k)\|\boldsymbol{z}\|_2^2\leqslant\|\boldsymbol{A}_T\boldsymbol{z}\|_2^2\leqslant(1+\delta_k)\|\boldsymbol{z}\|_2^2 \tag{4-69}$$

必要性采用反证法证明，设 $G(A_T)$ 的最大特征值 $\lambda_{\max}(G(A_T))>1+\delta_k.$，根据引理 4.3，当 $\boldsymbol{G}(\boldsymbol{A}_T)z=\lambda_{\max}(\boldsymbol{G}(\boldsymbol{A}_T))z$ 时，有

$$\frac{\boldsymbol{z}^H\boldsymbol{A}_T^H\boldsymbol{A}_T z}{\boldsymbol{z}^H\boldsymbol{z}}=\lambda_{\max}\boldsymbol{G}(\boldsymbol{A}_T)>(1+\delta_k) \tag{4-70}$$

即存在一个 $\boldsymbol{z}\in\mathbf{R}^k$ 满足：

$$\|\boldsymbol{A}_T\boldsymbol{z}\|_2^2=\lambda_{\max}(\boldsymbol{G}(\boldsymbol{A}_T))\|\boldsymbol{z}\|_2^2>(1+\delta_k)\|\boldsymbol{z}\|_2^2 \tag{4-71}$$

这与 RIP 的定义相矛盾，故假设不成立，即 $\lambda_{\max}(\boldsymbol{G}(\boldsymbol{A}_T))<1+\delta_k$，同理可得 $\lambda_{\min}(\boldsymbol{G}(\boldsymbol{A}_T))>1-\delta_k$。即 $\boldsymbol{G}(\boldsymbol{A}_T)$ 的所有特征值均位于 $[1-\delta_k,1+\delta_k]$。

4.3.3 稀疏随机矩阵的有限等距性质分析

根据定理 4.15 可知，一个矩阵以参数 δ_k 满足 k 阶 RIP，只需该矩阵任意抽取 k 列构成子矩阵的格拉姆矩阵的所有特征值均位于 $[1-\delta_k,1+\delta_k]$。圆盘定理对矩阵特征值范围作出估计。

引理 4.4 (Gersgorin 圆盘定理)矩阵 $\boldsymbol{M}_{u\times u}$ 的特征值分布于 u 个圆盘 $d_i=d_i(c_i,r_i)$ 的并集 $(\bigcup_{i=1}^{u}d_i(c_i,r_i))$ 中，其中 $i=1,2,\cdots,u$，圆盘的圆心 $c_i=M_{i,j}$，半径 $r_i=\sum_{j=1,j\neq i}^{u}|M_{i,j}|$，其中 $M_{i,i}$ 和 $M_{i,j}$，分别是矩阵 $\boldsymbol{M}$ 的对角线元素和非对角线元素。

矩阵 $\boldsymbol{A}$ 任意抽取 k 列构成的子矩阵共有 C_n^k 个，要依次证明每个子矩阵格拉姆矩阵的特征值分布位于 $[1-\delta_k,1+\delta_k]$ 是一个组合复杂度问题，因此，本节证明所有子矩阵格拉姆矩阵的特征值同时位于 $[1-\delta_k,1+\delta_k]$ 范围。矩阵 $\boldsymbol{A}$ 的格拉姆矩阵 $\boldsymbol{G}(\boldsymbol{A})$ 包含了所有子矩阵格拉姆矩阵的特征值分布信息，为证明所有子矩阵的格拉姆矩阵的特征值分布均位于 $[1-\delta_k,1+\delta_k]$ 范围，可适当选取 $\delta_d,\delta_o>0,\delta_d+\delta_o=\delta_k\in(0,1)$，如果 $\boldsymbol{G}(\boldsymbol{A})$ 的各对角元素 $G_{i,i}$ 满足 $|G_{i,j}-1|<\delta_d$，各非对角元素 $G_{i,j}\ (i\neq j)$ 满足 $\sum\limits_{j=1,j\neq i}^{n}|G_{ij}|<\delta_0$，即各 Gersgorin 圆盘的圆心与 1 之间的距离不超过 δ_d，各圆盘的半径不超过 δ_o，根据引理 4.4 即可证明 $\boldsymbol{G}(\boldsymbol{A}_T)$ 的所有特征值分布位于 $[1-\delta_k,1+\delta_k]$ 范围。如果矩阵 $\boldsymbol{A}$ 的非零元素独立同分布于高斯分布，则 $\boldsymbol{G}(\boldsymbol{A})$ 的各对角元素为高斯变量的平方和，各非对角元素为独立高斯变量的乘积之和，对角元素和非对角元素的取值范围可由以下引理确定。

引理 4.5　设序列 $\{x_i\}_{i=1}^n$ 中仅有 $n\mu$ 个非零元素，并且非零元素服从均值为 0，方差为 $1/(n\mu)$ 的高斯分布，那么

$$\operatorname{Prob}\left(\left|\sum_{i=1}^{n}x_i^2-1\right|\geqslant\delta_d\right)\leqslant 2\exp\left(-\frac{\delta_d^2 n\mu}{16}\right)\tag{4-72}$$

证明　首先考虑序列 $\{z_i\}_{i=1}^n$，其中各元素独立同分布于均值为 0，方差为 σ^2 的高斯分布，对 $0\leqslant t\leqslant 1$，由定理 4.10 可知

$$\operatorname{Prob}\left(\left|\sum_{i=1}^{n}z_i^2-n\delta^2\right|\geqslant 4\delta^2\sqrt{nt}\right)\leqslant 2\exp(-t)\tag{4-73}$$

设 $\sum\limits_{i=1}^{n}x_i^2$ 为序列 $\{x_i\}_{i=1}^n$ 中各元素的平方和，加法具有交换性，因此可通过交换元素顺序将 $n\mu$ 个非零元素交换到前 $n\mu$ 项，那么有

$$\sum_{i=1}^{n}x_i^2=\sum_{i=1}^{n\mu}x_i^2\tag{4-74}$$

将式(4-74)和非零元素方差 $1/(n\mu)$ 代入式(4-73)可得

$$\operatorname{Prob}\left(\left|\sum_{i=1}^{n\mu}x_i^2-1\right|\geqslant\frac{4}{n\mu}\sqrt{n\mu t}\right)\leqslant 2\exp(-t)\tag{4-75}$$

令 $\delta_d=\dfrac{4}{n\mu}\sqrt{n\mu t}$ 代入式(4-75)可得

$$\operatorname{Prob}\left(\left|\sum_{i=1}^{n\mu}x_i^2-1\right|\geqslant\delta_d\right)\leqslant 2\exp\left(-\frac{\delta_d^2 n\mu}{16}\right)\tag{4-76}$$

引理 4.6　设序列 $\{x_i\}_{i=1}^n$ 和 $\{y_i\}_{i=1}^n$ 中仅有 $n\mu$ 个非零元素，并且非零元素服从均值为 0，方差为 $1/(n\mu)$ 的高斯分布，那么

$$\text{Prob}\left(\left|\sum_{i=1}^{n} x_i y_i\right| \geqslant t\right) \leqslant 2\exp\left(-\frac{n\mu t^2}{4+2t}\right) \tag{4-77}$$

证明　首先考虑 $\{x_i\}_{i=1}^n$ 和 $\{y_i\}_{i=1}^n$，其中各元素独立同分布于均值为 0，方差为 σ^2 的高斯分布，则有

$$\text{Prob}\left(\left|\sum_{i=1}^{n} x_i y_i\right| \geqslant t\right) \leqslant 2\exp\left(-\frac{t^2}{4\sigma^2(n\sigma^2+t/2)}\right) \tag{4-78}$$

设序列 $\{x_i\}_{i=1}^n$ 和 $\{y_i\}_{i=1}^n$ 非零元素的混叠长度为 l（显然 $l \leqslant n\mu$），那么 $\sum_{i=1}^{n} x_i y_i$ 只有 1 项非零，加法具有交换性，将 l 个非零元素交换到前 l 项，那么有

$$\sum_{i=1}^{n} x_i y_i = \sum_{i=1}^{l} x_i y_i \tag{4-79}$$

将式(4－79)和非零元素方差 $1/(n\mu)$ 代入式(4－78)有

$$\text{Prob}\left(\left|\sum_{i=1}^{n} x_i y_i\right| \geqslant t\right) = \text{Prob}\left(\left|\sum_{i=1}^{l} x_i y_i\right| \geqslant t\right) \leqslant 2\exp\left(-\frac{n^2\mu^2 t^2}{4l+2n\mu t}\right) \leqslant 2\exp\left(-\frac{n\mu t^2}{4+2t}\right) \tag{4-80}$$

借助以上引理可证明稀疏随机矩阵满足有限等距性质。

定理 4.16　设 $\boldsymbol{A}$ 为一个 $m\times n$ 维，稀疏率等于 m 的稀疏随机矩阵，且非零元素独立同分布于均值为 0，方差为 $1/(n\mu)$ 的高斯分布。那么对任意 $\delta_k \in (0,1)$ 存在常数 c_1 和 c_2（由 δ_k 决定），使得当 $m \geqslant (c_2 k^2 \log n)/\mu$ 时，稀疏随机矩阵 $\boldsymbol{A}$ 以不小于 $1-\exp(-c_1 m\mu/k^2)$ 的概率满足 k 阶 RIP 性质。

证明　记 $A_{i,j}(i=1,2,\cdots,m, j=1,2,\cdots,n)$ 为 $\boldsymbol{G}(\boldsymbol{A})$ 的第 (i,j) 元素，$\boldsymbol{G}(\boldsymbol{A})$ 的对角线元素可表示为 $G_{i,i}$，由引理 4.5 可得

$$\text{Prob}(|G_{i,i}-1| \geqslant \delta_d) \leqslant 2\exp\left(-\frac{\delta_d^2 m\mu}{16}\right) \tag{4-81}$$

则所有满足

$$\text{Prob}\left(\bigcup_{i=1}^{n} |G_{i,i}-1| \geqslant \delta_d\right) \leqslant 2n\exp\left(-\frac{\delta_d^2 m\mu}{16}\right) \tag{4-82}$$

$\boldsymbol{G}(\boldsymbol{A})$ 的非对角线元素可表示为 $G_{i,j}$，由引理 4.6 可知

$$\text{Prob}(|G_{i,j}| \geqslant t) \leqslant 2\exp\left(-\frac{m\mu t^2}{4+2t}\right) \tag{4-83}$$

将 t 用 δ_o/k 替换可得

$$\text{Prob}\left(|G_{i,j}| \geqslant \frac{\delta_o}{k}\right) \leqslant 2\exp\left(-\frac{m\mu\delta_o^2}{4k^2+2k\delta_o}\right) \tag{4-84}$$

$\boldsymbol{G}(\boldsymbol{A})$ 的非对角线元素具有对称性，互不相同的非对角元素总共有 $n(n-1)/2$ 个，则所有 $G_{i,j}$ 联合概率分布满足

$$\text{Prob}\left(\bigcup_{\substack{i=1\\ j\neq i}}^{n}\bigcup_{j\neq i}^{n}\left[G_{i,j}\ |\geqslant\frac{\delta_o}{k}\right]\right)\leqslant n^2\exp\left(-\frac{m\mu\delta_o^2}{4k^2+2k\delta_o}\right)\tag{4-85}$$

记 P 为稀疏随机矩阵满足 RIP 的概率，取 $\delta_d=(2/3)\delta_k$，$\delta_o=(1/3)\delta_k$ 及 $n\geqslant 2$，由式(4－82)和式(4－85)可知

$$\begin{aligned}P&=\text{Prob}\left(\bigcup_{i=1}^{n}\left[|G_{i,i}-1|\geqslant\delta_d\right]\right)+\text{Prob}\left(\bigcup_{\substack{i=1\\ j\neq i}}^{n}\bigcup_{j=1}\left[|G_{i,j}\ |\geqslant\frac{\delta_o}{k}\right]\right)\\&\leqslant 2n^2\exp\left(-\frac{m\mu\delta_k^2}{36k^2+6k\delta_k}\right)\leqslant 2n^2\exp\left(-\frac{m\mu\delta_k^2}{42k^2}\right)\end{aligned}\tag{4-86}$$

对任意的 $c_1<\frac{\delta_k^2}{42}$，$c_2=\frac{126}{(\delta_k^2-42c_1)}$，若测量值个数 m 满足 $m\geqslant\frac{c_2}{\mu}k^2\log n$，则有

$$P\geqslant 1-\exp\left(-\frac{c_1 m\mu}{k^2}\right)\tag{4-87}$$

本章小结

本章对稀疏表示中的 RIP 进行分析，首先证明问题(P_0)和问题(P_1)解的唯一性，然后分析概率性稀疏表示理论，最后分析了稀疏随机矩阵的有限等距性质。

第 5 章　稀疏字典学习

本章介绍稀疏字典学习(sparse dictionary learning),重点分析贪婪算法、非监督字典学习以及稀疏分解[91-96]。

5.1　稀疏字典学习概述

稀疏字典学习算法理论包含两个阶段[97,109-111]:字典构建阶段(dictionary generate)和利用字典(稀疏的)表示样本阶段(sparse coding with a precomputed dictionary)。这两个阶段的每个阶段都有诸多算法可供选择。

5.1.1　稀疏编码字典

将信号表示为适当选取的一组过完备基的稀疏线性组合,即信号稀疏表示,矩阵表示为

$$\boldsymbol{Y}=\boldsymbol{DX} \tag{5-1}$$

式中,$\boldsymbol{D}$ 为 $m\times n$ 矩阵。当 $n>m$ 时 $\boldsymbol{D}$ 为过完备字典,通常情况在稀疏表示中最常见;当 $n=m$ 时 $\boldsymbol{D}$ 为完备字典,如傅里叶变换和 DCT 变换都是这样;当 $n<m$ 时为欠完备字典。

对式(5-1),信号 $\boldsymbol{Y}=\{y_1,y_2,\cdots,y_n\}$,稀疏编码 $\boldsymbol{X}=\{x_1,x_2,\cdots,x_n\}$。其中 $\boldsymbol{y}_i(i=1,\cdots,n)$ 和 $\boldsymbol{x}_i(i=1,\cdots,n)$ 是列向量,且向量中元素的个数等于字典 $\boldsymbol{D}$ 的列数。设信号是一个向量 $\boldsymbol{y}$,稀疏编码也是一个向量 $\boldsymbol{x}$。字典学习是在 $\boldsymbol{x}$ 不变的情况下,训练 $\boldsymbol{D}$ 使 $\boldsymbol{D}\times\boldsymbol{x}$ 更加接近原信号。$\boldsymbol{D}=\{\boldsymbol{d}_1,\boldsymbol{d}_2,\cdots,\boldsymbol{d}_m\}$,其中向量 $\boldsymbol{d}_i(i=1,2,\cdots,m)$,称为字典的原子。在字典学习稀疏表示中,通常是把向量中系数比较小的项去掉,才会使系数编码稀疏。

5.1.2　字典学习模型

字典的产生方法总的来说有两种。一种是利用一些变换,如离散余弦变换(DCT)、加博尔小波变换等获得固定的通用的字典。另一种是采用字典学习的方法,产生和具体的信号样本集 $\boldsymbol{Y}$ 相对应的字典。让图像稀疏分解和表示后的结果更加稀

疏,就必须选用已有的或者重新构造的与原信号内在结构或特征相匹配的过完备字典,以达到减少图像表示的原子数量,增强信号稀疏度的目的。常见的原子字典如加博尔字典、线调频小波(chirplet)字典。对于稀疏字典学习来说要求的是 $\boldsymbol{D}$ 与 $\boldsymbol{X}$。要求就是让 $\boldsymbol{X}$ 具有相当的稀疏性,$\boldsymbol{DX}$ 的结果与 $\boldsymbol{Y}$ 的误差在可接受的范围之内,如下式所示:

$$\begin{cases}\min\limits_{\boldsymbol{DX}}\|\boldsymbol{Y}-\boldsymbol{DX}\|_F^2 \\ \text{s. t. } \forall i,\|\boldsymbol{x}_i\|_0\leqslant T_0\end{cases} \tag{5-2}$$

式中,对于矩阵使用的范数为 F 范数,对于向量使用的 0 范数即表示向量中非零值的个数。在有限等距性质(RIP)条件下,L_0 范数优化问题与 L_1 范数优化问题具有相同的解,所以式(5-2)可化为

$$\begin{cases}\min\limits_{\boldsymbol{DX}}\|\boldsymbol{Y}-\boldsymbol{DX}\|_F^2 \\ \text{s. t. } \forall i,\|\boldsymbol{x}_i\|_1\leqslant T_0\end{cases} \tag{5-3}$$

同时,字典学习的表达还可以按下式表达:

$$\begin{cases}\min\limits_{\boldsymbol{DX}}\sum\limits_{i}^{n}\|\boldsymbol{x}_i\|_1 \\ \text{s. t. } \|\boldsymbol{Y}-\boldsymbol{DX}\|_F^2\leqslant\varepsilon\end{cases} \tag{5-4}$$

将上式正则化之后就是

$$\min_{\boldsymbol{Dx}_i}\sum_{i}^{n}\|\boldsymbol{y}_i-\boldsymbol{Dx}_i\|_F^2+\lambda\sum_{i}^{n}\|\boldsymbol{x}_i\|_1 \tag{5-5}$$

其中,λ 用来调节误差和稀疏程度之间的平衡。

稀疏表示问题可以表达如下:设有一信号 $\boldsymbol{y}_i$,$\boldsymbol{D}$ 已知,求解 $\boldsymbol{x}_i$ 的最小值模型

$$\min_{\boldsymbol{x}_i}\|\boldsymbol{y}_i-\boldsymbol{Dx}_i\|_2^2+\lambda\|\boldsymbol{x}_i\|_1 \tag{5-6}$$

稀疏表示求解方法的目的是寻取原始信号 $\boldsymbol{y}$ 在过完备字典上的对应的稀疏编码向量 $\boldsymbol{x}$。一般使用贪婪方法,如匹配追踪(matching pursuit,MP)算法、正交改进处理的正交匹配追踪(orthogonal matching pursuit,OMP)算法、正则化正交匹配追踪(regularized orthogonal matching pursuit,ROMP)算法等[103,106]。

5.2 匹配追踪算法

贪婪算法(greedy algorithm)是稀疏信号处理领域中广泛使用的一种信号复原方法,它处理如下一类数学问题:

$$\begin{cases}\min\limits_{x\in\zeta}\|\boldsymbol{y}-\boldsymbol{\phi x}\|_2^2 \\ \text{s. t. } \zeta=\{\boldsymbol{x}:\|\boldsymbol{x}\|_0\leqslant K\}\end{cases} \tag{5-7}$$

其中，$\boldsymbol{\phi}\in\mathbf{R}^{M\times N}$ 为测量矩阵，$\boldsymbol{y}\in\mathbf{R}^{M}$ 为观测数据，$\boldsymbol{x}\in\mathbf{R}^{N}$ 为待复原的 K －稀疏信号。下面介绍代表性贪婪算法：匹配追踪算法及相关改进算法。MP 算法典型地反映了贪婪算法的特点，由于涉及矩阵求逆，因此具有高的计算成本。

5.2.1　基本匹配追踪算法

考虑一维信号的稀疏分解过程，采样信号长度为 D，采样信号用 $\boldsymbol{x}(n)$ 表示，当讨论在信号空间进行时，采样信号用 $\boldsymbol{x}$ 表示。$\boldsymbol{D}=\{\boldsymbol{g}_{\gamma}\}_{\gamma\in\Gamma}$ 为用于进行信号稀疏分解的过完备库，g_{γ} 为由参数组 γ 定义的原子，用不同的方法构造原子参数，参数组 γ 所含有的参数及参数个数也不一样。原子应作归一化处理，即 $\|\boldsymbol{g}_{\gamma}\|=1$。$\Gamma$ 为参数组 γ 的集合。MP 方法分解信号过程如下。

首先从过完备库中选出与待分解信号 $\boldsymbol{x}$ 最为匹配的原子 $\boldsymbol{g}_{\gamma_0}$，其满足以下条件：

$$|\langle\boldsymbol{x},\boldsymbol{g}_{\gamma_0}\rangle|=\sup_{\gamma\in\Gamma}|\langle\boldsymbol{x},\boldsymbol{g}_{\gamma}\rangle| \tag{5-8}$$

信号 $\boldsymbol{x}$ 可以分解为在最佳原子 $\boldsymbol{g}_{\gamma_0}$ 上的分量和残余信号两部分，即为

$$\boldsymbol{x}=\langle\boldsymbol{x},\boldsymbol{g}_{\gamma_0}\rangle\boldsymbol{g}_{\gamma_0}+\boldsymbol{R}_1\boldsymbol{x} \tag{5-9}$$

其中 $\boldsymbol{R}_1\boldsymbol{x}$ 是用最佳原子对原信号进行最佳匹配后的残余信号，初始状态下 $\boldsymbol{R}_0=\boldsymbol{x}$。显然 $\boldsymbol{g}_{\gamma_0}$ 和 $\boldsymbol{R}_1$ 是正交的，所以可得到下式：

$$\|\boldsymbol{R}_0\|^2=|\langle\boldsymbol{x},\boldsymbol{g}_{\gamma_0}\rangle|^2+\|\boldsymbol{R}_1\|^2 \tag{5-10}$$

若使每次迭代逼近最优化，必须使得剩余量 $\boldsymbol{R}_1$ 的能量最小化，即使投影值 $|\langle\boldsymbol{x},\boldsymbol{g}_{\gamma_0}\rangle|$ 极大化。对最佳匹配后的残余信号可以不断进行上面同样的分解过程，即

$$\boldsymbol{R}_k\boldsymbol{x}=\langle\boldsymbol{R}_k\boldsymbol{x},\boldsymbol{g}_{\gamma_k}\rangle\boldsymbol{g}_{\gamma_k}+\boldsymbol{R}_{k+1}\boldsymbol{x} \tag{5-11}$$

其中 $\boldsymbol{g}_{\gamma_k}$ 满足

$$|\langle\boldsymbol{R}_k\boldsymbol{x},\boldsymbol{g}_{\gamma_k}\rangle|=\sup_{\gamma\in\Gamma}|\langle\boldsymbol{R}_k\boldsymbol{x},\boldsymbol{g}_{\gamma_k}\rangle| \tag{5-12}$$

由式(5－9)和式(5－11)可知，经过步分解后，信号被分解为

$$\boldsymbol{x}=\sum_{k=0}^{n-1}\langle\boldsymbol{R}_k\boldsymbol{x},\boldsymbol{g}_{\gamma_k}\rangle\boldsymbol{g}_{\gamma_k}+\boldsymbol{R}_n\boldsymbol{x} \tag{5-13}$$

其中 $\boldsymbol{R}_n\boldsymbol{x}$ 为信号分解为 n 个原子的线性组合时，用这样的线性组合表示信号所产生的误差。由于每一步分解中，所选取的最佳原子满足式(5－12)，所以分解的残余信号 $\boldsymbol{R}_n\boldsymbol{x}$ 随着分解的进行，迅速地减小。在信号满足长度有限的条件下(这是完全可以而且一定满足的)，$\|\boldsymbol{R}_n\boldsymbol{x}\|$ 随 n 的增大而指数衰减为 0。从而信号可以分解为

$$\boldsymbol{x}=\sum_{k=0}^{\infty}\langle\boldsymbol{R}_k\boldsymbol{x},\boldsymbol{g}_{\gamma_k}\rangle\boldsymbol{g}_{\gamma_k} \tag{5-14}$$

由于 $\|\boldsymbol{R}_n\boldsymbol{x}\|$ 的衰减特性，用少数原子就可以表示信号的主要成分，即

$$\boldsymbol{x}=\sum_{k=0}^{n-1}\langle\boldsymbol{R}_k\boldsymbol{x},\boldsymbol{g}_{\gamma_k}\rangle\boldsymbol{g}_{\gamma_k} \tag{5-15}$$

其中 $n\ll N$(N 为过完备原子库中原子的个数)

式(5－8)和条件 $n\ll N$ 集中体现了信号稀疏表示和信号稀疏分解的思想。在满

足误差一定的条件下，可以得到信号的稀疏表达形式。匹配追踪算法的灵活性可以使人们选择与原信号更相近的时频原子，它可以更好地揭示信号的时频结构。然而该算法存在存储量大、计算量大的问题。综上所述，匹配追踪是一种基于冗余原子库的信号稀疏分解方法。因此，匹配追踪编码是基于冗余表示的编码方法的典型代表。下面我们按照标准步骤对匹配追踪编码过程进行解释。

（1）生成原子库

匹配追踪本身与原子库的结构无关，它可以运用在任何形式的原子库上。例如，原子库 $\boldsymbol{D}$ 可以是固定的 $\boldsymbol{D}_{A,f}$，也可以是自适应的 $\boldsymbol{D}_{L,a}$，或是两者的级联。固定原子库如 DCT 原子库。

（2）变换

对某输入的图像或图块 $\boldsymbol{f}_i$，以迭代的方式从原子库中选出一组与之最匹配的原子 $\{\boldsymbol{g}_{\gamma_j}\}_{j=1,2,\cdots,J}$，则 $\boldsymbol{f}_i$ 的重建图块 $\hat{\boldsymbol{f}}_i$ 可以表示为

$$\hat{\boldsymbol{f}}_i = \sum_{j=1}^{J} \alpha_j \cdot \boldsymbol{g}_{\gamma_j} \tag{5—16}$$

其中，α_j 为原子 $\boldsymbol{g}_{\gamma_j}$ 对应的系数。

（3）参数量化

这里原子参数包括原子的索引和原子系数。其中，原子索引跟原子库的构建方式有关。例如，如果原子库是由某些原子通过一定几何变换产生的，那么索引值将包括几何变换的类型。一般地，这些数据已经离散化，不需要量化；而原子系数 α_j 为实数，一般采用均匀量化方式进行量化。

（4）参数编码

对各参数分配以适当长度的码字。之后可利用原子参数的特性，对码字符号进行熵编码，以去除统计冗余，提高编码效率。

5.2.2 正交匹配追踪算法

正交匹配追踪（OMP）是匹配追踪的特殊形式，正交匹配追踪的算法与匹配追踪相同，但是正交匹配追踪不会重复使用同一个基元来进行匹配，因此会比匹配追踪更快收敛。正交匹配追踪算法的流程如下。

算法的输入为：字典 $\boldsymbol{D}$、观测信号 $\boldsymbol{y}$。算法输出为：重构信号 $\boldsymbol{x}$。

算法初始化：被选择的原子所构成的字典子集 $\boldsymbol{\Lambda}_0$＝空集（每次迭代被选中的原子添加进这个子集作为新的一列）；残差 $\boldsymbol{r}$＝输入信号 $\boldsymbol{y}$；系数 $\boldsymbol{x}$ 全部元素初始化为 0。

第一步：找出字典 $\boldsymbol{D}$ 中与残差 $\boldsymbol{r}$ 内积最大的那个原子 di，记录下这个原子的索引 i（即该原子在字典 $\boldsymbol{D}$ 中的位置）。把 di 添加入字典子集 $\boldsymbol{\Lambda}_l$ 中（每迭代一次，$\boldsymbol{\Lambda}_l$ 中就会增加一个新的原子，这个加入的新原子就是此次迭代中发现的与残差内积最大的那个原子）。

第二步：计算 $\boldsymbol{x}$，$\boldsymbol{x}=\boldsymbol{\Lambda}_l$ 的伪逆 $\boldsymbol{\Lambda}_l^{+}\times\boldsymbol{y}$，即，$\boldsymbol{x}=(\boldsymbol{\Lambda}_l^{\mathrm{T}}\times\boldsymbol{\Lambda}_l)^{-1}\times\boldsymbol{\Lambda}_l^{\mathrm{T}}\times\boldsymbol{y}$，这也是OMP 算法区别于 MP 算法的地方，OMP 中每次都要根据新加入的原子所更新的子集字典 $\boldsymbol{S}$ 重新计算整个系数向量 $\boldsymbol{x}$，另外，计算得到的最小二乘解维度和 $\boldsymbol{\Lambda}_l$ 一样，小于稀疏系数 $\boldsymbol{x}$ 的维度，只需要把最小二乘解中的各个元素赋值到 $\boldsymbol{x}$ 的对应元素即可。

第三步：更新残差 $\boldsymbol{r}$。更新后的残差 $\boldsymbol{r}$=当前残差 $\boldsymbol{y}-\boldsymbol{\Lambda}_l\times\boldsymbol{x}$。

第四步：判断是否达到迭代终止条件。若是，结束算法，输出 $\boldsymbol{x}$；否则，转至第一步。

正交化改进的正交匹配追踪算法为了解决所选原子投影不正交的问题，在每次迭代循环过程中都对已选择的原子做正交投影，以此获得图像信息在已经选择的字典原子上的分量与残差值，最终迭代到收敛。正交匹配追踪算法相对于初始匹配追踪算法拥有了更准确的稀疏系数与更快速的收敛速度。但该算法在进行每次迭代时，只选择与残差最相关的那一列，而且不能对任意信号进行精确表示。如果已知稀疏度，那么迭代次数就是稀疏度的值；倘若信号稀疏度未知，那么就将残差模小于预置的门限当做迭代终止准则。

5.2.3　正则化正交匹配追踪算法

正则化正交匹配追踪(ROMP)算法针对正交化改进的正交匹配追踪算法不足之处进行了进一步改进。其基本思想是每一次迭代时，选择使内积绝对值最大的 K 个原子而不是一个原子。随后按照正则化法则选择携带信息比较接近均值的一个原子并且舍弃其他原子，将这个被选中的原子并入最终的支撑集，从而达到对其进行高效选择的目的。正则化正交匹配追踪算法对稀疏系数 $\boldsymbol{\alpha}$ 的求解步骤如下。

第一步：输入超完备字典 $\boldsymbol{D}$，信号 $\boldsymbol{x}$，稀疏度 K 或残差阈值 ε。

第二步：将各个参数设置初始值：索引集 $I_0=\varnothing$，$J_k=\varnothing$，迭代次数 $k=0$，残差 $\boldsymbol{r}_0=\boldsymbol{x}$。

第三步：计算

$$\boldsymbol{\alpha}_k=\boldsymbol{D}^{\mathrm{T}}\boldsymbol{r}_{k-1} \tag{5-17}$$

并在 $\boldsymbol{\alpha}_k$ 中选取前 K 个大的元素并把元素的索引号输入到集合 J_k 中，即 $J_k=\{\alpha_k$ 中前 K 个最大值的索引号$\}$，并将索引按照元素值由大到小排列。

第四步：找到满足条件

$$|\alpha(i)|\leqslant 2|\alpha(j)|,\forall i,J_0,i\leqslant j \tag{5-18}$$

的子集合 $J_0=\{I,\cdots,j\}\subseteq J_k$。

第五步：将集合 J_0 并入索引集合 $I_{k-1}\cup J_0$，即：

$$I_k=I_{k-1}\cup J_0 \tag{5-19}$$

第六步：更新稀疏系数

$$\boldsymbol{\alpha}_k=\arg\min_{\boldsymbol{\alpha}_k\in\mathbf{R}^{t}}\|\boldsymbol{x}-\boldsymbol{D}\boldsymbol{\alpha}\| \tag{5-20}$$

其中，$\boldsymbol{R}'$表示仅在集合 I_k 所包含的索引位置上全部非零元素的稀疏向量。

第七步：更新残差

$$\boldsymbol{r}_k=\boldsymbol{x}-\boldsymbol{D}_k\boldsymbol{\alpha}_k \tag{5-21}$$

第八步：迭代次数递增，如果满足条件就终止算法，转第九步，不满足则转第三步。

第九步：将稀疏系数 $\boldsymbol{\alpha}$ 输出。

如果任意稀疏度为 K 的信号 $\boldsymbol{x}$ 的测量矩阵 $\boldsymbol{\phi}$ 符合不等式 $\delta_{2K}<\frac{0.03}{\sqrt{\log K}}$ 的 $2K$ 阶 RIP 条件，那么在最多 K 次迭代之后，通过该算法可以重构出一个支撑集 $\hat{T}$，支撑集 $\hat{T}$ 包含真实支撑集 T，并且 $|\hat{T}|\leqslant 2K$。因为该算法对测量矩阵 $\boldsymbol{\phi}$ 的要求太过严格，即 δ_{2K} 是一个非常接近 0 的值，以至于在相同的条件下，正则化正交匹配追踪算法比其他算法的重构性能较差。

5.2.4　CoSaMP 算法

CoSaMP 是 compressed sampling based matching puisuit 的缩写。CoSaMP 算法是由尼德尔（Needell）和特罗普（Tropp）在 2009 年提出，在稀疏信号处理发展的早期起着非常重要的作用[98]。在每一步迭代中，CoSaMP 基于最大相似准则选出 $2K$ 个元素（$\Omega=\mathrm{supp}\{H_{2K}(r^{k+1})\}$，其中 $H_{2K}(r^{k+1})$表示 r^{k+1} 的绝对值最大的 $2K$ 元素的位置；然后正交化处理，修剪得到 K 个最佳元素（$\hat{\boldsymbol{x}}(k+1))=\boldsymbol{\Phi}_T^{\dagger}y$ 和 $\boldsymbol{x}^{k+1}=H_K(\hat{\boldsymbol{x}}(k+1))$。

区别 OMP 算法，CoSaMP 算法中伪操作 $\hat{x}(k+1)=\boldsymbol{\Phi}_T^{\dagger}y$ 中矩阵 $\boldsymbol{\Phi}_T$ 大小始终是 $M\times T$，其中 $T\leqslant 3K$，因此不会像 OMP 算法在迭代后期出现发散。但为了保持 $\boldsymbol{\phi}_T$ 伪逆的存在，需满足条件 $M\geqslant 3K$。文献[98]提出了 CoSaMP 算法来提高 OMP 方法的运算效率。

算法的输入为字典 $\boldsymbol{D}$、含噪观测信号 $\boldsymbol{y}$ 与稀疏水平 k，算法具体流程为：

步骤 1：初始化。令 $\boldsymbol{x}^{(0)}=\boldsymbol{0}$，残差 $\boldsymbol{r}^{(0)}=\boldsymbol{y}-\boldsymbol{D}\boldsymbol{x}^{(0)}=\boldsymbol{y}$，初始解的支撑为 $\boldsymbol{s}^{(0)}=\phi$（空集），$i=0$。

步骤 2：选择变量令 $i=i+1$，$\boldsymbol{u}=\boldsymbol{D}\cdot\boldsymbol{r}$，则 $\Omega\leftarrow\mathrm{supp}(u_{2s})$，$S\leftarrow\Omega\cup\mathrm{supp}(\boldsymbol{x}^{(i-1)})$，$b_T\leftarrow D_T^{+}y$，$b_Tc\leftarrow 0$。

步骤 3：令 $\boldsymbol{x}^{(i)}=b_s$，$\boldsymbol{r}=\boldsymbol{y}-\boldsymbol{D}x^{(i)}$。

步骤 4：若满足停止准则，返回 $\boldsymbol{x}^{(i)}$，否则跳转到步骤 2。

在 OMP 算法被提出后，又有学者根据不同的应用对 OMP 方法进行扩展或改进。

5.2.5　子空间追踪

子空间追踪（subspace pursuit，SP）算法也是一种贪婪算法。此算法需要已知稀

疏度 K。与OMP算法、ROMP算法的区别在于，SP算法可以选择已经筛选的原子。OMP算法和ROMP算法维护了一个估计支撑集 $\hat{T}$，随后在每一次迭代时会添加一个或若干个原子到 $\hat{T}$ 中，到算法结束为止，但是它们从不会删除 $\hat{T}$ 中的原子，所以得到的 $|\hat{T}|$ 可能会大于稀疏度（OMP算法得到的 $\hat{T}$ 正好与稀疏度大小相等）。SP算法中删除原子的流程可以很好地处理上述问题。SP算法先挑选出 K 个原子，在估计支撑集 $\hat{T}$ 添加这 K 个原子，此时估计支撑集的大小比稀疏度大，即 $|\hat{T}|>K$，随后再依据一定的准则将一部分原子删除，使得 $|\hat{T}|=K$，最后采用和OMP算法同样的方法对估计信号和残差进行更新。SP算法具有稳定性强、重构所需的时间短、重构准确度高的特点，其算法流程如下所示。

输入：$M\times 1$ 数据向量 $\boldsymbol{y}$，$M\times N$ 测量矩阵 $\boldsymbol{\phi}$，信号的稀疏度 K。

初始化：残差 $\boldsymbol{r}^0=\boldsymbol{y}-\boldsymbol{\phi}_{\hat{T}^0}\boldsymbol{\phi}_{\hat{T}^0}^{+}\boldsymbol{y}$，迭代次数 $k=1$，估计支撑集 $\hat{T}^0=\{$向量 $\boldsymbol{\phi}\times\boldsymbol{y}$ 中前 K 个量级最大元素的索引$\}$。

迭代：

(1) $\tilde{T}^k=\hat{T}^{k-1}U\{$向量 $\boldsymbol{\phi}\times\boldsymbol{r}^{k-1}$ 中前 K 个量级最大元素的索引$\}$。

(2) $\boldsymbol{x}_p=\boldsymbol{\phi}_{\hat{T}^k}^{\dagger}\boldsymbol{y}$。

(3) $\tilde{T}^k=\{$向量 $\boldsymbol{x}_p$ 中前 K 个量级最大元素的索引$\}$。

(4) $\boldsymbol{r}^k=\boldsymbol{y}-\phi_{\hat{T}^k}\phi_{\hat{T}^k}^{+}\boldsymbol{y}$。

(5) 如果满足 $\|\boldsymbol{r}^k\|_2>\|\boldsymbol{r}^{k-1}\|_2$，令 $\tilde{T}^k=\hat{T}^{k-1}$，并且退出迭代；如果 $\|\boldsymbol{r}^k\|_2\leqslant\|\boldsymbol{r}^{k-1}\|_2$，则令 $k=k+1$，并进入下一轮迭代。

输出：估计信号 $\hat{\boldsymbol{x}}\in\mathbf{R}^N$，其中 $\hat{\boldsymbol{x}}_{\{1,2,\cdots,N\}}-\hat{T}=0$，$\hat{\boldsymbol{x}}_{\hat{T}}=\phi_{\hat{T}}^{\dagger}\boldsymbol{y}$，支撑集 $T=T^k$。

如果任意稀疏度为 K 的信号 $\boldsymbol{x}$ 的测量矩阵 $\boldsymbol{\phi}$ 符合不等式 $\delta_{3K}<0.165$ 的 $3K$ 阶RIP条件，那么在有限次迭代之后，SP算法就能重新建构出信号 $\boldsymbol{x}$。

5.3　非监督字典学习

字典学习与稀疏编码是一个类似的过程。字典学习分为监督型和非监督型两种。上面提到求解 L_0 范数是NP难问题，需要寻找求其次优解的方法，常用的非监督字典学习的算法有MOD算法和K-SVD算法[110-115]。

许多原子排列组合形成字典，而字典则可被看作是一个 $n\times L$ 矩阵，我们通常使用超完备字典（字典中的行数远远小于列数）。由于超完备字典具有冗余性，其对图像信息的线性表示并不唯一，这为图像的自适应处理奠定了基础。早期的工作中，传统字典诸如傅里叶、小波应用很广，这些字典使用难度很低，而且能够胜任处理一维信号的工作。但是这些字典不是很合适处理一些复杂的、自然的高维信号，所以我们必须寻找更合适的字典结构。人们由此设计了不同类型的字典。根据实现途径的不同，最新设计的字典可划分为下面两种：第一种基于数据的数学模型；第二种基于数据的实现。第一种字典能快速地解析并且实现功能，第二种字典通常是在非参数情况下使用，可以适应某些特殊信号。目前人们正在研究同时具备上述两种优点的字典。作为稀疏表示理论中十分关键的环节，目前字典构造的方法主要是通过将现有的正交基作为字典原子（此类字典包括小波字典、DCT 字典、加博尔字典等）实现图像信息的稀疏表示，这种字典的缺点体现在对信号表示得并不充分。本节的超完备字典通过机器学习的方法，可对亮度、特征和颜色信息组成的训练样本进行学习。常用的字典学习方法有最佳方向法（method of optional direction，MOD）和 K 阶奇异值分解法。这两种算法都是通过学习的方法得到超完备字典 $\boldsymbol{D}$，使目标函数最小。最佳方向法和 K 阶奇异值分解法两种字典学习的步骤都可以看作由稀疏编码和字典更新两个阶段组成，可以用图 5－1 表示。

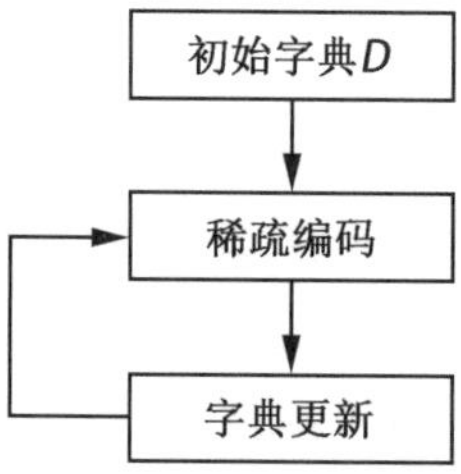

图 5－1　字典学习的二个过程：稀疏编码和字典更新

5.3.1　MOD 最优方向法

最优方向法是一种期望最大值的字典学习算法。该算法通过迭代在训练过程中不断更新字典原子，使稀疏表示的残差不断减小来满足收敛条件，最终得到具有良好判别性能的字典。利用交替最小化或块坐标下降方法在以下两个优化步骤之间迭代，直至收敛：(1)给定固定的 $\boldsymbol{D}$，关于 $\boldsymbol{W}$ 进行优化；(2)给定固定的 $\boldsymbol{W}$，关于 $\boldsymbol{D}$ 进行优化。其中给定的 $\boldsymbol{D}$ 为字典，$\boldsymbol{W}$ 就是信号的稀疏表示。字典可以以不同得到方式进行初始化，例如随机产生或构造一个观测样本的随机子集，而且字典也会进行标准化以避免尺度问题。MOD 算法是一个迭代的过程，其每迭代一步，都会运用上一步的字典对样本稀疏求解获取一个稀疏矩阵，然后用最小二乘法更新获取下一个新的字典。MOD 算法的目的是学习一个能够稀疏表示样本的过完备字典。给定样本数据集 $X=\{\boldsymbol{x}_i\}_{i=1}^{N}$，$\boldsymbol{x}_i$ 为训练样本，MOD 目标函数为：

$$\begin{cases} \min_{D} \sum_{i=1}^{N} \|x_i - Dw_i\|_2^2 \\ \text{s. t. } \|w_i\| \ll T_0, i \in \{1,2,\cdots,N\} \end{cases} \tag{5-22}$$

其中，$D=[g_1,g_2,\cdots,g_N]^{\mathrm{T}}$ 为字典矩阵，g_i 为字典原子；w_i 为 x_i 对应字典原子 g_j 的稀疏系数；T_0 为稀疏表示系数中非零元素的个数。MOD 算法通过反复迭代来更新系数矩阵 W 和字典矩阵 D。先使用 OMP 算法逼近结果，以此更新稀疏系数 w_i，再根据样本 X 和稀疏系数矩阵 W 更新字典：

$$D=\mathrm{argmin}\|X-DW_{(k)}\|_F^2=XW_{(k)}^{\mathrm{T}}(W_{(k)}W_{(k)}^{\mathrm{T}})^{-1} \tag{5-23}$$

当满足迭代停止条件时，输出最终的字典 D。最优方向法的具体流程如下。

输入：$m\times N$ 维样本矩阵 X，稀疏水平 k，精度 ε。

初始化：产生随机的 $m\times n$ 维字典矩阵 D，或利用从 X 中随机选择的样本(列)构造 D。对 D 进行标准化。

交替最小化循环：

(1)稀疏编码：对于每个 $1\leqslant i\leqslant N$，求解以下问题(利用 MP 或 OMP 方法)：

$$\begin{cases} w_i=\mathrm{argmin}_{W}\|x_i-DW\|_2^2 \\ \text{s. t. } \|W\|_0\leqslant k \end{cases} \tag{5-24}$$

从而获得 W 的第 i 个稀疏列。

(2)字典更新：

$$D=\mathrm{argmin}_{\hat{D}}\|X-\hat{D}W\|_2^2=XW^{\mathrm{T}}(WW^{\mathrm{T}})^{-1} \tag{5-25}$$

停止迭代：如果误差 $\|X=DW\|_2^2$ 变化小于 ε，那么退出循环并返回当前的 D 与 W；否则继续交替迭代过程。

由于 MOD 方法中，每次迭代时式(5—23)都需要对矩阵求逆，所以此方法计算量较大，效率较低。第二步使用二次规划方法求解，通过对求解最小化误差公式的求导，可以得到字典表示的解析解。MOD 字典学习算法只是构造字典的众多算法中比较基础、比较容易理解的，在字典更新过程中能够一次性更新整个字典。

5.3.2　K-SVD 算法

在介绍 K-SVD 算法之前首先介绍 K-means 算法，这两者有一定的相似性，都是选择使表示样本误差最小的一组特征。K-means 算法可以看作是一种基本的字典学习算法。假设字典 d 当中有 k 个原子，那么该算法就是提取图像当中的 k 个最具代表性的特征。K-means 聚类算法是一种迭代求解的聚类分析算法，其步骤是随机选取

k 个对象作为初始的聚类中心，然后计算每个对象与各个种子聚类中心之间的距离，把每个对象分配给距离它最近的聚类中心。聚类中心以及分配给它们的对象就代表一个聚类。每分配一个样本，聚类的聚类中心会根据聚类中现有的对象被重新计算，直到满足终止条件。下面是图像 K-means 聚类过程。

设给定一张图像，将该图像分割为图像块，块的大小选取要适当，块越大所需的训练样本就越多。将每个块化成一向量，组成一个矩阵：$\boldsymbol{X}=[\boldsymbol{x}_1,\boldsymbol{x}_2,\cdots,\boldsymbol{x}_n]$，其中 $\boldsymbol{x}_i=[x_{i1},x_{i2},\cdots,x_{im}]^{\mathrm{T}}$，$m$ 为样本的维度，也就是图像块的大小。而后对每个样本向量归一化，之后对矩阵 $\boldsymbol{X}$ 进行白化操作，白化操作可以降低特征之间的相关性，并且使每个特征的方差相同。白化操作表述如下：设 $\boldsymbol{X}$ 为每列已单位化的矩阵，将 $\boldsymbol{X}\boldsymbol{X}^{\mathrm{T}}$ 进行特征值分解有

$$\boldsymbol{X}\boldsymbol{X}^{\mathrm{T}}=\boldsymbol{U}\sum\boldsymbol{U}^{\mathrm{T}} \tag{5-26}$$

令 $\boldsymbol{X}'=\sum^{-1/2}\boldsymbol{U}^{\mathrm{T}}\boldsymbol{X}$，得到白化之后的样本 $\boldsymbol{X}'$。在白化之后就可以利用 K-means 的方法进行聚类得到 k 个类簇的均值向量，这些均值向量就是字典原子。如此便可学习到一个对应图像的字典。

K-SVD 算法是一种贪婪算法，每次迭代求出该次迭代的最优字典，而后不停迭代直到达到迭代结束要求。K-SVD 算法进行字典更新首先要对字典进行初始化，一般使用 DCT 字典进行初始化，而后计算稀疏编码，这一步采用 OMP 算法，而后固定稀疏编码，更新字典。对于更新字典所用的方法是每次更新一个原子，首先固定字典的其他原子，而后计算该原子的新值。更新完字典之后，再使用 OMP 算法进行稀疏编码，之后再更新字典。

K 阶奇异值分解法相对于最佳方向法存在的效率较低的问题进行了改进，通过 K 次的奇异值分解逐次实现了对字典原子以及相关的系数同步更新，从而在学习过程中可以大幅度降低时间复杂度，具有很高效率的同时的门槛也很低。K-SVD 算法与 MOD 很相似，它们的优化目标是一样的。K-SVD 在 MOD 的基础上进行了优化。总体来说，使用 K-SVD 进行字典更新也分为更新稀疏编码和更新字典这两步，并且更新稀疏编码这一步是一致的，下面将介绍这两步。

(1)固定字典，更新稀疏编码

编码采用如下公式：

$$\begin{cases}\boldsymbol{X}=\underset{\boldsymbol{DX}}{\operatorname{argmin}}\{\|\boldsymbol{X}\|_0\} \\ \text{s. t. } \|\boldsymbol{Y}-\boldsymbol{DX}\|^2\leqslant\varepsilon\end{cases} \tag{5-27}$$

ε 是重构误差所允许的最大值。

假设单个样本是向量 $\boldsymbol{y}$，目的是使编码 $\boldsymbol{x}$ 尽可能稀疏。首先从原子中找到与向量

$\boldsymbol{y}$ 最接近的那个向量，作为我们的第一个原子，假设为 $\boldsymbol{d}_2$。然后我们的初次编码向量就是 $\boldsymbol{x}_1=(0,b,0,\cdots)$。求解系数 b：

$$\boldsymbol{y}-b\times\boldsymbol{d}_2=0 \tag{5-28}$$

求解最小二乘问题。

然后我们用 $\boldsymbol{x}_1$ 与 $\boldsymbol{d}_2$ 相乘，通过下式计算残差：

$$\boldsymbol{r}_1=\boldsymbol{y}-b\times\boldsymbol{d}_2 \tag{5-29}$$

如果残差向量满足重构误差范围 ε，就结束计算了，否则进行下一步。

计算剩余字典原子与残差向量 $\boldsymbol{r}_1$ 的最近的向量，方法同上。得到 $\boldsymbol{d}_3$ 是对应的向量，则有：

$$\boldsymbol{y}-b\times\boldsymbol{d}_2-c\times\boldsymbol{d}_3=0 \tag{5-30}$$

最小二乘计算的 b 和 c 系数。

更新残差

$$\boldsymbol{r}_2=\boldsymbol{y}-b\times\boldsymbol{d}_2-c\times\boldsymbol{d}_3 \tag{5-31}$$

然后再判断是否满足误差要求，满足则停，否则继续。

(2)固定稀疏编码，更新字典

K-SVD 采用逐列更新原子的方式更新字典。这里我们设字典 $\boldsymbol{D}=\{\boldsymbol{d}_1,\boldsymbol{d}_2,\cdots,\boldsymbol{d}_m\}$，每个字典原子 $\boldsymbol{d}_i$ 有 n 个元素。则稀疏编码 $\boldsymbol{X}$ 共有 m 行，第 k 行设为 $\boldsymbol{x}^k$。字典更新函数如下：

$$\|\boldsymbol{Y}-\boldsymbol{DX}\|_2^2=\left\|\boldsymbol{Y}-\sum_{j=1}^{m}\boldsymbol{d}_j\boldsymbol{x}^j\right\|_2^2=\|\boldsymbol{E}_k-\boldsymbol{d}_k\boldsymbol{x}^k\|_2^2=\left\|\left(\boldsymbol{Y}-\sum_{j\neq k}\boldsymbol{d}_j\boldsymbol{x}^j\right)-\boldsymbol{d}_k\boldsymbol{x}^j\right\|_2^2 \tag{5-32}$$

将 $\boldsymbol{DX}$ 分解为 m 个秩为 1 的矩阵 $\boldsymbol{d}_j\boldsymbol{x}^j$，其中 $m-1$ 个矩阵 $\sum_{j\neq k}\boldsymbol{d}_j\boldsymbol{x}^j$ 是不变的。其中 $\boldsymbol{E}_k$ 表示去除原子 $\boldsymbol{d}_k$ 成分在稀疏表示中的影响，所以上式只考虑 $\boldsymbol{d}_k\boldsymbol{x}^k$ 带来的误差。该问题转化为求解一个最接近矩阵 $\boldsymbol{E}_k$ 的秩为 1 的矩阵。这里使用 SVD 算法来求解 $\|\boldsymbol{E}_k-\boldsymbol{d}_k\boldsymbol{x}^k\|_2^2$ 的最小二乘解。

使用 SVD 算法进行矩阵分解 $\|\boldsymbol{Ax}-\boldsymbol{b}\|_2^2$，定义

$$\boldsymbol{A}=\boldsymbol{U\Sigma V}^{\mathrm{T}} \tag{5-33}$$

其中，$\boldsymbol{A}$ 为待分解矩阵，$\boldsymbol{U}$ 和 $\boldsymbol{V}$ 均为单位正交矩阵。$\boldsymbol{U}$ 称为左奇异矩阵，$\boldsymbol{V}$ 称为右奇异矩阵。Σ 仅在主对角线上有非零值，称为奇异值。$\boldsymbol{A}$ 与 $\boldsymbol{A}$ 的转置相乘：

$$\boldsymbol{AA}^{\mathrm{T}}=\boldsymbol{U\Sigma V}^{\mathrm{T}}\boldsymbol{V\Sigma U}^{\mathrm{T}} \tag{5-34}$$

$$\boldsymbol{A}^{\mathrm{T}}\boldsymbol{A}=\boldsymbol{V\Sigma U}^{\mathrm{T}}\boldsymbol{U\Sigma V}^{\mathrm{T}} \tag{5-35}$$

由于 $\boldsymbol{U}$ 和 $\boldsymbol{V}$ 均为单位正交矩阵，即 $\boldsymbol{U}^{\mathrm{T}}\boldsymbol{U}=\boldsymbol{I}$，$\boldsymbol{V}^{\mathrm{T}}\boldsymbol{V}=\boldsymbol{I}$。

设

$$\boldsymbol{\Sigma}=\begin{bmatrix}\sigma_1 & 0 & 0 & 0 & 0 & \cdots \\ 0 & \sigma_2 & 0 & 0 & 0 & \cdots \\ 0 & 0 & \sigma_3 & 0 & 0 & \cdots \\ & & \cdots & \cdots & & \end{bmatrix} \tag{5-36}$$

则有

$$\boldsymbol{A}\boldsymbol{A}^{\mathrm{T}}=\boldsymbol{U}\begin{bmatrix}\sigma_1^2 & 0 & 0 & 0 & 0 & \cdots \\ 0 & \sigma_2^2 & 0 & 0 & 0 & \cdots \\ 0 & 0 & \sigma_3^2 & 0 & 0 & \cdots \\ & & \cdots & \cdots & & \end{bmatrix}\boldsymbol{U}^{\mathrm{T}} \tag{5-37}$$

又有

$$\boldsymbol{A}^{\mathrm{T}}\boldsymbol{A}=\boldsymbol{V}\begin{bmatrix}\sigma_1^2 & 0 & 0 & 0 & 0 & \cdots \\ 0 & \sigma_2^2 & 0 & 0 & 0 & \cdots \\ 0 & 0 & \sigma_3^2 & 0 & 0 & \cdots \\ & & \cdots & \cdots & & \end{bmatrix}\boldsymbol{V}^{\mathrm{T}} \tag{5-38}$$

$\boldsymbol{A}\boldsymbol{A}^{\mathrm{T}}$ 和 $\boldsymbol{A}^{\mathrm{T}}\boldsymbol{A}$ 作为实对称矩阵，使用特征值分解即可得到 $\boldsymbol{U}$ 和 $\boldsymbol{V}$。对于 $\|\boldsymbol{E}_k-\boldsymbol{d}_k\boldsymbol{x}^k\|_2^2$，对 $\boldsymbol{E}_k$ 进行奇异值分解，假设 $\boldsymbol{E}_k=\boldsymbol{U}\boldsymbol{\Sigma}\boldsymbol{V}^{\mathrm{T}}$。这里的 $\boldsymbol{\Sigma}$ 通常按奇异值从大到小排列，且衰减迅速。一般前10%的奇异值之和就占总和的95%以上。可以将小于某阈值的奇异值取0，可以缩小矩阵规模。将 $\boldsymbol{U}$ 的第一个列向量作为最新的字典原子 $\boldsymbol{d}_k$，将 $\boldsymbol{V}$ 的第一个列向量与最大奇异值（一般为 σ_1）的乘积作为新的稀疏向量 $\boldsymbol{x}^k$。但是，上面如果直接对 $\boldsymbol{E}_k$ 进行奇异值分解，得到的大多数元素是非零的，所以在分解前只保留 $\boldsymbol{E}_k$ 中 $\boldsymbol{d}_k$ 和 $\boldsymbol{x}^k$ 中非零位置乘积之和的那些项。其中，$\boldsymbol{\Lambda}$ 为对角矩阵，使得 $\boldsymbol{E}_k$ 的奇异值位于对角线上，用 $\boldsymbol{U}$ 的首列元素和 $\boldsymbol{V}$ 的首列与 $\boldsymbol{\Lambda}(1,1)$ 的乘积分别对稀疏系数 $\boldsymbol{x}_t^k$ 和字典原子 $\boldsymbol{d}_k$ 进行更新。输出字典 $\boldsymbol{D}$。

5.3.3 字典学习应用

(1)图像去噪

图像信息在稀疏表示的过程中就是一个去噪过程。无噪声图像可以被字典稀疏表示，稀疏编码系数比较大。噪声信号则很难被稀疏表示。在稀疏编码中，图像信息被表示而保留下来，而噪声信号作为误差被去除[116-117]。但是这种方式的去噪只是简单粗略的。使用含噪声图像进行字典学习来达到更好的去噪效果，具体为优化下式：

$$\min_{\alpha_i x}\{\lambda_x \|\boldsymbol{x}-\boldsymbol{z}\|_2^2+\sum_{i=1}^{N}\beta_i\|\boldsymbol{\alpha}_i\|_0+\sum_{i=1}^{N}\|\boldsymbol{D}\boldsymbol{\alpha}_i-\boldsymbol{R}_i\boldsymbol{x}\|_2^2\} \tag{5-40}$$

式(5—40)中，$\boldsymbol{x}$ 表示无噪声图像，$\boldsymbol{z}$ 表示含噪声图像，λ_x 和 β_i 为正则化参数。第一项为数据保真，第二项为稀疏先验，第三项为无噪声图像 $\boldsymbol{x}$ 在字典 $\boldsymbol{D}$ 表示下的误差。

基于 MOD 方法，在稀疏编码中采用 OMP 贪婪算法，字典更新阶段采用最小二乘法。实验中初始化字典时从输入信号中随机地选取 n 个列向量，需要注意的是在使用 OMP 贪婪算法时要将字典的各列规范化，然后根据输入信号确定原子的个数，即字典的列数和迭代次数。在程序的主循环中包括稀疏编码和字典更新两个步骤，注意这一步得到的字典 $\boldsymbol{D}$ 可能会有列向量的 L_2 范数接近于 0，此时为了下一次迭代应该忽略该列原子，重新选取一个服从随机分布的原子。使用 MOD 算法进行去噪的程序中首先是 MOD 算法，然后是将一幅 256×256 的图像进行去噪的程序，训练图像是含躁图像本身，采用重叠块的形式取块大小为 8×8，字典大小为 64×256，噪声标准差为 20。在程序编写中，首先是 MOD 函数的实现。定义了一个函数，先对数据规模进行判断，然后是初始化字典，设置循环 10 次进行稀疏编码和字典更新，最后返回一个字典和向量。在去噪的程序中主要是读取含有噪声的原图片，设置相关参数再调用自定义的 MOD 函数得到字典和向量进行稀疏表示，通过循环对图像进行重构。图 5—2 是图像去噪实验结果。

(a)MOD 方法得到的字典　　(b)含有噪声的原图像　　(c)去噪之后的图像

图 5—2　图像去噪实验结果

(2)图像重构

对于一张像素随机缺失的图像，字典学习可以对其进行像素修复，本部分采用 K-SVD 方法，实现像素修复[98]。步骤如下：①将图像平均分割成几个区域，每个区域像素值排列成向量，形成矩阵 $\boldsymbol{Y}$，并获取每一个区块的像素缺失位置信息；②$\boldsymbol{D}$ 初始化为 DCT 字典；③用 OMP 算法获得稀疏编码 $\boldsymbol{X}$；④采用 K-SVD 方法对字典 $\boldsymbol{D}$ 进行更新，但是在计算误差 $\boldsymbol{E}$ 的时候，像素缺失对应的位置误差元素为 0；⑤得到图像 $\boldsymbol{DX}$ 为修复之后的图像。实验效果如图 5－3 所示。左边第一张图是原图，第二张图是像素随机缺失处理之后的图片，第三张是经过上述算法恢复的图像。

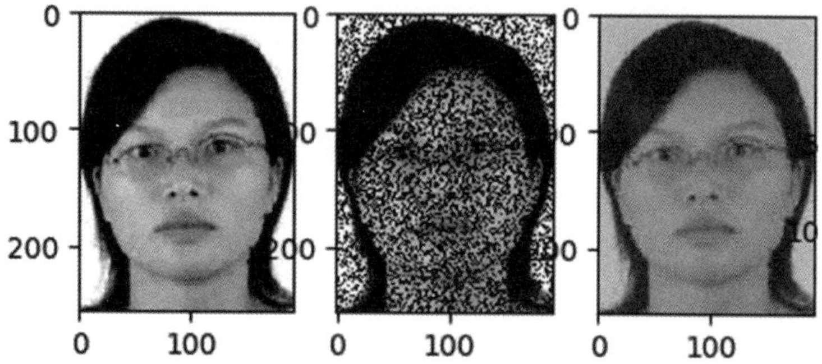

图 5－3　图像修复示例

字典学习还可以用于图像融合，在红外成像与可见光成像的融合以及多焦距图像融合有广泛应用。另外在人脸识别和人体动作识别领域稀疏表示和字典学习也有很多的应用。

5.4　稀疏分解 ASR 算法

求解在给定超完备字典下的信号的最优稀疏表示的过程称为稀疏分解，它是稀疏表示理论的关键部分。假设 $\mathbf{A}\in\mathbf{R}^{M\times K}(K\gg M)$ 为超完备字典，则信号 $\boldsymbol{x}\in\mathbf{R}^{M\times 1}$ 在该字典下的最优稀疏表示 $\boldsymbol{x}\in\mathbf{R}^{K\times 1}$ 可以通过求解式(5－41)得到：

$$\begin{cases}\min\limits_{\boldsymbol{\alpha}}\|\boldsymbol{\alpha}\|_0\\ \text{s. t.}\ \ \boldsymbol{y}=\boldsymbol{A}\boldsymbol{x}\end{cases}\tag{5－41}$$

由于 L_0 范数具有非凸性，采用逼近算法求得次优解。这里介绍含有预先稀疏度估计的 ASR(advanced spavsity representation)算法。

ASR 算法首先进行稀疏度估计，并将此估计值作为初始步长，然后根据相邻两次重构信号能量差的变化逐步调整步长，以此达到逼近真实稀疏度的目的。其中，采用自适应调节的方式来实现对真实稀疏度的逼近和稀疏重建过程中步长的计算。

ASR 算法的具体实现步骤如表 5.1 的算法流程所示。其中的变量和符号定义为：t 表示迭代次数($t<M$，M 为字典 $\boldsymbol{A}$ 行数)，r_t 表示第 t 次迭代的残差，$\varnothing$ 表示空集，Γ_t、S_t、Λ_t 表示第 t 次迭代的索引(列序号)集合；L 为从字典 $\boldsymbol{A}$ 中选取的元素个数，S 为步长，$\boldsymbol{\alpha}_j$ 表示字典 $\boldsymbol{A}$ 的第 j 列，$\boldsymbol{A}_t-\{\boldsymbol{a}_j\}(j\in\boldsymbol{\Lambda}_t)$ 表示按索引集合 Λ_t 选出的

字典$\boldsymbol{A}$ 的列集合(设列数为 L_t);θ_t 是系数估计值,符号∪表示集合并运算,〈. ,. 〉表示求向量内积,abs[·]表示求模值(绝对值)。

表 5. 1　　ASR 算法流程

输入:测量信号向量 $\boldsymbol{y}$ 及稀疏字典$\boldsymbol{A}$

输出:稀疏解 $\boldsymbol{x}_\Lambda$

步骤 1 稀疏度估计,确定初始迭代步长

1. 初始化 $r_0=y,\Gamma_0=S_0=\varphi,t=1,K_0=1$;

2. 计算 $\mu=\text{abs}[\boldsymbol{A}^{\mathrm{T}}\boldsymbol{y}]$,即计算$\langle \boldsymbol{y},\boldsymbol{a}_j\rangle(1\leqslant j\leqslant N)$,其中 N 是字典$\boldsymbol{A}$ 的列数;

3. 选择 μ 的 K_0 个最大值,使相应的列号 j 形成索引集 Γ_0;

4. 若$\|\boldsymbol{A}_{\Gamma_0}^{\mathrm{T}}\boldsymbol{y}\|_2<\dfrac{1-\delta_k}{\sqrt{1+\delta_k}}\|\boldsymbol{y}\|_2$,则 $K_0=K_0+1$,并跳到第 14 步,否则继续;

5. 估计稀疏度 $K_0=K_0-1$,使得初始迭代步长 $s=L=K_0$。

步骤 2 构建和更新新字典

6. 计算 $\mu=\text{abs}[\boldsymbol{A}^{\mathrm{T}}\boldsymbol{r}_{t-1}]$,即计算$\langle \boldsymbol{y},\boldsymbol{a}_j\rangle(1\leqslant j\leqslant N)$;

7. 选择 μ 中 L 个最大值,将这些值对应字典$\boldsymbol{A}$ 的列序号 j 形成索引集 S_t;

8. 令$\boldsymbol{\Lambda}_t=\boldsymbol{\Lambda}_{t-1}\boldsymbol{U}\boldsymbol{S}_t$,$\boldsymbol{A}_t=\{a_j\}\{j=\Lambda_t\}$;

9. 计算 $\boldsymbol{y}=\boldsymbol{A}_t\boldsymbol{\theta}_t$ 的最小二乘解,即计算 $\hat{\theta}_t=\text{argmin}\|\boldsymbol{y}-\boldsymbol{A}_t\theta_t\|=(\boldsymbol{A}_t^{\mathrm{T}}\boldsymbol{A}_t)^{-1}\boldsymbol{A}_t^{\mathrm{T}}\boldsymbol{y}$;

10. 从 $\hat{\theta}_t$ 中选择 L 项最大绝对值,标记为 $\hat{\theta}_{tL}$:对应 $\boldsymbol{A}_t$ 的 L 列记录为$\boldsymbol{A}_{tL}$,对应$\boldsymbol{A}$ 的 L 列记录为$\boldsymbol{\Lambda}_{tL}$,且 $\boldsymbol{F}=\boldsymbol{\Lambda}_{tL}$;

11. 更新残差 $\boldsymbol{r}_{new}=\boldsymbol{y}=\boldsymbol{A}_{tL}(\boldsymbol{A}_{tL}^{\mathrm{T}}\boldsymbol{A}_{tL})^{-1}\boldsymbol{A}_{t,L}^{\mathrm{T}}\boldsymbol{y}$,若 $\boldsymbol{r}_{new}=0$,则停止迭代并跳到第 14 步,否则继续;

12. 当$\|\boldsymbol{r}_{new}\|_2\geqslant\|r_{t-1}\|_2$ 时:若 $T>T_1$,则由式(4. 23)更新 s,更新 $L=L+s,t=t+1$,并跳回第 6 步迭代;若 $T_2<T<T_1$,则由式(4. 24)更新 s,更新 $L=L+s,t=t+1$,并跳回第 6 步迭代;否则停止迭代并跳到第 14 步;

13. 当 $0<\|r_{new}\|_2<\|r_{t-1}\|_2$ 时,更新$\Lambda_t=F,r_t=r_{new},t=t+1$,判断:若 $t>M$,则跳回第 6 步迭代,否则继续;

步骤 3 计算稀疏解 $\boldsymbol{x}_\wedge$

14. 对于 $\boldsymbol{y}=\wedge_t\boldsymbol{x}_{\boldsymbol{\Lambda}}+\boldsymbol{e}_{\boldsymbol{\Lambda}}$ 使用 BPDN 算法计算 $\boldsymbol{x}_{\boldsymbol{\Lambda}}$

利用 BPDN(basis pursuit de-noising)算法 $\boldsymbol{y}=\boldsymbol{\Lambda}_t\boldsymbol{x}_\Lambda+\boldsymbol{e}_\Lambda$ 求解时,可将 $\boldsymbol{x}_\Lambda$ 表示为两个非负变量 $\boldsymbol{u}$ 和 $\boldsymbol{v}$ 之差,有:

$$\min_x\frac{1}{2}\|\boldsymbol{y}-\boldsymbol{A}_{tL}\boldsymbol{x}_\wedge\|_2^2+\lambda\|\boldsymbol{x}_\wedge\|_1=\min_{u,v}\frac{1}{2}\|\boldsymbol{y}-\boldsymbol{A}_{tL}(\boldsymbol{u}-\boldsymbol{v})\|_2^2+\lambda\|(\boldsymbol{u}-\boldsymbol{v})\|_1 \quad (5-42)$$

$$\begin{aligned}\|\boldsymbol{y}-\boldsymbol{A}_{tL}(\boldsymbol{u}-\boldsymbol{v})\|_2^2&=\|\boldsymbol{y}-[\boldsymbol{A}_{tL},-\boldsymbol{A}_{tL}]\boldsymbol{z}\|_2^2\\&=\boldsymbol{y}^{\mathrm{T}}\boldsymbol{y}-\boldsymbol{y}^{\mathrm{T}}[\boldsymbol{A}_{tL},-\boldsymbol{A}_{tL}]\boldsymbol{z}-\boldsymbol{z}^{\mathrm{T}}[\boldsymbol{A}_{tL},-\boldsymbol{A}_{tL}]^{\mathrm{T}}\end{aligned}$$

$$+\boldsymbol{z}^{\mathrm{T}}[\boldsymbol{A}_{tL},-\boldsymbol{A}_{tL}]^{\mathrm{T}}[\boldsymbol{A}_{tL},-\boldsymbol{A}_{tL}]\boldsymbol{z} \tag{5-43}$$

其中$\boldsymbol{z}=\begin{bmatrix}\boldsymbol{u}\\ \boldsymbol{v}\end{bmatrix}$。令$\boldsymbol{b}=\boldsymbol{A}_{tL}^{\mathrm{T}}\boldsymbol{y}$，$[\boldsymbol{A}_{tL},-\boldsymbol{A}_{tL}]^{\mathrm{T}}[\boldsymbol{A}_{tL},-\boldsymbol{A}_{tL}]=\begin{bmatrix}\boldsymbol{A}_{tL}^{\mathrm{T}}\boldsymbol{A}_{tL}, & -\boldsymbol{A}_{tL}^{\mathrm{T}}\boldsymbol{A}_{tL}\\ -\boldsymbol{A}_{tL}^{\mathrm{T}}\boldsymbol{A}_{tL}, & \boldsymbol{A}_{tL}^{\mathrm{T}}\boldsymbol{A}_{tL}\end{bmatrix}=\boldsymbol{B}$，则：

$$\boldsymbol{y}^{\mathrm{T}}[\boldsymbol{A}_{tL},-\boldsymbol{A}_{tL}]\boldsymbol{z}=[\boldsymbol{y}^{\mathrm{T}}\boldsymbol{A}_{tL},-\boldsymbol{y}^{\mathrm{T}}\boldsymbol{A}_{tL}]\boldsymbol{z}=\begin{bmatrix}\boldsymbol{b}\\ -\boldsymbol{b}\end{bmatrix}^{\mathrm{T}}\boldsymbol{z} \tag{5-44}$$

可得：

$$\|\boldsymbol{y}-\boldsymbol{A}_{tL}(\boldsymbol{u}-\boldsymbol{v})\|_2^2=\boldsymbol{y}^{\mathrm{T}}\boldsymbol{y}-2\begin{bmatrix}b\\ -b\end{bmatrix}^{\mathrm{T}}\boldsymbol{z}+\boldsymbol{z}^{\mathrm{T}}\boldsymbol{B}\boldsymbol{z} \tag{5-45}$$

$$\min_{\boldsymbol{u},\boldsymbol{v}}\|(\boldsymbol{u}-\boldsymbol{v})\|_1=\min_{\boldsymbol{u},\boldsymbol{v}}1_{\boldsymbol{n}}^{\mathrm{T}}\boldsymbol{v}=\min_{\boldsymbol{u},\boldsymbol{v}}[\boldsymbol{1}_n^{\mathrm{T}}\quad \boldsymbol{1}_n^{\mathrm{T}}]\begin{bmatrix}\boldsymbol{u}\\ \boldsymbol{v}\end{bmatrix}=\min_{z}\boldsymbol{1}_{2n}^{\mathrm{T}}\boldsymbol{z} \tag{5-46}$$

其中，$\boldsymbol{1}_n=[1,1,\cdots,1]^{\mathrm{T}}$。上述结合式(5−42)可写成：

$$\begin{aligned}\min_x\frac{1}{2}\|\boldsymbol{y}-\boldsymbol{A}_{tL}\boldsymbol{x}_{\wedge}\|_2^2+\lambda\|\boldsymbol{x}_{\wedge}\|_1&=\min_z\frac{1}{2}\boldsymbol{y}^{\mathrm{T}}\boldsymbol{y}+\left(\lambda\boldsymbol{1}_{2n}^{\mathrm{T}}+\begin{bmatrix}\boldsymbol{b}\\ -\boldsymbol{b}\end{bmatrix}\boldsymbol{T}\right)\boldsymbol{z}+\frac{1}{2}\boldsymbol{z}^{\mathrm{T}}\boldsymbol{B}\boldsymbol{z}\\ &=\min_z\frac{1}{2}\boldsymbol{y}^{\mathrm{T}}\boldsymbol{y}+\boldsymbol{c}^{\mathrm{T}}\boldsymbol{z}+\frac{1}{2}\boldsymbol{z}^{\mathrm{T}}\boldsymbol{B}\boldsymbol{z}\end{aligned} \tag{5-47}$$

其中，$\boldsymbol{c}=\lambda\boldsymbol{1}_{2n}+\begin{bmatrix}-\boldsymbol{b}\\ \boldsymbol{b}\end{bmatrix}$。由于$\frac{1}{2}\boldsymbol{y}^{\mathrm{T}}$是常数，上式可表示为：

$$\min_x\frac{1}{2}\|\boldsymbol{y}-\boldsymbol{A}_{tL}\boldsymbol{x}_{\wedge}\|_2^2+\lambda\|\boldsymbol{x}_{\wedge}\|_1=\min_z\boldsymbol{c}^{\mathrm{T}}\boldsymbol{z}+\frac{1}{2}\boldsymbol{z}^{\mathrm{T}}\boldsymbol{B}\boldsymbol{z} \tag{5-48}$$

求解式(5−48)的最优化解$\boldsymbol{z}_0$后，即可得到$\boldsymbol{x}_{\wedge}$的最优解为：

$$\boldsymbol{x}_{\wedge}=\boldsymbol{z}_0(1:n)-\boldsymbol{z}_0(n+1:2n) \tag{5-49}$$

其中，n是新构建字典的列数。

本章小结

稀疏表示理论中，国内外研究学者大多将研究重点放在构造过完备字典上。字典学习方法不需要事先定义字典的数学表达式，而是通过迭代和更新并根据已有信号训练出合适的字典。解析稀疏模型、盲字典模型和信息复杂度模型等模型的出现丰富了字典学习理论，使得更广泛类型的信号能够被"简单性"描述。该领域仍有不少问题没有解决。一方面，大规模字典学习加速问题。随着大数据时代的来临，数据处理速度越来越受到人们的关注，在保证训练字典性能的情况下，大规模字典学习加速问题是目前亟待解决的一个难题。而研究字典结构和数据结构是解决加速问题的另一种途径。另一方面，字典学习收敛性的分析。字典学习问题本身是一个非凸优化问题，虽然有大量算法求解该问题，但是很少涉及算法的收敛性分析。字典学习算法的收敛性不仅可以作为评价算法优劣的标准，而且通过研究收敛性，很有可能使最终解突破局部最优的限制，达到全局最优。

第 6 章　LASSO 模型

LASSO 是一种惩罚项为 L_1 范数的参数压缩估计模型。本章介绍 LASSO 理论，包括 LASSO 优化模型、LASSO 方法及改进算法、最小角回归算法，以及相关应用。

6.1　LASSO 概述

1996 年蒂施莱尼提出了 LASSO(least absolute shrinkage and selection operator)方法[124,129]，这是一种"损失函数＋罚函数"形式的惩罚正则化方法，其中惩罚项是 L_1 范数，即对回归系数的绝对值之和进行惩罚，可以使绝对值较小的回归系数自动被压缩为 0，从而能够产生稀疏解以及实现变量选择。在 LASSO 被提出之前，已经有能够产生稀疏解的子集选择(subset selection)和岭回归(bridge regression)方法被提出[125,136]。子集选择虽然可以获得更具解释力的模型，但是子集选择是一个离散的过程，变量不是被保留就是被丢弃，小的数据的改变就可能导致选择的结果完全不同而且可能会降低预测的精确度。岭回归虽然是一个连续的参数收缩过程，因此更加稳定，但是它并不能够使任何的系数压缩到 0，因此不会产生稀疏解，也就不能获得可解释的模型。

LASSO 的提出就是结合了子集选择和岭回归的优势，既可以将一些参数压缩到 0，又是一个连续的过程。LASSO 虽然有很多的优势，但被提出之后一直没有得到足够的重视，因为没有有效的算法去解决 LASSO 问题，一直到 2004 年埃弗龙(Efron)等提出了最小角回归算法(least angle regression，LARS)[125]，LASSO 才得到了广泛深入的研究。LASSO 问题的新算法包括梯度下降法、交替方向乘子法和坐标下降法等[151,157]。尽管 LASSO 参数估计是连续的，计算速度快，适用于高维的数据，但是 LASSO 也有一些固有的缺陷：首先，LASSO 在处理维数大于样本数($p>n$)的结构时，最终选择的变量的个数不会超过样本数量 n。其次，LASSO 对高度相关的变量进行选择的时候，只会选择其中的一个，并不会关心选中的变量是哪一个，这可能导致选择的变量不是很理想。最后，LASSO 不具有 Oracle 性质。Oracle 性质是评价惩罚变量选择方法的好坏的性质:第一能够正确选择模型,对于真实非零的系数,能够准确地识别出其对应的变量,而对于真实为零的系数,能够将这个系数的估计值压缩为 0;第二是非零系数的估计值是无偏的或者是近似无偏的。而 LASSO 是有偏估计,所以不具备 Oracle 性质。基于以上问题,一系列改进的 LASSO 方法被提出来了。2005 年,Zou 和 Hastie 提出了弹性网(elastic net)方法[135],结合了 LASSO 和岭回归的优点。2006 年,Yuan 等提出了组 LASSO(group LASSO),是在已知分组结构的情况下进行变量选择方法[136]。2006 年,Zou 提出了自适应 LASSO(adaptive LASSO)[137],对 LASSO 中系数的压缩力度进行调整,具有 Oracle 性质。

应用方面,在图像处理领域,文献[137]利用广义 LASSO 修复磁共振图像重建过程中的校准误差,完成了图像重建的过程。文献[138]开发了一种基于融合 LASSO 的多普勒快照方法,这是一种具有遮挡效果的旋转目标图像的新方法,适用于旋转目标的图像处理。在机器学习领域,文献[147]提出了一种将 LASSO 算法与过滤式特征选择方法相结合的情感混合特征选择方法,这种方法比传统的方法更加有效。文献[154]提出了基于 LASSO 的整脸回归配准算法,能够精确定位人脸五官和面部轮廓的特征点,准确度高而且适用于不同姿态下的人脸配准问题。文献[140]将图形 LASSO 用于活动识别中。在医学领域,文献[148]将 LASSO 用于自闭症的特征选择,提高了分类的准确率。文献[155]将组 LASSO 回归模型用于构建 6 个月龄婴儿中度贫血的预测模型,为婴儿贫血的预防和控制提供更好的指导。在经济领域,文献[149]将改进的自适应 LASSO 方法用于股票市场的预测。文献[156]将 LASSO 回归模型引入个人信用评估,更准确地筛选出重要的变量,预测准确率更高。本章介绍 LASSO 理论及其在各个领域的应用。

6.2 LASSO 理论

6.2.1 基本 LASSO 模型

假设输入矩阵 $\boldsymbol{X}^{\mathrm{T}}=(\boldsymbol{X}_1,\boldsymbol{X}_2,\cdots,\boldsymbol{X}_p)$,想要预测的输出变量 $\boldsymbol{Y}$。线性回归模型有如下形式:

$$\boldsymbol{Y}=\boldsymbol{X\beta}+\boldsymbol{\varepsilon} \tag{6-1}$$

最小二乘法就是求取参数 $\boldsymbol{\beta}=(\beta_1,\beta_2,\cdots,\beta_p)^{\mathrm{T}}$ 使得下式的残差平方和最小:

$$RSS(\beta)=\sum_{i=1}^{N}(y_i-f(x_i))^2=\sum_{i=1}^{N}(y_i-\sum_j\beta_j x_{ij})^2 \tag{6-2}$$

对 $RSS(\beta)$ 求偏导，假设矩阵 $\boldsymbol{X}$ 是列满秩的，因此 $\boldsymbol{X}^{\mathrm{T}}\boldsymbol{X}$ 是正定的，可以得到最小二乘估计为

$$\hat{\boldsymbol{\beta}}^{0}=(\boldsymbol{X}^{\mathrm{T}}\boldsymbol{X})^{-1}\boldsymbol{X}^{\mathrm{T}}\boldsymbol{Y} \tag{6-3}$$

LASSO 是在最小二乘估计的基础上对回归系数进行压缩，可以使得部分绝对值较小的系数被直接压缩为 0。LASSO 的表达式可以写成

$$\hat{\beta}^{\mathrm{LASSO}}=\underset{\beta}{\operatorname{argmin}}\{\sum_{i=1}^{N}(y_i-\sum_{j}\beta_j x_{ij})^2+\lambda\sum_{j=1}^{p}|\beta_j|\} \tag{6-4}$$

式中：λ 为调整参数，它决定了对参数估计压缩的力度，λ 值越大，对参数压缩的力度也就越大。$\lambda=0$ 时，LASSO 估计即为最小二乘估计。

式(6－4)等价于

$$\begin{cases}\hat{\beta}^{\mathrm{LASSO}}=\underset{\beta}{\operatorname{argmin}}\sum_{i=1}^{N}(y_i-\sum_{j}\beta_j x_{ij})^2\\ \text{s. t.}\sum_{i=1}^{p}|\beta_j|\leqslant t\end{cases} \tag{6-5}$$

式中，t 与 λ 一一对应，当 $t=0$ 时，所有的参数都压缩为 0；当 t 大于等于 $t_0=\sum_{1}^{p}|\hat{\beta}_j^0|$（其中 $\hat{\beta}_j^0$ 为最小二乘估计）时，则 LASSO 估计为最小二乘估计。当 $t=t_0/2$，通过 LASSO 法选择的变量个数近似等于全模型中变量个数的一半。γ 由条件 $\sum|\hat{\beta}_j|=t$ 决定，即对于最小二乘法估计的绝对值大于 γ 的参数，LASSO 的解将这些值向着原点压缩了 γ 个单位，而对于最小二乘法估计的绝对值小于等于 γ 的参数，LASSO 的解直接将这些参数压缩到 0。

LASSO 模型的解为：

$$\hat{\beta}_j=\begin{cases}\operatorname{sgn}(\hat{\beta}_j)(|\hat{\beta}_j|-\gamma) & |\hat{\beta}_j|>\gamma\\ 0 & |\hat{\beta}_j|\leqslant\gamma\end{cases} \tag{6-6}$$

6.2.2　岭回归

岭回归的表达式为：

$$\hat{\beta}^{\mathrm{ridge}}=\underset{\beta}{\operatorname{argmin}}\{\sum_{i=1}^{N}(y_i-\sum_{j}\beta_j x_{ij})^2+\lambda\sum_{j=1}^{p}\beta_j^2\} \tag{6-7}$$

岭回归的解为：

$$\hat{\beta}=\frac{1}{1+\gamma}\hat{\beta}_j \tag{6-8}$$

从 LASSO 与岭回归的表达式上可以看出，LASSO 与岭回归的形式基本相同，只

是 LASSO 是对系数的绝对值之和进行惩罚，而岭回归是对系数的平方和进行惩罚。以两个参数为例，损失函数为 $\sum_{i=1}^{N}(y_i-\beta_1 x_{i1}-\beta_2 x_{i2})^2$ 等价于二次函数$(\beta-\hat{\beta})^{\mathrm{T}}X(\beta-\hat{\beta})$。图 6－1 左右分别表示 LASSO 和岭回归的椭圆等高线，其中椭圆的中心为最小二乘估计的值。

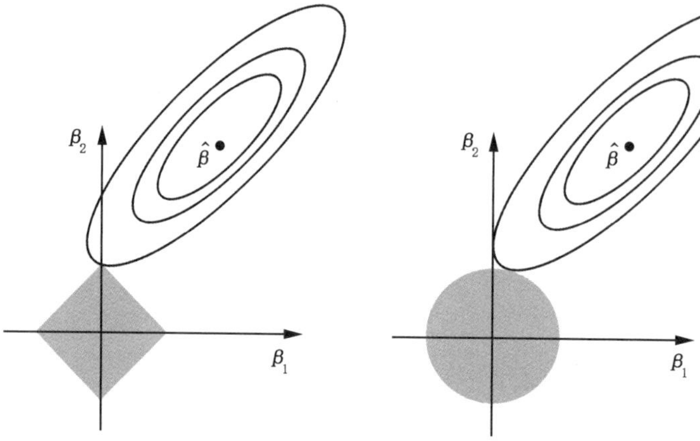

图 6－1 LASSO 和岭回归系数估计图

图中的阴影区域表示约束部分，右上区域为椭圆等高线。图中可见，LASSO 的约束区域为菱形$|\beta_1|+|\beta_2|<t$，而岭回归的约束区域为圆形。LASSO 和岭回归的解就是椭圆等高线与约束区域的第一个交点。由于菱形有角，所以交点的位置容易出现在顶点的位置，如图 6－1(a)所示，交点落在坐标轴 β_2 上，也就是将 β_1 约束到 0；而对于图 6－1(b)约束区域为圆形，和等高线的交点很难落在顶点上，也就是说岭回归很难将回归系数约束到 0。

设惩罚项 $\sum_{j=1}^{p}|\beta_j|^q$ 在 q 取不同值时的约束范围，在 $q=1$ 时，就是 LASSO，在 $q=2$ 时，为岭回归。当 $q<1$ 时，约束区域更多地集中在坐标轴的方向上。当 $q>1$ 时，尽管$|\beta_j|^q$ 在 0 处可导，但并没有 LASSO 令系数恰巧为 0 的性质。

参数 t 的选择方法：

(1)交叉验证

首先定义参数 $s=t/\sum\hat{\beta}^0$，通过让 s 在[0,1]上取不同的值来预测误差，选择合适 s 使得 $CV(s)=\sum(y_i-\sum\beta_j(s)x_{ij})^2$ 达到最小。

(2)广义交叉验证

在广义交叉验证中，约束条件 $\sum_{j=1}^{p}|\beta_j|\leqslant t$ 可以改为 $\sum_{j=1}^{p}\beta_j^2/|\beta_j|\leqslant t$，这样式(6－5)中的惩罚项就可以改写为 $\lambda\sum_{j=1}^{p}\beta_j^2/|\beta_j|$，这里的 λ 取决于 t。此时求得回归估计的解：

$$\hat{\beta}=(\boldsymbol{X}^{\mathrm{T}}\boldsymbol{X}+\lambda\boldsymbol{W}^{-1})^{-1}\boldsymbol{X}^{\mathrm{T}}\boldsymbol{Y} \tag{6-9}$$

式中，$\boldsymbol{W}=\mathrm{diag}(|\hat{\beta}_1|,|\hat{\beta}_2|,\cdots,|\hat{\beta}_p|)$，$\boldsymbol{W}^{-1}$ 是 $\boldsymbol{W}$ 的逆。

因此 $\hat{\beta}$ 中有效参数的个数近似为：

$$p(t)=\mathrm{tr}\{\boldsymbol{X}(\boldsymbol{X}^{\mathrm{T}}\boldsymbol{X}+\lambda\boldsymbol{W}^{-1})^{-1}\boldsymbol{X}^{T}\} \tag{6-10}$$

则广义交叉验证为：

$$GCV(t)=\frac{1}{t}\frac{RSS(t)}{[1-p(t)/N]^2} \tag{6-11}$$

式中，$RSS(t)$ 为约束条件下的残差平方和。这样选择合适的 t，使得 $GCV(t)$ 达到最小。

(3)BIC 准则

$$BIC(t)=-2\ln L(\theta|z)+M\ln n \tag{6-12}$$

式中，$\ln L(\theta|a)$ 为模型参数极大似然估计的对数似然函数，是各个观测点对数似然函数之和，M 为参数个数。通过最小化 BIC 来求得相应的参数。

6.2.3　弹性网

弹性网[135]同时结合了 LASSO 和岭回归的优点，其惩罚项为 L_1 范数和 L_2 范数的线性组合，它的表达式为：

$$\hat{\beta}^{EN}=\underset{\beta}{\mathrm{argmin}}\left[\sum_{i=1}^{N}(y_i-\sum_{j}\beta_j x_{ij})^2+\lambda_1\sum_{j=1}^{p}\beta_j^2+\lambda_2\sum_{j=1}^{p}|\beta_j|\right] \tag{6-13}$$

弹性网的优点在于岭回归部分可以很好地处理高度相关的数据，可以消除变量间的多重共线性，而 LASSO 部分可以实现变量选择的功能。相较于 LASSO，弹性网的预测性能较强，而且解决了 LASSO 最终选择变量不会超过样本容量 n 的问题，对高度相关的变量的选择能力更强。但是，弹性网往往会选择过多的变量组，而且由于 LASSO 惩罚的存在，其参数估计不满足无偏性，因此不具有 Oracle 性质。

6.2.4　组 LASSO

组 LASSO[136]是最早用于已知分组结构的变量选择方法，其表达式为

$$\hat{\beta}^{\text{Glasso}}=\underset{\beta}{\operatorname{argmin}}\Big[\sum_{i=1}^{N}(y_i-\sum_{j}\beta_j x_{ij})^2+\lambda_1\sum_{j=1}^{J}\|\boldsymbol{\beta}^{(j)}\|_{\boldsymbol{K}_j}\Big] \tag{6-14}$$

其中，$\|\boldsymbol{\beta}^{(j)}\|_{\boldsymbol{K}_j}=(\boldsymbol{\beta}^{(j)T}\boldsymbol{K}_j\boldsymbol{\beta}^{(j)})^{1/2}$ 是 $\boldsymbol{K}_j$ 决定的椭圆范数，$\boldsymbol{K}_j$ 是 $p_j\times p_j$ 的正定对称矩阵，现在求解问题的关键在于如何选择 $\boldsymbol{K}_j$，文献[136]中使用 $\boldsymbol{K}_j=p_j\boldsymbol{I}_{pj}$，所以上式可以转换为：

$$\hat{\beta}^{\text{Glasso}}=\underset{\beta}{\operatorname{argmin}}\Big\{\sum_{i=1}^{N}(y_i-\sum_{j}\beta_j x_{ij})^2+\lambda_1\sum_{j=1}^{J}\sqrt{p_j}\,\|\boldsymbol{\beta}^{(j)}\|_2\Big\} \tag{6-15}$$

组 LASSO 的惩罚函数是组内惩罚和组间惩罚的复合函数，可以同时保留或删除同一组的变量，使用于变量具有较强的相关性的情况，而且组 LASSO 的目标函数是凸函数，也就是说它存在全局的唯一最小值。但是组 LASSO 只能选出重要的整组变量，组内哪个变量是重要的是选择不出来的，组 LASSO 组间是基于 L_1 范数的惩罚，同 LASSO 一样，也有过度压缩大参数的缺点。同 LASSO 和弹性网，组 LASSO 也不具有 Oracle 性质。

6.2.5　自适应 LASSO

自适应 LASSO[137]是在 LASSO 的基础上给不同的参数加以不同的惩罚权重，其表达式为：

$$\hat{\beta}^{\text{ALASSO}}=\underset{\beta}{\operatorname{argmin}}\left\{\sum_{i=1}^{N}(y_i-\sum_{j}\beta_j x_{ij})^2+\lambda_1\sum_{j=1}^{p}\frac{1}{|\hat{\beta}_j|^{\theta}}|\beta_j|\right\}\lambda,\theta>0 \tag{6-16}$$

式中，λ 是惩罚权重，θ 是惩罚参数。自适应 LASSO 是对不同的参数采用不同的压缩程度，而 LASSO 却是对不同的参数采用相同程度的压缩。自适应 LASSO 的基本思想是用较小的权重去惩罚参数值较大的变量，而用较大的权重去惩罚参数值较小的变量，这样就可以使得参数值较小的变量，也就是无关的变量迅速被惩罚到 0，而降低了重要的变量的压缩力度，解决了 LASSO 过度压缩的缺点，同时有效修正了模型采纳数的估计偏差。此外，自适应 LASSO 具有 Oracle 性质。针对 LASSO 存在的固有的缺陷问题，学者提出诸多的改进方法。[151]

6.3　LASSO 模型求解

由于 LASSO 的惩罚项使用的是 L_1 范数，用的是绝对值，导致 LASSO 的优化目标不是连续可导的，所以一般的求解方法并不适用于 LASSO 问题。最小角回归

(LARS)算法是求解 LASSO 问题的有效算法,最小角回归与 LASSO 的联系非常紧密。在介绍最小角回归算法之前,需要先了解两个相关的算法,一个是前向选择(forward selection)算法,另一个是前向梯度(forward stagewise)算法。

6.3.1 前向选择算法

前向选择算法解决对于 $\boldsymbol{Y}=\boldsymbol{X\theta}$ 这样的线性关系,如何求解系数向量 $\boldsymbol{\theta}$ 的问题。其中,$\boldsymbol{X}$ 为 $m\times n$ 的矩阵,$\boldsymbol{\theta}$ 为 $n\times 1$ 的向量,$\boldsymbol{Y}$ 为 $m\times 1$ 的向量,m 为样本数量,n 为特征维度。我们的目标就是找到一个 $\boldsymbol{\theta}$,这个 $\boldsymbol{\theta}$ 能够最大程度地拟合输入和输出。

把矩阵 $\boldsymbol{X}$ 看做 n 个 $m\times 1$ 的向量 $\boldsymbol{X}_i(i=1,2,\cdots,n)$,首先在变量 $\boldsymbol{X}_i(i=1,2,\cdots,n)$中,选择和目标 $\boldsymbol{Y}$ 最为接近(余弦距离最大)的一个变量 $\boldsymbol{X}_k$,用 $\boldsymbol{X}_k$ 来逼近 $\boldsymbol{Y}$,得到下式:

$$\bar{\boldsymbol{Y}}=\boldsymbol{X}_k\theta_k \tag{6-17}$$

$$\theta_k=\frac{\langle \boldsymbol{X}_k,\boldsymbol{Y}\rangle}{\|\boldsymbol{X}_k\|_2} \tag{6-18}$$

所以,$\bar{\boldsymbol{Y}}$ 是 $\boldsymbol{Y}$ 在 $\boldsymbol{X}_k$ 上的投影。则残差的定义为:$\boldsymbol{Y}_{\text{res}}=\boldsymbol{Y}-\bar{\boldsymbol{Y}}$。再以 $\boldsymbol{Y}_{\text{res}}$ 为新目标,去掉 $\boldsymbol{X}_k$ 后,剩下的变量集合 $\boldsymbol{X}_i(i=1,2,\cdots,k-1,k+1,\cdots,n)$为新的变量集合,重复刚才投影和残差操作,直到残差为 0,或者所有的变量都用完了,算法停止。以二变量求解过程为例,具体过程如图 6-2 所示。

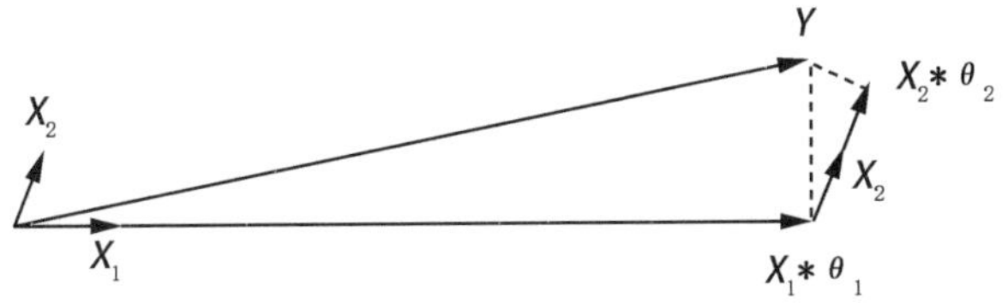

图 6-2 前向选择算法过程图

现有变量 $\boldsymbol{X}_1$、$\boldsymbol{X}_2$ 以及目标 $\boldsymbol{Y}$,首先找出与 $\boldsymbol{Y}$ 最接近的变量,图 6-2 中是变量 $\boldsymbol{X}_1$,然后在 $\boldsymbol{X}_1$ 方向上做 $\boldsymbol{Y}$ 的投影,得到了 $\boldsymbol{X}_1\times\theta_1$,图中的长虚线就是得到的残差 $\boldsymbol{Y}_{\text{res}}$。以残差 $\boldsymbol{Y}_{\text{res}}$ 为目标,变量 $\boldsymbol{X}_2$ 为新变量,在 $\boldsymbol{X}_2$ 方向上做 $\boldsymbol{Y}_{\text{res}}$ 的投影,得到 $\boldsymbol{X}_2\times\theta_2$,图中的短虚线部分就是新的残差 $\boldsymbol{Y}'_{\text{res}}$。此时,变量 $\boldsymbol{X}_1$ 和 $\boldsymbol{X}_2$ 都被选进了算法过程中,算法停止,对应的 θ_1 和 θ_2 就是所要求解的系数向量 $\boldsymbol{\theta}$。

前向选择算法每个变量只需要进行一次操作,所以算法的速度快、效率高。但是当变量不是正交的时候,每次都要做投影操作,所以最后求出的只是一个近似解。

6.3.2 前向梯度算法

前向梯度算法和前向选择算法很类似，都是在变量 $\boldsymbol{X}_i(i=1,2,\cdots,n)$ 中，选择和目标 $\boldsymbol{Y}$ 最接近(余弦距离最大)的一个变量 $\boldsymbol{X}_k$，用 $\boldsymbol{X}_k$ 来逼近 $\boldsymbol{Y}$，但是前向梯度算法不是简单地做一次投影，而是在最为接近目标 $\boldsymbol{Y}$ 的变量 $\boldsymbol{X}_k$ 方向上先走一小步，看残差 $\boldsymbol{Y}_{\mathrm{res}}$ 和哪个 $\boldsymbol{X}_i(i=1,2,\cdots,n)$ 最为接近。这个时候，$\boldsymbol{X}_k$ 并不会被简单地剔除掉，因为只是走了一小步，所以在下一步中最接近目标 $\boldsymbol{Y}$ 的可能还是变量 $\boldsymbol{X}_k$。按照上述步骤进行下去，直到残差 $\boldsymbol{Y}_{\mathrm{res}}$ 足够小，算法停止。以二变量求解过程为例，具体过程如图 6—3 所示。

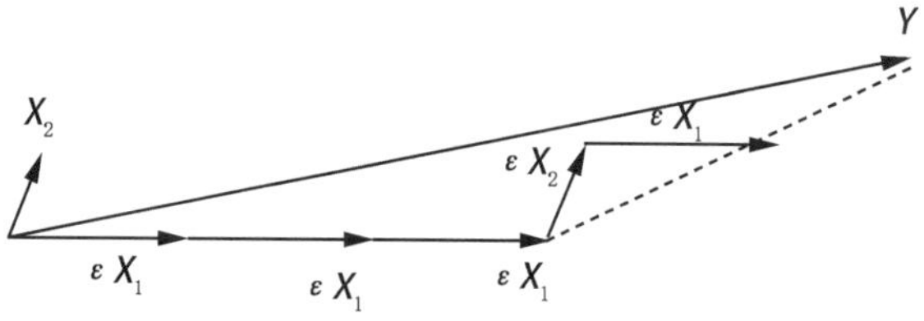

图 6—3　前向梯度算法过程图

和前向选择算法一样，先找出与 $\boldsymbol{Y}$ 最接近的变量，图 6—3 中是变量 $\boldsymbol{X}_1$，在变量 $\boldsymbol{X}_1$ 的方向上走一小步 $\varepsilon\boldsymbol{X}_1$，然后停下来计算，此时离残差 $\boldsymbol{Y}_{\mathrm{res}}$ 较近的变量依旧是 $\boldsymbol{X}_1$，再在变量 $\boldsymbol{X}_1$ 的方向上走一小步 $\varepsilon\boldsymbol{X}_1$，判断新的残差 $\boldsymbol{Y}'_{\mathrm{res}}$ 与哪个变量较为接近。重复以上步骤，直到残差降到足够小，算法停止。

前向梯度算法在步长 ε 很小的时候，可以得到很精确的最优解，与此同时计算的迭代次数也大大增加了。与前向选择算法相比，前向梯度算法的计算结果更加精确，但也更复杂。

6.3.3 最小角回归算法

最小角回归算法[125]结合了前向选择算法和前向梯度算法的优势。最小角回归算法也是先选择和目标最接近(余弦距离最大)的一个变量 $\boldsymbol{X}_k$，在 $\boldsymbol{X}_k$ 的方向上，最小角回归算法不用和前向梯度算法一样一小步地走，而是直接向前走，直到出现一个变量 $\boldsymbol{X}_t$ 和残差 $\boldsymbol{Y}_{\mathrm{res}}$ 的相关度与变量 $\boldsymbol{X}_k$ 和残差 $\boldsymbol{Y}_{\mathrm{res}}$ 的相关度是相同的，所以此时残差 $\boldsymbol{Y}_{\mathrm{res}}$ 就在 $\boldsymbol{X}_t$ 和 $\boldsymbol{X}_k$ 的角平分线上，然后沿着这个角平分线走，直到出现第三个变量 $\boldsymbol{X}_p$ 和新的残差 $\boldsymbol{Y}'_{\mathrm{res}}$ 的相关性与 $\boldsymbol{X}_t$ 和 $\boldsymbol{X}_k$ 与 $\boldsymbol{Y}'_{\mathrm{res}}$ 的相关性一样，将 $\boldsymbol{X}_p$ 也加入到 $\boldsymbol{Y}$ 的逼近集合中，并用 $\boldsymbol{Y}$ 的逼近特征集合的共同角平分线，作为新的逼近方向。以此循环，直到残差足够小，或者说所有变量都已经取完了，算法停止。以二变量求解过程为例，具体过程如图 6－4 所示。

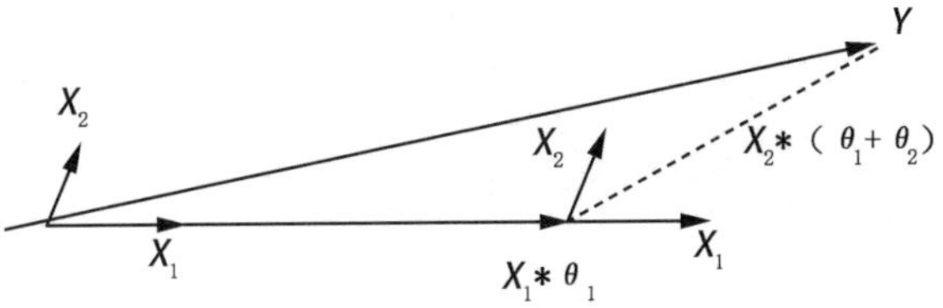

图 6－4　最小角回归算法过程图

先找出与目标 $\boldsymbol{Y}$ 最接近的变量 $\boldsymbol{X}_1$，沿着 $\boldsymbol{X}_1$ 的方向一直往前走，直到 $\boldsymbol{X}_2$ 与残差 $\boldsymbol{Y}_{res}$ 的相关性和 $\boldsymbol{X}_1$ 与残差 $\boldsymbol{Y}_{res}$ 的相关性一样，再沿着 $\boldsymbol{X}_1$ 和 $\boldsymbol{X}_2$ 的角平分线一直往前走，直到残差足够小，算法停止。

最小角回归算法是直接计算出下一步所要走的方向，所以比前向梯度算法所需要的计算步骤更少，它的迭代次数少，计算效率高，而且能够得到较为准确的解。

最小角回归算法的计算步骤：

前向选择算法，是一种逐步建立模型的方法，每次添加一个变量。每一步，前向逐步回归都是选择出最好的变量加入活跃集，然后更新最小二乘来加入所有的活跃变量。最小角回归采取类似的策略，但并不是简单地直接加入变量，而是加入一个带系数的变量。最小角回归算法的计算步骤如下：

(1)对预测变量进行标准化处理得到零均值和单位范数，以残差向量 $\boldsymbol{r}=\boldsymbol{Y}-\bar{\boldsymbol{Y}}$，$\beta_1,\cdots,\beta_p=0$ 开始；

(2)找出与 $\boldsymbol{r}$ 最相关的预测变量 $\boldsymbol{X}_j$；

(3)从 0 开始移动 β_j 一直到最小二乘系数 $\langle \boldsymbol{X}_j,\boldsymbol{r}\rangle$，直到存在其他的预测变量 $\boldsymbol{X}_k$ 使得其与当前残差的相关性等于 $\boldsymbol{X}_j$ 与当前残差的相关性；

(4)在由当前残差在 $(\boldsymbol{X}_j,\boldsymbol{X}_k)$ 上的联合最小二乘系数方向上移动 β_j 和 β_k，直到存在其他的预测变量 $\boldsymbol{X}_i$ 与当前残差的相关性和当前残差与 $(\boldsymbol{X}_j,\boldsymbol{X}_k)$ 的相关性相等；

(5)按这种方式继续直到所有的 p 个预测变量加入到模型中。

经过 $\min(N-1,p)$ 步，达到了全局最小二乘解。

图 6－5 使用模拟数据显示了相关系数的绝对值下降以及每一步最小角回归算法变量进入的顺序。通过 6 个预测变量去拟合数据集，图像上的横轴表示 L_1 弧长，纵轴表示变量与残差相关性的绝对值。从图中可以看出，变量 $v2$ 与目标最为接近，沿着变量 $v2$ 的方向走，直到 $v2$ 与残差的相关性和 $v6$ 与残差的相关性相同，把 $v6$ 也引入算法中。接着沿 $v2$ 和 $v6$ 的角平分线方向走，直到 $v4$ 与当前残差的相关性和 $v2$ 与 $v6$ 与当前的残差相关性相同，把 $v4$ 也引入算法中。以此类推，直到所有的变量都

加入算法中。图像上方的标签就显示了每一步哪一个变量加入了算法中。

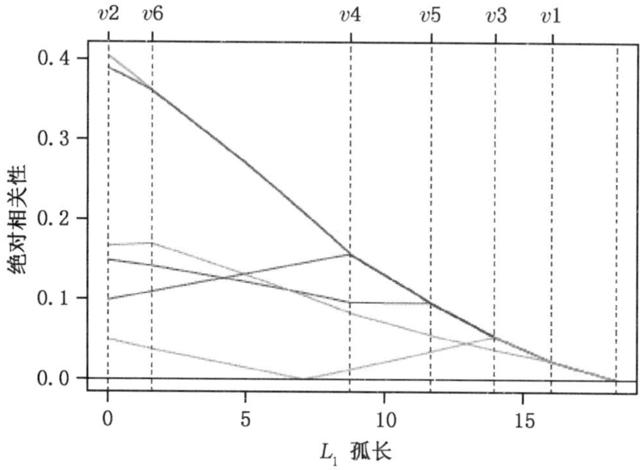

图 6—5　最小角回归算法变量进入顺序图

图 6—6 给出了最小角回归算法和 LASSO 系数作为 L_1 长度的函数在模拟数据上的图像，从图中可以看出，它们大概在 L_1 弧长为 18 之前都是完全相同的。所以说最小角回归算法和 LASSO 联系非常密切，是解决 LASSO 问题最为有效的方法。

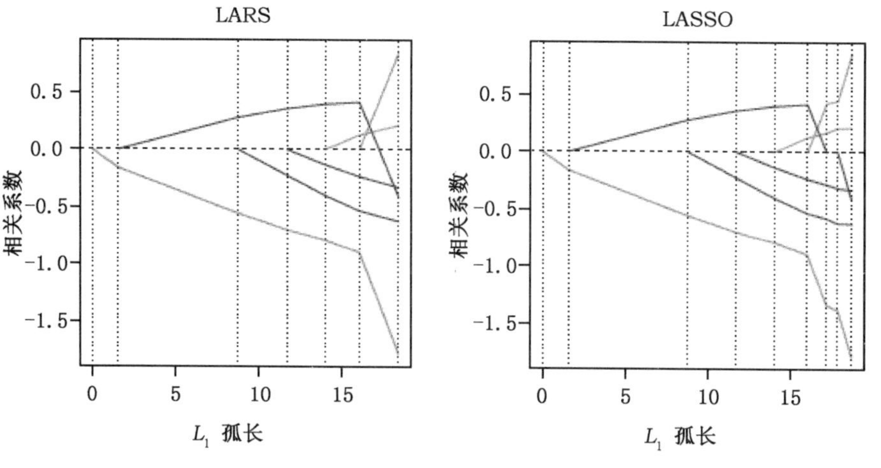

图 6—6　LARS 和 LASSO 系数曲线作为 L_1 弧长的函数曲线

6.4　仿真实验分析

6.4.1　实验数据集

本节使用 R 语言进行仿真实验，计算主要使用 R 软件包 lars 中的函数 lars()。lars 包中提供了四种不同的回归方法，包括 lasso、最小角回归法（lar）、前向梯度法（forward stagewise）以及前向逐步回归法（stepwise），这些方法都可以求解出回归解路径。Lars 包中对系数的选择方法有 k 折交叉验证（k-fold cross-validation）和 C_p 统计量两种。k 折交叉验证就是将所有的数据大体上分为 k 等份，然后轮流以其中的 $k-1$ 份当做训练集，剩下的一份当做测试集，一共需要计算 k 次，得到拟合数据集时的均方误差的 k 个指标，再把这些指标做平均，选择出平均均方误差最小的模型。C_p 统计量评估以最小二乘为假设的线性回归模型的优良性，C_p 值越小，模型的准确性就越高。

本节选用文献[407]中用到的糖尿病（diabetes）数据集，加载 lars 包后可以直接获得。这个数据集中包含 442 个糖尿病患者的 10 个基本变量和一个因变量 Y，10 个基本变量包括年龄、性别、体重指数、平均血压和 6 份血清测量值。该数据集可构成两组变量 $\boldsymbol{x}$ 和 $\boldsymbol{y}$，其中 $\boldsymbol{x}$ 是 422×10 的矩阵，$\boldsymbol{y}$ 是 422 维的向量。图 6—7 显示了数据集中的一小部分。

	AGE	SEX	BMI	BP	Serum measurements						Response
Patient	x_1	x_2	x_3	x_4	x_5	x_6	x_7	x_8	x_9	x_{10}	y
1	59	2	32.1	101	157	93.2	38	4	4.9	87	151
2	48	1	21.6	87	183	103.2	70	3	3.9	69	75
3	72	2	30.5	93	156	93.6	41	4	4.7	85	141
4	24	1	25.3	84	198	131.4	40	5	4.9	89	206
5	50	1	23.0	101	192	125.4	52	4	4.3	80	135
6	23	1	22.6	89	139	64.8	61	2	4.2	68	97
⋮	⋮	⋮	⋮	⋮	⋮	⋮	⋮	⋮	⋮	⋮	⋮
441	36	1	30.0	95	201	125.2	42	5	5.1	85	220
442	36	1	19.6	71	250	133.2	97	3	4.6	92	57

图 6—7　糖尿病数据集

6.4.2 实验结果分析

分别用四种回归方法对糖尿病数据集进行回归分析，此时选用的变量为 x，因变量为 y，得到的求解路径图如图 6—8～图 6—11 所示。

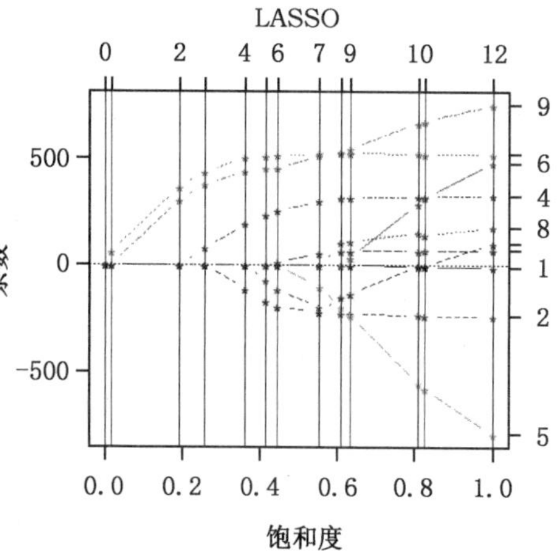

图 6—8 LASSO 求解路径图

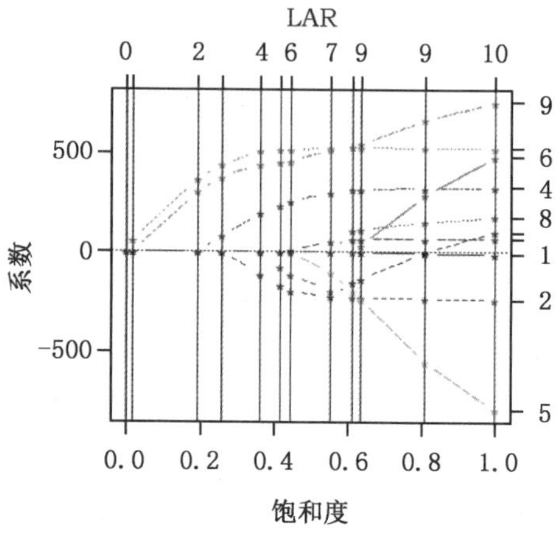

图 6—9 最小角回归法求解路径图

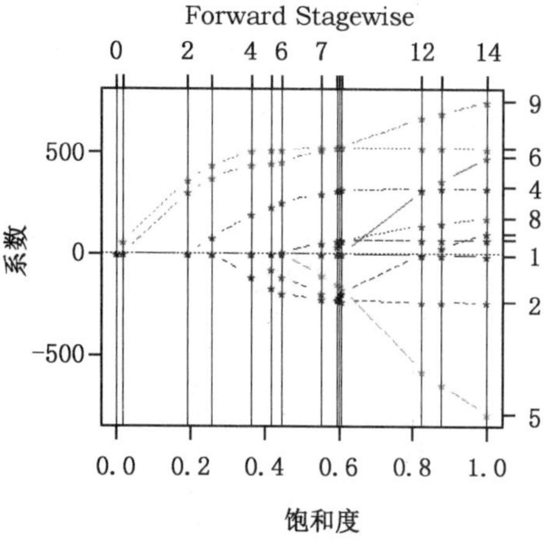

图 6—10 前向梯度法求解路径图

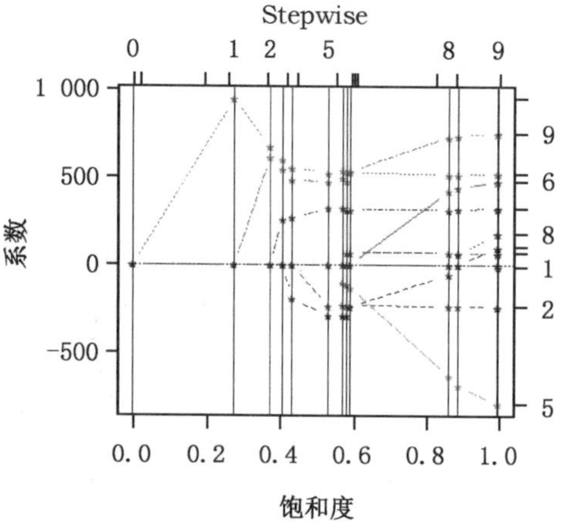

图 6—11 前向逐步回归法求解路径图

由图可知，LASSO、最小角回归法以及前向梯度法所求的结果基本相同，都能把变量逐步引入模型中，但是所使用的的步数不同，分别为 12 步、10 步和 14 步，这个结果和前面的理论分析一致。而前向逐步回归法的结果和前三者相差较大，这是因为前向逐步回归法是直接一步选择最优的变量加入活跃集中，是一种近似的方法，造成的误差较大，与前面理论分析的结果也是一致的。可以得知，最小角回归法的步数最少也就是说迭代次数最少，而且步数与参数的个数相同。所以当数据维数非常高的时候，最小角回归法相较于 LASSO 和前向梯度法，求解速度更快。

从上我们只看出求解路径上的所有解，现在要确定哪个解才是真正要用得到。在 LASSO 的模型中，惩罚项是由参数 λ 控制的，只有 λ 确定，模型才能被确定下来。在求解路径图上，我们可以通过确定算法的步数或者是选定饱和度，也就是 $|beta|/max|beta|$ 的值，都可以确定选定模型的参数。使用 10 折交叉验证来进行试验，本节以最小角回归算法为例，选取变量 x_2，变量 x_2 的最小角回归法求解路径图如图 6－12 所示。

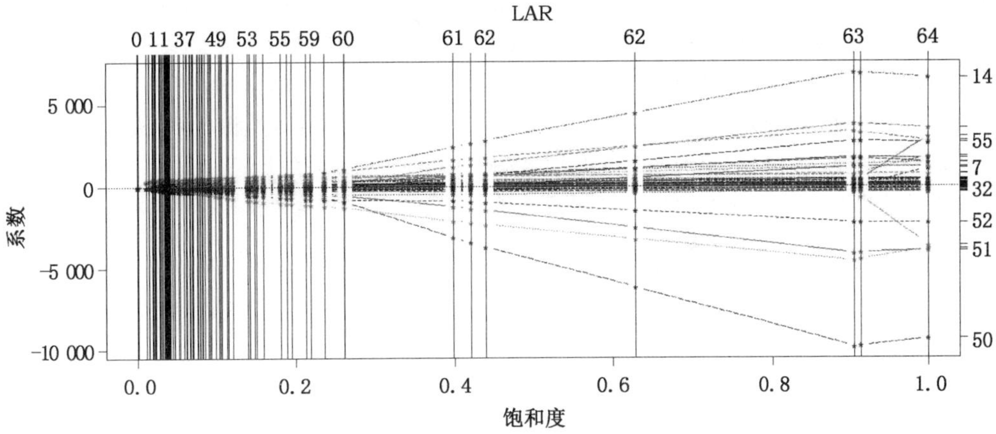

图 6－12　变量 x_2 的最小角回归法回归路径图

10 折交叉验证的结果如图 6－13 和图 6－14 所示。实验结果表明：在第 16 步的时候就能得到全局的最优解。此时计算得到的饱和度为 0.033 6，按饱和度选择的结果为 0.030 3，两者选择的结果一致。图中可以看出在最优结果下对应的回归系数，大部分的回归系数都被压缩为 0，说明了 LASSO 能够得到稀疏的解，实现了变量选择的功能。

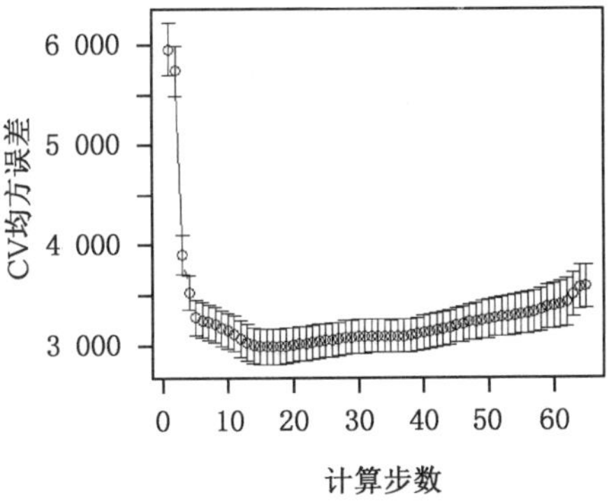

图 6－13　按步数交叉验证结果

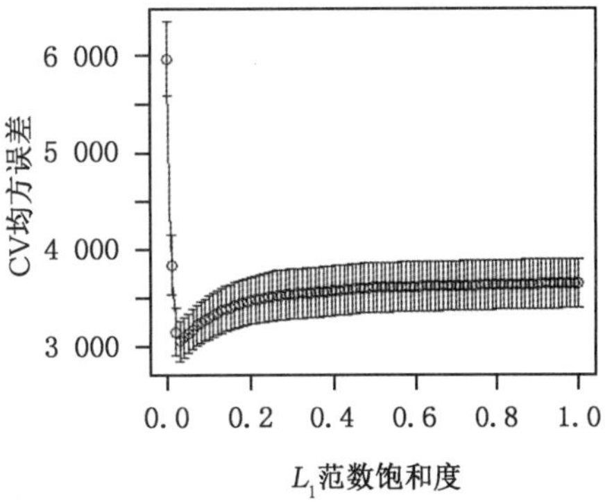

图 6－14　按饱和度交叉验证的结果

本章小结

LASSO 模型是一种能够产生稀疏解和实现变量选择的参数压缩估计方法。LASSO 的提出使得信号稀疏分析得以真正流行。LASSO 模型调整参数的选择方法包括交叉验证、广义交叉验证和 BIC 准则。本章介绍了三种改进的 LASSO 方法。弹性网结合了 LASSO 和岭回归的优点，可以将参数压缩到 0 又不至于会过度压缩。组 LASSO 是在已知分组的情况下的变量选择技术，也是一种组内惩罚和组间惩罚的复合惩罚技术，可以同时删除或保留同一组的变量。自适应 LASSO 通过调整不同参数的惩罚力度，可以快速将不重要的变量剔除出去。最小角回归算法的迭代次数少，计算速度快，是解决 LASSO 问题的最有效的方法。最后对糖尿病数据集进行了实验，结果表明 LASSO 能够得到稀疏解和实现变量选择。

各种改进的 LASSO 都是根据人们期望的新特性，改变惩罚项，或者是将不同的惩罚项进行组合，LASSO 的改进关键在于惩罚项的改进。LASSO 未来的研究方向在于如何改进惩罚项以及如何与其他的算法进行结合。LASSO 是实现变量选择的有效方法，可以在建模过程中解决高维数据集带来的过拟合的问题，获得可解释的模型。

第 7 章　Dantzig 选择器

2007 年，坎迪斯和陶哲轩创造性地提出了 Dantzig 选择器（Dantzig selector，DS）模型[160]，该模型求解的稳定性高、精度优良，有更大概率接近最优可能解。本章介绍 Dantzig 选择器模型。

7.1　Dantzig 选择器模型

基追踪去噪（BPDN）问题的模型为：

$$\begin{cases}\min\limits_{x}\|\boldsymbol{x}\|_1 \\ \text{s.t.}\ \|\boldsymbol{y}-\boldsymbol{A}\boldsymbol{x}\|_2\leqslant\sigma\end{cases}\tag{7-1}$$

式中，σ 为数据的噪声水平。

上述模型求解相对复杂，在 L_1 范数约束下的优化问题 LASSO 问题[167]的模型为：

$$\min_{x}\|\boldsymbol{y}-\boldsymbol{A}\boldsymbol{x}\|_2^2+\lambda\|\boldsymbol{x}\|_1\tag{7-2}$$

式中，λ 为合适的参数。

对 LASSO 算法进行稍微改造后，便得到 Dantzig 选择器模型：

$$(P_{DS}^{\lambda})\begin{cases}\hat{\boldsymbol{x}}_{DS}^{\lambda}=\arg\min\limits_{x}\|\boldsymbol{x}\|_1 \\ \text{s.t.}\quad \|\boldsymbol{A}^{\mathrm{T}}(\boldsymbol{y}-\boldsymbol{A}\boldsymbol{x})\|_{\infty}\leqslant\lambda\sigma\end{cases}\tag{7-3}$$

7.1.1　线性规划形式下的 Dantzig 选择器

Dantzig 选择器的约束条件为$\|\boldsymbol{A}^{\mathrm{T}}(\boldsymbol{y}-\boldsymbol{A}\boldsymbol{x})\|_{\infty}\leqslant\lambda\sigma$，从约束条件可以看出，Dantzig 选择器并不直接限定残差，而是限定投影残差，因为这样更具有稳定性。并且约束条件中，首先计算了残差 $\boldsymbol{r}=\boldsymbol{y}-\boldsymbol{A}x$，然后计算残差 $\boldsymbol{r}$ 与 $\boldsymbol{A}$ 的列之间的内积，并要求所有的内积不大于阈值 $\lambda\sigma$。约束变量是残差相关向量 $\boldsymbol{r}=\boldsymbol{y}-\boldsymbol{A}\boldsymbol{x}_0+c\boldsymbol{a}_i=\boldsymbol{e}+c\boldsymbol{a}_i$，而不是

残差向量 $\boldsymbol{r}=\boldsymbol{y}-\boldsymbol{A}\boldsymbol{x}$。至于乘以 $\boldsymbol{A}^{\mathrm{T}}$ 的原理，则是考虑了残差的大小的影响。假如所求得的解 $\boldsymbol{x}$ 接近 $\boldsymbol{x}_0$，而最优解 $\boldsymbol{x}_0$ 中有一个非零项被忽略了，那么这一项对应的是 $\boldsymbol{A}$ 的列 $\boldsymbol{a}_i$。这个非零项的忽略会被反映在残差 $\boldsymbol{r}=\boldsymbol{y}-\boldsymbol{A}\boldsymbol{x}_0+c\boldsymbol{a}_i=\boldsymbol{e}+c\boldsymbol{a}_i$ 上，且残差向量和 $\boldsymbol{a}_i$ 具有强相关，因为具有 $\boldsymbol{a}_i^{\mathrm{T}}\boldsymbol{r}=\boldsymbol{a}_i^{\mathrm{T}}\boldsymbol{e}+c$ 关系。就算第一项可能接近于 0，但是后面加上一个 c 项后，有可能变得很大，特别在这个时候这个原子在生成 $\boldsymbol{y}$ 时起了主要作用。故此使用乘以 $\boldsymbol{A}^{\mathrm{T}}$ 能够检测这个建议解的不可行性，采用这个方法，可以遍历 A 的所有列，并且考虑每个列与残差的内积，保证所有内积都相对较小。最终可以确信残差是“白化”的，没有任何原子的痕迹保留下来。

式(7－3)中的问题有一个线性规划的形式，故此可以进行一些处理，可以转换成线性规划的形式。加上一个辅助变量：$\boldsymbol{u}\geqslant|\boldsymbol{x}|$，Dantzig 选择器的标准形式可以转换为：

$$\begin{cases}\min\limits_{u,x}\boldsymbol{1}^{\mathrm{T}}\boldsymbol{u}\\ \text{s. t.}\begin{cases}-\boldsymbol{u}\leqslant\boldsymbol{x}\leqslant\boldsymbol{u}\\ -\sigma\lambda\boldsymbol{1}\leqslant\boldsymbol{A}^{\mathrm{T}}(\boldsymbol{y}-\boldsymbol{A}\boldsymbol{x})\leqslant\sigma\lambda\boldsymbol{1}\end{cases}\end{cases}\tag{7－4}$$

对于式(7－4)，所有这些项(包括惩罚项和约束项)对于未知变量来讲都是线性的，那么该问题变成一个经典的线性规划问题。于是，有特殊的求解器解决线性规划问题。而且该问题还是一个凸问题，就存在全局最小值，故此 Dantzig 选择器的这种线性规划形式具有研究的吸引力。

将未知的变量 $\boldsymbol{x}$ 分解为两个向量，分别包括其正元素和负元素。即 $\boldsymbol{x}=\boldsymbol{u}-\boldsymbol{v}$，Dantzig 选择器的标准形式可以重新写成：

$$\begin{cases}\min\limits_{u,v}\boldsymbol{1}^{\mathrm{T}}\boldsymbol{u}+\boldsymbol{1}^{\mathrm{T}}\boldsymbol{v}\\ \text{s. t.}\begin{cases}\boldsymbol{u}\geqslant\boldsymbol{0},\boldsymbol{v}\geqslant\boldsymbol{0}\\ -\sigma\lambda\boldsymbol{1}\leqslant\boldsymbol{A}^{\mathrm{T}}(\boldsymbol{y}-\boldsymbol{A}\boldsymbol{u}+\boldsymbol{A}\boldsymbol{v})\leqslant\sigma\lambda\boldsymbol{1}\end{cases}\end{cases}\tag{7－5}$$

对于该问题的转换方法类似将 L_1 范数最小转换为 $\boldsymbol{L}_P$ 形式的技术。此时分解的两个元素向量 $\boldsymbol{u}$ 和 $\boldsymbol{v}$ 的支撑集并不重叠，因为二者此时关系为：$\boldsymbol{u}^{\mathrm{T}}\boldsymbol{v}=\boldsymbol{0}$。这个关系的含义是如果这两个向量中相对应的元素都不是零元素，那么将二者减去同样的数值，使其中最小的向量变成 $\boldsymbol{0}$，此时问题中的惩罚项可以变得更小，但是约束条件却不发生改变。

7.1.2　酉矩阵对 Dantzig 选择器的影响

当 $\boldsymbol{A}$ 阵为酉矩阵时，具有的性质为 $\boldsymbol{A}^{\mathrm{T}}\boldsymbol{A}=\boldsymbol{I}$，那么将其代入约束项 $\|\boldsymbol{A}^{\mathrm{T}}(\boldsymbol{y}-\boldsymbol{A}\boldsymbol{x})\|_\infty\leqslant\lambda\sigma$。这个时候的约束项将发生变化：$\|\boldsymbol{A}^{\mathrm{T}}\boldsymbol{y}-\boldsymbol{x}\|_\infty\leqslant\lambda\sigma$，也就是说

Dantzig 选择器问题变成了一组具有 m 个独立变量的标量优化问题，大大简化了 Dantzig 选择器的求解，Dantzig 选择器的标准形式可以转换为：

$$\begin{cases} \min\limits_{x} |\boldsymbol{x}| \\ \text{s. t. } |\boldsymbol{a}_i^{\mathrm{T}}\boldsymbol{y}-\boldsymbol{x}| \leqslant \lambda\sigma, \quad i=1,2,\cdots,m \end{cases} \tag{7-6}$$

其解为：

$$x_i^{\mathrm{opt}}=\begin{cases} \boldsymbol{a}_i^{\mathrm{T}}\boldsymbol{y}-\lambda\sigma & \boldsymbol{a}_i^{\mathrm{T}}\boldsymbol{y} \geqslant \lambda\sigma \\ 0 & |\boldsymbol{a}_i^{\mathrm{T}}\boldsymbol{y}| < \lambda\sigma \\ \boldsymbol{a}_i^{\mathrm{T}}\boldsymbol{y}+\lambda\sigma & \boldsymbol{a}_i^{\mathrm{T}}\boldsymbol{y} \leqslant -\lambda\sigma \end{cases} \tag{7-7}$$

$\boldsymbol{A}$ 阵为酉矩阵对 Dantzig 选择器的改变是一个经典的软阈值操作，也就是说此时基追踪去噪问题和 Dantzig 选择器问题的解等价。因为二者此时的问题描述基本一致，只需要在 $\lambda\sigma$ 和 σ（与 Dantzig 选择器问题不是同一个 σ）之间做一个适当的选择即可。但是在正常情况下，二者并不等价。

Dantzig 选择器解的稳定性定理以概率的形式给出，这里的概率只和随机噪声的随机性有关，和 $\boldsymbol{x}$ 的支撑集没有关系。该结论表明了 Dantzig 选择器问题的解可以非常接近于最优解，体现了 Dantzig 选择器具有的优势。

7.2　DS 问题解特性分析

7.2.1　凸规划

凸集：设 S 为 n 维欧氏空间 $\mathbf{R}^n$ 中一个集合，若对 S 中任意两点，连接它们的连线仍属于 S，则称 S 为凸集，用数学语言表达即为：对于 S 中任意两点 $\boldsymbol{x}^{(1)},\boldsymbol{x}^{(2)}\in S$，$\lambda\in[0,1]$，均有 $\lambda\boldsymbol{x}^{(1)}+(1-\lambda)\boldsymbol{x}^{(2)}\in S$。

凸函数：设 $S\in\mathbf{R}^n$ 是非空开凸集，$f(\boldsymbol{x})$ 是定义在 S 上的实函数，对于任意的两点 $\boldsymbol{x}^{(1)},\boldsymbol{x}^{(2)}\in S$，$\lambda\in[0,1]$，均有 $f(\lambda\boldsymbol{x}^{(1)}+(1-\lambda)\boldsymbol{x}^{(2)})\leqslant\lambda f(\boldsymbol{x}^{(1)})+(1-\lambda)f(\boldsymbol{x}^{(2)})$，则 f 称在 S 上的凸函数，当不取等号时，f 为严格凸函数

凸函数判别：设 $S\in\mathbf{R}^n$ 是非空开凸集，$f(\boldsymbol{x})$ 是定义在 S 上的可微函数，则 $f(\boldsymbol{x})$ 为凸函数的充要条件是任意两点 $\boldsymbol{x}^{(1)},\boldsymbol{x}^{(2)}\in S$，有 $f(\boldsymbol{x}^{(2)})\geqslant f(\boldsymbol{x}^{(1)})+\nabla f(\boldsymbol{x}^{(1)})^{\mathrm{T}}(\boldsymbol{x}^{(2)}-\boldsymbol{x}^{(1)})$，则 f 是在 S 上的凸函数。

凸规划问题及其性质：求凸函数在凸集上的极小点，称为凸规划问题。性质 1：凸规划问题的局部最小点就是全局最小点；性质 2：如果凸规划问题的目标函数是严格

凸函数，又存在极小点，那么凸规划问题的极小点是唯一的。

7.2.2　BPDN 和 DS 解的唯一性

命题 7.1：基追踪降噪问题的解是唯一的。

证明：基追踪降噪问题模型如式(7—1)所示，先证明目标函数是严格凸函数，再证明约束集是凸集，则该问题转化为凸规划问题，由凸规划问题的性质可得 BPDN 问题的解是唯一的。第一步，目标函数是凸函数，当且仅当 $\boldsymbol{x}^{(1)}=\boldsymbol{x}^{(2)}$ 时等式成立，而两点不同，因此可以得到目标函数是严格凸函数。第二步，设 S 为约束集的解集域，任意两点 $\boldsymbol{x}^{(1)},\boldsymbol{x}^{(2)}\in\Omega$，有

$$\begin{aligned}f(\lambda\boldsymbol{x}^{(1)}+(1-\lambda)\boldsymbol{x}^{(2)})&=\|\lambda\boldsymbol{x}^{(1)}+(1-\lambda)\boldsymbol{x}^{(2)}\|_1\\&\leqslant\|\lambda\boldsymbol{x}^{(1)}\|_1+\|(1-\lambda)\boldsymbol{x}^{(2)}\|_1=\lambda f(\boldsymbol{x}^{(1)})+(1-\lambda)f(\boldsymbol{x}^{(2)})\end{aligned}\tag{7-8}$$

$$\|\boldsymbol{A}^{\mathrm{T}}(\boldsymbol{y}-\boldsymbol{A}\boldsymbol{x}^{(1)})\|_\infty\leqslant\eta,\|\boldsymbol{A}^{\mathrm{T}}(y-\boldsymbol{A}\boldsymbol{x}^{(2)})\|_\infty\leqslant\eta\tag{7-9}$$

$$\begin{aligned}&\|\boldsymbol{y}-\boldsymbol{A}(\lambda\boldsymbol{x}^{(1)}+(1-\lambda)\boldsymbol{x}^{(2)})\|_2=\|\lambda\boldsymbol{y}-\boldsymbol{A}\lambda\boldsymbol{x}^{(1)}+(1-\lambda)\boldsymbol{y}-\boldsymbol{A}(1-\lambda)\boldsymbol{x}^{(2)}\|_2\\&\leqslant\|\lambda\boldsymbol{y}-\boldsymbol{A}\lambda\boldsymbol{x}^{(1)}\|_2+\|(1-\lambda)\boldsymbol{y}-\boldsymbol{A}(1-\lambda)\boldsymbol{x}^{(2)}\|_2\leqslant\lambda\eta+(1-\lambda)\eta=\eta\end{aligned}\tag{7-10}$$

因此可以得到约束集是凸集，即 BPDN 问题是凸规划问题，且目标函数是严格凸函数，因此 BPDN 问题的解是唯一的，且局部最小值就是全局最小值。

命题 7.2：DS 问题的解是唯一的。

证明：考虑 DS 问题和 BPDN 问题的目标函数都是 L_1 范数，如式(7—4)所示，目标函数是凸函数。其次，证明其约束集是凸集，考虑设 Ω 为 DS 问题约束集的解集域，任取两点 $\boldsymbol{x}^{(1)},\boldsymbol{x}^{(2)}\in\Omega$

$$\|\boldsymbol{A}^{\mathrm{T}}(\boldsymbol{y}-\boldsymbol{A}\boldsymbol{x}^{(1)})\|_\infty\leqslant\eta,\|\boldsymbol{A}^{\mathrm{T}}(\boldsymbol{y}-\boldsymbol{A}\boldsymbol{x}^{(2)})\|_\infty\leqslant\eta\tag{7-11}$$

$$\begin{aligned}&\|\boldsymbol{A}^{\mathrm{T}}(\boldsymbol{y}-\boldsymbol{A}(\lambda\boldsymbol{x}^{(1)}+(1-\lambda)\boldsymbol{x}^{(2)}))\|_\infty\\&=\|\boldsymbol{A}^{\mathrm{T}}(\lambda\boldsymbol{y}-\boldsymbol{A}\lambda\boldsymbol{x}^{(1)}+(1-\lambda)\boldsymbol{y}-\boldsymbol{A}(1-\lambda)\boldsymbol{x}^{(2)}\|_\infty\\&\leqslant\|\boldsymbol{A}^{\mathrm{T}}(\lambda\boldsymbol{y}-\boldsymbol{A}\lambda\boldsymbol{x}^{(1)})\|_\infty+\|\boldsymbol{A}^{\mathrm{T}}((1-\lambda)\boldsymbol{y}-\boldsymbol{A}(1-\lambda)\boldsymbol{x}^{(2)})\|_\infty\\&=\lambda\eta+(1-\lambda)\eta=\eta\end{aligned}\tag{7-12}$$

由式(7—12)可以得到，DS 问题的约束集也是凸集，因此虽然 DS 问题改变了约束集，但是 DS 问题解依然是唯一的。

7.2.3　DS 问题解的稳定性

RIP：给定一个 $m\times n$ 的矩阵 $\boldsymbol{A}$，对 $\boldsymbol{A}$ 每一列都进行 L_2 范数归一化，即假设 $\boldsymbol{A}$ 的第 i 列为 $\boldsymbol{A}_i$，由式(7—13)进行归一化操作。考虑 $s\leqslant m$，$\boldsymbol{A}$ 矩阵的子矩阵为 $\boldsymbol{A}_s$，则存在最小的 δ_s 使得式(7—14)对于任意的 s 均成立，将 $\boldsymbol{A}$ 称为在常数 δ_s 约束下的 s 有限

等距性质(RIP)。

$$\int_{1\leqslant i\leqslant n} \boldsymbol{A}_i \mathrm{d}\boldsymbol{A}=1 \tag{7—13}$$

$$(1-\delta_s)\|\boldsymbol{c}\|_2^2\leqslant\|\boldsymbol{A}_s\boldsymbol{c}\|_2^2\leqslant(1-\delta_s)\|\boldsymbol{c}\|_2^2 \tag{7—14}$$

ROP:给定一个 $m\times n$ 的矩阵 $\boldsymbol{A}$,对 $\boldsymbol{A}$ 每一列都进行 L_2 范数归一化,$\boldsymbol{A}$ 矩阵的子矩阵为 $\boldsymbol{A}_{s_1}$,$\boldsymbol{A}_{s_2}$,存在最小的 θ_{s_1,s_2} 使得式(7—15)对于任意的 s_1、s_2 均成立。那么,将 $\boldsymbol{A}$ 称为在常数 θ_{s_1,s_2} 约束下的 s_1、s_2 正交约束等距性质(ROP)。

$$\forall \boldsymbol{c}_1\in\mathbf{R}^{s_1},\boldsymbol{c}_2\in\mathbf{R}^{s_2},|\boldsymbol{c}_1^{\mathrm{T}}\boldsymbol{A}_{s_1}^{\mathrm{T}}\boldsymbol{A}_{s_2}\boldsymbol{c}_2|=|\langle\boldsymbol{A}_{s_1}\boldsymbol{c}_1,\boldsymbol{A}_{s_2}\boldsymbol{c}_2\rangle|\leqslant\theta_{s_1s_2}\|\boldsymbol{c}_1\|_2\|\boldsymbol{c}_2\|_2 \tag{7—15}$$

定理 7.1 考虑 DS 问题如式(7—3)所示,$\eta=\lambda\sigma$,$\lambda=\sqrt{2(1+t)\log n}$,则 DS 问题的解 $\boldsymbol{x}_{DSOPT}$ 与理想中的 L_0 范数问题的解 $\boldsymbol{x}_{OPT}$,即式(7—3)的解有式(7—16)的关系:

$$P(\|\boldsymbol{x}_{DSOPT}-\boldsymbol{x}_{OPT}\|_2^2\leqslant\delta^2\cdot 2\log n\cdot s\cdot\sigma^2)\geqslant(1-(\sqrt{\pi\log n}\,n)^{-1}) \tag{7—16}$$

其中,$\delta=4/(1-\delta_{2s}-\theta_{s,2s})$。即 DSg 问题的解 $\boldsymbol{x}_{DSOPT}$ 与 L_0 范数问题的解 x_{OPT} 的欧式距离有至少为$(1-(\sqrt{\pi\log n}\,n^t)^{-1})$的概率不大于 $\delta^2\cdot 2\log n\cdot s\cdot\sigma^2$,即 DS 问题的结果有很大可能接近最优的可能解。

这种与精确解的精度范围以按照一定概率的形式给出的原因主要是受随机噪声 ε 和给定问题的边界 $\eta=\lambda\sigma$ 影响,在精确解一定,噪声 ε 确定,边界 $\eta=\lambda\sigma$ 给定条件下,DS 问题的解并不失唯一性,也不会以平均性能代替最优解,概率只受噪声 ε 和边界 η 影响,不会受 $\boldsymbol{x}_{OPT}$ 和 $\boldsymbol{x}_{DSOPT}$ 的解集范围影响。

在式(7—16)中含有常数 $\delta=4/(1-\delta_{2s}-\theta_{s,2s})$,是与 RIP 和 ROP 相关的系数给出,这主要是因为 RIP 和 ROP 与式(7—3)中的过完备字典 $\boldsymbol{A}$ 相关。

该定理阐述了 $\boldsymbol{A}$ 的性能预测特性,给出了 $\boldsymbol{A}$ 在最差条件下能产生的预测系数 δ_s、$\theta_{s,2s}$。

证明 x_{OPT} 显然也是满足 DS 问题的约束的,因此有 $\|\boldsymbol{A}^{\mathrm{T}}(\boldsymbol{A}\boldsymbol{x}_{oPT}-\boldsymbol{y})\|_\infty=\|\boldsymbol{A}^{\mathrm{T}}\boldsymbol{e}\|_\infty\leqslant\lambda\sigma$,由于 $\boldsymbol{A}$ 的每一列都进行了 L_2 范数归一化,相当于 $n=n_1+n_2+\cdots$个独立的高斯随机变量相加,显然得到的随机变量仍然服从正态分布 $N(0,\sigma^2)$。使用性质式(7—17)和正态分布的概率分布函数得式(7—18)。

$$(1-t)^n\geqslant 1-nt,0\leqslant n\leqslant 1 \tag{7—17}$$

$$P\left(\frac{1}{\sigma}\|\boldsymbol{A}^{\mathrm{T}}\boldsymbol{e}\|_\infty\leqslant\lambda\right)=\left(1-2\int_\lambda^\infty\frac{1}{\sqrt{2\pi}}\mathrm{e}^{-\frac{x^2}{2}}\mathrm{d}x\right)^n \tag{7—18}$$

$$\int_u^\infty \mathrm{e}^{-\frac{x^2}{2}}\mathrm{d}x\leqslant\frac{\mathrm{e}^{-\frac{u^2}{2}}}{u} \tag{7—19}$$

由性质式(7—17)、式(7—18)及式(7—19)，得：

$$P\left(\frac{1}{\sigma}\|\boldsymbol{A}^{\mathrm{T}}\boldsymbol{e}\|_{\infty}\leqslant\lambda\right)\geqslant 1-\frac{2m}{\sqrt{2\pi}}\int_{\lambda}^{\infty}\mathrm{e}^{-\frac{x^2}{2}}\mathrm{d}x \tag{7—20}$$

将 $\eta=\lambda\sigma,\lambda=\sqrt{2(1+t)\log n}$ 代入式(7—20)，可得到

$$P\left(\frac{1}{\sigma}\|\boldsymbol{A}^{\mathrm{T}}\boldsymbol{e}\|_{\infty}\leqslant\lambda\right)\geqslant 1-\frac{2m}{\sqrt{2\pi}}\int_{\lambda}^{\infty}\mathrm{e}^{-\frac{x^2}{2}}\mathrm{d}x=1-\frac{1}{\sqrt{\pi(1+t)\log n}}n^{-t} \tag{7—21}$$

显然，t 在分母位置，若取得的 t 足够大，即约束的边界 $\eta=\lambda\sigma,\lambda=\sqrt{2(1+t)\log n}$ 足够大，这个概率就足够小，可见，DS 问题的约束边界越大，得到的解与精确解的误差越大。

定义由 DS 问题得到的最优解与理想恢复值的残差为 $\boldsymbol{r}=\boldsymbol{y}-\boldsymbol{A}\boldsymbol{x}_{DSOPT}$，理想精确解与 DS 问题解欧氏距离为 $\boldsymbol{d}=\boldsymbol{x}_O-\boldsymbol{x}_{DSO}(\boldsymbol{x}_O=\boldsymbol{x}_{OPT},\boldsymbol{x}_{DSO}=\boldsymbol{x}_{DSOPT})$，那么利用不等式性质(7—23)，联立式(7—22)得到式(7—24)。

$$\boldsymbol{A}^{\mathrm{T}}\boldsymbol{A}\boldsymbol{d}=\boldsymbol{A}^{\mathrm{T}}\boldsymbol{A}(\boldsymbol{x}_O-\boldsymbol{x}_{DSO})=\boldsymbol{A}^{\mathrm{T}}(r-e) \tag{7—22}$$

$$|\boldsymbol{x}+\boldsymbol{y}|\leqslant|\boldsymbol{x}|+|\boldsymbol{y}| \tag{7—23}$$

$$\|\boldsymbol{A}^{\mathrm{T}}\boldsymbol{A}\boldsymbol{d}\|_{\infty}=\|\boldsymbol{A}^{\mathrm{T}}(\boldsymbol{r}-\boldsymbol{e})\|_{\infty}\leqslant\|\boldsymbol{A}^{\mathrm{T}}\boldsymbol{e}\|_{\infty}+\|\boldsymbol{A}^{\mathrm{T}}\boldsymbol{r}\|_{\infty}\leqslant 2\lambda\sigma \tag{7—24}$$

由于 DS 的解是最优解，因此其目标函数是最小的，即精确解的 L_1 范数大于等于 DS 解，按照稀疏部分和非稀疏部分分类，得到式(7—25)，又由于稀疏部分的解为 0，即联合式(7—26)得到式(7—27)，又由于式(7—28)，得到式(7—29)。

$$\|\boldsymbol{x}_{DSO}\|_1=\|\boldsymbol{x}_O+\boldsymbol{d}\|_1=\|\boldsymbol{x}_O+\boldsymbol{d}\|_{1,s}+\|\boldsymbol{x}_O+\boldsymbol{d}\|_{1,s^C} \tag{7—25}$$

$$\|\boldsymbol{x}_O+\boldsymbol{d}\|_{1,s^C}=\|\boldsymbol{d}\|_{1,s^C} \tag{7—26}$$

$$\|\boldsymbol{x}_{DSO}\|_1=\|\boldsymbol{x}_O+\boldsymbol{d}\|_{1,s}+\|\boldsymbol{x}_O+\boldsymbol{d}\|_{1,s^C}\geqslant\|\boldsymbol{x}_O\|_{1,s}-\|\boldsymbol{d}\|_{1,s}+\|\boldsymbol{d}\|_{1,s^C} \tag{7—27}$$

$$\|\boldsymbol{x}_O\|_1=\|\boldsymbol{x}_O\|_{1,s} \tag{7—28}$$

$$\|\boldsymbol{d}\|_{1,s}\geqslant\|\boldsymbol{d}\|_{1,s^C} \tag{7—29}$$

因此，DS 问题解的稳定性数学模型为在约束式(7—24)，约束式(7—27)和约束式(7—29)情况下寻找最大的欧氏距离，即约束为式(7—24)，(7—27)，(7—29)，目标函数为 $\max\|\boldsymbol{d}\|_2$，问题转化为证明该目标函数为式(7—16)的约束边界。

根据 RIP 关系，可以得到对于任意 $2s$ 的向量 $\boldsymbol{v}$，均有式(7—30)成立。其中 $\boldsymbol{A}_q$ 是过完备字典的子矩阵，q 代表当 RIP 关系中的等距固定为 $2s$ 时，过完备字典 $\boldsymbol{A}$ 的子矩阵可以取的最大值。假设 $\delta_{2s}\leqslant 1$，可以得到 $\boldsymbol{Q}=\boldsymbol{A}_q^{\mathrm{T}}\boldsymbol{A}^{\mathrm{T}}$ 是正定的，正定矩阵没有 0 的特征根，是非奇异矩阵，一定存在逆矩阵，代入 Q 可以将式(7—30)改写为式(7—31)和式(7—32)，令 $\boldsymbol{w}=\boldsymbol{A}_q^{\mathrm{T}}\boldsymbol{A}\boldsymbol{d}$，代入式(7—31)得到式(7—33)。

$$(1-\delta_{2s})\|\boldsymbol{v}\|_2\leqslant\|\boldsymbol{A}_q v\|_2\leqslant\sqrt{(1+\delta_s)}\|\boldsymbol{v}\|_2 \tag{7—30}$$

$$(1-\delta_{2s})\boldsymbol{w}^{\mathrm{T}}Q^{-1}\boldsymbol{w}\leqslant\boldsymbol{w}^{\mathrm{T}}\boldsymbol{w} \tag{7-31}$$

$$\|\boldsymbol{w}\|_2^2=\boldsymbol{d}^{\mathrm{T}}\boldsymbol{A}^{\mathrm{T}}\boldsymbol{A}_q\boldsymbol{A}_q^{\mathrm{T}}\boldsymbol{A}\boldsymbol{d}=\|\boldsymbol{A}_q^{\mathrm{T}}\boldsymbol{A}\boldsymbol{d}\|_2^2 \tag{7-32}$$

$$\begin{aligned}\boldsymbol{w}^{\mathrm{T}}\boldsymbol{Q}^{-1}\boldsymbol{w}&=\boldsymbol{d}^{\mathrm{T}}\boldsymbol{A}^{\mathrm{T}}\boldsymbol{A}_q\boldsymbol{A}_q^{\mathrm{T}}\boldsymbol{A}\boldsymbol{d}=\boldsymbol{d}^{\mathrm{T}}\boldsymbol{A}^{\mathrm{T}}P_q\boldsymbol{A}\boldsymbol{d}\\&=\boldsymbol{d}^{\mathrm{T}}\boldsymbol{A}^{\mathrm{T}}P_q^2\boldsymbol{A}\boldsymbol{d}=\|\boldsymbol{P}_q\boldsymbol{A}\boldsymbol{d}\|_2^2\end{aligned} \tag{7-33}$$

基于(7－32)和(7－33)得到式(7－34)，对不等式(7－34)的下界进行变换，将 $\boldsymbol{d}$ 向量降序排列得到新的 $\boldsymbol{d}$ 向量，并且根据 $\boldsymbol{A}\boldsymbol{d}_0+\boldsymbol{A}\boldsymbol{d}_1=\boldsymbol{A}_q\boldsymbol{d}$ 可以得到式(7－35)，利用式(7－23)所示的三角不等式关系，可以将不等式(7－34)推导为等式(7－36)。又因为式(7－37)所示的不等式关系，式(7－34)代入不等式(7－36)，将式(7－35)的矩阵的 L_2 范数形式改为内积形式，会得到内积有式(7－39)所示的上界，再利用 RIP 不等式(7－34)代入不等式(7－39)得到不等式(7－40)。

$$\|\boldsymbol{P}_q\boldsymbol{A}\boldsymbol{d}\|_2^2\leqslant\frac{1}{1-\delta_{2s}}\|\boldsymbol{A}_q^{\mathrm{T}}\boldsymbol{A}\boldsymbol{d}\|_2^2\leqslant\frac{2s\cdot(4\lambda^2\sigma^2)}{1-\delta_{2s}} \tag{7-34}$$

$$\boldsymbol{P}_q\boldsymbol{A}\boldsymbol{d}=\boldsymbol{P}_q\boldsymbol{A}\boldsymbol{d}_0+\boldsymbol{P}_q\boldsymbol{A}\boldsymbol{d}_1+\sum_{j\geqslant2}\boldsymbol{P}_q\boldsymbol{A}\boldsymbol{d}_j=\boldsymbol{A}_q\boldsymbol{d}+\sum_{j\geqslant2}\boldsymbol{P}_q\boldsymbol{A}\boldsymbol{d}_j \tag{7-35}$$

$$\begin{aligned}\|\boldsymbol{P}_q\boldsymbol{A}\boldsymbol{d}\|_2^2&=\left\|\boldsymbol{A}_q\boldsymbol{d}+\sum_{j\geqslant2}\boldsymbol{P}_q\boldsymbol{A}\right\|_2\\&\geqslant\|\boldsymbol{A}_q\boldsymbol{d}\|_2-\left\|\sum_{j\geqslant2}\boldsymbol{P}_q\boldsymbol{A}\boldsymbol{d}_j\right\|_2\geqslant\|\boldsymbol{A}_q\boldsymbol{d}\|_2-\sum_{j\geqslant2}\|\boldsymbol{P}_q\boldsymbol{A}\boldsymbol{d}_j\|_2\end{aligned} \tag{7-36}$$

$$\|\boldsymbol{A}_q\boldsymbol{d}\|_2\geqslant\sqrt{1-\delta_{2s}}\,\|\boldsymbol{d}\|_{2,q} \tag{7-37}$$

$$\|\boldsymbol{P}_q\boldsymbol{A}\boldsymbol{d}\|_2\geqslant\sqrt{1-\delta_{2s}}\,\|\boldsymbol{d}\|_{2,q}-\sum_{j\geqslant2}\|\boldsymbol{P}_q\boldsymbol{A}\boldsymbol{d}\|_2 \tag{7-38}$$

$$\|\boldsymbol{A}\boldsymbol{d}_j\|_2\leqslant\sqrt{1+\delta_s}\,\|\boldsymbol{d}_j\|_2 \tag{7-39}$$

$$\|\boldsymbol{P}_q\boldsymbol{A}\boldsymbol{d}_j\|_2\leqslant\theta_{s,2s}\cdot\sqrt{1+\delta_s}\,\|\boldsymbol{d}_j\|_2\leqslant\frac{\theta_{s,2s}}{\sqrt{1-\delta_s}}\|\boldsymbol{d}_j\|_2\leqslant\frac{\theta_{s,2s}}{\sqrt{1-\delta_{2s}}}\|\boldsymbol{d}_j\|_2 \tag{7-40}$$

当 s 增大为 $2s$ 时，$\boldsymbol{A}$ 的子矩阵维度增大，所需要的 RIP 等距也将增大，因此可以直接得到结论式(7－41)，当 $j>1$ 时，$\boldsymbol{d}_j$ 的 s 个非零项都将小于 $\boldsymbol{d}_{j-1}$ 的绝对值中各元素的均值 $\|\boldsymbol{d}_{j-1}\|_1/s$，可以得到结论式(7－42)。

$$\delta_{2s}\geqslant\delta_s \tag{7-41}$$

$$\|\boldsymbol{d}_j\|_2\leqslant\|\boldsymbol{d}_{j-1}\|_1/\sqrt{s} \tag{7-42}$$

基于式(7－41)、式(7－42)，对式(7－40)进行整理，以均值的方式对每一项都进行拆分，以均值代替累加，可以得到式(7－43)，与式(7－44)进行比较得到结论式(7－45)，这个结论表明了当 RIP 等距为 $2s$ 时的 $\boldsymbol{d}$ 向量与 RIP 等距为 s 的 $\boldsymbol{d}$ 向量之间的不等式关系。

$$\begin{aligned}\sum_{j\geqslant 2}\|P_q\boldsymbol{A}\boldsymbol{d}_j\|_2 &\leqslant \frac{\theta_{s2s}}{\sqrt{1-\delta_{2s}}}\sum_{j\geqslant 2}\|\boldsymbol{d}_j\|_2 \\ &\leqslant \frac{\theta_{s,2s}}{\sqrt{s}\cdot\sqrt{1-\delta_{2s}}}\sum_{j\geqslant 1}\|\boldsymbol{d}_j\|_2 = \frac{\theta_{s,2s}}{\sqrt{s}\cdot\sqrt{1-\delta_{2s}}}\|\boldsymbol{d}_j\|_{1,s^C}\end{aligned} \tag{7—43}$$

$$\|\boldsymbol{P}_q\boldsymbol{A}\boldsymbol{d}\|_2 \geqslant \sqrt{1-\delta_{2s}}\|\boldsymbol{d}\|_{2,q} - \frac{\theta_{s,2s}}{\sqrt{s}\cdot\sqrt{1-\delta_{2s}}}\|\boldsymbol{d}_j\|_{1,s^C} \tag{7—44}$$

$$\|\boldsymbol{d}\|_{2,q} \leqslant \frac{\sqrt{2s}\cdot(2\lambda\sigma)}{1-\delta_{2s}} + \frac{\theta_{s,2s}}{\sqrt{s}\cdot(1-\delta_{2s})}\|\boldsymbol{d}\|_{1,s^C} \tag{7—45}$$

同时，由于 DS 的解是目标函数在约束下的最小值，因此 $\boldsymbol{d}$ 所有元素都应该是正的，不等式(7—45)右边边界理应是个正自然数，可以看出分子都是正数，因此要求分母也是正数，可以得到结论式(7—46)。显然，式(7—47)是必然的，联立式(7—45)连续不等，并且整理各项得到式(7—48)，同时考虑式(7—42)，得到 $\boldsymbol{d}$ 关于 q 的不等范围如式(7—49)所示，同时考虑式(7—47)，得到 $\boldsymbol{d}$ 向量 L_2 范数的范围，即 DS 解的稳定性如式(7—50)所示。观察式(7—48)所示的范围，可以得到解的精度如式(7—3)所示的边界，证明完毕。

$$1-\delta_{2s}-\theta_{s,2s}>0 \tag{7—46}$$

$$\|\boldsymbol{d}\|_{1,s^C} \leqslant \|\boldsymbol{d}\|_{2,q} \tag{7—47}$$

$$\|\boldsymbol{d}\|_{2,q} \leqslant \frac{\sqrt{2s}\cdot(2\lambda\sigma)}{1-\delta_{2s}-\theta_{s,2s}} \tag{7—48}$$

$$\|\boldsymbol{d}\|_{2,q^C}^2 = \sum_{j\geqslant 2}\|\boldsymbol{d}_j\|_2^2 \leqslant \frac{1}{s}\sum_{j\geqslant 1}\|\boldsymbol{d}_j\|_1^2 = \frac{1}{s}\|\boldsymbol{d}\|_{1,s^C}^2 \tag{7—49}$$

$$\|\boldsymbol{d}\|_2^2 = \|\boldsymbol{d}\|_{2,q}^2 + \|\boldsymbol{d}\|_{2,q^C}^2 \leqslant \|\boldsymbol{d}\|_{2,q}^2 + \|\boldsymbol{d}\|_{2,s^C}^2 \leqslant 2\|\boldsymbol{d}\|_{2,q}^2 \tag{7—50}$$

在证明 DS 问题解的稳定性按照一定概率无限接近精确解的过程中假设了随机误差符合正态分布。上文考虑的所有精确解都是指在随机误差下的所有可行解，并不是真实的精确解。首先计算了 DS 解接近精确解的概率公式如式(7—21)所示，然后将解与精确解的误差问题转化为在约束式(7—24)、(7—27)、(7—29)的条件下求解误差最大值的最优化问题，使用了 RIP，ROP 在 s 和 $2s$ 下进行的矩阵分解，得到了两个子问题相对应的误差范围，最后使用子问题的误差范围得到了解与精确解的 L_2 范数范围，即 DS 问题解的稳定性。

7.3　原始对偶追踪算法分析

对于 DS 模型的求解，由于 DS 模型本身是一个凸优化问题，最直接的方法就是通过线性规划(LP)求解，但有文献指出对于一个 $n\times p$ 维线性系统，通过线性规划求解 DS 模型的时间复杂度是 $O(p^3)$，在实际应用中是不可以接受的。为了解决线性规划计算 DS 模型时间复杂度过高的问题，Asif[162]提出了原始对偶追踪算法(Primal Dual Pursuit，PD-Pursuit)，PD-Pursuit 算法是一种非常有效的 DS 模型求解方法，它通过两次寻求迭代前进方向和大小，逐渐前向寻找满足迭代停止条件前的最优解。下面介绍 PD-Pursuit。本节内容选自文献[162，170]。

7.3.1　DS 模型对偶形式

PD-Pursuit 算法[162]利用 DS 模型原始和对偶目标函数的对偶性，对于任意一个给定的 τ，推导出其原始解和对偶形式的解必须要满足的优化条件。最终通过改变的 τ 值，可以建立起 DS 模型的解。首先给出 DS 模型的原始形式和对应的对偶问题形式：

原问题

$$\begin{cases}\beta^{\mathrm{DS}}=\min\|\boldsymbol{\beta}\|_1\\ \text{s. t }\|\boldsymbol{X}^{\mathrm{T}}(\boldsymbol{Y}-\boldsymbol{X}\boldsymbol{\beta})\|_\infty\leqslant\tau\end{cases}\tag{7—51}$$

对偶问题

$$\begin{cases}\max-(\tau\|\boldsymbol{\lambda}\|_1+\langle\boldsymbol{\lambda},\boldsymbol{X}^{\mathrm{T}}\boldsymbol{Y}\rangle)\\ \text{s. t. }\|\boldsymbol{X}^{\mathrm{T}}\boldsymbol{X}\boldsymbol{\lambda}\|_\infty\leqslant 1\end{cases}\tag{7—52}$$

式中，$\boldsymbol{\lambda}\in\mathbf{R}^p$ 称为对偶向量，$\langle\cdot\rangle$表示向量内积计算，由互补松弛定理，在任意次优化过程的最优原始对偶解$(\boldsymbol{\beta}^*,\boldsymbol{\lambda}^*)$，得到的优化目标在最优值相等，可以得到如下等式：

$$\|\boldsymbol{\beta}^*\|_1=-\tau\|\boldsymbol{\lambda}^*\|_1-\langle\boldsymbol{\lambda}^*,\boldsymbol{X}^{\mathrm{T}}\boldsymbol{Y}\rangle\tag{7—53}$$

又可以对其作变形等价于：

$$\|\boldsymbol{\beta}^*\|_1+\tau\|\boldsymbol{\lambda}^*\|_1=-\langle\boldsymbol{\beta}^*,\boldsymbol{X}^{\mathrm{T}}\boldsymbol{X}\boldsymbol{\lambda}^*\rangle+\langle\boldsymbol{\lambda}^*,\boldsymbol{X}^{\mathrm{T}}(\boldsymbol{X}\boldsymbol{\beta}^*-\boldsymbol{Y})\rangle\tag{7—54}$$

由互补松弛条件可知，对于任意一对原始—对偶解，对偶向量非零，相应的原始向量对应于式(7—51)解路径的支撑集。联合式(7—54)式和(7—51)、式(7—52)的可行性条件：

$$\begin{cases}\|\boldsymbol{X}^{\mathrm{T}}(\boldsymbol{X}\boldsymbol{\beta}-\boldsymbol{Y})\|_\infty\leqslant\tau\\ \|\boldsymbol{X}^{\mathrm{T}}\boldsymbol{X}\boldsymbol{\lambda}\|_\infty\leqslant 1\end{cases}\tag{7—55}$$

可以得到对于任意一个给定的 τ，原始对偶解$(\boldsymbol{\beta}^*,\boldsymbol{\lambda}^*)$必须要满足的四个优化条件：

$$\begin{cases}\boldsymbol{X}_{\Gamma_\lambda}^{\mathrm{T}}(\boldsymbol{X}\boldsymbol{\beta}^*-\boldsymbol{Y})=\tau z_{\boldsymbol{\lambda}}\sim\tau\in\Gamma_{\boldsymbol{\lambda}}\\ \boldsymbol{X}_{\Gamma_\lambda}^{\mathrm{T}}\boldsymbol{X}\boldsymbol{\lambda}^*=-z_{\boldsymbol{\beta}}\sim\tau\in\Gamma_{\boldsymbol{\beta}}\\ |\boldsymbol{x}_\tau^{\mathrm{T}}(\boldsymbol{X}\boldsymbol{\beta}^*-\boldsymbol{Y})|<\tau\sim\tau\notin\Gamma_{\boldsymbol{\lambda}}\\ |\boldsymbol{x}_\tau^{\mathrm{T}}X\boldsymbol{\lambda}^*|<1\sim\tau\notin\Gamma_{\boldsymbol{\beta}}\end{cases}\tag{7—56}$$

其中，$\Gamma_{\boldsymbol{\beta}}$，$\Gamma_{\boldsymbol{\lambda}}$ 分别是 $\boldsymbol{\beta}^*$，$\boldsymbol{\lambda}^*$ 的支撑集，$\boldsymbol{z}_{\boldsymbol{\beta}}$，$\boldsymbol{z}_{\boldsymbol{\lambda}}$ 分别是 $\boldsymbol{\beta}^*$，$\boldsymbol{\lambda}^*$ 在各自支撑集下的符号，其值为±1 或者 0，$\boldsymbol{x}$ 为支撑集下对应 $\boldsymbol{X}$ 的子集，在任意给定的 τ 值，原始对偶解($\boldsymbol{\beta}^*$，$\boldsymbol{\lambda}^*$)在其支撑集和符号序列下，式(7—56)的条件是该解唯一的充分必要条件。

7.3.2 原始一对偶更新过程

基于对同伦算法的理解，在 PD-Pursuit 中，τ 为同伦参数，$k\in\{1,2,\cdots\}$表示同伦迭代过程的索引号。PD-Pursuit 可以看作是随着参数 τ 的变化，沿着任意一组解($\boldsymbol{\beta}_k$，$\boldsymbol{\lambda}_k$)到最终解($\boldsymbol{\beta}^*$，$\boldsymbol{\lambda}^*$)所经过的路径。

初始假设 $\tau_1=\|\boldsymbol{X}^{\mathrm{T}}\boldsymbol{Y}\|_\infty$，不断减小 τ，到第 k 次迭代时减小到一个给定的值，初始化 $\boldsymbol{\beta}_1=\boldsymbol{0}$。从条件式(7—56)不难得出，对于任意一个 τ_k，($\Gamma_{\boldsymbol{\beta}}$，$\Gamma_{\boldsymbol{\lambda}}$，$z_{\boldsymbol{\beta}}$，$z_{\boldsymbol{\lambda}}$)共同确定了式(7—51)模型的解，可以描述成如下等式：

$$\begin{cases}\boldsymbol{\beta}_k=\tau_k(\boldsymbol{X}_{\Gamma_{\boldsymbol{\lambda}}}^{\mathrm{T}}\boldsymbol{X}_{\Gamma_{\boldsymbol{\beta}}})^{-1}\boldsymbol{z}_{\boldsymbol{\lambda}}+(\boldsymbol{X}_{\Gamma_{\boldsymbol{\lambda}}}^{\mathrm{T}}X_{\Gamma_{\boldsymbol{\beta}}})^{-1}X_{\Gamma_{\boldsymbol{\lambda}}}^{\mathrm{T}}\boldsymbol{Y}\\ \boldsymbol{\lambda}_k=-(\boldsymbol{X}_{\Gamma_{\boldsymbol{\beta}}}^{\mathrm{T}}X_{\Gamma_{\boldsymbol{\lambda}}})^{-1}\boldsymbol{z}_{\boldsymbol{\beta}}\end{cases}\tag{7—57}$$

在 PD-pursuit 中，τ 减小至一个给定的值之前，利用条件式不断地更新原始、对偶向量的支撑集，沿着更新路径，会出现一些引起原始、对偶向量的支撑集发生改变的临界值。因此，PD-pursuit 算法本质上是沿着这些临界值，原始、对偶向量不断更新的过程。PD-pursuit 主要可以分为两个部分：原始更新和对偶更新。

在原始更新部分，通过更新原始向量和原始约束，给出对偶向量的支持集和符号。而在对偶更新部分，则通过更新对偶向量和对偶约束，给出原始向量的支撑集和符号，用于下一次迭代的原始更新部分。每一步迭代依次更新原始变量和对偶变量直到到达最优值。在每一步的计算中，只需要几个矩阵向量乘法，大大地减小了运算的时间复杂度。

(1)向量大小的更新过程

对于原始向量，第 $k+1$ 次迭代在第 k 次迭代基础下表示为：

$$\boldsymbol{\beta}_{k+1}=\boldsymbol{\beta}_k+\delta\partial\boldsymbol{\beta}\tag{7—58}$$

从 0 开始不断改变 δ 的值，原始向量的大小会发生变化：新的元素进入支撑集 Γ_β。

设参数 τ 的更新式为：$\tau_{k+1}=\tau_k-\delta$，根据式(7—59)来求解 δ。δ 求解的定义为：

$$
\begin{aligned}
&|\boldsymbol{x}_{\gamma}^{\mathrm{T}}(\boldsymbol{X}\boldsymbol{\beta}_{k+1}-\boldsymbol{Y})|=\tau_{k+1},\ \forall\,\gamma\in\Gamma_{\boldsymbol{\lambda}}\\
&|\boldsymbol{x}_{\gamma}^{\mathrm{T}}(\boldsymbol{X}\boldsymbol{\beta}_{k+1}-\boldsymbol{Y})|<\tau_{k+1},\ \forall\,\gamma\notin\Gamma_{\boldsymbol{\lambda}}\\
&|\boldsymbol{x}_{\gamma}^{\mathrm{T}}(\boldsymbol{X}\boldsymbol{\beta}_{k+1}-\boldsymbol{Y})|\leqslant\tau_{k+1}\\
&|\underbrace{\boldsymbol{x}_{\gamma}^{\mathrm{T}}(\boldsymbol{X}\boldsymbol{\beta}_{k+1}-\boldsymbol{Y})}_{p_k(\gamma)}+\delta\underbrace{\boldsymbol{x}_{\gamma}^{\mathrm{T}}\boldsymbol{X}\partial\boldsymbol{\beta}}_{d_k(\gamma)}|\leqslant\tau_k-\delta\\
&\delta^{+}=\min_{i\notin\Gamma^{\lambda}}\left(\frac{\tau_k-p_k(i^{+})}{1-d_k(i^{+})},\frac{\tau_k+p_k(i^{+})}{1-d_k(i^{+})}\right)_{+}\\
&\delta^{-}=\min_{i\in\Gamma_{x}}\left(-\frac{\boldsymbol{\beta}_k(i^{-})}{\partial\boldsymbol{\beta}(i^{-})}\right)_{+}\\
&\delta=\min(\delta^{+},\delta^{-})
\end{aligned}
\tag{7-59}
$$

其中，$\min(\cdot)_{+}$表示接收正数并取其最小值，i^{+}和 i^{-}分别表示 δ^{+}和 δ^{-}所对应的索引号。如果 $\delta^{+}<\delta^{-}$，新的索引号 i^{+}进入支撑集 $\Gamma_{\boldsymbol{\lambda}}$，否则 i^{-}从 $\Gamma_{\boldsymbol{\beta}}$ 中移出，相应的符号 z_{β} 更新。

对于对偶向量，第 $k+1$ 次迭代在第 k 次迭代基础下表示为：

$$
\boldsymbol{\lambda}_{k+1}=\boldsymbol{\lambda}_k+\theta\partial\boldsymbol{\lambda} \tag{7-60}
$$

从 0 开始不断改变 θ 的值，原始向量的大小会发生变化：新的元素进入支撑集 Γ^{x}。根据式(7—61)来求解 θ。θ 求解的定义为：

$$
\begin{aligned}
&|\boldsymbol{x}_{\nu}^{\mathrm{T}}\boldsymbol{X}\boldsymbol{\lambda}_{k+1}|=1,\ \forall\,\nu\in\Gamma_{\boldsymbol{\beta}}\\
&|\boldsymbol{x}_{\nu}^{\mathrm{T}}\boldsymbol{X}\boldsymbol{\lambda}_{k+1}|<1,\ \forall\,\nu\in\Gamma_{\boldsymbol{\beta}},\\
&|\boldsymbol{x}_{\nu}^{\mathrm{T}}\boldsymbol{X}\boldsymbol{\lambda}_{k+1}|\leqslant1\\
&\left|\underbrace{\boldsymbol{x}_{\nu}^{\mathrm{T}}\boldsymbol{X}\boldsymbol{\lambda}_k}_{a_k(\nu)}+\theta\underbrace{\boldsymbol{x}_{\nu}^{\mathrm{T}}X\partial\boldsymbol{\lambda}}_{b_k(\nu)}\right|\leqslant1\\
&\theta^{+}=\min_{j\notin\Gamma^{\lambda}}\left(\frac{1-a_k(j^{+})}{b_k(j^{+})},\frac{1+a_k(j^{+})}{-b_k(j^{+})}\right)_{+}\\
&\theta^{-}=\min_{i\in\Gamma_{\boldsymbol{\lambda}}}\left(-\frac{\lambda_k(i^{-})}{\partial\lambda(i^{-})}\right)_{+}\\
&\delta=\min(\theta^{+},\theta^{-})
\end{aligned}
\tag{7-61}
$$

其中，$\min(.)_{+}$表示接收正数并取其最小值，j^{+}和 j^{-}分别表示 θ^{+}和 θ^{-}所对应的索引号。如果 $\theta^{+}<\theta^{-}$，新的索引号 j^{+}进入支撑集 $\Gamma^{\boldsymbol{\beta}}$，否则 j^{-}从 Γ^{λ} 中移出，相应的符号 $z_{\boldsymbol{\lambda}}$ 更新。

(2)向量方向的更新过程

参数 τ_k 下原始对偶解$(\boldsymbol{\beta}_k,\boldsymbol{\lambda}_k)$的大小可以用其支撑集和符号来表示。根据式(7

—56）的条件又可以得到原始向量和对偶向量方向上的更新。

对原始向量 $\boldsymbol{\beta}_k$，在 $\partial\boldsymbol{\beta}$ 方向上使得 τ_k 的减小最大。可以得到如下 $\boldsymbol{\beta}_k$ 的更新方向 $\partial\boldsymbol{\beta}$：

$$\partial\boldsymbol{\beta}=\begin{cases}-(\boldsymbol{X}_{\Gamma_{\boldsymbol{\lambda}}}^{\mathrm{T}}X_{\Gamma_{\boldsymbol{\beta}}})^{-1}\boldsymbol{z}_{\boldsymbol{\lambda}} & \text{集合 } \Gamma_{\boldsymbol{\beta}} \text{ 上}\\ 0 & \text{其他}\end{cases} \tag{7—62}$$

对于对偶向量 $\boldsymbol{\lambda}_k$ 的更新方向 $\partial\boldsymbol{\lambda}$，可以得到 $\boldsymbol{\lambda}_k$ 的更新方向 $\partial\boldsymbol{\lambda}$：

$$\partial\boldsymbol{\lambda}=\begin{cases}-\boldsymbol{z}_{\gamma}(\boldsymbol{X}_{\Gamma_{\boldsymbol{\beta}}}^{\mathrm{T}}\boldsymbol{X}_{\Gamma_{\boldsymbol{\lambda}}})^{-1}\boldsymbol{X}_{\Gamma_{\boldsymbol{\beta}}}^{\mathrm{T}}\boldsymbol{x}_{\gamma} & \text{集合 } \Gamma_{\boldsymbol{\lambda}} \text{ 上}\\ 0 & \text{其他}\end{cases} \tag{7—63}$$

在各个式中 $\boldsymbol{z}_\gamma$ 表示原始活动约束的符号，$\boldsymbol{x}_\gamma$ 表示集合 $\boldsymbol{X}$ 的第 γ 列。

7.4　原始对偶内点法

利用泰勒级数得到原问题 f 的二阶近似 $\tilde{f}$：

$$\tilde{f}(x+v)=f(x)+\nabla f(x)^{\mathrm{T}}v+\frac{1}{2}v^{\mathrm{T}}\nabla^2 f(x)v \tag{7—64}$$

当 $v=-\nabla^2 f(x)^{-1}\nabla f(x)$ 时，$\tilde{f}$ 能够得到 $\min\limits_x f(x)$ 的解。

牛顿法对初始点要求高，必须是在最优解附近才行，这样在缺少先验知识前提下，具有一定的局限性。

对于 Dantzig 选择器的求解来讲，最基本的就是转换成线性规划问题，如 7.1.1 小节中的线性规划方法。该方法可利用原始对偶内点法（primal-dual interior point）进行求解，它是解决凸优化问题的一种经典方法。首先，考虑具有不等式约束的一般线性形式：

$$\begin{cases}\min \boldsymbol{c}^{\mathrm{T}}\boldsymbol{x}\\ \text{s. t. } \boldsymbol{F}\boldsymbol{x}\leqslant d\end{cases} \tag{7—65}$$

有：

$$f(x)=Ax-d \tag{7—66}$$

$$r_{\text{dual}}=c+A^{*}\lambda \tag{7—67}$$

$$r_{\text{cent}}=-\operatorname{diag}(\lambda)f(x)-1/t \tag{7—68}$$

其中，$\lambda\in\mathbf{R}^m$ 是所谓的双变量；t 是一个通常在每次迭代时几何增加的参数值；还存在与不等式约束一样多的双变量。在标准的原始—对偶方法中，通过一次牛顿法来更新当前的原始—对偶值：$(\boldsymbol{x},\boldsymbol{\lambda})$。并相应要解出下式：

$$\begin{pmatrix} 0 & \boldsymbol{F}^* \\ -\operatorname{diag}(\boldsymbol{\lambda})\boldsymbol{F} & -\operatorname{diag}(f(x)) \end{pmatrix} \begin{pmatrix} \Delta x \\ \Delta\lambda \end{pmatrix} = -\begin{pmatrix} r_{\text{daul}} \\ r_{\text{cent}} \end{pmatrix} \tag{7-69}$$

有：

$$\Delta\lambda = -\operatorname{diag}(1/f(x))(\operatorname{diag}(\lambda)F\Delta_x - r_{\text{cent}}) \tag{7-70}$$

$$-[F^* \operatorname{diag}(\lambda/f(x))F]\Delta x = -(r_{\text{dual}} + F^* \operatorname{diag}(1/f(x))r_{\text{cent}}) \tag{7-71}$$

然后通过式$(x^+,\lambda^+)=(x,\lambda)+s(\Delta x,\Delta s)$来更新当前的推测值，其中步长 s 通过行搜索或其他方式确定。通常来讲，一旦原始－双重的间隙和残差矢量的大小低于指定的容差水平，迭代序列就停止。

对于式(7－71)进行讨论，设有$\boldsymbol{U}=\boldsymbol{A}^*\boldsymbol{A}$ 和$\tilde{\boldsymbol{b}}=\boldsymbol{A}^*\boldsymbol{b}$，这时设定问题的参数具有下列块状形式：

$$\boldsymbol{F}=\begin{pmatrix} \boldsymbol{I} & -\boldsymbol{I} \\ -\boldsymbol{I} & -\boldsymbol{I} \\ \boldsymbol{U} & \boldsymbol{0} \\ -\boldsymbol{U} & \boldsymbol{0} \end{pmatrix}, d=\begin{pmatrix} \boldsymbol{0} \\ \boldsymbol{0} \\ \delta+\tilde{b} \\ \delta-\tilde{b} \end{pmatrix}, c=\begin{pmatrix} 0 \\ 1 \end{pmatrix} \tag{7-72}$$

就有：

$$\boldsymbol{F}^* \operatorname{diag}(\boldsymbol{\lambda}/\boldsymbol{f})\boldsymbol{F}=\begin{pmatrix} \boldsymbol{D}_1+\boldsymbol{D}_2+\boldsymbol{U}^*(\boldsymbol{D}_3+\boldsymbol{D}_4)\boldsymbol{U} & \boldsymbol{D}_2-\boldsymbol{D}_1 \\ \boldsymbol{D}_2-\boldsymbol{D}_1 & \boldsymbol{D}_1+\boldsymbol{D}_2 \end{pmatrix} \tag{7-73}$$

其中 $\boldsymbol{D}_i=\operatorname{diag}(\boldsymbol{\lambda}_i/\boldsymbol{f}_i)$，$1\leqslant i\leqslant 4$，且：

$$\begin{pmatrix} f_1 \\ f_2 \\ f_3 \\ f_4 \end{pmatrix}=\begin{pmatrix} \tilde{x}-u \\ -\tilde{x}-u \\ \overline{U}\tilde{x}-\delta-\tilde{b} \\ -U\tilde{x}-\delta+\tilde{b} \end{pmatrix} \tag{7-74}$$

固定设置：

$$\begin{pmatrix} r_1 \\ r_2 \end{pmatrix}=r_{\text{dual}}+\boldsymbol{F}^* \operatorname{diag}(1/f(x))r_{\text{cent}} \tag{7-75}$$

可以通过变形：

$$(4(\boldsymbol{D}_1+\boldsymbol{D}_2)^{-1}\boldsymbol{D}_1\boldsymbol{D}_2+\boldsymbol{U}^*(\boldsymbol{D}_3+\boldsymbol{D}_4)\boldsymbol{U})\Delta\tilde{x}=r_1-(\boldsymbol{D}_1+\boldsymbol{D}_2)^{-1}(\boldsymbol{D}_1-\boldsymbol{D}_2)r_2 \tag{7-76}$$

$$(\boldsymbol{D}_1+\boldsymbol{D}_2)\Delta u=r_2-(\boldsymbol{D}_2-\boldsymbol{D}_1)\Delta\tilde{x} \tag{7-77}$$

整理可得：

$$\boldsymbol{F}^{*}\operatorname{diag}(\boldsymbol{\lambda}/\boldsymbol{f})\boldsymbol{F}\begin{pmatrix}\Delta\tilde{x}\\ \Delta u\end{pmatrix}=\begin{pmatrix}r_1\\ r_2\end{pmatrix} \tag{7-78}$$

对于式(7－78)，每一个步骤都涉及求解 $p\times p$ 系统的线性方程。事实上，当 n 小于 p 时，由 Sherman-Woodbury-Morrison 公式(7－79)，能够解决更小的系统。

$$(\boldsymbol{A}+\boldsymbol{XRY})^{-1}=\boldsymbol{A}^{-1}-\boldsymbol{A}^{-1}\boldsymbol{X}(\boldsymbol{R}^{-1}+\boldsymbol{Y}^{-1}\boldsymbol{AX})\boldsymbol{YA}^{-1} \tag{7-79}$$

原始对偶内点法具有一定的缺陷，当处理大规模问题时，难以方便快捷地解决，故此提出了很多改进的方法，如增加新变量来分离优化模型等方法。

7.5　ADMM 求解 Dantzig 选择器

7.5.1　对偶上升法

对偶上升法是利用原始－对偶问题的解在求解过程中不断接近的性质求解含等式约束的优化问题，如：

$$\begin{cases}\min f(\boldsymbol{x})\\ \text{s.t. } \boldsymbol{y}=A\boldsymbol{x}\end{cases} \tag{7-80}$$

其中，$\boldsymbol{x}$ 是需要优化的变量，$f(\boldsymbol{x})$是目标函数。使用拉格朗日乘子法将含等式约束的优化问题式(7－80)转变为增加变量后的无约束优化问题式(7－81)。

$$L(\boldsymbol{x},\boldsymbol{\lambda})=f(\boldsymbol{x})+\boldsymbol{\lambda}^{\mathrm{T}}(\boldsymbol{Ax}-\boldsymbol{y}) \tag{7-81}$$

提取与 $\boldsymbol{x}$ 无关的量，忽略 $\boldsymbol{x}$ 项，可以写出式(7－81)的拉格朗日对偶函数式(7－82)，在拉格朗日对偶函数中，认为 $\boldsymbol{y}$ 是对偶变量或拉格朗日乘子，f^{*} 是 f 的共轭函数。

$$G(\lambda)=\inf \boldsymbol{L}(\boldsymbol{x},\boldsymbol{\lambda})=-f^{*}(-\boldsymbol{A}^{\mathrm{T}}\boldsymbol{\lambda})-\boldsymbol{y}^{\mathrm{T}}\boldsymbol{\lambda} \tag{7-82}$$

$$\begin{cases}\max G(\boldsymbol{\lambda})\\ \text{s.t. } \boldsymbol{\lambda}\geqslant 0\end{cases} \tag{7-83}$$

原问题的对偶问题如式(7－83)所示。原始－对偶问题在求解各自问题的过程中，原问题的可行解一直都大于等于对偶问题的可行解，当且仅当原问题取到最优解时，相对应的，对偶问题也将取到最优解，且两个问题的最优解相等。

假设原问题具有强对偶性，即原问题和对偶问题的最优解相等。由上知式(7－80)的问题与式(7－81)的无约束问题是等价的，假设 $\boldsymbol{\lambda}=\boldsymbol{\lambda}^{k}$ 是常量，此时式(7－81)可以轻松获得最优解，因此得到 $\boldsymbol{x}$ 的迭代更新表达式如式(7－84)：

$$\boldsymbol{x}^{k+1}=\operatorname{argmin} L(\boldsymbol{x},\boldsymbol{\lambda}^{k}) \tag{7-84}$$

求解 $\boldsymbol{\lambda}$ 的过程其实就是在解对偶问题，由于上一步已经更新了 $\boldsymbol{x}$ 的值，因此可以假设 $\boldsymbol{x}=\boldsymbol{x}^{k+1}$，基于梯度下降法可以得到 $\boldsymbol{\lambda}$ 的迭代更新表达式如下：

$$\boldsymbol{\lambda}^{k+1}=\boldsymbol{\lambda}^{k}+\rho^{k}(\boldsymbol{A}\boldsymbol{x}^{k+1}-\boldsymbol{y}) \tag{7-85}$$

其中，ρ^k 是步长，设定合适的值，有些算法也对该参数进行寻优。

7.5.2 增广拉格朗日乘子法

增广拉格朗日乘子法是在基本的拉格朗日乘子法基础上加入了步长参数，用来控制迭代速度，避免迭代过快导致局部最优，迭代过慢影响实时性。

对式(7－80)所示的原问题做增广拉格朗日函数为：

$$L(\boldsymbol{x},\boldsymbol{\lambda})=f(\boldsymbol{x})+\boldsymbol{\lambda}^{\mathrm{T}}(\boldsymbol{A}\boldsymbol{x}-\boldsymbol{y})+\frac{c}{2}\|\boldsymbol{A}\boldsymbol{x}-\boldsymbol{y}\|_2 \tag{7-86}$$

其中，c 为固定的步长参数，也称作罚参数。这种方法在对偶上升法的基础上对原问题的约束进行了弱化，但是增加了步长参数 c，可以用来控制迭代速度，减少对偶上升法中步长不固定而需要采用人为经验设定或者其他算法寻优的缺点。简单推导得到增广拉格朗日乘子法的迭代更新公式：

$$\boldsymbol{\lambda}^{k+1}=\boldsymbol{\lambda}^{k}+c(\boldsymbol{A}\boldsymbol{x}^{k+1}-\boldsymbol{y}) \tag{7-87}$$

7.5.3 交替方向乘子法求解 Dantzig 选择器问题

交替方向乘子法(ADMM)解决只含单变量的凸优化问题时可以看作是一种增广拉格朗日法，而 DS 问题已经证明是一种凸优化问题。因此只需要引入一个变量将 DS 问题中的不等式约束变更为等式约束，将式(7－3)变形为：

$$\begin{cases}\min\|\boldsymbol{x}\|_1\\ \text{s. t. }\boldsymbol{A}^{\mathrm{T}}(\boldsymbol{y}-\boldsymbol{A}\boldsymbol{x})=\boldsymbol{\mu}\end{cases} \tag{7-88}$$

其中，μ 是引入的变量，需要满足条件式(7－89)，就将 DS 问题转换成了一个包含等式约束的凸优化问题。

$$\|\boldsymbol{\mu}\|_\infty\leqslant\lambda\sigma \tag{7-89}$$

式(7－88)的增广拉格朗日函数如式(7－90)，其中，c 为步长参数。

$$L(\boldsymbol{x},\lambda,c)=\|\boldsymbol{x}\|_1+\lambda^{\mathrm{T}}(A^{\mathrm{T}}(\boldsymbol{y}-\boldsymbol{A}\boldsymbol{x})-\mu)+\frac{c}{2}\|\boldsymbol{A}^{\mathrm{T}}(\boldsymbol{y}-\boldsymbol{A}\boldsymbol{x})-\boldsymbol{\mu}\|_2^2 \tag{7-90}$$

其迭代更新的步骤如式(7－91)、式(7－92)、式(7－93)。

步骤 1：更新 $\boldsymbol{x}$，迭代更新公式如下：

$$\boldsymbol{x}^{k+1}=\mathrm{argmin}\{L(\boldsymbol{x},\boldsymbol{\lambda}^{k},c)\} \tag{7-91}$$

步骤 2：更新 $\boldsymbol{\mu}$，迭代更新公式如下：

$$\boldsymbol{\mu}^{k+1}=\operatorname{argmin}\frac{c}{2}\|\boldsymbol{A}^{\mathrm{T}}(\boldsymbol{y}-\boldsymbol{A}\boldsymbol{x}^{k+1}-\boldsymbol{\mu}+\frac{\boldsymbol{\lambda}^{k}}{c}\|_2^2 \tag{7-92}$$

步骤 3:更新 $\boldsymbol{\lambda}$,迭代更新公式如下:

$$\boldsymbol{\lambda}^{k+1}=\boldsymbol{\lambda}^{k}+c(\boldsymbol{A}^{\mathrm{T}}(\boldsymbol{y}-\boldsymbol{A}\boldsymbol{x}^{k+1})-\boldsymbol{\mu}^{k+1}) \tag{7-93}$$

步骤 4:重复步骤 1—步骤 3 直到式(7—89)的判据满足则停止迭代,得到最优解。

7.6 DASSO 方法

7.6.1 DASSO 介绍

DASSO 方法全称为 Dantzig selector with sequential optimization,是由 James 等人在 2009 年提出的[161]。该方法一经提出,能够很好地在计算量或是稳定性上相对完美地解决了 Dantzig 选择器问题。对于 Dantzig 选择器问题中的参数 λ 来讲,将其值大小从∞变化到 0,则可以说求解出的回归向量("最优解")从具有最稀疏性质的零向量变化到最稠密的状态。并且参数 λ 的变化能使得求解出的回归向量呈现出分段线性的特征,这个特征的出现促进了 DASSO 方法的提出。用 DASSO 方法能够求解出一系列的离散 x:$x_1,\cdots,x_L$,再对这些特点进行线性插值,则可以求出 Dantzig 选择器的路径。首先令所有的系数都为 0,并且找出与残差向量相关性最强的自变量,这些变量首先组成当前的入选变量进入集合 C^k,同时当前的非零系数集合 B^k 沿着系数路径的最佳方向移动,沿着这个路径,以相同的速率,当出现变量与残差的相关度是次高时,此时如若非零系数变为零,则从当前的变量集中去除掉所对应的变量,之后计算步长,预测相应集合为活动集。

7.6.2 DASSO 方法求解步骤

本小节将介绍其具体的步骤。

步骤 1:进行初始化,$\boldsymbol{x}^k$ 为 p 维向量,令 $k=1$。

步骤 2:用集合 B^k 来索引回归向量 $\boldsymbol{x}^k$ 中的非零元。若 $\boldsymbol{r}^k=\boldsymbol{A}^{\mathrm{T}}(\boldsymbol{b}-\boldsymbol{A}\boldsymbol{x})$,指定 C^k 为活动集合,用它来索引向量 $\boldsymbol{r}^k$ 中绝对值最大的元素。

定义 s_{C^k}:与 C^k 维数相同,对于 C^k 中正的元素,在 s_{C^k} 对应的位置记 1;对于负的元素则记−1;零元素记 0。

步骤 3:判别新的索引是加入 B^k 到还是从 C^k 中取出来,然后用新的集合 C^{k+1} 和 B^{k+1} 来计算 $|B^{k+1}|$ 维的方向向量 $\boldsymbol{h}_{B^{k+1}}=(\boldsymbol{A}_{C^{k+1}}^{\mathrm{T}}\boldsymbol{A}_{B^{k+1}})^{-1}s_{C^{k+1}}$。

这里 $A_{B^{k+1}}$ 和 $A_{C^{k+1}}$ 是参照集合 B^{k+1} 和 C^{k+1} 从矩阵 $\boldsymbol{A}$ 选取相应的列。同理定义 p 维方向向量 $\boldsymbol{h}^{k+1}$，参照集合 C^{k+1}，把 $h_{B^{k+1}}$ 的元素放到 h^{k+1} 对应的位置上，其他空缺补零。

步骤4：计算步长 γ^{k+1}，并沿着方向向量 $\boldsymbol{h}^{k+1}$ 前进直到一个新的非零元素进入回归向量 $\boldsymbol{x}_{k+1}$ 中或者解路径穿过零。此时 $\boldsymbol{x}^{k+1}=\boldsymbol{x}^k+\boldsymbol{\gamma}^{k+1}\boldsymbol{h}^{k+1}$。

步骤5：重复步骤2—4，直到 $\|\boldsymbol{r}^{k+1}\|_\infty=0$。

DASSO方法和之前LASSO算法的衍生算法LARS一样，都是采用分段线性步骤的算法，且二者具有一定的相似性，并具有一定的等价关系条件。

7.6.3 改进DASSO方法

DASSO方法在一定程度上可以进行改进，以提升计算速度。2014年，李良在文献[177]中提出了一种DASSO方法的改进算法。和DASSO方法一样，也是利用参数 λ 的变化进行求解，并定义 $\lambda^k=\|\boldsymbol{A}^{\mathrm{T}}(\boldsymbol{b}-\boldsymbol{A}\boldsymbol{x}^k)\|_\infty$，对于给定的参数 λ，若 $\lambda^k\geqslant\lambda\geqslant\lambda^{k+1}$，则解 $\boldsymbol{x}$ 在对应的 $\boldsymbol{x}^k$ 和 $\boldsymbol{x}^{k+1}$ 之间。那么就可以通过线性插值的方法求出最后的解。这种方法同样是在利用Dantzig选择器解路径分段线性的特性来求解稀疏性，而且该方法的可行性高。具体计算步骤如下。

步骤1：进行初始化 $\boldsymbol{x}^k$ 为 p 维向量，令 $k=1$。

步骤2：用集合 B^k 来索引回归向量 $\boldsymbol{x}^k$ 中的非零元。若 $\boldsymbol{r}^k=\boldsymbol{A}^{\mathrm{T}}(\boldsymbol{b}-\boldsymbol{A}\boldsymbol{x})$，指定 C^k 为活动集合，用它来索引向量 $\boldsymbol{r}^k$ 中绝对值最大的元素。

定义 s_{C^k}：与 C^k 维数相同，对于 C^k 中正的元素，在 s_{C^k} 对应的位置记1；对于负的元素则记−1；零元素记0.

步骤3：判别新的索引是加入 B^k 到还是从 C^k 中取出来，然后用新的集合 C^{k+1} 和 B^{k+1} 来计算 $|B^{k+1}|$ 维的方向向量 $\boldsymbol{h}_{B^{k+1}}=(\boldsymbol{A}_{C^{k+1}}^{\mathrm{T}}\boldsymbol{A}_{B^{k+1}})^{-1}s_{C^{k+1}}$。

这里 $\boldsymbol{A}_{B^{k+1}}$ 和 $\boldsymbol{A}^{C^{k+1}}$ 是参照集合 B^{k+1} 和 C^{k+1} 从矩阵 $\boldsymbol{A}$ 选取相应的列。同理我们定义 p 维方向向量 $\boldsymbol{h}^{k+1}$，参照集合 C^{k+1}，把 $\boldsymbol{h}_{B^{k+1}}$ 的元素放到 h^{k+1} 对应的位置上，其他空缺补零。

步骤4：计算步长 $\boldsymbol{\gamma}^{k+1}$，并沿着方向向量 $\boldsymbol{h}^{k+1}$ 前进直到一个新的非零元素进入回归向量 $\boldsymbol{x}_{k+1}$ 中或者解路径穿过零。此时 $\boldsymbol{x}^{k+1}=\boldsymbol{x}^k+\gamma^{k+1}\boldsymbol{h}^{k+1}$。

步骤5：指定 $\lambda^{k+1}=\|\boldsymbol{A}^{\mathrm{T}}(\boldsymbol{b}-\boldsymbol{A}\boldsymbol{x}^{k+1})\|_\infty$，若 $\lambda\leqslant\lambda^{k+1}$，则重复步骤2—4；若 $\lambda^k\geqslant\lambda\geqslant\lambda^{k+1}$，则可以通过式(7−94)求解出 $\boldsymbol{x}$。

$$\frac{\boldsymbol{x}^{k+1}-\boldsymbol{x}}{\boldsymbol{x}-\boldsymbol{x}^k}=\frac{\lambda^{k+1}-\lambda}{\lambda-\lambda^k} \tag{7-94}$$

7.6.4　DS 求解进一步发展

DS 方法都是在一般线性模型框架下讨论，在实际中是无法满足需求的。因此，有人将此方法推广到广义线性模型中，结合标准的交替方向乘子法（ADMM）的方法来进行求解，并且对其进行线性化处理，得到一种线性化的交替方向乘子法（LADMM）。算法利用选择器的模型结构特征，即它的目标函数和约束条件都是凸的，结果算法里每一步都有一个显式解，从而能够更方便地求出最终的结果[176]。学者将 DS 法运用到 Cox 模型，提出了 Group DS 方法等[177]。当遇到超高维数据时，即维数 p 无穷大时，其对数风险因子 $\log p$ 也会变得非常大。所以有学者提出了 SIS（sure independence screening），即确保独立筛选法[187]。这个方法能够确保那些对因变量具有显著影响的自变量可以被挑选出来，并保证此筛选过程是独立的。所以每个自变量与因变量之间的相关性可以单独衡量。图 7－1 展示了随着维数变化而采用的解决稀疏化的方法，如 SIS-SCAD、SIS-DS、SIS-DA-SCAS、SIS-DA-ALasso 等[177]。

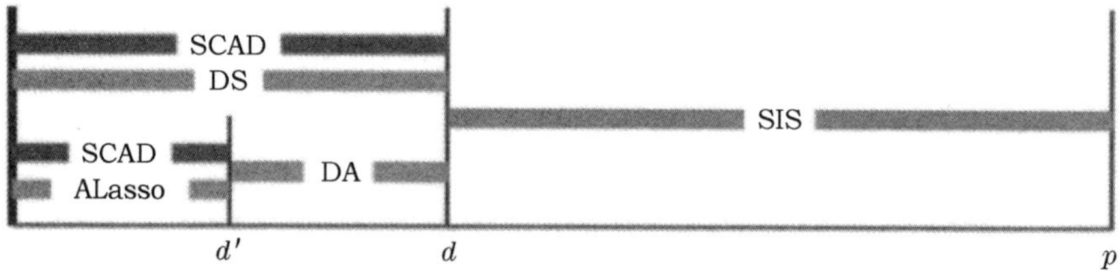

图 7－1　随着维数变化而采用的解决稀疏化的方法

7.7　仿真实验分析

7.7 1　原始对偶内点法数值仿真实验

Dantzig 选择器问题的求解方法，如 DASSO、LADMM 等，在具体实行中方法较为复杂，本节仅使用原始对偶内点法进行实验。

（1）原始对偶内点法数值仿真

设置一共 512 个原始数据 $\boldsymbol{x}$，将其乘以矩阵 $\boldsymbol{A}$，再加上一随机噪声，得到：

$$\boldsymbol{y}=\boldsymbol{A}\times\boldsymbol{x}+\boldsymbol{e} \tag{7-95}$$

之后使用原始对偶内点法进行求解，得到稀疏变量 x_p。其中设置的相关约束的标量为 $3e^{-3}$，原始对偶算法的容差默认为$5e^{-2}$，迭代的最大值为 50。原数据和稀疏数据对比图如图 7—2 所示，可以从图中看出使用原始对偶内点法能够比较好地还原出数据，完成稀疏表达的要求。

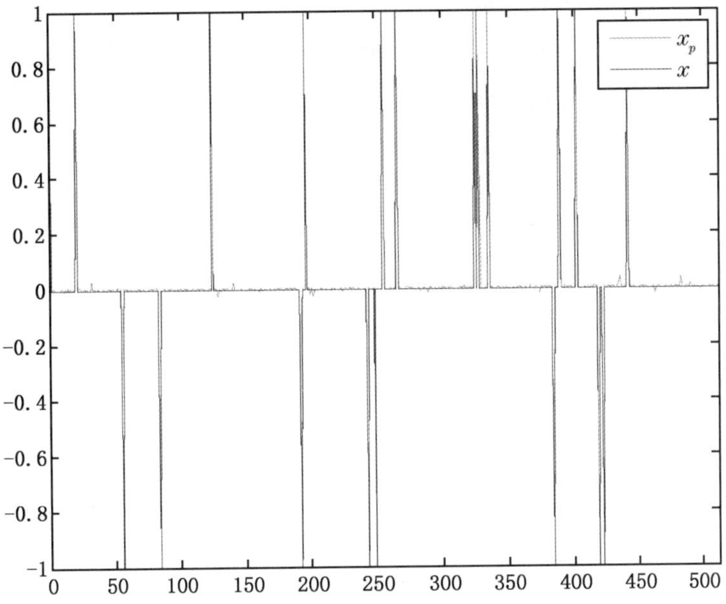

图 7—2　使用原始对偶内点法求解出的数据与原数据对比

(2)原始对偶内点法与基追踪降噪算法对比

因为当矩阵 $\boldsymbol{A}$ 为酉矩阵时，Dantzig 选择器与基追踪降噪算法形式相同，互为等价，但在一般情况下并不相同。实验仍使用上面的原数据，但分别采用原始对偶内点法与基追踪降噪算法进行求解。前者解为 x_p，后者解为 x_s，并且设定的 ε 与对偶间隙值大小与前者的终止条件大小相同。实验计算结果如图 7—3 所示。两种方法和标准数据的差值如图 7—4 所示。从图 7—4 中难以看出二者的优劣，在二者偏差均比较大时，原始对偶内点法的偏差更大；在二者偏差均比较小时，基追踪降噪算法的偏差更大。多次统计二者在这 512 个数据中的累积误差如表 7—1 所示，能够看出原始对偶内点法的累积误差比基追踪降噪算法要小，并且表 7—2 使用公式 $\|\boldsymbol{A}\tilde{\boldsymbol{x}}-\boldsymbol{A}\boldsymbol{x}_0\|_2^2/\|\boldsymbol{A}\boldsymbol{x}_0\|_2^2$ 进行度量。因为实验的目标是从噪声中分离出“干净的”信号 $\boldsymbol{A}\boldsymbol{x}_0$，所以值越小越好，且使用原始对偶内点法的 Dantzig 选择器效果好于基追踪降噪算法。

表 7—1 原始对偶内点法与基追踪降噪算法累积误差对比 单位:s

	原始对偶内点法	基追踪降噪算法
第一次	0.892 844 417 787 352	1.473 344 943 380 752
第二次	1.061 578 748 176 661	1.632 435 762 185 650
第三次	0.832 141 257 085 839	1.383 006 468 122 505
第四次	1.321 066 336 710 768	1.637 088 426 804 414
第五次	1.118 861 443 859 698	1.468 185 794 421 910

表 7—2 原始对偶内点法与基追踪降噪算法累积准确度对比 单位:无

	原始对偶内点法	基追踪降噪算法
第一次	0.021 950 197 207 826	0.023 263 542 343 827
第二次	0.023 865 491 022 431	0.027 679 372 578 753
第三次	0.019 277 729 661 702	0.025 599 518 771 113
第四次	0.022 295 620 038 231	0.022 371 013 267 445
第五次	0.020 215 209 988 420	0.022 558 055 910 632

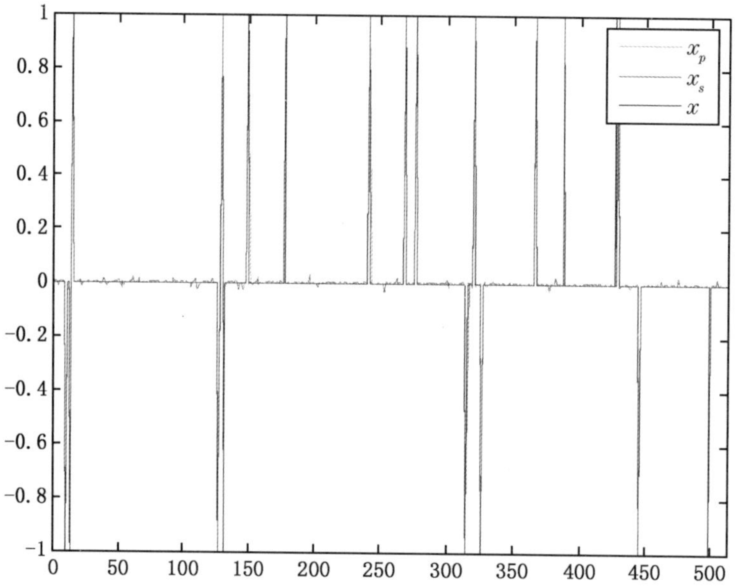

图 7—3 使用原始对偶内点法、基追踪降噪法求解出的数据与原数据对比

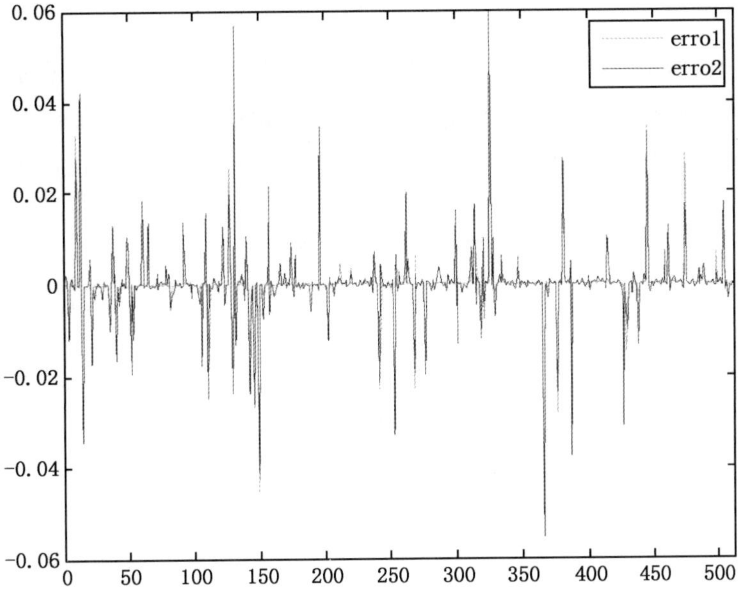

图 7—4　使用原始对偶内点法和基追踪降噪法求解出的数据的误差对比

7.7.2　ADMM 算法解决 DS 问题实验

考虑给定一个线性回归模型如式(7—96)所示：

$$\boldsymbol{y}=\boldsymbol{A}\boldsymbol{x}+e \tag{7—96}$$

其中 $\boldsymbol{y}\in\mathbf{R}^{100\times1}$ 为带有噪声信号的观测量，$\boldsymbol{A}\in\mathbf{R}^{100\times23}$ 为过完备字典，$\boldsymbol{x}\in\mathbf{R}^{23\times1}$ 为待预测的量，$\boldsymbol{e}\in\mathbf{R}^{100\times1}$ 为服从正态分布的噪声信号。所有的矩阵的列都经过 L_2 范数归一化预先处理。$\boldsymbol{y}$ 的值是由 $\boldsymbol{A}$ 的前三行相加得到，因此理论最优解是我们已知的，如式(7—97)所示。

$$\boldsymbol{x}_O=\boldsymbol{x}^*=\{1,1,1,\underbrace{0\ldots0}_{20}\} \tag{7—97}$$

已知上述变量中的 $\boldsymbol{y}$，$\boldsymbol{A}$，求 $\boldsymbol{x}$ 使得满足式(7—98)。

$$\boldsymbol{y}=\boldsymbol{A}\boldsymbol{x} \tag{7—98}$$

使用 ADMM 算法，建立 DS 问题模型如式(7—99)所示，使用增广拉格朗日算法，加入拉格朗日乘子 λ，c 得到 DS 问题的无约束表达式(7—100)，按照式(7—91)至式(7—93)迭代步骤进行迭代计算更新。$\boldsymbol{\lambda}$ 的值在[0,6]之间浮动，c 的值规定为 0.5，μ 从 0 开始迭代。

$$\begin{cases}\min\|\boldsymbol{x}\|_1\\ \text{s. t. }\|\boldsymbol{A}^{\mathrm{T}}(\boldsymbol{y}-\boldsymbol{A}\boldsymbol{x})\|_\infty\leqslant\eta\end{cases} \tag{7—99}$$

$$L(\boldsymbol{x},\lambda,c)=\|x\|_1+\boldsymbol{\lambda}(\boldsymbol{A}^{\mathrm{T}}(\boldsymbol{y}-A\boldsymbol{x})-\mu)+\frac{c}{2}\|A^{\mathrm{T}}(\boldsymbol{y}-A\boldsymbol{x})-\mu\|_2^2 \quad (7-100)$$

如图 7—5 所示，菱形表示理论最优解，这是事先就知道的，圆形表示 DS 求解得到的最优解。理论最优解和 DS 求解的最优解有一定的误差，但在关键点上基本都吻合，在实际操作过程中，对误差边界作严格处理，有很大几率得到理论最优解。

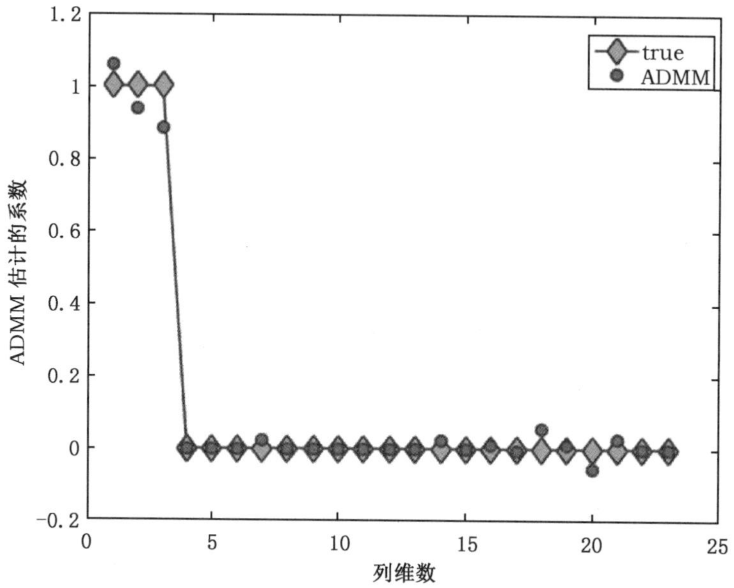

图 7—5　DS 模型下 x 的解与理论最优解之间的误差

使用 ADMM 算法对 DS 问题模型进行了简化，并且与 DS 模型最优解之间也有误差，因此求解出来的最优解与理想最优解之间的误差可以定义为 MMSE，定义 MMSE 的计算公式如式(7—101)，其中 dimension($\boldsymbol{x}$)表示 $\boldsymbol{x}$ 的列维度，$\boldsymbol{x}_{DSO}$ 表示 DS 问题使用 ADMM 算法求解出来的最优解，$\boldsymbol{x}_O$ 表示理想最优解。

$$MMSE=\frac{\sqrt{\sum_{i=1}^{\mathrm{dimension}(\boldsymbol{x})}(\boldsymbol{x}_{DSO}-\boldsymbol{x}_O)^2}}{\mathrm{dimension}(\boldsymbol{x})-1} \quad (7-101)$$

图 7—6 表示了在迭代过程中，随着 λ 的变化，MMSE 的变化。可以看到这是一个类似于二次抛物线的曲线。在 7.2 节对解稳定性的证明使用矩阵分解，讨论了以不同 RIP 等距进行不等式证明时也对这个迭代的过程是有效的说明，即 λ 会在取某个值时对 DS 问题改变为无约束问题时可以使得 DS 问题的解与理想最优解之间的误差最小。

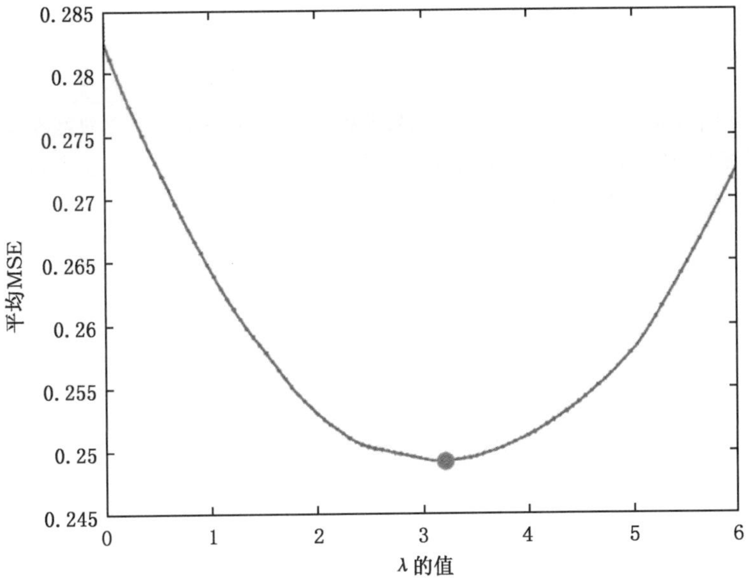

图 7—6 MMSE 和 λ 的变化关系

图 7—7 使用 $\boldsymbol{y}$ 的真实值、观测值(含有噪声),以及使用 ADMM 算法求解 DS 问题后得到的重构值进行比较,可以形象地观察到重构值与真实值的贴合程度是远远高于观测值与真实值的贴合程度,因此使用 DS 模型求解出来的值对于图像去噪、图像复原和信号处理的滤波问题都有良好效果。

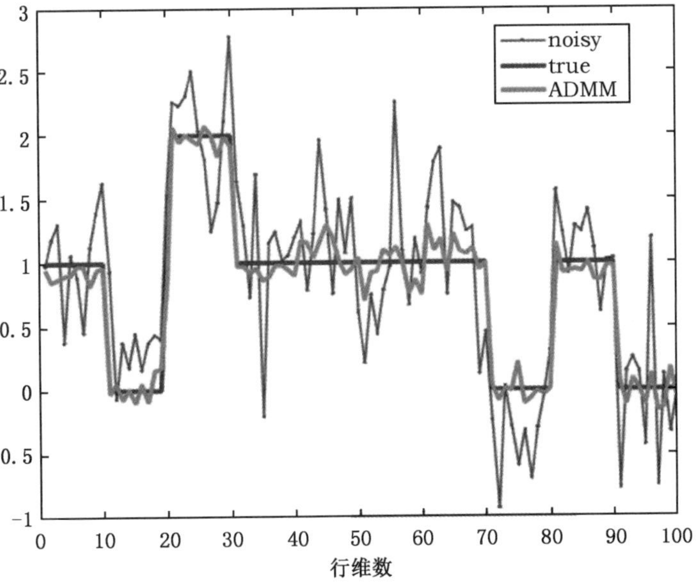

图 7—7 观测矩阵的真实值,混合噪声值以及使用 ADMM 算法求解 DS 后重构的值

本章小结

本章介绍 Dantzig 选择器在稀疏表示领域的发展，分析了 Dantzig 选择器的解的稀疏性、唯一性和稳定性；使用了 ADMM 算法对 Dantzig 选择器进行求解；最后使用一组典型仿真实例对 Dantzig 选择器进行分析，从实验表明 Dantzig 选择器的有效性。

第8章　稀疏贝叶斯学习

本章介绍稀疏贝叶斯网络结构学习方法，包括正则化稀疏贝叶斯模型、正则化稀疏贝叶斯学习的目标函数、基于正则化稀疏贝叶斯学习分类方法。

8.1　稀疏贝叶斯学习概述

稀疏贝叶斯学习(sparse Bayesian learning，SBL)框架在应用于回归和分类时取得鲁棒解，该方法在表示过程中鼓励稀疏性[192—195]。SBL 损失函数可避免或减少结构误差。

8.1.1　贝叶斯网络

贝叶斯理论是由英国数学家托马斯·贝叶斯(Thomas Bayes)提出的，20 世纪 60 年代以来，贝叶斯方法以其独特的不确定性知识的表达形式、丰富的概率表达能力、综合先验知识的增量学习特性等优点被引入人工智能、模式识别和计算机科学等领域，为贝叶斯理论的发展和应用提供了广阔空间[199]。

贝叶斯网络(Bayesian networks，BNs)是一种用于表示大量随机变量概率分布的有效建模工具，它的学习过程包括结构学习和参数学习。结构学习是学习随机变量之间的依赖关系，并以有向无环图(directed acyclic graph，DAG)的形式表示[193]。参数学习量化每个变量相对于其父节点集的概率依赖程度，进而获得局部的条件概率分布。贝叶斯学习理论利用先验信息和样本数据来获得对未知样本的估计，而联合概率和条件概率是先验信息和样本数据信息在贝叶斯学习理论中的表现形式。稀疏贝叶斯学习方法是一种基于贝叶斯框架的核函数方法，它在迭代优化的过程中剔除大量的核函数和训练样本获得稀疏模型[200]。

8.1.2　稀疏贝叶斯学习

M. E. Tipping 等最早提出稀疏贝叶斯学习算法，提出的目的是用来获取回归和分类任务中的稀疏性表达，该算法通过贝叶斯概率模型将一个函数转变为多个函数的线性叠加来表达，这种函数表现形式和支持向量机的核函数类似，稀疏贝叶斯学习算法更具有优越性的地方在于它根据训练样本自动学习的过程不需要其他参数来控制[192]。关键点在于充分利用了信号的先验信息，所谓的先验信息就是有关统计推断的一些提前设置好的信息，通过对先验信息的建模能够快速地自动学习，因而稀疏贝叶斯学习在回归和分类任务中能达到很好的效果。SBL 也被引入压缩感知模型中。

20 世纪 90 年代以来，相继出现了诸多经典贝叶斯学习算法：一是基于经典统计学的学习算法，如最大似然算法，最大期望；二是基于贝叶斯统计学的学习算法，如条件期望估计法，Gibbs 算法等[192]。学习贝叶斯网络结构必须保证有向无环性，且 DAG 空间会随节点数增加呈指数倍增长，而 DAG 空间越大，搜索评分最优的网络结构就越困难[193]。从数据中学习贝叶斯网络结构成为一个 NP 难问题。一般的贝叶斯网络结构学习方法大多适用于学习小型或中等规模的贝叶斯网络，高维或超高维数据的大量涌现，使得一般贝叶斯网络结构学习存在一些问题。

(1)计算量大、结构复杂。贝叶斯网络结构学习在面对高维数据时，一方面，由于需要搜索的 DAG 空间急剧增大，在此巨大空间中使用一般方法搜索最优的贝叶斯网络结构变得相当困难，需要能在高维背景下快速学习贝叶斯网络结构的有效方法。另一方面，当变量个数增多时，往往同时会导致变量之间联系的类型和数量也急剧增加，进而造成网络结构愈加复杂，这也是对快速有效学习贝叶斯网络结构巨大的挑战。

(2)过拟合现象。当网络中变量个数较少时，贝叶斯网络需要估计的参数个数本身就多，容易产生过拟合问题。当网络变量个数快速增长，尤其当变量数远大于样本数时，更激化这种情况，导致一般的贝叶斯网络结构学习模型泛化能力和解释能力都很差。

从贝叶斯网络结构学习的最终图形表示上看，它反映不同变量之间有边相互关联，一种想法是希望整个网络边数不要太多且能保留原有图中的重要信息。许多学者在研究高斯贝叶斯网络时，对边的稀疏性从相邻节点的数量或网络连通性等方面展开相应的讨论。有的学者认为，稀疏性是对变量相邻节点数的一个约束；也有学者研究协方差或精度矩阵的稀疏估计时，认为稀疏性是一种属性——所有真值为零的参数实际上被估计为零时以概率收敛于 1；还有的学者从父节点的数量和网络连通性方面进行探讨。有关贝叶斯网络结构稀疏学习的大部分文献都从父节点的数量或网络中边与节点的数量关系上讨论边的稀疏性[200]。

稀疏贝叶斯学习有明显优势：(1)在没有噪声的环境下，基于 L_1 约束的算法或其他规则的约束算法也能够提供一种稀疏方案，但是它们的全局最小值并不是真正的稀疏解。而稀疏贝叶斯学习恰好相反，算法的全局最小值就是全局最优解，这为算法模型的优化求解取值提供了便利的方式，不需要多余地进行求解来获取最优解。(2)目前稀疏贝叶斯学习的现有工作已经证明稀疏贝叶斯学习相当于迭代重新加权的 L_1 最小化，容易求解得到真正的稀疏解。

8.1.3　贝叶斯网络结构学习方法

一般的贝叶斯网络结构学习是贝叶斯网络结构稀疏学习的基础，而贝叶斯网络结构的稀疏学习是一般贝叶斯网络结构学习的丰富和扩展。贝叶斯网络结构学习方法主要分为 3 类：基于约束（constraint-based）的学习、基于评分函数（score-based）的学习和混合（hybrid）学习[199]。基于约束的方法通过一系列条件独立性检验识别节点间的依赖与独立关系，一般使用统计假设检验（如 χ^2 检验）或互信息、条件互信息等信息理论决定潜在 DAG 结构中是否存在边，如 GS 算法（grow-shrink algorithm）通过检验变量的马尔科夫链以识别每个变量的候选父节点，然后基于检测到的候选父节点集启发式地修剪 DAG[194]。基于评分的结构学习方法首先定义一个统计意义上的评分函数，使用它描述每个可能的候选网络结构对样本数据的拟合程度，然后采用某种搜索算法找到得分最优的 DAG，常见的评分函数有基于贝叶斯方法的评分函数、最小描述长度、熵等。评分函数最重要的特点是具有可分解性，即一个特定网络结构的得分能通过“每个节点在已知其父节点集下的得分之和”得到，这能简化网络结构的学习。一旦选定某个评分函数，接下来就需要一个搜索算法找到评分最高的网络结构。搜索算法有精确搜索算法和非精确搜索算法，精确搜索算法有基于动态规划的算法、A^* 搜索算法，非精确搜索算法有启发式搜索法、遗传算法、线性规划建模和模拟退火法等[195]。混合贝叶斯网络结构学习方法首先采用条件独立性检验缩减搜索空间，然后将此搜索空间作为输入以限制基于评分的搜索[194]。例如，基于信息论的方法和基于评分函数的方法，学习贝叶斯网络结构，同时使用如 d－分离和条件独立性等概念，具有处理大量节点网络的能力。

8.2　正则化稀疏贝叶斯学习

8.2.1　正则化方法

贝叶斯网络结构的稀疏学习重点关注如何进行稀疏建模和稀疏求解，稀疏建模实质上是研究如何构造优化目标函数，即选择合适的正则惩罚项对模型进行稀疏约束，并保证学习的快速性和有效性。在构造优化目标函数之后，稀疏求解研究如何在满足 DAG 约束下，进行稀疏优化求解。一般的优化求解方法都不太适合于高维贝叶斯网络结构稀疏学习模型,因此需要新的稀疏优化算法以解决问题。

正则化方法是通过引入正则化约束实现网络结构的稀疏学习,它将模型稀疏特性的先验认识作为一个正则惩罚项,加入贝叶斯网络学习中以实现自动稀疏化,并得到满足不同需求的稀疏解,在一定程度上有效解决采用人工设定遇到的问题。

贝叶斯网络结构的稀疏化学习一般采用基于评分的方法,重点关注评分函数和搜索算法的改进,也就是如何进行稀疏建模和稀疏求解的问题。关于评分函数的改进,新的评分函数,即目标函数,不同于一般的贝叶斯网络结构学习目标函数,是一个带范数约束的目标函数。它除了考虑模型对样本数据的拟合程度,还考虑对模型复杂程度的惩罚,即通过施加正则化约束以解决过拟合问题,最终目标致力于找到一种对样本数据拟合得好同时结构又简单的最优贝叶斯网络。搜索算法的改进是在高维环境下,如何寻求一种既快速又准确的算法实现贝叶斯网络结构的稀疏学习。

8.2.2 正则化稀疏贝叶斯学习模型

大多数评分函数由两部分组成:一部分对与数据更匹配的网络结构予以奖励,一部分对更简单的网络结构予以奖励。目标函数的设定形式一般为:满足学习到的图是DAG条件下,一个形如损失项+惩罚项的评分函数形式。损失项常见的形式有:(1)对数似然函数或其变形,(2)最小均方误差。基于正则化稀疏贝叶斯学习的目标函数是基于似然函数的目标函数。稀疏正则化方法可以看作是从大量具有冗余因子的问题中剔除冗余因子的问题研究,我们首先回顾线性模型,从而具体引入稀疏正则化方法。研究的模型如下:

$$\boldsymbol{y}=\boldsymbol{X\beta}+\boldsymbol{\varepsilon} \tag{8-1}$$

其中,$\boldsymbol{y}$ 为 $n\times1$ 向量,$\boldsymbol{X}$ 为 $n\times p$ 矩阵,$\boldsymbol{\beta}$ 为 $p\times1$ 未知向量,ε 为独立同分布的 $n\times1$ 误差噪声向量且满足 $\varepsilon\sim\mathrm{N}(\mu,\sigma^2)$,$n$ 为样本数,p 为未知参数的维数。正则化的框架如下:

$$\hat{\boldsymbol{\beta}}=\underset{\hat{\boldsymbol{\beta}}}{\operatorname{argmin}}\frac{1}{n}\sum_{i=1}^{n}(\boldsymbol{y}_i-\boldsymbol{X}_i^{\mathrm{T}}\beta)^2+P_\lambda(\|\boldsymbol{\beta}\|) \tag{8-2}$$

其中,$P_\lambda(\|\boldsymbol{\beta}\|)$为惩罚函数,表示对精度矩阵施加的某种形式范数惩罚,包含有先验的信息。当 $P_\lambda(\|\boldsymbol{\beta}\|)=\lambda\sum_{j=1}^{p}|\beta_j|^p$ 时,对应于 L_p 正则化方法,其中 λ 为正则化参数,它可以调整优化目标函数中描述数据匹配程度的损失项和描述模型复杂程度的惩罚项的比例。λ 表示惩罚的强度,能决定参数中的稀疏量。λ 值越大,对应一个较稀疏的解,但同时对数据的拟合效果也较差;λ 值越小,对应一个对数据拟合较好的解,然而稀疏性较差,λ 值的选择常常能决定模型的性能。

稀疏正则化方法的一个重要问题是如何选择正则化参数 λ 的问题，选择一个优的 λ 能正确解释模型，从而提高模型的预测能力，关于 λ 的选择一直是此领域的难点和重点研究问题。目前主要的选择方法包括交叉验证和 Cp 估计。大多数文献选择正则化参数 λ 时，通常假定每个节点拥有相同的惩罚强度 λ。但是，不同节点给予相同强度的正则化参数在某些情况下并不适合，所以有文献使用正则化路径为每个节点选择不同的最优 λ。

在惩罚函数 $P_\lambda(\|\boldsymbol{\beta}\|)=\lambda\sum_{j=1}^{p}|\beta_j|^p$ 中，当 $p=2$ 时，即所谓的岭估计；当 $p=1$ 时，对应于 LASSO 算法；当 $0\leqslant p<1$ 时，总是赋予一个小的系数对应于一个大的罚项，反之，赋予一个大的系数对应于一个小的罚项；当 $0<p<1$ 时，对应的 L_p 惩罚函数是非凸的，并且仅当 $p\leqslant 1$ 时产生的解具有稀疏性。理论和实验均表明当 $0<p<1$，L_p 产生的解比 LASSO 更具稀疏性和稳健性。

在基于似然函数的稀疏罚目标函数中，L_1 或 L_0 范数罚作为惩罚项，强制模型产生稀疏的网络结构。例如，在最小描述长度(minimal description length，MDL)评分方法中，L_1 范数约束的作用就是强制许多参数严格地等于 0。这种方法叫做 L_1 变量选择，L_1 变量选择包含三个部分：首先计算 L_1 正则化路径；然后沿着这条正则化路径，对遇到的变量的所有非零集合进行最大似然参数估计；最后选择获得最小 MDL 得分的变量集。L_0 范数罚正则化方法通过对系数的非零个数限制完成了变量选择，L_0 范数罚函数表示系数的非零个数，相比 L_1 范数罚，L_0 范数罚能够得到更理想的稀疏模型。但是由于 L_0 范数罚构成的优化问题难以求解，而 L_1 范数是 L_0 范数的最优凸近似，而且它比 L_0 范数要容易优化求解，所以一般会对 L_0 范数进行凸放松得到 L_1 范数罚以求解凸优化问题。目前的大多数研究成果都是基于 L_1 范数罚的工作，其搜索空间主要为 DAG 空间。

L_1 范数罚被看作是 L_0 范数罚的一个凸放松，产生计算上可以有效求解的凸规划问题。但是，在结构学习中常用的 LASSO 是一个有偏估计，可能妨碍产生一致的模型选择，因此需要进一步实施控制以减少偏差，如采用非凸罚(板小板大凹罚(minimax concave penalty，MCP))的形式。由于 DAG 约束是一个非凸的约束，导致较难将问题转化为一个凸优化，且 LASSO 估计结果具有偏差，所以有学者提出直接使用凹罚解非凸的优化问题，凹罚通常被认为是离散 L_0 范数罚的一个连续的放松。板小板大凹罚的罚函数形式为：

$$P_\lambda(t;\gamma)=\lambda\left(T-\frac{T^2}{2\lambda\gamma}\right)1(t<\lambda\gamma)+\frac{\lambda^2\gamma}{2}1(t\geqslant\lambda\gamma)$$
$$=\begin{cases}\lambda\left(t-\dfrac{t^2}{2\lambda\gamma}\right) & t<\lambda\gamma,\\ \dfrac{\lambda^2\gamma}{2} & t\geqslant\lambda\gamma\end{cases}\tag{8—3}$$

其中，凹度参数 γ 控制惩罚的凹度，当 $\gamma\to 0$ 时，MCP 接近于 L_0 范数罚；当 $\gamma\to\infty$时，MCP 接近于 L_1 范数罚。凹罚的优点在于，它未以任何方式限制搜索空间，且不需要关于变量顺序的假定，在基于精度矩阵的等价类中搜索时也不需要假定忠实性的条件。它不需要任何实验数据，可完全从观测数据找到最稀疏的网络，提供能处理高维数据的快速有效的算法。

8.2.3　正则化稀疏贝叶斯模型求解方法

确定稀疏贝叶斯网络结构学习的目标函数后，一个重要的任务就是如何求解关于正则化损失函数的优化问题。这类优化问题的求解主要面临三方面的挑战：(1)需要求解一个非光滑的凸优化问题的稀疏解。(2)问题针对高维数据，传统的源于凸分析的批处理优化算法，如梯度下降算法和内点法，由于每步迭代求解梯度时都不得不遍历所有维的信息，因此较大计算量成为处理大数据的主要瓶颈。(3)由于贝叶斯网络结构学习必须满足一个非凸的约束条件，即有向无环性，但是已有的稀疏求解算法并不能直接应用于贝叶斯网络结构的稀疏学习，这更增加优化问题稀疏求解的难度。下面简单介绍几种已有的稀疏算法。

最小角回归(least angel regression，LAR)方法在 6.3.3 节介绍过，不再赘述，它的复杂度仅相当于普通最小二乘法的复杂度。

坐标下降(coordinate descent，CD)方法。在大数据背景下，这种方法已经成为一个新的研究热点。与 LARS 相比，坐标下降方法更快且更具稳健性，在模型选择中，坐标下降方法的准确性也更高。坐标下降的思想是在每次迭代过程中选取坐标系中的一个参数或一组参数并保持其他参数值不变，只优化在选定坐标系下的目标函数。第 9 章将分析该方法及其改进方法。

交替优化(alternating optimization，AO)方法。对于像基于分组＋稀疏罚之类包含两个任务的目标函数的求解，可以考虑使用这种方法。因为，对于一个复杂的多任务问题，可将其分解为若干个不重叠的相关子问题，然后通过迭代求解各子问题得到复杂问题的最终解。交替优化方法的思想是：通过交替求解若干个相关的优化子问题直到目标函数收敛，每个不重叠子问题的求解可以选用适当的凸优化算法，这样可以方便并简化原问题的求解。交替优化思想有许多重要的实例，如计算最大似然估计的期望最大化（expectation maximization，EM）算法、C－均值聚类算法及矢量量化等许多主要技术都可以应用到模式识别、统计计算等领域。

8.3　概率稀疏表示分类方法

8.3.1　稀疏表示分类

假设有 N 类训练图像，记为 $\boldsymbol{A}=[\boldsymbol{X}_1,\boldsymbol{X}_2,\cdots,\boldsymbol{X}_N]$，每类训练图像的样本数为 M，记为 $\boldsymbol{X}_i=[x_{i,1},\cdots,x_{i,j},\cdots,x_{i,M}]$，其中 $i=1,2,\cdots,N$ 和 $j=1,2,\cdots,M$，可以用训练图像线性地表示测试图像，即 $\boldsymbol{y}=\boldsymbol{A\alpha}+\boldsymbol{\varepsilon}$。其中，$\boldsymbol{\alpha}=[0,\cdots,0,\alpha_{i,1},\cdots,\alpha_{i,M},0,\cdots,0]^{\mathrm{T}}$，$\boldsymbol{\varepsilon}$ 是一定允许范围内的噪声。因为这个解是从所有训练样本中通过使用少量的训练样本组成的，也即非零元素的个数在所有样本中仅占小部分，因此，这个表示系数是稀疏的。于是可以通过求式（8－4）中 L_0 范数的解来获得系数的解：

$$\begin{cases}\hat{\boldsymbol{\alpha}}=\arg\min\|\boldsymbol{\alpha}\|_0\\ \text{s. t. }\|y-\boldsymbol{A\alpha}\|_2^2\leqslant\varepsilon\end{cases}\tag{8-4}$$

L_0 范数的优化求解是一个 NP 难问题，可用式（8－5）的 L_1 优化来求解，该方法已被证明是最近似 L_0 优化问题的解：

$$\begin{cases}\hat{\boldsymbol{\alpha}}=\arg\min\|\boldsymbol{\alpha}\|_1\\ \text{s. t. }\|\boldsymbol{y}-\boldsymbol{A}\alpha\|_2^2\leqslant\varepsilon\end{cases}\tag{8-5}$$

为方便求解，式（8－5）可以转换为它的拉格朗日形式：

$$\hat{\boldsymbol{\alpha}}=\arg\min\|\boldsymbol{y}-\boldsymbol{A\alpha}\|_2^2+\lambda\|\boldsymbol{\alpha}\|_1\tag{8-6}$$

式中，λ 是正则化参数，按照式（8－7）计算每一类的表示误差：

$$r_i(x)=\|\boldsymbol{y}-\boldsymbol{A}_i\boldsymbol{\alpha}_i\|_2^2\tag{8-7}$$

并根据误差结果，将测试图像划分到误差最小的类，如式（8－8）所示。

$$\text{identity}(\boldsymbol{x})=\arg\min\{r_i(\boldsymbol{x})\}\tag{8-8}$$

其中，identity（x）表示测试样本图像的类别。

8.3.2　拉普拉斯概率分布的分类算法

假设有一个包含 N 类的训练样本集合 $\boldsymbol{A}=[\boldsymbol{A}_1,\boldsymbol{A}_2,\cdots,\boldsymbol{A}_N]$，$\boldsymbol{A}_i$ 是第 i 类样本集合。对于训练样本中每一类训练样本张成的子空间中的样本 $\boldsymbol{x}_1$，都可以用所有训练

样本的组合线性表示为：$\boldsymbol{x}_1=\boldsymbol{A}\boldsymbol{\alpha}_1$，$\boldsymbol{\alpha}$ 为系数向量。而对于不是任何一个子空间中的样本 $\boldsymbol{x}_2$，其线性组合的表示系数往往呈现在多个类上的发散现象。将向量的 L_1 范数作为系数大小的标准，可以发现当样本属于训练样本子空间时，线性组合的表示系数远小于样本不属于样本子空间时的表示系数。当给定的样本在训练样本子空间时，线性组合的系数能够较为集中于一个类；而当给定的样本远离训练样本子空间时，往往不能被训练样本很好地表示。定义样本 $\boldsymbol{x}$ 属于训练样本子空间的概率为 $P(l(x)\in l_A)$，当稀疏表示系数较小时，样本属于训练样本子空间的可能性更大。本节用拉普拉斯概率分布函数来拟合 $P(l(\boldsymbol{x})\in l_{\boldsymbol{A}})$ 的概率分布：

$$P(l(\boldsymbol{x})\in l_{\boldsymbol{A}})\propto\exp(-c\|\boldsymbol{\alpha}\|_1) \tag{8-9}$$

其中，c 是常量。当给定一个无法确定是否是训练样本子空间的样本 $\boldsymbol{x}$ 时，计算 $\boldsymbol{y}$ 属于训练样本子空间的概率 $P(l(\boldsymbol{x})\in l_A)$，可以定义一个属于该子空间的样本 $\boldsymbol{x}$，这时 $P(l(\boldsymbol{x})\in l_{\boldsymbol{A}})$ 表示为

$$P(l(\boldsymbol{x})\in l_{\boldsymbol{A}})=P(l(\boldsymbol{y})=l(\boldsymbol{x})\,|\,l(\boldsymbol{x})\in l_{\boldsymbol{A}})\times P(l(\boldsymbol{x})\in l_{\boldsymbol{X}}) \tag{8-10}$$

其中，$P(l(\boldsymbol{y})=l(\boldsymbol{x})\,|\,l(\boldsymbol{x})\in l_A)$ 表示 $\boldsymbol{x}$ 和 $\boldsymbol{y}$ 的相似性，因此使用高斯核函数可以将其定义为

$$P(l(\boldsymbol{y})=l(\boldsymbol{x})\,|\,l(\boldsymbol{x})\in l_A)\propto\exp(-k\|\boldsymbol{y}-\boldsymbol{x}\|_2^2) \tag{8-11}$$

其中，k 是常量。结合式(8—9)～(8—11)可以得到

$$P(l(\boldsymbol{y})\in l_{\boldsymbol{A}})\propto\exp(-k\|\boldsymbol{y}-\boldsymbol{x}\|_2^2+c\|\boldsymbol{\alpha}\|_1) \tag{8-12}$$

为了最大化概率 $P(l(\boldsymbol{y})\in l_{\boldsymbol{A}})$，将式(8—12)取对数，得到

$$\begin{aligned}\max P(l(\boldsymbol{y})\in l_{\boldsymbol{A}})&\propto\max\ \ln P(l(\boldsymbol{y})\in l_{\boldsymbol{A}})\\&=\min_{\alpha}k\|\boldsymbol{y}-\boldsymbol{A}\boldsymbol{\alpha}\|_2^2+c\|\boldsymbol{\alpha}\|_1\\&=\min_{\alpha}\|\boldsymbol{y}-\boldsymbol{A}\boldsymbol{\alpha}\|_2^2+\lambda\|\boldsymbol{\alpha}\|_1\end{aligned} \tag{8-13}$$

其中，$\lambda=c/k$。式(8—13)给出了样本属于训练样本子空间的概率表示，可以发现式(8—13)与(8—6)完全一致，但是从概率分析的角度解释了稀疏表示算法。

8.3.3 高斯概率分布的稀疏分类

对于训练样本子空间中的某一个样本 $\boldsymbol{x}$，可以表示为 $\boldsymbol{x}=\boldsymbol{A}\boldsymbol{\alpha}=\sum_{i=1}^{N}\boldsymbol{A}_i\boldsymbol{\alpha}_i$，其中 $\boldsymbol{\alpha}=[\boldsymbol{\alpha}_1;\boldsymbol{\alpha}_2;\cdots;\boldsymbol{\alpha}_N]$ 和 $\boldsymbol{\alpha}_i$ 都是与 $\boldsymbol{A}_i$ 关联的系数向量。$\boldsymbol{x}_i=\boldsymbol{A}_i\boldsymbol{\alpha}_i$ 是由第 i 类样本线性组合的向量。通过高斯核函数，可以定义 $\boldsymbol{x}$ 属于第 i 类样本的概率为

$$P(l(\boldsymbol{x})=i\,|\,l(\boldsymbol{x})\in l_A)\propto\exp(-\delta\|\boldsymbol{y}-\boldsymbol{x}\|_2^2) \tag{8-14}$$

其中：δ 是常量。任意给定一个测试样本 $\boldsymbol{y}$，可以得到$(l(\boldsymbol{y})=i)$的概率为

$$P(l(\boldsymbol{y})=i)=P(l(\boldsymbol{y})=l(\boldsymbol{x})\,|\,l(\boldsymbol{x})=i)\times P(l(\boldsymbol{x})=i)=P(l(\boldsymbol{y})=l(\boldsymbol{x})\,|\,l(\boldsymbol{x})=k)$$

$$\times P(l(\boldsymbol{x})=i\,|\,l(\boldsymbol{x})\in l_{\boldsymbol{A}})\times P(l(\boldsymbol{x})\in l_{\boldsymbol{A}}) \tag{8-15}$$

当 $i\in l_{\boldsymbol{A}}$ 时，式(8－14)独立于 i，因此可以得到

$$P(l(\boldsymbol{y})=l(\boldsymbol{x})\,|\,l(\boldsymbol{x})=i)=P(l(\boldsymbol{y})=l(\boldsymbol{x})\,|\,l(\boldsymbol{x})\in l_{\boldsymbol{A}}) \tag{8-16}$$

结合式(8－14)～(8－16)，可以得到

$$P(l(\boldsymbol{y})=i)=P(l(\boldsymbol{y})\in l_{\boldsymbol{A}})\times P(l(\boldsymbol{x})=i\,|\,l(\boldsymbol{x})\in l_{\boldsymbol{A}})\propto\exp(-\|\boldsymbol{y}-\boldsymbol{x}\|_2^2+\lambda\|\boldsymbol{\alpha}\|_1 +\gamma\|\boldsymbol{A\alpha}-\boldsymbol{A}_i\boldsymbol{\alpha}_i\|_2^2) \tag{8-17}$$

其中，$\gamma=\delta/k$。但是式(8－17)对于每一个单独的类，相应的样本 $\boldsymbol{x}$ 会不同。这使得最大化概率 $P(l(\boldsymbol{y})=i)$的分类方法不稳定并且缺乏判别性。由于 $l(\boldsymbol{y})=i$ 的事件是独立的，所以可将公式转换为通过最大化每一类的概率公式 $P(l(\boldsymbol{y})=1,\cdots,l(\boldsymbol{y})=N)$来找到对应的类别 $\boldsymbol{y}$，如式(8－18)所示。

$$\max P(l(\boldsymbol{y})=1,\cdots,l(\boldsymbol{y})=N)=\max\prod_i P(l(\boldsymbol{y})=k)$$

$$\propto\max\,\exp(-\|\boldsymbol{y}-A\boldsymbol{\alpha}\|_2^2+\lambda\|\boldsymbol{\alpha}\|_1+\frac{r}{K}\sum_{i=1}^{N}(\|\boldsymbol{A\alpha}-\boldsymbol{A}_i\boldsymbol{\alpha}_i\|_2^2)) \tag{8-18}$$

对式(8－18)取对数并且忽略常数项可得到

$$\hat{\boldsymbol{\alpha}}=\arg\min\left\{\|\boldsymbol{y}-\boldsymbol{A\alpha}\|_2^2+\lambda\|\boldsymbol{\alpha}\|_1+\frac{r}{K}\sum_{i=1}^{N}(\|\boldsymbol{A\alpha}-\boldsymbol{A}_i\boldsymbol{\alpha}_i\|_2^2)\right\} \tag{8-19}$$

在式(8－19)中，第一项$\|\boldsymbol{y}-\boldsymbol{A\alpha}\|_2^2$ 是误差项，表示样本空间的线性组合与测试样本的误差；第二项$\|\boldsymbol{\alpha}\|_1$ 是稀疏项，用来控制线性组合系数的稀疏度；第三项 $\sum_{i=1}^{N}(\|\boldsymbol{A\alpha}-\boldsymbol{A}_i\boldsymbol{\alpha}_i\|)$ 是判别项，用来保证接近于最佳的表示类别。参数 λ 和 γ 作为平衡因子，根据先验知识可以通过交叉验证的方法来选择合适的参数。当正则化参数 $\gamma=0$，式(8－19)会退化为原始的稀疏表示算法，当 $\gamma>0$，$\|\boldsymbol{A\alpha}-\boldsymbol{A}_i\boldsymbol{\alpha}_i\|_2^2$ 项可以使得稀疏系数 $\boldsymbol{\alpha}_i$ 通过子字典$\boldsymbol{A}_i$ 来得到进一步的调整，这样得到的稀疏表示系数更加稳定。求解 $\boldsymbol{\alpha}$ 是 L_1 正则项优化的问题，可以通过梯度下降或者迭代阈值收缩来解决。式(8－19)已经给出了求解稀疏表示系数的目标函数。可以发现$\|\boldsymbol{y}-\boldsymbol{A\alpha}\|_2^2+\lambda\|\boldsymbol{\alpha}\|_1$ 对于所有类的判别都相同，因此可以将分类规则定义为

$$l(\boldsymbol{y})=\arg\min\{\exp(-\|\boldsymbol{A\alpha}-\boldsymbol{A}_i\boldsymbol{\alpha}_i\|_2^2)\} \tag{8-20}$$

本章小结

贝叶斯网络结构稀疏化学习在不损失原始网络重要信息的前提下可以实现网络结构的简化，而且它之所以能学习高维数据，原因在于借助有效的优化求解方法。但同时也存在一些如对稀疏学习估计量统计性质的讨论不足等问题需要解决，这些问题也是未来值得进一步研究的方向。文献[204]分析了稀疏贝叶斯学习的各个实例模型及其应用，包括贝叶斯 LASSO、图的马尔可夫模型等，这里不再介绍。

第 9 章　稀疏表示中常用的优化算法

本章介绍稀疏表示模型中常用的优化计算方法，包括次梯度方法、ADMM、近端线性化方法、坐标下降法，以及阈值迭代法。

9.1　次梯度优化算法

次梯度作为一种最优化求解方法，其特点是在梯度下降法的基础上引入了次梯度概念，使其可以应用于求解不可微凸函数的最优化问题，填补了不可微函数的空白，但其收敛速度较慢。本节介绍次梯度优化基本原理、次梯度算法、步长选择与收敛性，最后运用次梯度方法对 LASSO 问题进行求解[216－220]。

9.1.1　次梯度定义

在最优化理论与实际应用中，最早求解无约束最优化问题的是牛顿法，在此基础上，一维搜索、线性规划、最速下降法和现代优化算法例如遗传算法和模拟退火算法等逐渐涌现。次梯度法在梯度下降法的基础上，加入次梯度的特性，并采取记录最优值的比较方法。次梯度法相比于梯度下降法在不可微的凸函数领域有了更多的应用，并且只需更小的存储空间，能以分布式的方式求解最优化问题。目前次梯度优化算法研究主要分为两类：一类是关于算法本身的突破和数学证明；一类是将次梯度算法与其他优化方法相结合。在第一类问题中，关于变分不等式问题的求解是较为热门的研究内容。针对变分不等式问题和正交投影在闭凸集上难以计算的问题，研究人员提出了求解变分不等的类 Armijo 步长的次梯度外梯度投影算法及其非精确形式，这种算法减小了计算量，并且在迭代的选择上具有更大的灵活性。下面介绍次梯度的概念。

对于如图 9－1 的一个函数 $f(x)$来说，定义域内的任何 x_0，总存在一条或者多条直线通过点(x_0，$f(x_0)$)，并且要么接触 $f(x)$的图像，要么在图像的下方。这条直线的斜率就是函数 $f(x)$在点 x_0 处的次导数。

对于所有定义域内，在点 x_0 处的次导数集合是一个非空闭区间$[a,b]$，其中 a 和 b 是单侧极限：

$$a=\lim_{x\to x_0^-}\frac{f(x)-f(x_0)}{x-x_0} \tag{9—1}$$

$$b=\lim_{x\to x_0^+}\frac{f(x)-f(x_0)}{x-x_0} \tag{9—2}$$

其中，a 和 b 存在且满足 $a\leqslant b$。所有次导数的集合 $[a,b]$ 就称为函数 f 在 x_0 处的次梯度。

图 9—2 中，函数 $f=|x-1|$ 在 $x=1$ 时的次梯度为其左右极限导数包括的集合 $[-1,1]$。

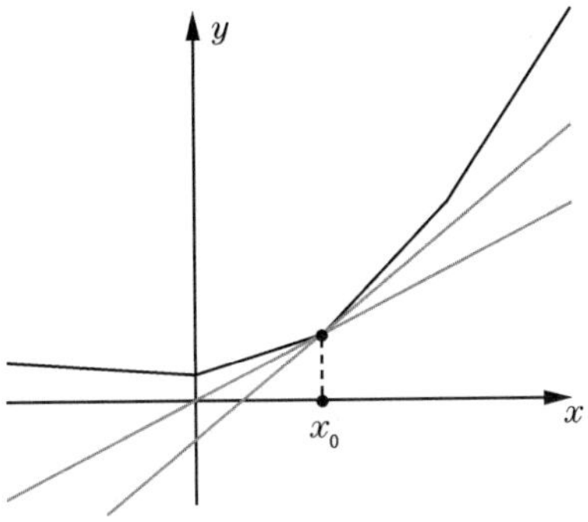

图 9—1　次梯度示意图

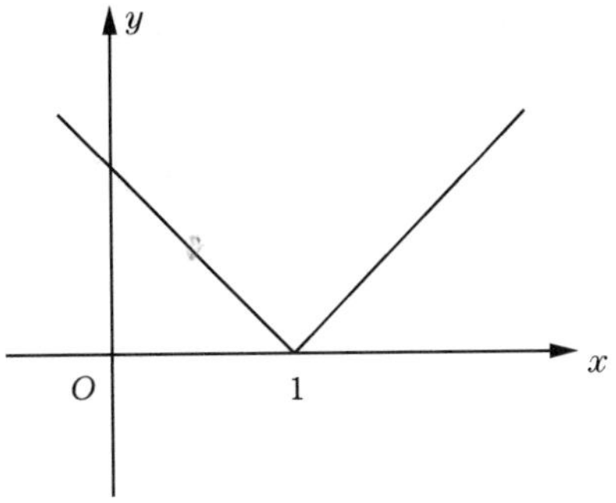

图 9—2　$f=|x-1|$

在高维空间中，如果 $f:U\to\mathbf{R}$ 是一个实变量凸函数，定义在欧几里得空间 $\mathbf{R}^n$ 内的凸集，则该空间内的向量 $\boldsymbol{v}$ 称为函数在点 x_0 的次梯度，如果对于所有 U 内的 x，都有：

$$f(x)-f(x_0)>\boldsymbol{v}\cdot(x-x_0) \tag{9—3}$$

所有次梯度的集合称为次微分，记为 $\partial f(x_0)$。

对于凸函数，次梯度是对于函数 f 的点 x 来说满足条件 $f(x)\geqslant f(x_0)+g^{\mathrm{T}}(x-x_0)$ 的 $g\in\mathbf{R}^n$。对于非凸函数来说，满足该条件的上述 g 同样为函数在该点的次梯度，只是非凸函数不一定存在次梯度，即使 f 可微。凸函数的次梯度一定存在，如果函数 f 在点 x 处可微，那么 $g=\nabla f(x)$，为 f 在 x 点处的梯度，且唯一；不可微，则次梯度不唯一。次梯度具有如下性质。

(1) 当凸函数 f 可导时，次梯度只由一个点组成，这个点就是 f 在 x_0 处的导数。

(2) 当点 x_0 是凸函数的极小值时，次梯度中包含零，即可导函数在极小值的导数是零。

(3) 数乘不变性：$\forall\alpha>0,\partial(\alpha f)=\alpha\partial f$。

(4) 加法不变性：$f=f_1+\cdots+f_m,\partial f(x)\subseteq\partial f_1(x)+\cdots+\partial f_m(x)$。

(5) 仿射特性：如果 f 是凸函数，那么 $\partial f(Ax+b)=A\partial f(x)$。

9.1.2 次梯度优化算法

对于可微凸函数，通常可以直接采用梯度下降法来求解函数的极值，但是当函数不是处处光滑时，需要使用函数的次梯度来进行求解。次梯度优化的条件如下：对于任意函数 f，函数在点 x 处取得最优值等价于：

$$f(\boldsymbol{x}^*)=\min_{\boldsymbol{x}} f(x) \Leftrightarrow 0 \in \partial f(\boldsymbol{x}^*)$$

即当且仅当 0 属于函数 f 在点 $\boldsymbol{x}^*$ 处的次梯度集合时，取得了最优解且最优解即为 $\boldsymbol{x}^*$。

次梯度算法与经典的梯度下降法类似，利用负梯度总是指向最小值点这一性质，进行每次迭代 $\boldsymbol{x}^{(k)}=\boldsymbol{x}^{(k-1)}-\alpha_k \nabla f(\boldsymbol{x}^{(k-1)})$，其中 α_k 是一个很小的控制步进长度，迭代过程一直进行到收敛。在次梯度算法中，仅仅使用了次梯度来代替梯度，即：

$$x^{(k)}=\boldsymbol{x}^{(k-1)}-t_k \cdot g^{(k-1)}, k=1,2,3,\cdots \quad (9-4)$$

其中，$g^{(k-1)} \in \partial f(\boldsymbol{x}^{(k-1)})$ 为 $f(x)$ 在点 $\boldsymbol{x}$ 处的次梯度。

由于次梯度是函数在该点的左右导数极限包含的集合，次梯度不一定是一直为正的，因此次梯度算法并不是下降算法，每次对于参数的更新并不能保证呈单调递减的趋势，与梯度下降法不同的是，选择

$$f(\boldsymbol{x}_{\text{best}}^{(k)})=\min_{i=0,\cdots,k} f(\boldsymbol{x}^{(i)}) \quad (9-5)$$

因此，次梯度法的一般步骤是：(1)$t=1$ 选择有限的正迭代步长 $\{\alpha_t\}_{t=1}^{\infty}$；(2) 计算一个次梯度 $\boldsymbol{g} \in \partial f(x^t)$；(3)更新 $\boldsymbol{x}^{(t+1)}=\boldsymbol{x}^{(t)}-\alpha_t \boldsymbol{g}^t$；(4)算法如果没有收敛，则 $t=t+1$ 返回第二步继续计算。

上述计算中，步长作为每次迭代的长度，与下降方向共同决定了下一步迭代的位置，因此与整个算法的收敛性、收敛速度和最终解都有很直接的联系。在步长的选择上，次梯度方法并没有明确规定选择方法，以下有几种能够保证收敛性的步长规则：(1)恒定步长；(2)恒定间隔；(3)步长平方可加，但步长不可加；(4)步长不可加但步长递减等。

9.1.3 次梯度优化算法的收敛性

实数子集上的函数 $f: D \subseteq \mathbf{R} \to \mathbf{R}$，若存在常数，使得 $|f(\boldsymbol{a})-f(\boldsymbol{b})|<K|\boldsymbol{a}-b|$ $\forall \boldsymbol{a},\boldsymbol{b} \in D$，则称 f 符合利普希茨条件，对于 f 最小的常数 K 称为 f 的利普希茨常数。若 $K<1$，f 被称为收缩映射。

定理 9.1 如果 f 是凸函数，且满足利普希茨条件，即 $|f(\boldsymbol{x})-f(\boldsymbol{y})| \leqslant G\|\boldsymbol{x}-\boldsymbol{y}\|_2$，如果固定步长为 t，那么次梯度算法满足：

$$\lim_{k\to\infty} f(\boldsymbol{x}_{\text{best}}^{(k)}) \leqslant f^* + \frac{G^2 t}{2} \tag{9-7}$$

证明　对于 $\forall k, \boldsymbol{x}^{(k+1)} = x^{(k)} - tg^{(k)}$，其中 $g^{(k)} \in \partial f(x)$，有

$$\|\boldsymbol{x}^{(k+1)} - \boldsymbol{x}^*\|_2^2 = \|\boldsymbol{x}^{(k)} - t\boldsymbol{g}^{(k)} - \boldsymbol{x}^*\|_2^2 = \|\boldsymbol{x}^{(k)} - \boldsymbol{x}^*\|_2^2 - 2t\boldsymbol{g}^{(k)}(\boldsymbol{x}^{(k)} - \boldsymbol{x}^*) + t^2\|\boldsymbol{g}^{(k)}\|_2^2$$

因为，$f(\boldsymbol{x}^*) = \boldsymbol{f}^*$，且由凸函数一阶性质可得 $f(\boldsymbol{x}^*) \geqslant f(\boldsymbol{x}^{(k)}) + \boldsymbol{g}^{(k)\mathrm{T}}(\boldsymbol{x}^* - \boldsymbol{x}^{(k)})$，此不等式可化为：

$$\|\boldsymbol{x}^{(k+1)} - \boldsymbol{x}^*\|_2^2 \leqslant \|\boldsymbol{x}^{(k)} - \boldsymbol{x}^*\|_2^2 - 2t(f(\boldsymbol{x}^{(k)}) - f^*) + t^2\|\boldsymbol{g}^{(k)}\|_2^2$$

对于任意 $k = 1, 2, \cdots, K$，对上式求和可以获得：

$$\begin{aligned}\sum_{k=1}^{K}(\|\boldsymbol{x}^{(k+1)} - \boldsymbol{x}^*\|_2^2 - \|\boldsymbol{x}^{(k)} - \boldsymbol{x}^*\|_2^2) &= \|\boldsymbol{x}^{(K+1)} - \boldsymbol{x}^2\|_2^2 - \|\boldsymbol{x}^{(1)} - \boldsymbol{x}^*\|_2^2 \\ &\leqslant -2t\sum_{i=1}^{K}(f(\boldsymbol{x}^{(i)}) - f^*) + \sum_{i=1}^{K} t^2\|\boldsymbol{g}^{(i)}\|_2^2\end{aligned}$$

由于 $\|\boldsymbol{x}^{(K+1)} - \boldsymbol{x}^*\|_2^2 \geqslant 0$，故

$$2T\sum_{i=1}^{K}(f(\boldsymbol{x}^{(i)})) - f^*) \leqslant \|\boldsymbol{x}^{(1)} - \boldsymbol{x}^*\|_2^2 + \sum_{i=1}^{K} t^2\|\boldsymbol{g}^{(i)}\|_2^2$$

令 $f(\boldsymbol{x}_{\text{best}}^{(k)})$ 为迭代 k 次内的最优解，那么 $f(\boldsymbol{x}_{\text{best}}^{(k)}) \leqslant f(x^{(i)})$，其中 $i = 1, 2, \cdots, k$，因此

$$\begin{aligned}2tk(f(\boldsymbol{x}_{\text{best}}^{(k)}) - f^*) = 2t\sum_{i=1}^{K}(f(\boldsymbol{x}_{\text{best}}^{(k)}) - f^*) &\leqslant 2t\sum_{i=1}^{K}(f(\boldsymbol{x}^{(i)}) - f^*) \\ &\leqslant \|\boldsymbol{x}^{(1)} - \boldsymbol{x}^*\|_2^2 + \sum_{i=1}^{K} t^2\|\boldsymbol{g}^{(i)}\|_2^2\end{aligned}$$

所以

$$f(x_{\text{best}}^{(k)}) - \boldsymbol{f}^* \leqslant \frac{\|\boldsymbol{x}^{(1)} - \boldsymbol{x}^*\|_2^2 + \sum_{i=1}^{K} t^2\|\boldsymbol{g}^{(i)}\|_2^2}{2tk}$$

由于函数满足 $|f(x) - f(y)| \leqslant G\|\boldsymbol{x} - \boldsymbol{y}\|_2$，即函数的次梯度 $\|g\|_2 \leqslant G$，所以

$$f(x_{\text{best}}^{(k)}) - f^* \leqslant \frac{\|\boldsymbol{x}^{(1)} - \boldsymbol{x}^*\|_2^2 + t^2 kG^2}{2tk} = \frac{\|\boldsymbol{x}^{(1)} - \boldsymbol{x}^*\|_2^2}{2tk} + \frac{G^2 t}{2} \tag{9-8}$$

$k \to \infty$ 时，即证上述定理成立。

9.1.4　投影次梯度算法

投影次梯度法是次梯度法的扩展，这个方法适用于求解有约束的最小化问题：

$$\min f(\boldsymbol{x}), \boldsymbol{x} \in C \tag{9-9}$$

其中 C 为凸集，投影次梯度法迭代公式为：

$$r^{(k+1)} = P(\boldsymbol{x}^{(k)} - \alpha_k \boldsymbol{g}^{(k)}) \tag{9-10}$$

式中,P 为投影算子,$\boldsymbol{g}^{(k)}$ 是 f 在 $x^{(k)}$ 处的次梯度。

9.1.5　实验分析

考虑线性问题 $\boldsymbol{b}=A\boldsymbol{x}+\boldsymbol{e}$,其中 $\boldsymbol{b}$ 为 50 维的测量值,$\boldsymbol{A}$ 为 50×100 维的测量矩阵,$\boldsymbol{x}$ 为 100 维的位置稀疏向量且稀疏度为 5,$\boldsymbol{e}$ 为 50 维的测量噪声。从 $\boldsymbol{b}$ 与 $\boldsymbol{A}$ 中恢复 $\boldsymbol{x}$ 的 L_1 范数规范化最小二乘模型为:

$$\min \frac{1}{2}\|A\boldsymbol{x}-b\|_2^2+\lambda\|\boldsymbol{x}\|_1 \tag{9-11}$$

其中,λ 为非负的正则化参数。迭代策略:

$$\boldsymbol{x}^{k+1}=\boldsymbol{x}^k-\alpha\times\boldsymbol{g}_0(\boldsymbol{x}^k) \tag{9-12}$$

其中,$g_0(\boldsymbol{x})\in\partial f_0(\boldsymbol{x})$,$\partial f_0(\boldsymbol{x})$表示 $f_0(\boldsymbol{x})$在 $\boldsymbol{x}$ 处的次梯度,α 是步长。

将问题改写为

$$f(\boldsymbol{x})=\min \frac{1}{2}\|\boldsymbol{A}\boldsymbol{x}-\boldsymbol{b}\|_2^2+\lambda\|\boldsymbol{x}\|_1 \tag{9-13}$$

因此对 $f(x)$求导得:

$$\frac{\partial f(\boldsymbol{x})}{\partial \boldsymbol{x}}=\boldsymbol{A}^{\mathrm{T}}(\boldsymbol{A}\boldsymbol{x}+\boldsymbol{b})+\lambda\frac{\partial\|\boldsymbol{x}\|_1}{\partial \boldsymbol{x}} \tag{9-14}$$

由于$\|\boldsymbol{x}\|_1$ 在分量 $x=0$ 处不可导,故对于$\|\boldsymbol{x}\|_1$ 的梯度需要分段考虑:

$$\begin{cases}\dfrac{\partial\|\boldsymbol{x}\|_1}{\partial \boldsymbol{x}}=-1 & x<0\\[2ex] -1\leqslant\dfrac{\partial\|\boldsymbol{x}\|_1}{\partial \boldsymbol{x}}\leqslant 1, & x=0\\[2ex] \dfrac{\partial\|\boldsymbol{x}\|_1}{\partial \boldsymbol{x}}=1 & x>0\end{cases} \tag{9-15}$$

故迭代策略为:

$$g_0(\boldsymbol{x}^k)=\begin{cases}\boldsymbol{A}^{\mathrm{T}}(\boldsymbol{A}\boldsymbol{x}+\boldsymbol{b})-\lambda & x^k<0\\ \boldsymbol{A}^{\mathrm{T}}(\boldsymbol{A}\boldsymbol{x}+\boldsymbol{b})+ps,s\in[-1,1] & x^k=0\\ \boldsymbol{A}^{\mathrm{T}}(\boldsymbol{A}\boldsymbol{x}+\boldsymbol{b})+\lambda & x^k>0\end{cases} \tag{9-16}$$

$$\boldsymbol{x}^{k+1}=\boldsymbol{x}^k-\alpha\times\boldsymbol{g}_0(\boldsymbol{x}^k) \tag{9-17}$$

由于次梯度的选择不一定是下降方向,需选择递减步长方式。实验结果如表 9—1 分析。

表 9-1　　　　　　不同参数不同步长策略次梯度实验结果

步长	参数 p	计算结果与真值的距离及每步计算结果与最优解的距离	解稀疏度	收敛次数
固定 $\alpha=0.001$	1	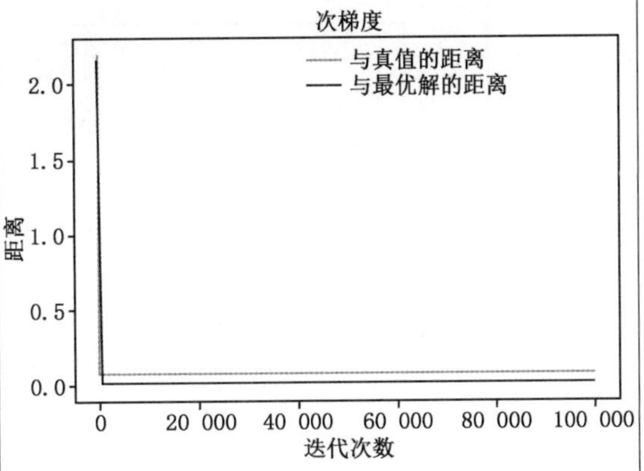	98	不收敛
递减步长 $\alpha_k=0.001/\sqrt{k}$	1	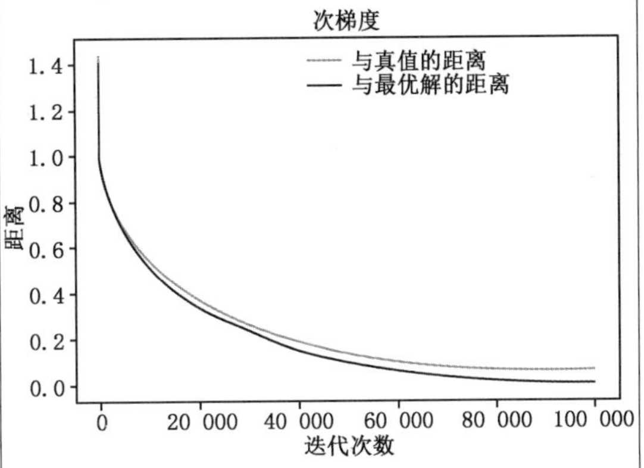	15	不收敛
前 5 000 步为固定步长，5 000 步后 $\alpha_k=\dfrac{0.001}{\sqrt{k-5\,000}}$	0.1	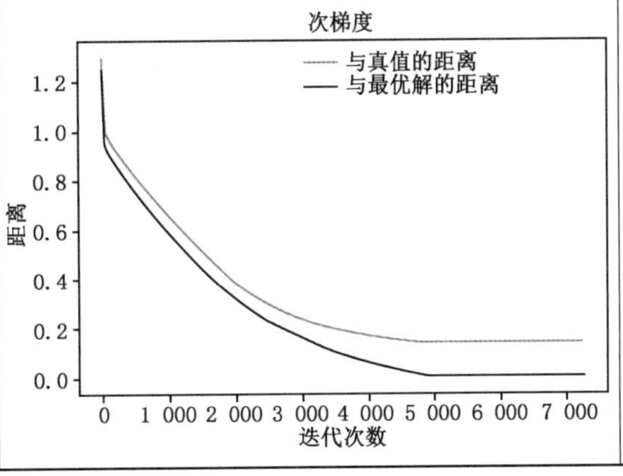	46	7 659

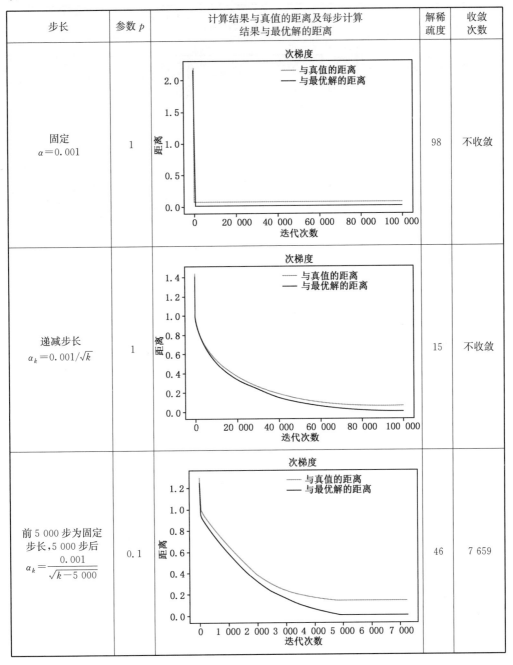

续表

步长	参数 p	计算结果与真值的距离及每步计算结果与最优解的距离	解稀疏度	收敛次数
前 10 000 步为固定步长，10 000 步后 $\alpha_k=\dfrac{0.001}{\sqrt{k-10\ 000}}$	0.1	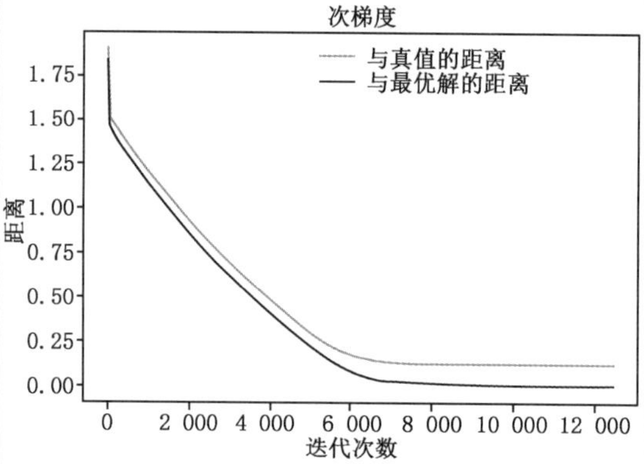	43	12 346

实验发现，当为固定步长时，解不收敛；当为递减步长时，可以收敛但收敛效果并不好；当 p 较大时又会导致不收敛；如果限制前 n 步为固定步长，之后为递减步长，会有更好效果。尝试前 n 次迭代为固定步长固定 $\alpha=0.001$，之后为 $0.001/\sqrt{k-n}$ 递减步长，p 值对结果的稀疏度影响不明显，但是对收敛性有一定影响；前 10 000 步设置为固定步长，10 000 步后设置 $\alpha_k=0.001/\sqrt{k-10\ 000}$ 递减步长，此时收敛性较好且最优解与真实解较为接近。

9.2　ADMM 算法

交替方向乘子(alternating direction method of multipliers，ADMM) 算法是求解具有可分结构凸规划问题的一种简单有效的方法，在大规模优化问题上成效显著。该算法利用目标函数的可分离性，将原问题分解为若干个极小化子问题，然后交替地进行求解。本节介绍 ADMM 算法并解决组 LASSO 问题，可视化显示其收敛性。

9.2.1　ADMM 的发展

ADMM 由加贝(Gabay)等人在 20 世纪 70 年代提出，现在已具有完备的理论和算法体系[228−232]。ADMM 优化方法综合利用了增强拉格朗日方法(the augmented Lagrangian)的快收敛和对偶分解方法(dual decomposition)的低算法复杂度的优点，并有分布凸优化(distributed convex optimization)理论作为支撑，成为解决大尺度优化问题的一个非常重要的工具。随着 2006 年坎迪斯、陶哲轩和多诺霍等人提出的一种新的信号采样理论——压缩感知，ADMM 重新焕发了青春[228]。ADMM 用于具有两个可分离变量的凸优化问题的收敛性及收敛速度虽然已有比较成熟的理论分析，然而扩展到具有三个以上可分离变量的凸优化问题的收敛性问题还未得到很好的解决。ADMM 用于非凸优化问题也是一个公开的问题。已经有很多应用表明 ADMM 用于非凸问题的有效性。关于 ADMM 研究着重于以下三个方面：(1)ADMM 能否用于更多的优化问题和更多的非凸优化问题。(2)ADMM 用于多个可分离变量的优化问题的收敛性需要什么样的充分条件来保证，其收敛速度如何。(3)对于非凸问题，ADMM 的收敛性如何，或者对于哪些特殊结构的非凸问题可保证其收敛性。应用中，ADMM 应用的实例往往是目标函数分离为一个简单函数 f 和一个比较复杂的函数 g。ADMM 可以应用于传统的约束最优化问题、BP 问题、L_1 正则化最小化优化问题、LASSO 问题、约束非凸优化问题、字典学习问题、非负矩阵分解问题等。

9.2.2　ADMM 基本原理

设 $\boldsymbol{A}$ 是一个是实对称矩阵，用 $\lambda_{\min}(\boldsymbol{A})$ 和 $\lambda_{\max}(\boldsymbol{A})$ 分别表示矩阵 $\boldsymbol{A}$ 的最小特征值与最大特征值。用符号 $\boldsymbol{A}>\boldsymbol{0}$(或 $\boldsymbol{A}\geqslant\boldsymbol{0}$)表示矩阵 $\boldsymbol{A}$ 是正定(或半正定)矩阵。因此，$\boldsymbol{A}>\boldsymbol{0}$(或 $\boldsymbol{A}\geqslant\boldsymbol{0}$)的充分必要条件是矩阵 $\boldsymbol{A}$ 的所有特征值都是正数(或者都是非负数)，即 $\lambda_{\min}(\boldsymbol{A})>0$(或者 $\lambda_{\min}(\boldsymbol{A})\geqslant 0$)。对于两个对称矩阵 $\boldsymbol{A},\boldsymbol{B}\in\mathbf{R}^{n\times n}$，称 $\boldsymbol{A}>\boldsymbol{B}$(或者 $\boldsymbol{A}\geqslant\boldsymbol{B}$)如果 $\boldsymbol{A}-\boldsymbol{B}>\boldsymbol{0}$(或者 $\boldsymbol{A}-\boldsymbol{B}\geqslant\boldsymbol{0}$)。设 $\boldsymbol{A}>\boldsymbol{0}$，用 $\|\boldsymbol{x}\|_A=\sqrt{\boldsymbol{x}^{\mathrm{T}}\boldsymbol{A}\boldsymbol{x}}$ 表示向量 $\boldsymbol{x}$ 的 $\boldsymbol{A}$－范数。对于一个给定的矩阵 $\boldsymbol{A}$，它的范数定义为

$$\|\boldsymbol{A}\|=\sup_{\boldsymbol{x}\neq\boldsymbol{0}}\frac{\|\boldsymbol{A}\boldsymbol{x}\|}{\|\boldsymbol{x}\|} \tag{9-18}$$

首先考虑具有等式约束的凸优化问题

$$\begin{cases}\min f(\boldsymbol{x})\\ \text{s. t.}\ \ \boldsymbol{A}\boldsymbol{x}=\boldsymbol{b}\end{cases} \tag{9-19}$$

其中 $\boldsymbol{x}\in\mathbf{R}^n,\boldsymbol{A}\in\mathbf{R}^{m\times n},f:\mathbf{R}^n\to\mathbf{R}$ 是凸函数。

首先介绍一种优化算法，即增广拉格朗日乘子法。式(9－19)的增广拉格朗日函数定义为

$$L_\rho(\boldsymbol{x},\boldsymbol{\lambda})=f(\boldsymbol{x})+\boldsymbol{\lambda}^{\mathrm{T}}(\boldsymbol{A}\boldsymbol{x}-\boldsymbol{b})+(\rho/2)\|\boldsymbol{A}\boldsymbol{x}-\boldsymbol{b}\|^2 \tag{9-20}$$

其中，$\rho>0$ 为罚参数。当 $\rho=0$ 时，L_ρ 即为式(9－19)的拉格朗日函数。增广拉格朗日乘子法的迭代步骤是

$$\begin{cases}\boldsymbol{x}^{(k+1)}=\underset{x}{\operatorname{argmin}}L_\rho(\boldsymbol{x},\boldsymbol{\lambda}^{(k)})\\ \boldsymbol{\lambda}^{(k+1)}=\boldsymbol{\lambda}^{(k)}+\rho(\boldsymbol{A}\boldsymbol{x}^{(k+1)}-\boldsymbol{b})\end{cases} \tag{9-21}$$

其中 $\boldsymbol{\lambda}$ 为拉格朗日乘子，即对偶变量。

该算法的优点是不需要太强的条件就能保证迭代序列的收敛性，比如对罚参数 ρ，在迭代过程中不要求一直增大到无穷，可以取一个固定的值。但该算法的一个缺点是：当目标函数 $f(\boldsymbol{x})$ 可分离时，如模型(9—19)有如下形式：

$$\begin{cases}\min\ f(\boldsymbol{x})+g(\boldsymbol{y}) \\ \text{s.t}\quad \boldsymbol{Ax}+\boldsymbol{By}=\boldsymbol{b}\end{cases} \tag{9—22}$$

其中 g 也是凸函数。在 x 迭代步中，增广拉格朗日函数 L_ρ 是不可分的，对于 x 子问题无法对分离的变量进行并行的求解。

交替方向乘子法(ADMM)主要用于解决类似式(9—22)这种具有可分离变量的优化问题。其中 $\boldsymbol{x}\in\mathbf{R}^n,\boldsymbol{y}\in\mathbf{R}^m,\boldsymbol{A}\in\mathbf{R}^{p\times n},\boldsymbol{B}\in\mathbf{R}^{p\times m},\boldsymbol{b}\in\mathbf{R}^p$。这里先假设 f 和 g 是凸函数，之后再做其他的假设。和上一节中定义类似，式(9—22)的增广拉格朗日罚函数为：

$$L_\rho(\boldsymbol{x},\boldsymbol{y},\boldsymbol{\lambda})=f(\boldsymbol{x})+g(\boldsymbol{y})+\boldsymbol{\lambda}^{\mathrm{T}}(\boldsymbol{Ax}+\boldsymbol{By}-\boldsymbol{b})+(\rho/2)\|\boldsymbol{Ax}+\boldsymbol{By}-\boldsymbol{b}\|^2 \tag{9—23}$$

ADMM 算法迭代步骤如下：

$$\begin{cases}\boldsymbol{x}^{(k+1)}=\underset{x}{\operatorname{argmin}}L_\rho(\boldsymbol{x},\boldsymbol{y}^{(k)},\boldsymbol{\lambda}^{(k)}) \\ \boldsymbol{y}^{(k+1)}=\underset{y}{\operatorname{argmin}}L_\rho(\boldsymbol{x}^{(k+1)},\boldsymbol{y},\boldsymbol{\lambda}^{(k)}) \\ \boldsymbol{\lambda}^{(k+1)}=\boldsymbol{\lambda}^{(k)}+\rho(\boldsymbol{Ax}^{(k+1)}+\boldsymbol{By}^{(k+1)}-\boldsymbol{b})\end{cases} \tag{9—24}$$

其中，$\rho>0$。该算法和增广拉格朗日乘子法相似的地方就是先对变量 $\boldsymbol{x}$ 和 $\boldsymbol{y}$ 进行迭代求解然后再对对偶变量进行迭代求解。

利用增广拉格朗日乘子法进行求解迭代步骤为：

$$\begin{cases}(\boldsymbol{x}^{(k+1)},\boldsymbol{y}^{(k+1)})=\underset{x,y}{\operatorname{argmin}}L_\rho(\boldsymbol{x},\boldsymbol{y},\lambda^{(k)})p \\ \boldsymbol{\lambda}^{(k+1)}=\boldsymbol{\lambda}^{(k)}+\rho(\boldsymbol{Ax}^{(k+1)}+\boldsymbol{By}^{(k+1)}-\boldsymbol{b})\end{cases} \tag{9—25}$$

可见，增广拉格朗日乘子法子问题中会同时处理两个分离的变量，而 ADMM 是对变量交替进行的，这也是算法名字的由来。可以认为这是将 Gauss-Seidel 迭代法用于两个变量。从算法框架可以看出，ADMM 算法更适合于解决具有分离变量的问题，因为目标函数中 f 和 g 也是分离的。

ADMM 算法还有另一种等价形式。如果定义所谓的残差为 $\boldsymbol{r}^k=\boldsymbol{Ax}^k+\boldsymbol{Bz}^k-\boldsymbol{C}$，再定义 $\boldsymbol{u}^k=(1/\rho)\boldsymbol{\lambda}^k$ 作为尺度化对偶变量有

$$(\boldsymbol{\lambda}^k)^{\mathrm{T}}r^k+(\rho/2)\|\boldsymbol{r}^k\|_2^2=(\rho/2)\|\boldsymbol{r}^k+\boldsymbol{u}^k\|_2^2-(\rho/2)\|\boldsymbol{u}^k\|_2^2 \tag{9—26}$$

即可得到 ADMM 算法迭代步骤变为：

$$\begin{cases} \boldsymbol{x}^{(k+1)} = \underset{x}{\operatorname{argmin}}(f(\boldsymbol{x}) + (\rho/2)\|\boldsymbol{Ax} + \boldsymbol{By}^{(k)} - \boldsymbol{b} + \boldsymbol{u}^{(k)}\|^2) \\ \boldsymbol{y}^{(k+1)} = \underset{y}{\operatorname{argmin}}(g(\boldsymbol{y}) + (\rho/2)\|\boldsymbol{Ax}^{(k+1)} + \boldsymbol{By} - \boldsymbol{b} + \boldsymbol{u}^{(k)}\|^2) \\ \boldsymbol{u}^{(k+1)} = \boldsymbol{u}^{(k)} + \boldsymbol{Ax}^{(k+1)} + \boldsymbol{By}^{(k+1)} - \boldsymbol{b} \end{cases} \tag{9-27}$$

ADMM 算法可以扩展到具有多个可分离变量的优化问题：

$$\begin{cases} \min \sum_{i=1}^{m} f_i(\boldsymbol{x}_i) \\ \text{s. t} \quad \sum_{i=1}^{m} \boldsymbol{A}_i \boldsymbol{x}_i = \boldsymbol{b} \end{cases} \tag{9-28}$$

其迭代步骤变为

$$\begin{cases} \boldsymbol{x}_1^{(k+1)} = \underset{x_1}{\operatorname{argmin}} L_\rho(\boldsymbol{x}_1, \boldsymbol{x}_2^{(k)}, \ldots, \boldsymbol{x}_m^{(k)}, \boldsymbol{\lambda}^{(k)}) \\ \boldsymbol{x}_2^{(k+1)} = \underset{x_2}{\operatorname{argmin}} L_\rho(\boldsymbol{x}_1^{(k+1)}, \boldsymbol{x}_2, \ldots, \boldsymbol{x}_m^{(k)}, \boldsymbol{\lambda}^{(k)}) \\ \vdots \\ \boldsymbol{x}_m^{(k+1)} = \underset{x_m}{\operatorname{argmin}} L_\rho(\boldsymbol{x}_1^{(k+1)}, \boldsymbol{x}_2^{(k+1)}, \ldots, \boldsymbol{x}_m, \boldsymbol{\lambda}^{(k)}) \\ \boldsymbol{\lambda}^{(k+1)} = \boldsymbol{\lambda}^{(k)} + \rho(\sum_{i=1}^{m} \boldsymbol{A}_i \boldsymbol{x}_i^{(k+1)} - \boldsymbol{b}) \end{cases} \tag{9-29}$$

更新停止的条件为同时满足以下条件：

$$\begin{cases} \|\boldsymbol{r}^k\|_2 \leqslant e^{\text{pri}} \\ \|\boldsymbol{s}^k\|_2 \leqslant e^{\text{dual}} \end{cases} \tag{9-30}$$

其中，$\boldsymbol{s}^k$ 为对偶残差，

$$\boldsymbol{s}^{k+1} = \rho \boldsymbol{A}^{\mathrm{T}} \boldsymbol{B}(\boldsymbol{z}^{k+1} - \boldsymbol{z}^k) \tag{9-31}$$

$\boldsymbol{r}^k$ 为主残差，且

$$\begin{cases} \boldsymbol{r}^{k+1} = \boldsymbol{Ax}^{k+1} + \boldsymbol{Bz}^{k+1} - \boldsymbol{b} \\ e^{\text{pri}} = \sqrt{p}\, e^{\text{abs}} + e^{\text{rel}} \max\{\|\boldsymbol{Ax}^k\|_2, \|\boldsymbol{Bz}^k\|_2, \|\boldsymbol{b}\|_2\} \\ e^{\text{dual}} = \sqrt{n}\, e^{\text{abs}} + e^{\text{rel}} \|\boldsymbol{A}^{\mathrm{T}} \boldsymbol{y}^k\|_2 \end{cases} \tag{9-32}$$

应用中一般根据 $\boldsymbol{e}^{\text{pri}}$ 和 $\boldsymbol{e}^{\text{dual}}$ 足够小来停止迭代，阈值包含了绝对容忍度(absolute tolerance)和相对容忍度(relative tolerance)，相对停止阈值或者绝对阈值要根据变量取值范围来选取。另外一些细节问题，比如原来惩罚参数是不变的，一些文献也做了可变的惩罚参数，降低对于惩罚参数初始值的依赖性。变动参数会导致 ADMM 的收敛性证明比较困难。实际中一般经过一系列迭代后稳定，可直接用固定惩罚参数。

9.2.3 ADMM 收敛性

考虑 ADMM 收敛性的两可分离变量的问题式(9—22)。为了保证收敛性,先做两个假设条件。

条件 1:函数 $f:\mathbf{R}^n\to\mathbf{R}\cup\{\infty\}$ 和函数 $g:\mathbf{R}^m\to\mathbf{R}\cup\{\infty\}$ 是闭的,且是凸的特展(proper)函数。

条件 2:拉格朗日函数 L_0 有鞍点。

条件 1 是为了说明 $\boldsymbol{x}$ 和 $\boldsymbol{y}$ 子问题是可解的,虽然不一定有唯一解。我们可以看到假设并没要求函数 f 和 g 是可微的,且可以取到 $+\infty$。比如可以取 f 为一个闭区间 C 的示性函数,即 $f(\boldsymbol{x})=0,\boldsymbol{x}\in C$,在其他点上 $f(\boldsymbol{x})=+\infty$。这种情况下 x 子问题就是求解一个约束在 C 上的二次函数。条件 2 是说存在 $\boldsymbol{x}^*,\boldsymbol{y}^*,\boldsymbol{\lambda}^*$,不一定唯一,对所有的 $\boldsymbol{x},\boldsymbol{y},\boldsymbol{\lambda}$ 满足

$$L_0(\boldsymbol{x}^*,\boldsymbol{y}^*,\boldsymbol{\lambda})\leqslant L_0(\boldsymbol{x}^*,\boldsymbol{y}^*,\boldsymbol{\lambda}^*)\leqslant L_0(\boldsymbol{x},\boldsymbol{y},\boldsymbol{\lambda}^*) \tag{9—33}$$

由条件 1 成立,有 $L_0(\boldsymbol{x}^*,\boldsymbol{y}^*,\boldsymbol{\lambda}^*)$ 对任意的 $\boldsymbol{x}^*,\boldsymbol{y}^*,\boldsymbol{\lambda}^*$ 是有限的。这表示 $\boldsymbol{x}^*$,$\boldsymbol{y}^*$ 是式(9—22)的一个解,所以 $\boldsymbol{A}\boldsymbol{x}^*+\boldsymbol{B}\boldsymbol{y}^*=\boldsymbol{b}$,且 $f(\boldsymbol{x}^*)<\infty,g(\boldsymbol{y}^*)<\infty$。同时也表示 $\boldsymbol{\lambda}^*$ 是对偶最优解,且强对偶条件满足,即原始解和对偶解等价。

在条件 1 和条件 2 都成立的情况下,ADMM 的迭代序列有以下结果:

当 $k\to\infty$ 时,剩余量 $\boldsymbol{r}^{(k)}=\boldsymbol{A}\boldsymbol{x}^{(k)}+\boldsymbol{B}\boldsymbol{Y}^{(k)}-\boldsymbol{b}\to 0$,即迭代序列满足约束条件。

当 $k\to\infty$ 时,目标函数收敛:$f(\boldsymbol{x}^{(k)})+g(\boldsymbol{y}^{(k)})\to p^*$,即目标函数趋向于最优解。

当 $k\to\infty$ 时,对偶变量收敛:$\boldsymbol{\lambda}^{(k)}\to\boldsymbol{\lambda}^*$,即 $\boldsymbol{\lambda}^*$ 是对偶最优解。

ADMM 收敛速度较慢,尤其是到了最优解的附近。但对很多大规模的现实问题,往往不需要太高的精度要求,ADMM 可以很快地收敛到要求的精度。一些学者针对这个问题对 ADMM 算法进行改进,以加快 ADMM 的收敛速度。如考虑将 ADMM 算法与需要一阶导数的优化算法相结合,来达到快速收敛的目的。类似于共轭梯度方法,迭代数十次后只可以得到一个可接受的结果。将 ADMM 与其他高精度算法结合起来,这样从一个可接受的结果变得在预期时间内可以达到较高收敛精度。其次,ADMM 算法与拉格朗日优化算法不同之处在于 ADMM 算法中对偶变量 $\boldsymbol{y}$ 的更新步长是 ρ。更重要的是,ADMM 算法的目标函数式关于 $\boldsymbol{x}$ 的利普希茨常数为 $L_f+\rho\|\mathbf{A}\|$(其中 L_f 表示 $f(x)$ 的利普希茨常数),明显大于拉格朗日优化目标函数 $L(\boldsymbol{x},\boldsymbol{y})$ 的利普希茨常数。因此,ADMM 算法有更快的收敛速度。

9.2.4 尺度化 ADMM 算法

考虑如下优化问题:

$$\begin{cases}\min\limits_{x,z}\{f(\boldsymbol{x})+g(\boldsymbol{z})\}\\ \text{s. t. } \boldsymbol{c}=\boldsymbol{Ax}+\boldsymbol{Bz}\end{cases} \tag{9-34}$$

其增强拉格朗日原始一对偶问题是

$$\min_{y}\ \min_{x,z}\{L_\rho(\boldsymbol{x},\boldsymbol{z},\boldsymbol{y})\} \tag{9-35}$$

其中，$L_\rho(\boldsymbol{x},\boldsymbol{z},\boldsymbol{y})$是增强拉格朗日函数：

$$L_\rho(\boldsymbol{x},\boldsymbol{z},\boldsymbol{y})=f(\boldsymbol{x})+g(\boldsymbol{z})+\boldsymbol{y}^{\mathrm{T}}(\boldsymbol{Ax}+\boldsymbol{Bz}-\boldsymbol{c})+\frac{\rho}{2}\|\boldsymbol{c}-\boldsymbol{Ax}-\boldsymbol{Bz}\|_2^2 \tag{9-36}$$

式中 $\boldsymbol{y}$ 表示拉格朗日对偶变量。由式(9－34)和(9－35)得到问题式(9－36)的对偶问题：

$$\begin{cases}\max\limits_{y}\{d_\rho(\boldsymbol{y})\}\\ \nabla_x g(\boldsymbol{z})+\boldsymbol{B}'\boldsymbol{y}=0\end{cases} \tag{9-37}$$

其中，$d_\rho(\boldsymbol{y})=\min\limits_{x,z}\{L_\rho(\boldsymbol{x},\boldsymbol{z},\boldsymbol{y})\}$。

采用交替迭代算法求解式(9－37)，在多数情况下，ADMM 算法流程涉及较多的矩阵－向量乘法运算，有较大计算量。为了克服这个问题，实际中常采用尺度化的(scaled)ADMM 算法。

引入尺度化对偶变量 $\boldsymbol{u}=\frac{1}{\rho}\boldsymbol{y}$ 和原始问题式(9－34)的残差变量 $\boldsymbol{\gamma}=\boldsymbol{Ax}^{(k+1)}+\boldsymbol{Bz}^{(k+1)}-\boldsymbol{c}$，可得到

$$\begin{aligned}\boldsymbol{y}^{\mathrm{T}}(\boldsymbol{Ax}+\boldsymbol{Bz}-\boldsymbol{c})+\frac{\rho}{2}\|\boldsymbol{c}-\boldsymbol{Ax}-\boldsymbol{Bz}\|_2^2&=\boldsymbol{y}^{\mathrm{T}}\boldsymbol{\gamma}+\frac{\rho}{2}\|\boldsymbol{r}\|_2^2\\&=\frac{\rho}{2}\|\boldsymbol{r}+\frac{1}{\rho}\boldsymbol{y}\|_2^2-\frac{1}{2\rho}\|\boldsymbol{y}\|_2^2=\frac{\rho}{2}\|\boldsymbol{r}+\boldsymbol{u}\|_2^2-\frac{\rho}{2}\|\boldsymbol{u}\|_2^2\end{aligned} \tag{9-38}$$

将式(9－38)代入式(9－36)和式(9－35)得到如下拉格朗日问题：

$$\max_{y}\ \max_{x,z}\{L_\rho(\boldsymbol{x},\boldsymbol{z},\boldsymbol{y})\} \tag{9-39}$$

其中

$$L_\rho(\boldsymbol{x},\boldsymbol{z},\boldsymbol{y})=f(\boldsymbol{x})+g(\boldsymbol{z})+\frac{\rho}{2}\|\boldsymbol{r}+\boldsymbol{u}\|_2^2-\frac{\rho}{2}\|\boldsymbol{u}\|_2^2 \tag{9-40}$$

交替迭代算法求解式(9－39)和式(9－40)，得到如下尺度化 ADMM 算法流程。

初始化 $x^{(0)}$，$z^{(0)}$，$\boldsymbol{u}^{(0)}$

$k=1,2,\cdots$

$$\begin{cases} \boldsymbol{x}^{(k+1)} = \operatorname{argmin}_x \{ f(\boldsymbol{x}) + \frac{\rho}{2} \|\boldsymbol{A}\boldsymbol{x} + \boldsymbol{B}\boldsymbol{z}^{(k)} - \boldsymbol{c} + \boldsymbol{u}^{(k)}\|_2^2 \} \\ \boldsymbol{z}^{(k+1)} = \operatorname{argmin}_z \{ g(\boldsymbol{z}) + \frac{\rho}{2} \|\boldsymbol{A}\boldsymbol{x}^{(k+1)} + \boldsymbol{B}\boldsymbol{z} - \boldsymbol{c} + \boldsymbol{u}^{(k)}\|_2^2 \} \\ \boldsymbol{u}^{(k+1)} = \boldsymbol{u}^{(k)} + \boldsymbol{A}\boldsymbol{x}^{(k+1)} + \boldsymbol{B}\boldsymbol{z}^{(k+1)} - \boldsymbol{c} \end{cases} \tag{9-41}$$

在 ADMM 的发展过程中，ADMM 算法有诸多改进，下面列举一些改进。第一种扩展是在 $\boldsymbol{y}$ 和 $\boldsymbol{\lambda}$ 迭代过程中，将 $\boldsymbol{A}\boldsymbol{x}^{(k+1)}$ 替换成 $\alpha^{(k)}\boldsymbol{A}\boldsymbol{x}^{(k+1)} - (1-\alpha^{(k)})(\boldsymbol{B}\boldsymbol{y}^{(k)} - \boldsymbol{b})$，其中 $\alpha^{(k)} \in (0,2)$ 是松弛参数，如果 $\alpha^{(k)} > 1$，被称为“过松弛”；如果 $\alpha^{(k)} < 1$，被称为“次松弛”。第二种扩展被称为非精确最小化，即 $\boldsymbol{x}$ 和 $\boldsymbol{y}$ 子问题中不求解精确解来加快求解速度，也就是当子问题求解满足一定条件时就进行下一步运算，而不是进行精确的算法求解。这种扩展在实际应用中比较常见，因为这种做法确实能提高求解的效率。子问题可以采取目标函数线性化等策略，或者先开始采用近似解然后再越来越精确地求解。第三种扩展是子问题迭代次序和次数的改变。各个子问题在迭代的时候改变其迭代次序或者进行多次迭代。比如将变量分为多个块，在进行对偶变量迭代之前，对每一块按一定次序迭代或者多次迭代。另一个变种是在进行 $\boldsymbol{x}$ 和 $\boldsymbol{y}$ 变量迭代之前先对对偶变量更新。

9.2.5 ADMM 解决组 LASSO 问题

优化问题

$$\min_{x \in \mathbf{R}^d} \left\{ P(\boldsymbol{x}) = \sum_{i=1}^{n} \varphi_i(\boldsymbol{a}_i^{\mathrm{T}}\boldsymbol{x}) + \lambda g(\boldsymbol{x}) \right\} \tag{9-42}$$

其对偶函数为

$$\min_{x \in \mathbf{R}} \left\{ D(\boldsymbol{y}) = \sum_{i=1}^{n} -\varphi_i^*(-y_i) - \lambda g^*\left(\frac{1}{\lambda}\sum_{i=1}^{n} a_i y_i\right) \right\} \tag{9-43}$$

式中，$\boldsymbol{a}_1, \cdots, \boldsymbol{a}_n \in \mathbf{R}^d$ 为 n 个数据样本向量；$\varphi_1, \cdots, \varphi_n$ 为损失函数；$\varphi_1{}^*, \cdots, \varphi_n{}^*$ 为 φ 的共轭函数；$g(\cdot)$ 为正则化函数；$g^*(\cdot)$ 为 g 的共轭函数；$\boldsymbol{x}$ 为原始变量；$\boldsymbol{y}$ 为对偶变量；$\lambda \geqslant 0$ 为正则化参数。

每一个样本数据 $\boldsymbol{a}_i$，对应着一个独立的变量 $\boldsymbol{b}_i$，当 $\varphi_i(\boldsymbol{a}_i^{\mathrm{T}}\boldsymbol{x}) = \frac{1}{2}(\boldsymbol{a}_i^{\mathrm{T}}\boldsymbol{x} - \boldsymbol{b}_i)^2$，$g(\boldsymbol{x}) = \|\boldsymbol{x}\|_1$，即得到 L_1 约束线性回归的特殊形式，称为 LASSO 问题，即

$$\min \frac{1}{2}\|\boldsymbol{A}\boldsymbol{x} - \boldsymbol{b}\|_2^2 + \lambda\|\boldsymbol{x}\|_1 \tag{9-44}$$

式中，变量 $\boldsymbol{x} \in \mathbf{R}^n$；矩阵 $\boldsymbol{A} \in \mathbf{R}^{m \times n}$；$\boldsymbol{b} \in \mathbf{R}^m$；$\lambda > 0$ 是尺度约束参数。LASSO 问题可以解释为寻找最小二乘或线性回归的稀疏解。

文献[136]在 2006 年将 LASSO 方法推广到组，诞生了组 LASSO。可以将所有变量分组，然后在目标函数中惩罚每一组的 L_2 范数，达到的效果就是可以将一整组的系数同时消成零，即抹掉一整组的变量，这种方法叫组 LASSO 算法。

组 LASSO 问题：

$$\begin{cases}\min \dfrac{1}{2}\|\boldsymbol{A}\boldsymbol{x}-\boldsymbol{b}\|_2^2+\lambda\sum\limits_{i=1}^{N}\|\boldsymbol{x}_i\|_2 \\ \text{s.t.}\quad \boldsymbol{x}_i-\hat{\boldsymbol{z}}_i=0, i=1,\cdots,N\end{cases} \tag{9-45}$$

式中，$\boldsymbol{x}=(\boldsymbol{x}_1,\cdots,\boldsymbol{x}_N)$，$\boldsymbol{x}_i\in\mathbf{R}^n$，$\boldsymbol{A}=\{\boldsymbol{A}_1,\cdots,\boldsymbol{A}_J\}\in\mathbf{R}^{m\times n}$

将 LASSO 问题写为

$$\begin{cases}\min f(\boldsymbol{x})+g(\boldsymbol{z}) \\ \text{s.t.}\quad \boldsymbol{x}-\boldsymbol{z}=0\end{cases} \tag{9-46}$$

式中，$f(\boldsymbol{x})=\dfrac{1}{2}\|\boldsymbol{A}\boldsymbol{x}-b\|_2^2$，$g(\boldsymbol{x})=\lambda\sum\limits_{i=1}^{N}\|\boldsymbol{x}_i\|_2$。

组 LASSO 每一个正则化约束项都是分开的，但并不是完全的分开。解决组 LASSO 问题一般采用分裂方法，对每一个子问题进行 LASSO 问题的处理。基于 ADMM 算法，模型(9－44)的拉格朗日函数为

$$L=(1/2)\|\boldsymbol{A}\boldsymbol{x}-\boldsymbol{b}\|_2^2+\lambda\|\boldsymbol{z}\|_1+\boldsymbol{\mu}(\boldsymbol{x}-\boldsymbol{z})+\frac{\rho}{2}\|\boldsymbol{x}-\boldsymbol{z}\|_2^2 \tag{9-47}$$

更新 $\boldsymbol{x}$：

$$\frac{\partial L}{\partial \boldsymbol{x}}=\boldsymbol{A}^{\mathrm{T}}(\boldsymbol{A}\boldsymbol{x}-\boldsymbol{b})+\boldsymbol{\mu}+\rho(\boldsymbol{x}-\boldsymbol{z})=0$$

$$\boldsymbol{A}^{\mathrm{T}}\boldsymbol{A}\boldsymbol{x}-\boldsymbol{A}^{\mathrm{T}}\boldsymbol{b}+\boldsymbol{\mu}+\rho\boldsymbol{x}-\rho\boldsymbol{z}=0$$

$$(\boldsymbol{A}^{\mathrm{T}}\boldsymbol{A}+\rho I)\boldsymbol{x}=\boldsymbol{A}^{\mathrm{T}}\boldsymbol{b}+\rho\boldsymbol{z}-\boldsymbol{\mu}$$

$$\boldsymbol{x}=(\boldsymbol{A}^{\mathrm{T}}\boldsymbol{A}+\rho I)^{-1}(\boldsymbol{A}^{\mathrm{T}}\boldsymbol{b}+\rho\boldsymbol{z}-\boldsymbol{\mu}) \tag{9-48}$$

更新 $\boldsymbol{z}$：

当 $\boldsymbol{z}>\boldsymbol{0}$ 时

$$\lambda\boldsymbol{z}+\boldsymbol{\mu}(\boldsymbol{x}-\boldsymbol{z})+\frac{\rho}{2}\|\boldsymbol{x}-\boldsymbol{z}\|_2^2$$

$$\frac{\partial}{\partial \boldsymbol{z}}=\boldsymbol{\lambda}-\boldsymbol{\mu}-\rho\boldsymbol{x}+\rho\boldsymbol{z}=0$$

$$\boldsymbol{z}=\boldsymbol{x}+\frac{\boldsymbol{\mu}}{\rho}-\frac{\boldsymbol{\lambda}}{\rho} \tag{9-49}$$

当 $\boldsymbol{z}<\boldsymbol{0}$ 时

$$-\lambda\boldsymbol{z}+\boldsymbol{\mu}(\boldsymbol{x}-\boldsymbol{z})+\frac{\rho}{2}\|\boldsymbol{x}-\boldsymbol{z}\|_2^2$$

$$\frac{\partial}{\partial \boldsymbol{z}}=-\boldsymbol{\lambda}-\boldsymbol{\mu}-\rho\boldsymbol{x}+\rho\boldsymbol{z}=0$$

$$\boldsymbol{z}=\boldsymbol{x}+\frac{\boldsymbol{\mu}}{\rho}+\frac{\boldsymbol{\lambda}}{\rho} \tag{9-50}$$

更新 $\boldsymbol{\mu}$：

$$\boldsymbol{u}^{k+1}=\boldsymbol{u}^{k}+\boldsymbol{x}^{k+1}-\boldsymbol{z}^{k+1} \tag{9-51}$$

更新停止的条件为同时满足以下条件：

$$\begin{cases}\|\boldsymbol{r}^{k}\|_2\leqslant e^{\text{pri}}\\ \|\boldsymbol{s}^{k}\|_2\leqslant e^{\text{dual}}\end{cases} \tag{9-52}$$

其中 $\boldsymbol{s}^{k}$ 为对偶残差，$\boldsymbol{s}^{k+1}=\rho\boldsymbol{A}^{\mathrm{T}}\boldsymbol{B}(\boldsymbol{z}^{k+1}-\boldsymbol{z}^{k})$，$\boldsymbol{r}^{k}$ 为主残差，$\boldsymbol{r}^{k+1}=\boldsymbol{A}\boldsymbol{x}^{k+1}+\boldsymbol{B}\boldsymbol{z}^{k+1}-\boldsymbol{c}$。

$$\begin{cases}e^{\text{pri}}=\sqrt{p}\,e^{\text{abs}}+e^{\text{rel}}\max\{\|\boldsymbol{A}\boldsymbol{x}^{k}\|_2,\|\boldsymbol{B}\boldsymbol{z}^{\mathrm{k}}\|_2,\|\boldsymbol{c}\|_2\}\\ e^{\text{dual}}=\sqrt{n}\,e^{\text{abs}}+e^{\text{rel}}\|\boldsymbol{A}^{\mathrm{T}}\boldsymbol{y}^{k}\|_2\end{cases} \tag{9-53}$$

对于组 LASSO 问题 $\min f(\boldsymbol{x})+g(\boldsymbol{z})$，s. t. $\boldsymbol{x}-\boldsymbol{z}=0$，式中 $f(\boldsymbol{x})=\frac{1}{2}\|\boldsymbol{A}\boldsymbol{x}-\boldsymbol{b}\|_2^2$，$g(\boldsymbol{x})=\lambda\sum_{i=1}^{N}\|\boldsymbol{x}_i\|_2$，所以 $\boldsymbol{A}=\boldsymbol{I}$，$\boldsymbol{B}=\boldsymbol{I}$，$\boldsymbol{C}=\boldsymbol{0}$。

ADMM 框架把一个大问题分成可分布式同时求解的多个小问题。ADMM 可以解决大部分实际中的大尺度问题，如图像去噪、图像恢复、语音增强压缩编码问题、神经网络中代替梯度下降来优化深度学习模型。

9.3 近端线性化近似布雷格曼(Bregman)算法

优化问题

$$\min_{x\in\mathbf{R}^N}\|\boldsymbol{x}\|_1+\frac{\mu}{2}\|\boldsymbol{A}\boldsymbol{x}-\boldsymbol{b}\|_2^2 \tag{9-54}$$

能够表示为广义形式$\min_{x} r(\boldsymbol{x})+f(\boldsymbol{x})$，其中 r 为正则函数，f 是数据拟合函数，线性化近似算法有着很长的历史，比如它的基本思想是在迭代点 x^k 处线性化函数 $f(\boldsymbol{x})$ 并添加近似项，得到新的迭代格式

$$\boldsymbol{x}^{k+1}=\arg\min_{x} r(\boldsymbol{x})+f(\boldsymbol{x}^{k})+\langle\nabla f(\boldsymbol{x}),\boldsymbol{x}-\boldsymbol{x}^{k}\rangle+\frac{1}{2\delta_k}\|\boldsymbol{x}-\boldsymbol{x}^{k}\|_2^2 \tag{9-55}$$

其中，最后一项使得 $\boldsymbol{x}^{k+1}$ 靠近 $\boldsymbol{x}^{k}$，δ_k 是步长。保留 r 而线性化 f 的目的是上式的解容易计算。

9.3.1 布雷格曼方法与增广拉格朗日函数法

(1)线性优化模型

本节介绍求解问题$\min\limits_{x\in\mathbf{R}^N}\{\|\boldsymbol{x}\|_1:\boldsymbol{A}\boldsymbol{x}-\boldsymbol{b}=\boldsymbol{0}\}$的布雷格曼算法,并阐述它与增广拉格朗日函数法的关系。

定义 9.1　由凸函数$r(\cdot)$诱导出来的布雷格曼距离定义为

$$D_r(\boldsymbol{x},\boldsymbol{y},p)=r(\boldsymbol{x})-r(\boldsymbol{y})-\langle \boldsymbol{p},\boldsymbol{x}-\boldsymbol{y}\rangle,\text{其中 } \boldsymbol{p}\in\partial r(\boldsymbol{y}) \tag{9-56}$$

从$k=0$和$(x^0,p^0)=(0,0)$开始,原始的布雷格曼迭代有两步:

$$\boldsymbol{x}^{k+1}=\underset{x}{\operatorname{argmin}}D_r(\boldsymbol{x},\boldsymbol{x}^k;p^k)+\frac{\delta}{2}\|\boldsymbol{A}\boldsymbol{x}-\boldsymbol{b}\|_2^2 \tag{9-57}$$

$$p^{k+1}=p^k+\delta\boldsymbol{A}^{\mathrm{T}}(\boldsymbol{A}\boldsymbol{x}^{k+1}-\boldsymbol{b}) \tag{9-58}$$

由式(9—57)的一阶最优条件:

$$0\in\partial r(\boldsymbol{x}^{k+1})-p^k+\delta\boldsymbol{A}^{\mathrm{T}}(\boldsymbol{A}\boldsymbol{x}^{k+1}-\boldsymbol{b}) \tag{9-59}$$

式(9—58)满足$p^{k+1}\in\partial(\boldsymbol{x}^{k+1})$

布雷格曼算法的一个有意思的变形为“残差回加”迭代:

$$\boldsymbol{b}^{k+1}=\boldsymbol{b}+(\boldsymbol{b}^k+\boldsymbol{A}\boldsymbol{x}^k) \tag{9-60}$$

$$\boldsymbol{x}^{k+1}=\underset{x}{\operatorname{argmin}}r(\boldsymbol{x})+\frac{\delta}{2}\|\boldsymbol{A}\boldsymbol{x}-\boldsymbol{b}^{k+1}\|_2^2 \tag{9-61}$$

其中$k=0$和$(\boldsymbol{x}^0,\boldsymbol{b}^0)=(0,0)$。可以证明式(9—58)和(9—60)产生的迭代点列相同,并且$p^k=-\delta\boldsymbol{A}^{\mathrm{T}}(\boldsymbol{A}\boldsymbol{x}^{k+1})$。

另一方面,式(9—57)实际上是增广拉格朗日函数法的一种形式:

$$\boldsymbol{x}^{k+1}=\underset{x}{\operatorname{argmin}}r(\boldsymbol{x})+(\boldsymbol{y}^k)^{\mathrm{T}}+\frac{\delta}{2}\|\boldsymbol{A}\boldsymbol{x}-\boldsymbol{b}\|_2^2 \tag{9-62}$$

$$\boldsymbol{y}^{k+1}=\boldsymbol{y}^k+\delta(\boldsymbol{b}-\boldsymbol{A}\boldsymbol{x}^{k+1}) \tag{9-63}$$

其中,y称为拉格朗日乘子。可以看到$\boldsymbol{y}^k=\delta\boldsymbol{b}^{k+1}$,因此算法(9—60)与(9—63)等价。

通常布雷格曼算法中式(9—57)没有显式解,需要使用如线性化近似点等算法来求解。线性布雷格曼算法将线性化应用到式(9—57)中的$\frac{\delta}{2}\|\boldsymbol{A}\boldsymbol{x}-\boldsymbol{b}\|_2^2$添加近似点项,并得到如下迭代:

$$\boldsymbol{x}^{k+1}\leftarrow\underset{x}{\operatorname{argmin}}D_r(\boldsymbol{x},\boldsymbol{x}^k;p^k)+\langle\delta\boldsymbol{A}^{\mathrm{T}}(\boldsymbol{A}\boldsymbol{x}^k-\boldsymbol{b}^k),x\rangle+\frac{1}{2\alpha}\|\boldsymbol{x}-\boldsymbol{x}^k\|_2^2 \tag{9-64}$$

$$p^{k+1}\leftarrow p^k+\delta\boldsymbol{A}^{\mathrm{T}}(\boldsymbol{A}\boldsymbol{x}^k-\boldsymbol{b}^k)-\frac{1}{\alpha}(\boldsymbol{x}^{k+1}-\boldsymbol{x}^k) \tag{9-65}$$

(2)一般模型

设 α 为常量，向量 $\boldsymbol{u}\in\mathbf{R}^n$，向量 $\boldsymbol{v}\in\mathbf{R}^n$，$\boldsymbol{u}=(u_1,u_2,\cdots,u_n)$，$\boldsymbol{v}=(v_1,v_2,\cdots,v_n)$。当 u_i 和 v_i 之间的关系满足：当 $|u_i|<\alpha$ 时，$v_i=0$；当 $|u_i|\geqslant\alpha$ 时，$v_i=\mathrm{sgn}(u_i)(|u_i|-\alpha)$。我们就称 $\boldsymbol{v}$ 是向量 $\boldsymbol{u}$ 的阈值算子，将 $\boldsymbol{v}$ 记作 $T_\alpha(\boldsymbol{u})$。其中，$\mathrm{sgn}(\cdot)$ 是符号函数，当 $x\geqslant0$ 时，$\mathrm{sgn}(x)=1$；当 $x<0$ 时，$\mathrm{sgn}(x)=-1$。设 $\boldsymbol{A}\in\mathbf{R}^{m\times n}$，$\boldsymbol{u}\in\mathbf{R}^n$，$\boldsymbol{b}\in\mathbf{R}^m$，可以利用求解约束极小化问题来求解基追踪问题：

$$\min_{u\in R^n}\{J(\boldsymbol{u}):\boldsymbol{A}\boldsymbol{u}=\boldsymbol{b}\} \tag{9—66}$$

其中，$J(\boldsymbol{u})$ 是凸函数，目标是找到 $\boldsymbol{A}\boldsymbol{u}=\boldsymbol{b}$ 的解，使得函数 $J(\boldsymbol{u})$ 的值最小。当 m、n 的大小关系为 $m<n$ 时，线性系统是欠定的。当矩阵 $\boldsymbol{A}$ 的行为满秩时，解的个数将为无穷多个；当矩阵 $\boldsymbol{A}$ 的行不是满秩时，应该考虑其最小二乘解。如果 $J(\boldsymbol{u})$ 是强制的，那么 $\min_{u\in\mathbf{R}^n}\{J(\boldsymbol{u}):\boldsymbol{A}\boldsymbol{u}=\boldsymbol{b}\}$ 存在非空凸。如果 $J(\boldsymbol{u})$ 是强凸或者严格凸的，那么 $\min_{u\in\mathbf{R}^n}\{J(\boldsymbol{u}):\boldsymbol{A}\boldsymbol{u}=\boldsymbol{b}\}$ 存在唯一解。

设 $J(\boldsymbol{u})$ 是 $\mathbf{R}^n\to\mathbf{R}$ 的凸函数，则关于 $\boldsymbol{u}$，$\boldsymbol{v}$ 两点之间的布雷格曼距离可以定义为

$$D_J^{pk}(\boldsymbol{u},\boldsymbol{v}):=J(\boldsymbol{u})-J(\boldsymbol{v})-[\boldsymbol{p},\boldsymbol{u}-\boldsymbol{v}] \tag{9—67}$$

其中，$\boldsymbol{p}$ 是 $\partial J(\boldsymbol{v})$ 中的次梯度，$\boldsymbol{p}\in\mathbf{R}^n$。

对于约束极小化问题 $\min\{J(\boldsymbol{u}):\boldsymbol{A}\boldsymbol{u}=\boldsymbol{b}\}$，一般用布雷格曼迭代正则化方法对其进行计算。首先把此问题变成无约束问题

$$\min_{u\in\mathbf{R}^n}\mu J(\boldsymbol{u})+\frac{1}{2}\|\boldsymbol{A}\boldsymbol{u}-\boldsymbol{b}\|^2 \tag{9—68}$$

布雷格曼的迭代方法为：

$$\begin{cases}\boldsymbol{u}^0=\boldsymbol{p}^0=\boldsymbol{0}\\ \boldsymbol{u}^{k+1}=\underset{u\in\mathbf{R}^n}{\mathrm{argmin}}\,\mu D_j^{pk}(\boldsymbol{u},\boldsymbol{u}^k)+\dfrac{1}{2}\|\boldsymbol{A}\boldsymbol{u}-\boldsymbol{b}\|^2\\ \boldsymbol{p}^{k+1}=\boldsymbol{p}^k-\dfrac{1}{\mu}\boldsymbol{A}^{\mathrm{T}}(\boldsymbol{A}\boldsymbol{u}^k-\boldsymbol{b})\end{cases} \tag{9—69}$$

通过“残差回加”迭代可将布雷格曼迭代式变形为：

$$\begin{cases}\boldsymbol{u}^0=\boldsymbol{w}^0=\boldsymbol{0}\\ \boldsymbol{w}^{k+1}=\boldsymbol{w}^k+(\boldsymbol{b}-\boldsymbol{A}\boldsymbol{u}^k)-\dfrac{1}{\mu}\boldsymbol{A}^{\mathrm{T}}(\boldsymbol{A}\boldsymbol{u}^k-\boldsymbol{b})\\ \boldsymbol{u}^{k+1}=\arg\min(\mu J)(\boldsymbol{u})+\dfrac{1}{2}\|\boldsymbol{A}\boldsymbol{u}-\boldsymbol{w}^{k+1}\|^2\end{cases} \tag{9—70}$$

“残差回加”迭代的布雷格曼方法本质上是一种拉格朗日函数法的表现形式，常用的另一种拉格朗日函数法的表现形式为：

$$\begin{cases} \boldsymbol{u}^{k+1} = \arg\min \mu J(\boldsymbol{u}) - (\boldsymbol{y}^k)^{\mathrm{T}}(\boldsymbol{A}\boldsymbol{u} - \boldsymbol{w}) + \dfrac{1}{2}\|\boldsymbol{A}\boldsymbol{u} - \boldsymbol{w}\|^2 \\ \boldsymbol{y}^{k+1} = \boldsymbol{y}^k + (\boldsymbol{w} - \boldsymbol{A}\boldsymbol{u}^{k+1}) \end{cases} \tag{9-71}$$

称上式的 $\boldsymbol{y}$ 为拉格朗日乘子。

9.3.2　分裂布雷格曼方法

布雷格曼方法与增广拉格朗日函数法里的子问题没有显式解。分裂布雷格曼方法与交替方向增广拉格朗日函数法是针对如同 $\min\limits_{x \in \mathbf{R}^N} \|\boldsymbol{x}\|_1 + \dfrac{\mu}{2}\|\boldsymbol{A}\boldsymbol{x} - \boldsymbol{b}\|_2^2$ 里的无约束模式而设计的。在这些方法中，子问题常常能够写出显式解，所以分裂布雷格曼方法比布雷格曼方法和增广拉格朗日函数法有优势。

可以通过布雷格曼迭代来对下列无约束优化问题进行计算：

$$\min_u \|\phi(u)\|_1 + P(u) \tag{9-72}$$

其中，$|\phi(u)|_1$ 和 $P(u)$ 均为凸泛函，并且 $\phi(\cdot)$ 可微。于是，可以用等式约束问题来解决上述无约束问题：

$$\min_{\mathrm{s.\,t.}\, d = \phi(u)} \|d\|_1 + P(u) \tag{9-73}$$

令 $E(u,d) = |d|_1 + P(u)$，对这个等式约束问题进行布雷格曼迭代，如下所示：

$$\begin{aligned} u^{(k+1)} &= \min_{u,d} D_E^p((u,d),(u^k,d^k)) + \frac{\lambda}{2}\|d - \phi(u)\|^2 \\ &= \min_{u,d} E(u,d) - \langle p_u^k, u - u^k \rangle - \langle p_d^k, d - d^k \rangle + \frac{\lambda}{2}\|d - \phi(u)\|^2 \end{aligned} \tag{9-74}$$

$$p_u^{k+1} = p_u^k - \lambda(\nabla\phi(u^{k+1}))^{\mathrm{T}}(\phi(u^{k+1}) - d^{k+1}) \tag{9-75}$$

$$p_d^{k+1} = p_d^k - \lambda(d^{k+1} - \phi(u^{k+1})) \tag{9-76}$$

用简单的公式对这个复杂的公式进行等价替代：

$$(u^{k+1}, d^{k+1}) = \min_{u,d} \|d\|_1 + P(u) + \frac{\lambda}{2}\|\boldsymbol{d} - \phi(u) - \boldsymbol{b}^k\|^2 \tag{9-77}$$

$$b^{k+1} = b^k + \phi(u^{k+1}) - d^{k+1} \tag{9-78}$$

可以用三个步骤来分解这个公式：

$$\boldsymbol{u}^{(k+1)} = \min_u P(\boldsymbol{u}) + \frac{\lambda}{2}\|\boldsymbol{d}^k - \phi(u) - \boldsymbol{b}^k\|^2 \tag{9-79}$$

$$\boldsymbol{d}^{k+1} = \min_d |\boldsymbol{d}|_1 + \frac{\lambda}{2}\|\boldsymbol{d} - \phi(u^{k+1}) - \boldsymbol{b}^k\|^2 \tag{9-80}$$

$$b^{k+1} = b^k + \phi(u^{k+1}) - d^{k+1} \tag{9-81}$$

第一步选择与 P 的特性相对应的合适的算法，比如傅里叶变换、高斯－赛德尔迭代等。如果采用高斯－赛德尔迭代来处理实际数值，每次不需要大量的迭代，经过 1 次或 2 次的计算就能达到很好的效果。第二步，相当于对一元函数的最小化问题的处理，如下所示：

$$f(d)=|d|+\frac{\lambda}{2}(d-a)^2 \tag{9-82}$$

其中，$\lambda>0$，并且 a,λ 均为常数。应用次梯度求得其最优解是：

$$d^*=\text{shrink}\left(a,\frac{1}{\lambda}\right) \tag{9-83}$$

进而，第二步可写为

$$d^{k+1}=\text{shrink}\left(\phi(u^{(k+1)})+b^k,\frac{1}{\lambda}\right) \tag{9-84}$$

对于第三步，直接计算即可。

如果泛函 ϕ 与 $P(u)$ 均为凸泛函，则分裂布雷格曼算法的任意不动点是

$$\min_{\text{s.t. } d=\phi(u)} |d|_1+P(u) \tag{9-85}$$

的最优解。

9.4 坐标下降法

坐标下降算法(coordinate descent)是一种迭代求解方法，通过解决一系列更简单的优化问题来求解复杂的优化问题，即将变量向量的大部分分量固定，用剩余分量近似最小化目标函数进行迭代，近年来在机器学习、大规模计算等中广泛应用[236−240]。坐标下降法是一种非梯度优化算法，每次迭代中，在当前点处沿一个坐标方向进行一维搜索以求得一个函数局部极小值。本节介绍基本坐标下降算法原理，其次分析其改进算法，最后以 LASSO 问题应用为实例给出求解方法。

9.4.1 基本坐标下降法

考虑以下无约束最小化问题：

$$\min_x f(\boldsymbol{x})=f(x_1,\cdots,x_n) \tag{9-86}$$

其中，$\boldsymbol{x}=(x_1,\cdots,x_n)\in\mathbf{R}^n$，$f:\mathbf{R}^n\to\mathbf{R}$。可以假设 f 是凸函数、平滑非凸函数等，坐标下降法的不同算法变体假设条件可能不同。通常情况下，假设目标函数如下：

$$\min_x F(\boldsymbol{x})=f(\boldsymbol{x})+\sum_{i=1}^n r_i(x_i) \tag{9-87}$$

其中 f 是可微的，后一项可以看作正则化项。

基本坐标下降算法步骤如下：(1)初始化，令 $k=0$，$x^0\in\mathbf{R}^n$；(2)选择下标 $i_k\in\{1,2,\cdots,n\}$；(3)根据参数更新规则，更新 $x_{i_k}\to x_{i_k}^k$，保持 x_j 不变，即对所有的 $j\neq i_k$ 令 $x_j^k=x_j^{k-1}$；(4)令 $k=k+1$，判断是否到达终止条件，否则循环步骤 2～4。

从上述计算过程可以看出，坐标下降法不是沿着下降方向改变所有参数，而是在每次迭代时改变所选择的坐标方向的参数。图 9—3 给出了坐标下降法在二维情况下的实例，目标函数 $f(x,y)=7x^2+6xy+8y^2$，起始点为(8，－6)。目标函数在自变量 x 和 y 之间交替选择进行最小化。

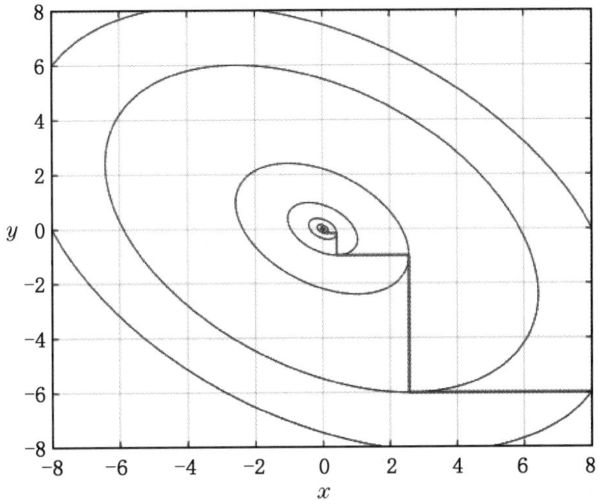

图 9—3　坐标下降法

选择下标方法有循环选择、随机选择、贪婪选择，循环选择是最直接简单的方法，贪婪选择会选取使目标最优的下标。更新参数方法最直接的为最小化目标函数，即

$$x_{i_k}^k=\underset{x_{i_k}}{\operatorname{argmin}} f(x_1^{k-1},\cdots,x_{i_k-1}^{k-1},x_{i_k},x_{i_k+1}^{k-1},\cdots,x_n^{k-1}) \tag{9—88}$$

如果目标函数式(9—87)中 f，r 可微，可以使用坐标梯度下降进行更新：

$$x_{i_k}^k=x_{i_k}^{k-1}-\alpha_{i_k}(\nabla_{i_k}f(x^{k-1})+\nabla r_{i_k}(x_{i_k}^{k-1})) \tag{9—89}$$

式中，更新步长 α_{i_k} 的选取会影响迭代，如果步长选取过大，容易导致函数无法收敛，如果步长选取太小，会导致收敛速度过慢同时容易陷入局部极小值点。

9.4.2　块坐标下降法

前面所述为对单个变量的迭代，块坐标下降不是在每次迭代时更新所选坐标，而是寻求更新所选择的坐标块，而其他块是固定的，块坐标下降是应用最为广泛的变体。

考虑如下问题：

$$\min_{x} F(x)=f(x_1,\cdots,x_s)+\sum_{i=1}^{s} r_i(x_i) \tag{9—90}$$

其中，$X\in \mathbf{R}^n$ 被分解为 s 个块变量 $x_1,\cdots,x_s$，f 是可微的，r_i 不一定可微。块坐标下降算法步骤如下：(1)初始化，令 $k=0$，$x^0\in \boldsymbol{R}^n$；(2)选择下标 $i_k\in\{1,2,\cdots,s\}$；(3)根据参数更新规则，更新 $x_{i_k}\rightarrow x_{i_k}^k$，保持 x_j 不变，即对所有的 $j\neq i_k$ 令 $x_j^k=x_j^{k-1}$；(4)令 $k=k+1$，判断是否到达终止条件，否则循环步骤 2～4。

9.4.3 近端坐标下降法

在介绍近端坐标下降之前，先考虑坐标最小化更新。坐标最小化是最直接简单的更新方法，表示如下：

$$x_{i_k}^k=\underset{x_{i_k}}{argmin} f(x_{i_k},x_{\neq i_k}^{k-1})+r_{i_k}(x_{i_k}) \tag{9—91}$$

定义当第 i 个块被选中表示为 $f(x_{i_k},x_{\neq i_k})=f(x_1,\cdots,x_{i_k},\cdots,x_s)$。

按块坐标更新时，可能遇到子问题比较复杂的情况，当目标函数是凸的、连续可微且每次迭代都可以收敛到极小点，但当不满足条件时不能保证收敛。如图 9—4 所示，对任意给定的 $x\neq 0$，从(x,x)开始更新，由于在每次迭代点已经是最优的，所以无法减小目标函数值，算法无法收敛到最优点。

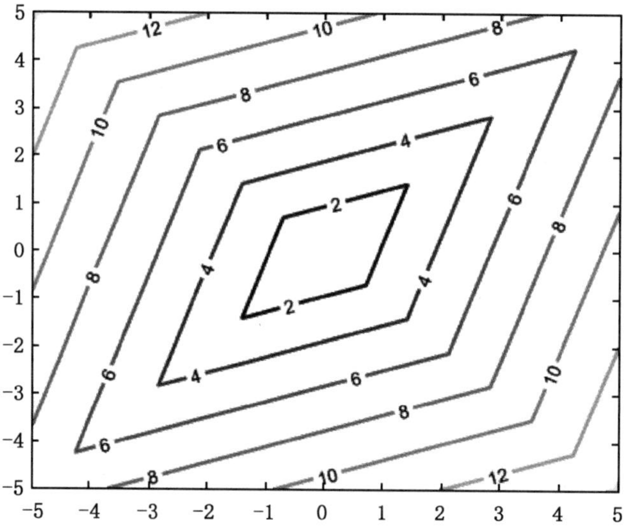

图 9—4 目标函数不可微

针对目标函数含有不可微部分的情况，可以使用近端更新解决。使用新的目标函数代替原始目标函数的主要部分，在当前迭代进行更新。引入近端算子：

$$prox_{\alpha f}(\mathbf{y})=\underset{x}{\operatorname{argmin}} f(\mathbf{x})+\frac{1}{2\alpha}\|\mathbf{x}-\mathbf{y}\|_2^2 \tag{9-92}$$

式(9－92)表示对函数 $f(\cdot)$在给定点 $\mathbf{y}$，找到最优点 $\mathbf{x}$ 使得函数值最小，即函数在点 $\mathbf{y}$ 不可微时，近似求解 $\mathbf{x}$ 使得函数值尽可能小。

令 L 表示可微部分的利普希茨常数，有

$$\|\nabla f(\mathbf{x})-\nabla f(\mathbf{y})\|_2\leqslant L\|\mathbf{x}-\mathbf{y}\|_2 \tag{9-93}$$

令 L_i 表示块利普希茨常数，对任意 $\mathbf{x}$，$\mathbf{y}$ 有

$$\|\nabla_i f(x_1,\cdots,x_i,\cdots,x_s)-\nabla_i f(x_1,\cdots,x_{i-1},y_i,x_{i+1},\cdots,x_s)\|_2\leqslant L_i\|\mathbf{x}_i-\mathbf{y}_i\|_2 \tag{9-94}$$

近端坐标下降算法步骤如下：(1)初始化，令 $k=0$，$x^0\in\mathbf{R}^n$；(2)选择下标 $i_k\in\{1,2,\cdots,s\}$；(3)更新参数，$x_{i_k}^k=\underset{x_{i_k}}{\operatorname{argmin}} f(x_{i_k},x_{\neq i_k}^{k-1})+\frac{1}{2\alpha_{i_k}^{k-1}}\|x_{i_k}-x_{i_k}^{k-1}\|_2^2+r_{i_k}(x_{i_k})$，$\alpha_{i_k}^{k-1}=1/L_{i_k}^{k-1}$，保持 x_j 不变，即对所有的 $j\neq i_k$ 令 $x_j^k=x_j^{k-1}$；(4)令 $k=k+1$，判断是否到达终止条件，否则循环步骤 2～4。

上述算法称为近端点更新。为了近似目标函数，将更新函数的第一项一阶泰勒展开，构成近端线性更新：

$$x_{i_k}^k=\underset{x_{i_k}}{\operatorname{argmin}} f(x^{k-1})+\left\langle\nabla_{i_k} f(x_{i_k}^{k-1},x_{\neq i_k}^{k-1}),x_{i_k}-x_{i_k}^{k-1}\right\rangle+\frac{1}{2\alpha_{i_k}^{k-1}}\|x_{i_k}-x_{i_k}^{k-1}\|_2^2+r_{i_k}(x_{i_k}) \tag{9-95}$$

其中前两项是函数在 $x_{i_k}^k$ 的线性展开，第三项为近端项，相比近端点更新线性化了函数，使得子问题更加容易求解。注意到，当没有正则化项时，上式变为：

$$x_{i_k}^k=\underset{x_{i_k}}{\operatorname{argmin}} f(x^{k-1})+\left\langle\nabla_{i_k} f(x_{i_k}^{k-1},x_{\neq i_k}^{k-1}),x_{i_k}-x_{i_k}^{k-1}\right\rangle+\frac{1}{2\alpha_{i_k}^{k-1}}\|x_{i_k}-x_{i_k}^{k-1}\|_2^2 \tag{9-96}$$

上式等价于块梯度下降算法，证明如下。首先将第三项展开，并去除常数项得到下式：

$$\begin{aligned}
x_{i_k}^k&=\underset{x}{\operatorname{argmin}}\left\{\frac{1}{2\alpha_{i_k}^{k-1}}\|x-x_{ik}\|_2^2+\langle\nabla f(x_{i_k}),x_{i_k}-x_{i_k}^{k-1}\rangle\right\}\\
&=\underset{x}{\operatorname{argmin}}\left\{\frac{1}{2\alpha_{i_k}^{k-1}}(\langle x,x\rangle-2\langle x,x_{ik}\rangle)+\langle\nabla f(x_{ik}),x\rangle\right\}\\
&=\underset{x}{\operatorname{argmin}}\left\{\frac{1}{2\alpha_{i_k}^{k-1}}\quad(\langle x,x\rangle-2\langle x,x_{ik}-\alpha_{i_k}^{k-1}\nabla f(x_{ik})\rangle)\right\}\\
&=\underset{x}{\operatorname{argmin}}\left\{\frac{1}{2\alpha_{i_k}^{k-1}}\|x-(x_{ik}-\alpha_{i_k}^{k-1}\nabla f(x_{ik}))\|_2^2\right\}
\end{aligned} \tag{9-97}$$

根据近端更新得到

$$x_{i_k}^{k}=x_{i_k}^{k-1}-\alpha_{i_k}^{k-1}\nabla_{i_k}f(x_{i_k}^{k-1},x_{\neq i_k}^{k-1}) \tag{9-98}$$

式(9－98)即为梯度下降算法的更新方法。

9.4.4 循环坐标下降法

循环坐标下降法最初是为了解决机器人中逆运动学问题而提出的，后来被扩展到其他领域。安肯·萨哈(Ankan Saha)等对有限时间内的循环坐标下降收敛性进行了证明[263]。杰尔姆·弗里德曼(Jerome Friedman)使用循环坐标下降，提出了一种更快速解决回归问题、二分类以及多分类问题[264]，包括 L_1 正则化、L_2 正则化以及混合问题凸优化的求解方法。循环选择是最直接的方法选择下标即在下标$\{1,\cdots,s\}$中依次选择。

$$i_{k+1}=(k \bmod s)+1,k\in\mathbf{N} \tag{9-99}$$

上式即为循环坐标下降算法。

9.4.5 随机坐标下降法

在随机坐标下降算法，每次迭代随机选择下标 i_k。该方法每次迭代随机更新一个坐标子集，服从任意分布，在特定情况下算法比梯度下降更加灵活。

随机坐标下降算法步骤如下：(1)初始化，令 $k=0,x^0\in\mathbf{R}^n$；(2)选择下标 $i_k\in\{1,2,\cdots,s\}$服从均匀分布；(3)更新参数，$x_{i_k}\rightarrow x_{i_k}^k$，保持 x_j 不变，即对所有的 $j\neq i_k$ 令 $x_j^k=x_j^{k-1}$；(4)令 $k=k+1$，判断是否到达终止条件，否则循环步骤 2～4。

上述算法为均匀采样坐标下降。当下标选择服从不同的概率分布时，随机坐标下降算法也会不同。如每一个坐标块被选择的概率服从重要性采样，即每个坐标会被分配不同的权重，重要性采样如式(9－100)所示：

$$P(i_k=j)=p_\alpha(j)=\frac{L_j^\alpha}{\sum_{i=1}^{s}L_i^\alpha},j=1,\cdots,s \tag{9-100}$$

式中，$L_j>0$ 是对应坐标块的利普希茨常数。重要性采样是均匀采样的推广，当 $\alpha=0$ 时，式(9－100)将变为均匀采样。

$$P(i_k=j)=\frac{1}{s},j=1,\cdots,s \tag{9-101}$$

随机块坐标下降适用于数据存储受限的情况，因为对块进行偏导数的计算通常比对整个数据计算梯度内存要求更低。而随机块坐标下降具有比循环块坐标下降更大的迭代复杂度，因为随机坐标下降算法是从每次迭代的概率分布中进行采样。

9.4.6 贪婪坐标下降法

贪婪坐标下降算法每次迭代选择，以使得目标函数值最大可能最小化或梯度、次梯度具有最大变化的方向。平滑函数的最简单变体高斯-索斯韦尔（Gauss-Southwell，GS）选择规则，选择 i_k 使得块的梯度最大：

$$i_k=\underset{1\leqslant j\leqslant s}{\arg\max}\|\nabla_j f(\boldsymbol{x}^{k-1})\| \tag{9-102}$$

对式（9－102）如果每个坐标块是由单个坐标构成，则范数变为绝对值。GS 选择规则可以被用于在大部分的凸优化问题框架。此外，可以选择最大值给定块更新（maximum block improvement，MBI）方法：

$$i_k=\underset{j}{\arg\min} f(x_j,x_{\neq j}^{k-1}) \tag{9-103}$$

进而，纽蒂尼（Nutini）等提出高斯－索斯威尔－利普希茨（Gauss-Southwell-Lipschitz，GSL）选择法[266]：

$$i_k=\underset{j}{\arg\max}\frac{\|\nabla_j f(\boldsymbol{x}^{k-1})\|}{\sqrt{L_j}} \tag{9-104}$$

当目标函数含有不可微部分时，令 $L\in\mathbf{R}$ 表示梯度利普希茨常数，$L_j\in\mathbf{R}$ 表示第 j 个梯度利普希茨常数，贪婪坐标下降表示为

$$i_k=\underset{j}{\arg\max}\{\min_{\nabla r_j\in\partial r_j}\|\nabla_j f(\boldsymbol{x}^{k-1})+\nabla^{\sim} r_j(x_j^{k-1})\|\} \tag{9-105}$$

式（9－105）类似于式（9－102），选择最大负梯度方向更新，该算法广泛用于 L_1 正则化。对于含有不可微部分的目标函数，在更新规则中加入近端更新得到式（9－106）：

$$i_k=\underset{j}{\arg\max}\left\|x_j^{k-1}-\text{prox}_{\frac{1}{L}r_j}\left[x_j^{k-1}-\frac{1}{L}\nabla_j f(\boldsymbol{x}^{k-1})\right]\right\| \tag{9-106}$$

将式中近端算子展开为近端线性更新得到

$$i_k=\underset{j}{\arg\max}\left\|\underset{j}{\arg\min}\left(f(x^{k-1})+\nabla_j f(x^{k-1})^{\mathrm{T}}d+\frac{L}{2}\|d\|_2^2+r_j(x_j^{k-1}+d)-r_j(x_j^{k-1})\right)\right\| \tag{9-107}$$

式中，d 为块梯度更新方向，每次迭代更新沿着近端梯度更新的方向。贪婪坐标下降方法，通常需要评估整个梯度向量，选取最佳更新，但每次迭代的复杂度较高。

9.4.7 应用坐标下降法求解 LASSO 问题

LASSO 问题形式如下：

$$\min_{x}\|\boldsymbol{x}\|_1+\frac{\lambda}{2}\|\boldsymbol{A}\boldsymbol{x}-\boldsymbol{b}\|_2^2 \tag{9-108}$$

式中，$\boldsymbol{b}\in\mathbf{R}^m$ 是压缩信号，$\boldsymbol{A}\in\mathbf{R}^{m\times n}$ 是观测矩阵（$m\ll n$）。

(1)近端坐标下降求解 LASSO 问题

对 LASSO 问题,令 $f(\boldsymbol{x})=\frac{\lambda}{2}\|\boldsymbol{A}\boldsymbol{x}-\boldsymbol{b}\|_2^2$,有

$$\begin{aligned}f(\boldsymbol{x})&=\frac{\lambda}{2}\|\boldsymbol{A}\boldsymbol{x}-\boldsymbol{b}\|^2=\frac{\lambda}{2}(\boldsymbol{A}\boldsymbol{x}-\boldsymbol{b})^{\mathrm{T}}(\boldsymbol{A}\boldsymbol{x}-\boldsymbol{b})\\&=\frac{\lambda}{2}(\boldsymbol{x}^{\mathrm{T}}\boldsymbol{A}^{\mathrm{T}}-\boldsymbol{b}^{\mathrm{T}})(\boldsymbol{A}\boldsymbol{x}-\boldsymbol{b})=\frac{\lambda}{2}(\boldsymbol{x}^{\mathrm{T}}\boldsymbol{A}^{\mathrm{T}}\boldsymbol{A}\boldsymbol{x}-2\boldsymbol{b}^{\mathrm{T}}\boldsymbol{A}\boldsymbol{x}+\boldsymbol{b}^{\mathrm{T}}\boldsymbol{b})\end{aligned}\tag{9-109}$$

求导得

$$\nabla f(\boldsymbol{x})=\lambda\boldsymbol{A}^{\mathrm{T}}(\boldsymbol{A}\boldsymbol{x}-\boldsymbol{b})\tag{9-110}$$

选择步长为 $\alpha_{i_k}^{k-1}=1/L_{i_k}$,其中 $L_{i_k}=\lambda(\boldsymbol{A}^{\mathrm{T}}\boldsymbol{A})_{i_k,i_k}=\lambda\|\boldsymbol{A}_{:i_k}\|^2$ 表示函数梯度的利普利茨常数,对 LASSO 问题 $r_i(x_i)=|x_i|$ 近端线性更新为

$$\boldsymbol{x}_{i_k}^k=\underset{x_{i_k}}{\operatorname{argmin}}\|\boldsymbol{A}\boldsymbol{x}^{k-1}-\boldsymbol{b}\|_2^2+\left\langle\lambda\boldsymbol{A}_{:i_k}^{\mathrm{T}}(\boldsymbol{A}\boldsymbol{x}^{k-1}-\boldsymbol{b}),\boldsymbol{x}_{i_k}-\boldsymbol{x}_{i_k}^{k-1}\right\rangle+\frac{L_{i_k}}{2}\|\boldsymbol{x}_{i_k}-\boldsymbol{x}_{i_k}^{k-1}\|_2^2+|\boldsymbol{x}_{i_k}|\tag{9-111}$$

由一阶最优性条件

$$\boldsymbol{x}^*=\operatorname{argmin}_x f(\boldsymbol{x})\Leftrightarrow\exists\, g\in\partial f(\boldsymbol{x}^*),\text{s. t.}\langle\boldsymbol{g},\boldsymbol{z}-\boldsymbol{x}^*\rangle\geqslant 0,\forall z\in\mathbf{R}^n\tag{9-112}$$

对 $\forall\,\boldsymbol{y}\in\mathbf{R}^n$ 令 $\boldsymbol{z}=\boldsymbol{y}+\boldsymbol{x}^*\in\mathbf{R}^n$ 则 $\langle\boldsymbol{g},\boldsymbol{y}\rangle\geqslant 0$,

同理,对 $\forall\,\boldsymbol{y}\in\mathbf{R}^n$ 令 $\boldsymbol{z}=-\boldsymbol{y}+\boldsymbol{x}^*\in\mathbf{R}^n$ 则 $\langle\boldsymbol{g},\boldsymbol{y}\rangle<0$,得 $0\in\partial(f(\boldsymbol{x}^*))$

$$0\in\lambda\boldsymbol{A}_{:,i_k}^{\mathrm{T}}(\boldsymbol{A}\boldsymbol{x}^{k-1}-\boldsymbol{b})+L_{i_k}(\boldsymbol{x}_{i_k}-\boldsymbol{x}_{i_k}^{k-1})+\partial|\boldsymbol{x}_{i_k}|\tag{9-113}$$

等价于

$$x_{i_k}^{k-1}-\frac{\lambda}{L_{i_k}}\boldsymbol{A}_{i,i_k}^{\mathrm{T}}(\boldsymbol{A}\boldsymbol{x}^{k-1}-\boldsymbol{b})\in\left(I+\frac{1}{L_{i_k}}\partial|\cdot|\right)(\boldsymbol{x}_{i_k})\tag{9-114}$$

有

$$x_{i_k}^k=\operatorname{prox}_{\frac{1}{L_{i_k}}}|\cdot|\left(x_{i_k}^{k-1}-\frac{\lambda}{L_{i_k}}\boldsymbol{A}_{i_k}^{\mathrm{T}}(\boldsymbol{A}\boldsymbol{x}^{k-1}-\boldsymbol{b})\right)\tag{9-115}$$

式中,$\operatorname{prox}_{\frac{1}{L_i}}|\cdot|$ 是绝对值函数 $\mu|\cdot|$ 的近端算子,称为收缩算子。

$$\operatorname{shrink}(x,\mu)=\begin{cases}x-\mu & \text{如果 } x>\mu\\0 & \text{如果 } -\mu\leqslant x\leqslant\mu\\x+\mu & \text{如果 } x<-\mu\end{cases}\tag{9-116}$$

结合 $L_{i_k}=\lambda\|\boldsymbol{A}_{i,i_k}\|^2$ 得出坐标更新

$$x_{i_k}^k=\operatorname{shrink}\left(x_{i_k}^{k-1}-\frac{\lambda}{L_{i_k}}\boldsymbol{A}_{i,i_k}^{\mathrm{T}}(\boldsymbol{A}\boldsymbol{x}^{k-1}-\boldsymbol{b}),\frac{1}{L_{i_k}}\right)\tag{9-117}$$

(2)贪婪坐标下降法求解 LASSO 问题

对所有坐标求偏导,首先 $f(x)=\frac{\lambda}{2}\|\boldsymbol{A}\boldsymbol{x}-\boldsymbol{b}\|_2^2$ 求导得式(9—110)。对 L_1 正则化

求导，由于 L_1 正则化项为不可微的凸函数，无法直接求导，因此需计算次梯度，有

$$\partial r_j(x_j^{k-1})=\|\boldsymbol{x}\|_1=\begin{cases}1 & \text{如果}x_j^{k-1}>0\\ [-1,1] & \text{如果}x_j^{k-1}=0\\ -1 & \text{如果}x_j^{k-1}<0\end{cases} \tag{9—118}$$

由贪婪坐标下降算法，根据式(9—105)更新方法，得

$$g_j(\boldsymbol{x}^{k-1})=\begin{cases}\|\lambda \boldsymbol{A}_{:,j}^{\mathrm{T}}(\boldsymbol{A}\boldsymbol{x}^{k-1}-\boldsymbol{b})+\mathrm{sgn}(x_j^{k-1})\| & \text{如果}x_j^{k-1}\neq 0\\ \|\mathrm{shrink}(\lambda \boldsymbol{A}_{:,j}^{\mathrm{T}}(\boldsymbol{A}\boldsymbol{x}^{k-1}-\boldsymbol{b}),1)\| & \text{否则}\end{cases} \tag{9—119}$$

最后，使用 LASSO 对稀疏数据计算回归系数。通过在原始信号上加入噪声数据，判断加入噪声数据后回归的拟合度。原始矩阵 **A** 服从正态分布，**X** 为随机序列，噪声服从正态分布，实验中设置 $m=100$，$n=500$，$\lambda=10$，采用 R^2 分数作为评价指标。

$$R^2(y,\hat{y})=1-\frac{\sum_{i=0}^{n_{\text{samples}}-1}(y_i-\hat{y}_i)^2}{\sum_{i=0}^{n_{\text{samples}}-1}(y_i-\bar{y})^2} \tag{9—120}$$

如果模型的拟合度越好，则 R^2 分数趋于 1，反之趋于 0。从图 9—5 可以看出，经过 LASSO 回归得到的系数为 0.935 297，在一定程度上抑制了较远的离群点，取得了很好的回归效果。

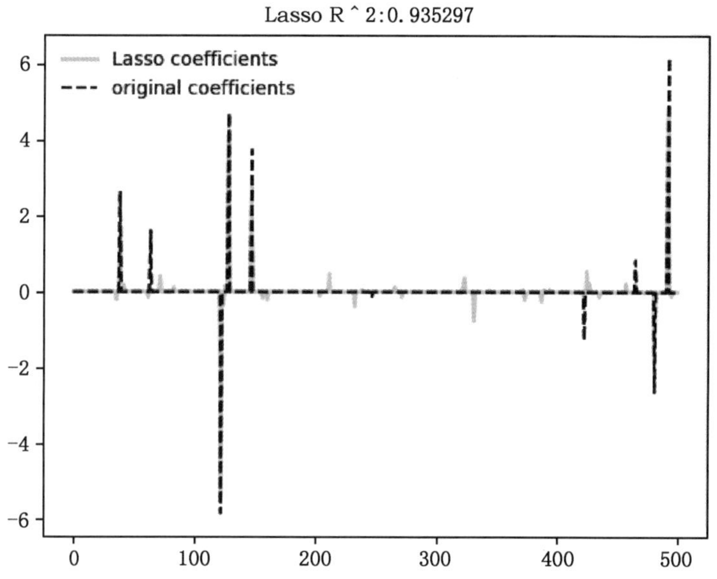

图 9—5 LASSO 处理稀疏信号回归系数

9.5　阈值迭代法

阈值迭代法是迭代投影算子法的一种。阈值迭代法主要有软阈值迭代、硬阈值迭代、SCAD 阈值迭代、Half 阈值迭代与 Chalf 阈值迭代等五种方法[222-227]。本节主要介绍硬阈值算法及其收敛性性质，给出五种阈值迭代方法的阈值计算式。

9.5.1　阈值函数

从观测数据来恢复未知的稀疏向量 $\boldsymbol{x}$，进而重构原始信号的问题可以建模为 L_0 问题，通常将其转化为一个稀疏优化问题求解：

$$\begin{cases}\min\limits_{x\in\mathbf{R}^N} S(\boldsymbol{x}) \\ \text{s.t. } \boldsymbol{y}=\boldsymbol{\Phi x}\end{cases} \tag{9-121}$$

此时，$S(\boldsymbol{x})$是 $\boldsymbol{x}$ 的某个稀疏度量。L_0 问题和稀疏优化问题通常采用正则化框架进行分析：

$$\min_{x\in\mathbf{R}^N} C_\lambda(\boldsymbol{x})\triangleq\{\|\boldsymbol{y}-\boldsymbol{\Phi x}\|^2+P(\boldsymbol{x};\lambda)\} \tag{9-122}$$

式中，$\lambda>0$ 为正则化参数，$P(\boldsymbol{x};\lambda)$为罚函数。阈值迭代算法统一迭代公式描述如下：

$$\boldsymbol{x}^{n+1}=S_{P,\lambda}((\boldsymbol{I}-\mu_n\boldsymbol{\Phi}^{\mathrm{T}}\boldsymbol{\Phi})\boldsymbol{x}^n+\mu_n\boldsymbol{\Phi}^{\mathrm{T}}\boldsymbol{y}) \tag{9-123}$$

式中，$\boldsymbol{x}^n$ 为问题的第 n 次近似。阈值函数 $S_{P,\lambda}$ 的形式如下：

$$s_{P,\lambda}(x_i)=\begin{cases}f(x_i) & |x_i|>t^* \\ 0 & \text{其他}\end{cases} \tag{9-124}$$

式中，t^* 为阈值。

非线性的硬阈值函数及软阈值函数分别定义为：

$$H_\theta(x)=\begin{cases}x & |x|\geqslant\dfrac{\theta}{2} \\ 0 & |x|\leqslant\dfrac{\theta}{2}\end{cases} \tag{9-125}$$

$$S_\theta(x)=\begin{cases}x+\dfrac{\theta}{2} & x\leqslant-\dfrac{\theta}{2} \\ 0 & |x|<\dfrac{\theta}{2} \\ x-\dfrac{\theta}{2} & |x|\geqslant\dfrac{\theta}{2}\end{cases} \tag{9-126}$$

9.5.2 硬阈值迭代算法

对于 M—稀疏问题

$$\begin{cases}\min\limits_{y}\|\boldsymbol{x}-\boldsymbol{\Phi}\boldsymbol{y}\|_2^2 \\ \text{s. t. }\|\boldsymbol{y}\|_0\leqslant M\end{cases} \tag{9—127}$$

得出以下迭代算法：

$$\boldsymbol{y}^{n+1}=H_M(\boldsymbol{y}^n+\boldsymbol{\Phi}^H(\boldsymbol{x}-\boldsymbol{\Phi}\boldsymbol{y}^n)) \tag{9—128}$$

式中，H_M 是非线性算子，只保留最大幅度的 M 个系数：

$$H_M(y_i)=\begin{cases}0 & |y_i|<\lambda_M^{0.5}(y) \\ y_i & |y_i|\geqslant\lambda_M^{0.5}(y)\end{cases} \tag{9—129}$$

以上便是硬阈值迭代算法，接下来将推导得出其迭代公式及证明此算法的收敛性。

为了求解优化问题

$$\min_{y}\|\boldsymbol{x}-\boldsymbol{\Phi}\boldsymbol{y}\|_2^2+\lambda\|\boldsymbol{y}\|_0 \tag{9—130}$$

设目标函数为

$$C_{L_0}(\boldsymbol{y})=\|\boldsymbol{x}-\boldsymbol{\Phi}\boldsymbol{y}\|_2^2+\lambda\|\boldsymbol{y}\|_0 \tag{9—131}$$

引入一个替代目标函数

$$C_{L_0}^S(\boldsymbol{y},\boldsymbol{z})=\|\boldsymbol{x}-\boldsymbol{\Phi}\boldsymbol{y}\|_2^2+\lambda\|\boldsymbol{y}\|_0-\|\boldsymbol{\Phi}\boldsymbol{y}-\boldsymbol{\Phi}\boldsymbol{z}\|_2^2+\|\boldsymbol{y}-\boldsymbol{z}\|_2^2 \tag{9—132}$$

如果 $\|\boldsymbol{\Phi}\|_2<1$，该替代目标函数是目标函数优化。

定理 9.2　假设 $\|\boldsymbol{\Phi}\|_2<1$，$\boldsymbol{y}^{n+1}=H_{\lambda^{0.5}}(\boldsymbol{y}^n+\boldsymbol{\Phi}^H(\boldsymbol{x}-\boldsymbol{\Phi}\boldsymbol{y}^n))$，那么 $(C(\boldsymbol{y}^n))_n$ 与 $(C^S(y^{n+1},y^n))_n$ 二者的关系是不递增的。

证明　$\|\boldsymbol{\Phi}\|_2<1$ 确保了算子是正定压缩的。

$$\begin{aligned}C(\boldsymbol{y}^{n+1})&\leqslant C(\boldsymbol{y}^{n+1})+\|(\boldsymbol{y}^{n+1}-\boldsymbol{y}^n)\|_2^2-\|\boldsymbol{\Phi}(\boldsymbol{y}^{n+1}-\boldsymbol{y}^n)\|_2^2 \\ &=C^S(\boldsymbol{y}^{n+1},\boldsymbol{y}^n)\leqslant C^S(\boldsymbol{y}^n,\boldsymbol{y}^n)=C(\boldsymbol{y}^n) \\ &\leqslant C(\boldsymbol{y}^n)+\|(\boldsymbol{y}^n-\boldsymbol{y}^{n-1})\|_2^2-\|\boldsymbol{\Phi}(\boldsymbol{y}^n-\boldsymbol{y}^{n-1})\|_2^2 \\ &=C^S(\boldsymbol{y}^n,\boldsymbol{y}^{n-1})\end{aligned} \tag{9—133}$$

定理 9.2 得证。这也就说明替代目标函数选择合适。

将替代函数进行简单的推导：

$$\begin{aligned}C_{L_0}^S(\boldsymbol{y},\boldsymbol{z})&=\|\boldsymbol{x}-\boldsymbol{\Phi}\boldsymbol{y}\|_2^2+\lambda\|\boldsymbol{y}\|_0-\|\boldsymbol{\Phi}\boldsymbol{y}-\boldsymbol{\Phi}\boldsymbol{z}\|_2^2+\|\boldsymbol{y}-\boldsymbol{z}\|_2^2 \\ &=(\|\boldsymbol{x}\|_2^2-2\boldsymbol{y}^{\mathrm{T}}\boldsymbol{\Phi}^{\mathrm{T}}\boldsymbol{x}+\|\boldsymbol{\Phi}\boldsymbol{y}\|_2^2)-(\|\boldsymbol{\Phi}\boldsymbol{y}\|_2^2-2\boldsymbol{y}^{\mathrm{T}}\boldsymbol{\Phi}^{\mathrm{T}}\boldsymbol{\Phi}\boldsymbol{z}+\|\boldsymbol{\Phi}\boldsymbol{z}\|_2^2) \\ &\quad+(\|\boldsymbol{y}\|_2^2-2\boldsymbol{y}^{\mathrm{T}}\boldsymbol{z}+\|\boldsymbol{z}\|_2^2)+\lambda\|\boldsymbol{y}\|_0 \\ &=\|\boldsymbol{y}\|_2^2-2\boldsymbol{y}^{\mathrm{T}}(\boldsymbol{\Phi}^{\mathrm{T}}\boldsymbol{x}-\boldsymbol{\Phi}^{\mathrm{T}}\boldsymbol{\Phi}\boldsymbol{z}+\boldsymbol{z})+\lambda\|\boldsymbol{y}\|_0+\|\boldsymbol{x}\|_2^2+\|\boldsymbol{z}\|_2^2-\|\boldsymbol{\Phi}\boldsymbol{z}\|_2^2 \\ &=\|\boldsymbol{y}-[\boldsymbol{z}+\boldsymbol{\Phi}^{\mathrm{T}}(\boldsymbol{x}-\boldsymbol{\Phi}\boldsymbol{z})]\|_2^2+\lambda\|\boldsymbol{y}\|_0+\|\boldsymbol{x}\|_2^2+\|\boldsymbol{z}\|_2^2-\|\boldsymbol{\Phi}\boldsymbol{z}\|_2^2-\|\boldsymbol{z}\end{aligned}$$

$$+\boldsymbol{\Phi}^{\mathrm{T}}(x-\boldsymbol{\Phi}\boldsymbol{z})\|_2^2$$

$$=\|\boldsymbol{y}-[\boldsymbol{z}+\boldsymbol{\Phi}^{\mathrm{T}}(\boldsymbol{x}-\boldsymbol{\Phi}\boldsymbol{z})]\|_2^2+\lambda\|\boldsymbol{y}\|_0+K \tag{9-134}$$

其中，$K=\|\boldsymbol{x}\|_2^2+\|\boldsymbol{z}\|_2^2-\|\boldsymbol{\Phi}\boldsymbol{z}\|_2^2-\|z+\boldsymbol{\Phi}^{\mathrm{T}}(\boldsymbol{x}-\boldsymbol{\Phi}\boldsymbol{z})\|_2^2$，是与 $\boldsymbol{y}$ 的无关项，若对参数 $\boldsymbol{y}$ 最优化时这些并不影响结果，所以，优化式(9－131)等价于优化

$$C_{L_0}^S(\boldsymbol{y},\boldsymbol{y}^*)=\|\boldsymbol{y}-\boldsymbol{y}^*\|_2^2+\lambda\|\boldsymbol{y}\|_0 \tag{9-135}$$

其中，$\boldsymbol{y}^*=\boldsymbol{z}+\boldsymbol{\Phi}^{\mathrm{T}}(\boldsymbol{x}-\boldsymbol{\Phi}\boldsymbol{z})$。

若 $\boldsymbol{y}_i=\boldsymbol{y}_i^*$ 时取最小值。此时，优化问题的解为

$$H_{\lambda 0.5}(\boldsymbol{y}^*)=\begin{cases}0 & |\boldsymbol{y}^*|\leqslant\lambda^{0.5}\\ \boldsymbol{y}^* & |\boldsymbol{y}^*|>\lambda^{0.5}\end{cases} \tag{9-136}$$

因此，根据 M-M 优化框架[273]，有迭代公式

$$\boldsymbol{y}^{n+1}=H_{\lambda 0.5}(\boldsymbol{y}^n+\boldsymbol{\Phi}^H(\boldsymbol{x}-\boldsymbol{\Phi}\boldsymbol{y}^n)) \tag{9-137}$$

那么，如何确定替代函数的极小值点与正则化问题的极小值点一致呢？

定理 9.3　对固定的 $z\in\mathbf{R}^N$，替代函数极小化问题的解 $\boldsymbol{y}_i^*$ 满足 $\boldsymbol{y}_i^*=s_{P,\lambda}(B_i)$，其中

$$s_{p,\lambda}(B_i)=\begin{cases}f_\lambda(B_i) & |B_i|>\dfrac{f_\lambda^2(B_i)+\lambda_p(f_\lambda(B_i))}{2|f_\lambda(B_i)|}\\ 0 & \text{否则}\end{cases} \tag{9-138}$$

此时，$f_\lambda(B_i)$是方程 $\boldsymbol{y}_i-B_i+\dfrac{\lambda}{2}p'(\boldsymbol{y}_i)=0$ 的非零实根(假设存在)，$p(y_i)=\|\boldsymbol{y}_i\|_0$。

证明　设 $V(y_i)=y_i^2-2y_iB_i+\lambda p(y_i)_0$。由罚函数的原点奇异性可知，只要 $x_i\neq 0$，函数 $V(x_i)$的极小值点就必然满足一阶必要性条件，即

$$2x_i-2B_i+\mu\lambda p'(x_i)=0 \tag{9-139}$$

设 $f_\lambda(B_i)$为方程(9－139)的非零实根，则 $V(f_\lambda(B_i))=f_\lambda^2(B_i)-2f_\lambda(B_i)B_i+\lambda p(f_\lambda(B_i))$。若 $\boldsymbol{x}_i\neq 0$，$\mathrm{V}(0)=0$。因此，当 $V(f_\lambda(B_i))<0$，即 $|B_i|>\dfrac{f_\lambda^2(B_1)+\lambda p(f_\lambda(B_t))}{2|f_\lambda(B_i)|}$时，$y_i^*=f_\lambda(B_i)$是 $V(y_i)$的极小值点，否则，$y_i^*=0$ 是极小值点。所以，y_i^* 必满足 $y_i^*=s_{P,\lambda}(B_i)$，其中

$$s_{p,\lambda}(B_i)=\begin{cases}f_\lambda(B_i) & |B_i|>\dfrac{f_\lambda^2(B_i)+\lambda_p(f_\lambda(B_i))}{2|f_\lambda(B_i)|}\\ 0 & \text{否则}\end{cases} \tag{9-140}$$

那么，$s_{p,\lambda}$ 就是阈值函数。定理 9.3 得证。

定理 9.4　设 $\boldsymbol{y}^*=\arg\min\limits_{y\in\mathbf{R}^N}C_\lambda(\boldsymbol{y})$，那么 $\boldsymbol{y}^*=\arg\min\limits_{y\in\mathbf{R}^N}C^S(\boldsymbol{y},\boldsymbol{y}^*)$，从而正则化问题(9－130)的解有以下阈值表示：

$$\boldsymbol{y}^* = \boldsymbol{z} + \boldsymbol{\Phi}^{\mathrm{T}}(\boldsymbol{x} - \boldsymbol{\Phi z}) \tag{9-141}$$

证明　由定理 9.3 可知，对于任意给定的 z，替代函数的极小值点满足方程(9－141)，所以只需证明 $\boldsymbol{y}^* = \arg\min\limits_{y\in\mathbf{R}^N} C^S(\boldsymbol{y},\boldsymbol{y}^*)$。对于任意的 $\boldsymbol{y}$ 成立

$$\begin{aligned} C^S(\boldsymbol{y},\boldsymbol{y}^*) &= \{\|\boldsymbol{x}-\boldsymbol{\Phi y}\|^2+\lambda\|\boldsymbol{y}\|_0\} + \{\|\boldsymbol{y}-\boldsymbol{y}^*\|^2 - \|\boldsymbol{\Phi y}-\boldsymbol{\Phi y}^*\|^2\} \\ &\geqslant \|\boldsymbol{x}-\boldsymbol{\Phi y}\|^2+\lambda\|\boldsymbol{y}\|_0 \\ &\geqslant C_\lambda(\boldsymbol{y}^*) \\ &= C^S(\boldsymbol{y}^*,\boldsymbol{y}^*) \end{aligned} \tag{9-142}$$

所以，$\boldsymbol{y}^*$ 也是替代函数 $C^S(\boldsymbol{y},\boldsymbol{y}^*)$的极小值点，定理 9.4 得证。

将正则化问题的极小值点表示为算子 $\boldsymbol{y}^* = \boldsymbol{z} + \boldsymbol{\Phi}^T(\boldsymbol{x}-\boldsymbol{\Phi z})$的不动点形式。此时，逐次运用逼近方式求不动点方程，则自然得出求解问题式(9－130)的如下迭代方式：

$$y^{n+1} = H_{\lambda 0.5}(y^n + \Phi^H(x - \Phi y^n)) \tag{9-143}$$

对于 M－稀疏问题，区别于式(9－143)，式(9－141)的目标函数没有 L_0 范数项，因此，推导后得到的目标函数只剩下$\|\boldsymbol{y}-\boldsymbol{y}^*\|_2^2$ 部分，而没有 L_0 范数项，此时，目标函数的最优解为 $\boldsymbol{y}^*$，由于约束条件$\|\boldsymbol{y}\|_0\leqslant M$ 存在，要使得目标函数在此约束下最小，就要使其前面的 K 最小。此时，

$$K = \|\boldsymbol{x}\|_2^2 + \|\boldsymbol{z}\|_2^2 - \|\boldsymbol{\Phi z}\|_2^2 - \|\boldsymbol{z}+\boldsymbol{\Phi}^{\mathrm{T}}(\boldsymbol{x}-\boldsymbol{\Phi z})\|_2^2 = \|\boldsymbol{x}\|_2^2 + \|\boldsymbol{z}\|_2^2 - \|\boldsymbol{\Phi z}\|_2^2 - \|\boldsymbol{y}^*\|_2^2 \tag{9-144}$$

显然，需要留下 $\boldsymbol{y}^*$ 中最大的 M 项。根据 M-M 的流程[273]进行迭代，也就得到了迭代公式(9－141)与(9－142)。

下面证明硬阈值迭代算法是收敛的。

定理 9.5　如果 $C_{l_0}(\boldsymbol{y}^0)<\infty$，且$\|\boldsymbol{\Phi}\|_2<1$，则序列$\{\boldsymbol{y}^n\}$由式(9－143)的迭代过程收敛到局部最小值。

证明　首先，证明$\forall\varepsilon>0$，$\exists N$ 使得$\forall n>N$，则$\|\boldsymbol{y}^{n+1}-\boldsymbol{y}^n\|_2^2\leqslant\varepsilon$。这也是在说明在$\|\boldsymbol{\Phi}\|_2<1$ 的条件下，$\sum\limits_{n=1}^{N}\|\boldsymbol{y}^{n+1}-\boldsymbol{y}^n\|_2^2$ 单调递增且有界。证明单调性：

$$\sum_{n=1}^{N-1}\|\boldsymbol{y}^{n+1}-\boldsymbol{y}^n\|_2^2 + \|\boldsymbol{y}^{N+1}-\boldsymbol{y}^N\|_2^2 \geqslant \sum_{n=1}^{N-1}\|\boldsymbol{y}^{n+1}-\boldsymbol{y}^n\|_2^2 \tag{9-145}$$

证明有界性：

$$\begin{aligned} \sum_{n=0}^{N}\|\boldsymbol{y}^{n+1}-\boldsymbol{y}^n\|_2^2 &\leqslant \frac{1}{c}\sum_{n=0}^{N}(\|(\boldsymbol{y}^{n+1}-\boldsymbol{y}^n)\|_2^2 - \|\Phi(\boldsymbol{y}^{n+1}-\boldsymbol{y}^n)\|_2^2) \\ &\leqslant \frac{1}{c}\sum_{n=0}^{N}[C_{l_0}(\boldsymbol{y}^n) - C_{l_0}(\boldsymbol{y}^{n+1})] \end{aligned}$$

$$=\frac{1}{c}(C_{l_0}(\boldsymbol{y}^0)-C_{l_0}(\boldsymbol{y}^{N+1}))$$
$$\leqslant\frac{1}{c}C_{l_0}(\boldsymbol{y}^0) \tag{9-146}$$

其中，c 是算子的下界，该下界假设严格大于零。第二个不等式来自定理 9.2 的证明。

取 $\varepsilon<\lambda$，如果 $|y_i^n|>\lambda^{0.5}$，并且 $y_i^{n+1}=0$，那么 $\|\boldsymbol{y}^{n+1}-\boldsymbol{y}^n\|_2^2\geqslant\lambda$。因此，对于 N，零系数和非零系数的集合不会改变，$|y_i^n|>\lambda^{0.5}$。对于 y_i^n，该算法随后简化为标准兰德韦伯(Landweber)迭代算法[274]，并一定收敛。

定理 9.6　设 $\{y^n\}$ 为阈值迭代算法产生的迭代序列，则 $\{C_\lambda(y^n)\}$ 为单调递减序列，且存在稳定值 C^* 使得

$$\lim_{n\to\infty}C_\lambda(\boldsymbol{y}^n)=C^* \tag{9-147}$$

证明　由式(9-132)可知

$$C^S(\boldsymbol{y},\boldsymbol{z})-\|\boldsymbol{y}-\boldsymbol{z}\|^2+\|\boldsymbol{\Phi y}-\boldsymbol{\Phi z}\|^2=C_\lambda(\boldsymbol{y}) \tag{9-148}$$

$$C^S(\boldsymbol{y},\boldsymbol{y})=C_\lambda(\boldsymbol{y}) \tag{9-149}$$

阈值迭代序列 $\{y^n\}$ 满足

$$C^S(\boldsymbol{y}^{n+1},\boldsymbol{y}^n)=\min_y C^S(\boldsymbol{y},\boldsymbol{y}^n) \tag{9-150}$$

得到

$$C_\lambda(\boldsymbol{y}^{n+1})=[C^S(\boldsymbol{y}^{n+1},\boldsymbol{y}^n)-\|\boldsymbol{y}^{n+1}-\boldsymbol{y}^n\|^2+\|\boldsymbol{\Phi y}^{n+1}-\boldsymbol{\Phi y}^n\|^2]$$
$$\leqslant[C^S(\boldsymbol{y}^n,\boldsymbol{y}^n)-\|\boldsymbol{y}^{n+1}-\boldsymbol{y}^n\|^2+\|\boldsymbol{\Phi y}^{n+1}-\boldsymbol{\Phi y}^n\|^2]$$
$$\leqslant C_\lambda(\boldsymbol{y}_n) \tag{9-151}$$

序列 $\{C_\lambda(\boldsymbol{y}^n)\}$ 为单调递减序列。该序列存在下界，它必收敛到某个稳定值，即 $\lim\limits_{n\to\infty}C_\lambda(\boldsymbol{y}^n)=C^*$。

9.5.3　不同阈值迭代算法中的阈值计算式

对于 L_0 问题的硬阈值迭代算法的阈值计算式为

$$s_{\text{hard}}(x:\lambda)=\begin{cases}x & |x|>\lambda\\ 0 & \text{其他}\end{cases} \tag{9-152}$$

对于 L_1 问题的软阈值迭代算法的阈值计算式为

$$s_{\text{soft}}(x;\lambda)=\begin{cases}\text{sgn}(x)(x-\lambda/2) & |x|>\lambda/2\\ 0 & \text{其他}\end{cases} \tag{9-153}$$

对于非凸罚似然模型的 SCAD 算法的阈值计算式为

$$
s_{\text{scad}}(x;\lambda)=\begin{cases}\operatorname{sgn}(x)(|x|-\lambda/2) & \lambda/2<|x|<\lambda \\ \dfrac{(a-1)x-\operatorname{sgn}(x)a\lambda/2}{a-2} & \lambda<|x|<a\lambda/2 \\ x & |x|>a\lambda/2 \\ 0 & \text{其他}\end{cases} \tag{9-154}
$$

对于 $L_{1,2}$ 问题的半阈值迭代算法的阈值计算式为

$$
s_{\text{half}}(x;\lambda)=\begin{cases}\dfrac{2}{3}x\left(1+\cos\left(\dfrac{2\pi}{3}-\dfrac{2\varphi(x)}{3}\right)\right) & |x|>\dfrac{\sqrt[3]{54}}{4}\lambda^{\frac{2}{3}} \\ 0 & \text{其他}\end{cases} \tag{9-155}
$$

对于 $L_{1,2}$ 问题的 Chalf 算法的阈值计算式为

$$
s_{\text{chalf}}(x;\lambda)=\begin{cases}\operatorname{sgn}(x)\left(|x|-\dfrac{\sqrt[3]{54}}{12}\lambda^{\frac{2}{3}}\right) & \dfrac{\sqrt[3]{54}}{12}\lambda^{\frac{2}{3}}<\left|x<\dfrac{\sqrt[3]{54}}{4}\lambda^{\frac{2}{3}}\right| \\ \dfrac{2}{3}x\left(1+\cos\left(\dfrac{2\pi}{3}-\dfrac{2\varphi(x)}{3}\right)\right) & |x|>\dfrac{\sqrt[3]{54}}{4}\lambda^{\frac{2}{3}} \\ 0 & \text{其他}\end{cases} \tag{9-156}
$$

上述迭代计算都是通过非线性算子进行迭代。硬阈值迭代用来求解 L_0 问题，通过一个固定阈值进行迭代，每次迭代中保留相同数目的项。软阈值迭代针对 L_1 问题提出，通过一个阈值参数来确定迭代中保留的项。SCAD 阈值迭代不仅可以求解 L_1 问题，还常用于求解基本子问题 LASSO。针对 $L_{1,2}$ 问题，徐宗本团队提出了 Half 和 Chalf 阈值迭代算法，将在下一章 L_q 优化近似计算中介绍。

9.5.4　硬阈值迭代算法仿真实验

本小节结合参考文献[222,225]的硬阈值迭代算法程序进行仿真实现信号重构的效果。重新恢复信号的过程是求解 L_0 正则化问题的过程。仿真实验设定给定 250 个观测值，原始信号的长度为 1 000，并且原始信号的稀疏度为 40，且位置随机。仿真实验结果如图 9－6 所示。图 9－6 可见，恢复好的信号与原始信号之间没有很大差别，两者残差为 $1.6746e^{-6}$。

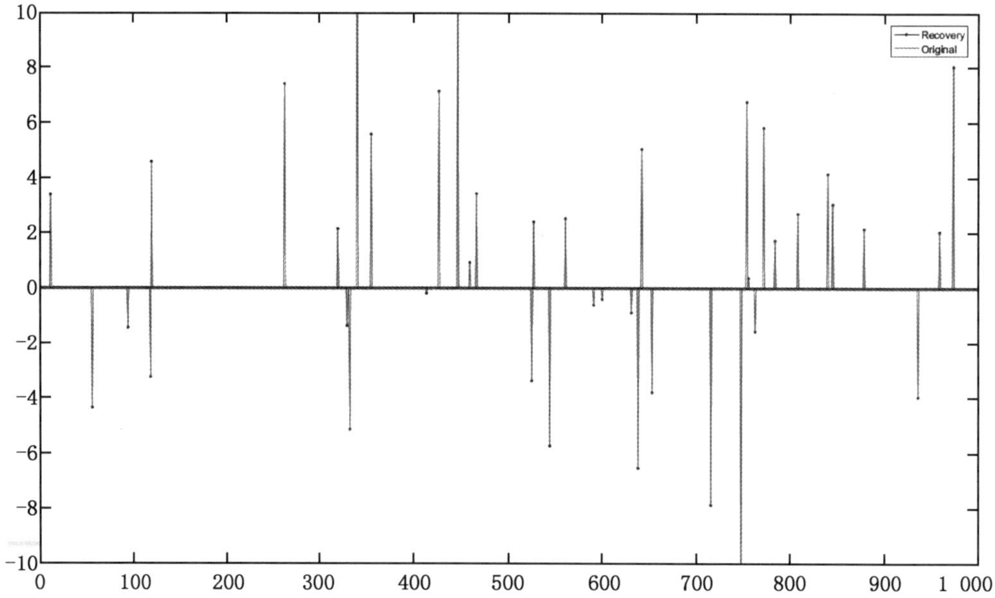

图 9—6 原始信号与重构信号的比较

本章小结

本章介绍了稀疏表示理论中常用的优化算法，包括次梯度方法、ADMM、近端线性化方法、坐标下降法，以及阈值迭代法，并对硬阈值迭代法收敛性进行了分析。一般来说，难以存在通用优化方法。各种优化算法各有利弊，其使用范围、收敛性等都是重要研究内容。算法收敛性一方面可通过实验验证，另一方面理论分析证明也是发展方向。

第 10 章　L_q 优化模型近似计算方法

不同范数 L_q 的优化模型在 $q<1$ 的情况下是非凸非光滑的。非平滑优化模型的平滑近似方法是一类重要的近似算法，本章介绍 L_q 优化模型的典型近似方法，并兼顾了 L_1 与 L_2 优化模型。

10.1　L_0 范数平滑函数法

L_0 范数模型的求解是一个 NP 难问题，常用以下方法求解：阈值方法、平滑函数方法、贪婪优化策略，以及损失函数松弛策略等。本节介绍平滑函数方法。

L_0 范数最小化要求解满足 $\min\limits_{x}\|\boldsymbol{y}-\boldsymbol{D}\boldsymbol{x}\|_2^2+\lambda\|\boldsymbol{x}\|_0$ 与最小二乘解 $\hat{\boldsymbol{x}}=(\boldsymbol{D}^{\mathrm{T}}\boldsymbol{D})^{-1}\boldsymbol{D}^{\mathrm{T}}\boldsymbol{y}$ 的 L_2 范数不大于某阈值，这可以通过选择 x 中 k 个具有最大绝对值的元素，而将其他元素值设为 0 来构造，该思想称为阀值方法。求解 L_0 范数最小化的阈值方法一般称为硬阈值(hard thresholding)方法。研究人员提出了不同的改进方法，如两阶段阈值方法为 CoSaMP 与阈值方法的组合；在字典 $\boldsymbol{D}$ 由多个正交字典组成的情况下，学者提出了块迭代阈值方法。由于不可微的非连续函数，L_0 范数最小化模型求解，可以利用其他平滑函数来近似 L_0 范数，从而形成平滑 L_0 范数方法。文献[296]中给出了一种平滑 L_0 范数求解算法，该算法利用了梯度下降法，并说明了其收敛性。考虑用恰当的连续函数来进行平滑近似 L_0 范数，例如：

$$f_t(x)=\mathrm{e}^{-\frac{x^2}{2t^2}} \tag{10-1}$$

式中，t 用于确定近似的质量。当 $t\to 0$ 时，有：

$$\lim_{t\to 0}f_t(x)=\begin{cases}1 & x=0\\ 0 & x\neq 0\end{cases} \tag{10-2}$$

或者近似地

$$f_t(x)=\begin{cases}1 & x\ll t\\ 0 & x\gg t\end{cases} \tag{10-3}$$

通过定义 $F_t(\boldsymbol{x})=\sum_{i=1}^{n} f_t(x_i)$，那么对于较小的 t 值，$\|\boldsymbol{x}\|_0 \approx n-F_t(\boldsymbol{x})$。其中，$t$ 决定函数 $F_t(\boldsymbol{x})$ 的平滑程度：t 的值越大，$F_t(\boldsymbol{x})$ 越平滑；t 的值越小，$F_t(\boldsymbol{x})$ 越接近 L_0 范数。文献也列举了其他的函数。

基本的平滑 L_0 范数的求解流程为：

步骤 1：令 $\boldsymbol{x}^{(0)}=\boldsymbol{D}^{\mathrm{T}}(\boldsymbol{D}\boldsymbol{D}^{\mathrm{T}})^{-1}\boldsymbol{y}$，设置 t 的下降因子 $0<\rho<1$；

步骤 2：设定一个较大的 t，以及一个较小的 $t_{\min}$；

步骤 3：如果 $t>t_{\min}$，则继续下面的计算，否则返回 $\boldsymbol{x}$；

步骤 4：$\boldsymbol{x}(t)=\operatorname{argmax} F_t(\boldsymbol{x})$

步骤 5：令 $t=\rho t$，返回步骤 3。

对于平滑 L_0 范数的求解误差，有如下定理。

定理 10.1[296]　假设 $\hat{\boldsymbol{x}}$ 为 $\boldsymbol{y}=\boldsymbol{D}\boldsymbol{x}+\boldsymbol{w}$ 的解，且是 k 稀疏的，$k<m/2$，字典 $\boldsymbol{D}$ 中的各列为线性独立的，$\boldsymbol{D}^{\mathrm{T}}\boldsymbol{D}=1$，估计值 $\boldsymbol{x}$ 中的 $n-m/2$ 个分量的绝对值低于 h。令 $\tilde{\boldsymbol{x}}=\hat{\boldsymbol{x}}-\boldsymbol{x}$，$\Omega=\{i\in\{1,\cdots,n\}:|\tilde{x}_i|>h\}$，$\alpha$ 为 $\boldsymbol{D}_{\Omega}^{\mathrm{T}}\boldsymbol{D}_{\Omega}$ 的最小特征值，那么，有：

$$\|\hat{\boldsymbol{x}}-\boldsymbol{x}\|_2 \leqslant \sqrt{\frac{1}{\alpha}(\sqrt{n}h+\|\boldsymbol{w}\|_2)^2+nh^2} \tag{10-4}$$

上述平滑 L_0 范数方法称为原始平滑 L_0 算法（OSL_0），学者认为其为梯度下降方法，OSL_0 在计算时间和估计精度之间进行了折中，即该算法需要较少的计算时间，但以牺牲估计性能为代价。为此，文献[297]提出了利用类牛顿下降方向方法，称为改进的 SL_0 算法（ISL_0）。该算法在每一步计算估计值与真实值的 L_2 范数上界用于优化 SL_0 损失函数，并得到可靠的停止准则。首先介绍最速下降 SL_0 方法。最速下降 SL_0 算法流程如下。

步骤 1：令 $\boldsymbol{x}^{(0)}=\boldsymbol{D}^{\mathrm{T}}(\boldsymbol{D}\boldsymbol{D}^{\mathrm{T}})^{-1}\boldsymbol{y}$，设置 t 的下降因子 $0<\rho<1$；

步骤 2：$\mu=1$，$0<\eta<1$ 以及一个较大的 t，较小的 $t_{\min}$；

步骤 3：如果 $t>t_{\min}$，则继续下面的计算，否则返回 $\boldsymbol{x}$；

步骤 4：$\bar{\boldsymbol{x}}=\boldsymbol{x}^{(i)}+(ut^2)\nabla F_t(\boldsymbol{x}^{(i)})$；

步骤 5：将 $\bar{\boldsymbol{x}}$ 投影至 $\Theta=\{\boldsymbol{x}\mid \boldsymbol{y}=\boldsymbol{D}\boldsymbol{x}\}$；

$$\boldsymbol{x}^{(i+1)}=\bar{\boldsymbol{x}}\boldsymbol{D}^{\mathrm{T}}(\boldsymbol{D}\boldsymbol{D}^{\mathrm{T}})^{-1}(\boldsymbol{D}\bar{\boldsymbol{x}}-\boldsymbol{y}) \tag{10-5}$$

步骤 6：如果 $\tau^{(i)}=\|\boldsymbol{x}^{(i+1)}-\boldsymbol{x}^{(i)}\|_2<\eta t$，令 $t=\rho t$，跳转至步骤 3。

该算法精度高，但该算法需要迭代很多次，因此比较耗费时间。文献[298]提出的改进算法称为 ISL_0 算法，流程如下。

步骤 1：令 $\boldsymbol{x}^{(0)}=\boldsymbol{D}^{\mathrm{T}}(\boldsymbol{D}\boldsymbol{D}^{\mathrm{T}})^{-1}\boldsymbol{y}$；

步骤 2：$t=2\max|x_1^{(0)}|$，$t_{\min}=t$，$\rho,\eta,\gamma\in(0,1)$；

步骤 3：如果 $t > t_{\min}$，则继续下面的计算，否则返回 $\boldsymbol{x}$；

步骤 4：$k=1$；

步骤 5：循环计算：当 $F_t(kg(\boldsymbol{x}^{(i)})+(1-k)\boldsymbol{x}^{(i)}) < F_t(\boldsymbol{x}^{(i)})$时，$k=\gamma_k$；

步骤 6：$\boldsymbol{x}^{(i+1)}=k\boldsymbol{g}(\boldsymbol{x}^{(i)})+(1-k)\boldsymbol{x}^{(i)}$；

步骤 7：如果 $\tau^{(i)}=\|\boldsymbol{x}^{(i+1)}-\boldsymbol{x}^{(i)}\|_2 < \gamma_t$，令 $t=\rho t$，跳转至步骤 3。

其中，$g(\boldsymbol{x})=W^{-1}(\boldsymbol{x})\boldsymbol{D}^{\mathrm{T}}[\boldsymbol{D}\boldsymbol{W}^{-1}(\boldsymbol{x})\boldsymbol{D}^{\mathrm{T}}]^{-1}\boldsymbol{y}$，$W(\boldsymbol{x})=\mathrm{diag}\{f_t(x_1),\cdots,f_t(x_n)\}$。

10.2　$L_{1/2}$ 正则化理论

2008 年，徐宗本提出了在 $L_q(0<q<1)$正则化中具有代表性的 $L_{1/2}$ 正则化方法[276−278]。$L_{1/2}$ 正则化能产生比 L_1 正则化更稀疏的解，它为求解稀疏问题提供了一种潜在的有力的新工具。但是，由于 $L_{1/2}$ 正则化问题是一类非凸、非光滑、非利普希茨连续的优化问题，求解十分困难。2012 年，徐宗本提出了一种快速求解 $L_{1/2}$ 正则化问题的算法——半阈值迭代算法，并进行了算法收敛性分析[285−287]。本节介绍 $L_{1/2}$ 正则化理论。

10.2.1　$L_{1/2}$ 正则化

考虑 L_0 优化模型为

$$\begin{cases}\min\limits_{\boldsymbol{x}\in\mathbf{R}^N}\|\boldsymbol{x}\|_0\\ \text{s. t. } \boldsymbol{y}=\boldsymbol{A}\boldsymbol{x}+\boldsymbol{\epsilon}\end{cases} \tag{10-6}$$

其中，$\|\boldsymbol{x}\|_0$ 通常叫做 L_0 范数，是 $\boldsymbol{x}$ 的非零分量的数量。上述稀疏转化为以下 L_0 正则化问题：

$$\min_{\boldsymbol{x}\in\mathbf{R}^N}\{\|\boldsymbol{y}-\boldsymbol{A}\boldsymbol{x}\|^2+\lambda\|\boldsymbol{x}\|_0\} \tag{10-7}$$

式中，λ 是非负实数。

尽管 L_1 正则化问题可以得到有效的求解，并且其解能够很好地逼近 L_0 正则化问题的解，但是不能产生最稀疏的解。为了产生比 L_1 正则化问题更稀疏的解，使用如下 L_q 正则化：

$$\min_{\boldsymbol{x}\in\mathbf{R}^N}\{\|\boldsymbol{y}-\boldsymbol{A}\boldsymbol{x}\|^2+\lambda\|\boldsymbol{x}\|_q^q\} \tag{10-8}$$

式中，λ 是一非负实参数，$\|\boldsymbol{x}\|_q$ 是 $\mathbf{R}^N$ 中的 L_q 范数。且定义 $\|\boldsymbol{x}\|_q=(\sum\limits_{i=1}^{N}|\boldsymbol{x}_i|^q)^{1/q}$。特别的有如下所示的 $L_{1/2}$ 正则化模型：

$$\min_{x\in \mathbf{R}^N}\{\|\boldsymbol{y}-\boldsymbol{Ax}\|^2+\lambda\|\boldsymbol{x}\|_{1/2}^{1/2}\} \tag{10-9}$$

式中，λ 是一非负实参数，$\|\boldsymbol{x}\|_{1/2}$ 定义为 $\left(\sum_{i=1}^{N}|x_i|^{1/2}\right)^2$。

实验表明，$L_{1/2}$ 正则化的解比 L_1 正则化的解更稀疏，而且比 L_1 正则化更稳健。对于稀疏问题，$L_{1/2}$ 是 $L_q(1/2\leqslant q\leqslant 1)$ 中最稀疏的正则化格式，而当 $0<q<1/2$ 时，$L_{1/2}$ 与 L_q 的解稀疏程度无显著差异。虽然 $L_{1/2}$ 正则化具有稀疏性（即算法具有剔除冗余变量的能力）、无偏性（即参数的估计值不能有太大的偏差）和 Oracle 性质（即当事先已知模型时，正则化可以正确辨识模型），但 $L_{1/2}$ 正则化是一个非凸、非光滑、非利普希茨连续的优化问题。

10.2.2 半阈值迭代算法

目前求解 L_0 问题主要有两类方法：贪婪优化策略与近似求解 L_0 正则化问题的硬阈值迭代算法。L_1 正则化的日益普及主要是问题可以快速求解，如分段线性法、LARs、内点法和梯度增强方法、软阈值迭代算法。基于上述算法，徐宗本等提出了半阈值迭代算法[276]。该算法类似于求解 L_0 正则化问题的硬阈值迭代算法、求解 L_1 正则化问题的软阈值算法。

实值函数 h 称为阈值函数，如果存在一个实值 $t^*>0$，被称为阈值，和一个实值函数 f_d，称之为定义函数，使得以下公式成立：

$$h(t)=\begin{cases} f_d(t) & |t|>t^* \\ 0 & \text{否则} \end{cases} \tag{10-10}$$

阈值函数 h 由阈值 t^* 和函数 f_d 确定。映射 $H(x)=(h_1(x_1),h_2(x_2),\cdots,h_N(x_N))^{\mathrm{T}}$ 称为对角化非线性的，如果对于每一个 i，$h_i(x)$ 仅仅依赖于 x_i，并且 h_i 是非线性的。这样，映射可以简单地表示为 $H(x)=(h_1(x_1),h_2(x_2),\cdots,h_N(x_N))^{\mathrm{T}}$。对角化非线性映射 H 称为由 h 诱导的，如果 $h_1=h_2=\cdots=h_N=h$。如果 H 是由 h 诱导的，我们称其为阈值算子。如果 L_q 问题的任意解 x 都可以表示为：

$$x=H(B_\mu(x)) \tag{10-11}$$

那么，称该 L_q 问题的解是可以用阈值表示的。可知，阈值算法的关键是构造定义函数和阈值。下面给出半阈值算法的阈值函数和阈值分析过程。

假设 $\boldsymbol{x}\in\mathbf{R}_0^N$ 是 $L_{1/2}$ 正则化问题的解，那么，根据 $\boldsymbol{x}$ 的一阶最优性条件，有

$$\boldsymbol{A}^{\mathrm{T}}(\boldsymbol{Ax}-\boldsymbol{y})+\frac{\lambda}{2}\nabla(\|\boldsymbol{x}\|_{1/2}^{1/2})=0 \tag{10-12}$$

其中，$\nabla(\|\boldsymbol{x}\|_{1/2}^{1/2})$ 是惩罚函数 $\|x\|_{1/2}^{1/2}$ 的次梯度。在两端同时乘以任意正数参数 μ，则得到 $\boldsymbol{x}+\mu\boldsymbol{A}^{\mathrm{T}}(\boldsymbol{y}-\boldsymbol{Ax})=\boldsymbol{x}+(\lambda\mu)/2\ \nabla(\|\boldsymbol{x}\|_{1/2}^{1/2})$。如果 $\nabla(\|\cdot\|_{1/2}^{1/2})$ 存在，也就是说算子

$R_{\lambda,1/2}(\cdot)=(I+\frac{\lambda}{2}\nabla(\|\boldsymbol{x}\|_{1/2}^{1/2}))^{-1}$ 对于任意正整数 λ 是有定义的，则有

$$\boldsymbol{x}=(I+\frac{\lambda}{2}\nabla(\|\boldsymbol{x}\|_{1/2}^{1/2}))^{-1}(\boldsymbol{x}+\mu\mathbf{A}^{\mathrm{T}}(\boldsymbol{y}-\mathbf{A}\boldsymbol{x})) \tag{10-13}$$

定义 $B_\mu(\boldsymbol{x})=\boldsymbol{x}+\mu\mathbf{A}^{\mathrm{T}}(\boldsymbol{y}-\mathbf{A}\boldsymbol{x})$，则 $L_{1/2}$ 正则化问题的解可简记为：$\boldsymbol{x}=R_{\lambda\mu,1/2}(B_\mu(\boldsymbol{x}))$。下面的定理给出了 $R_{\lambda\mu,1/2}(B_\mu(\boldsymbol{x}))$ 的表达式。

令

$$\boldsymbol{x}=(x_1,x_2,\cdots,x_N)\in\mathbf{R}^N$$

$$R_{1/2}^N(x_i)=\underset{y_i\neq 0}{\operatorname{argmin}}\{(y_i-x_i)^2+\lambda|y_i|^{1/2}\}$$

$$R_{1/2}^N(\boldsymbol{x})=\prod_{i=1}^N R_{1/2}^N(x_i)$$

$$R_{1/2}^N=\bigcup_{\boldsymbol{x}\in\mathbf{R}^N}R_{1/2}^N(\boldsymbol{x})$$

$$D_{1/2}^N=\{\boldsymbol{x}\in\mathbf{R}^N:|x_i|>3/4(\lambda)^{(2/3)}\}$$

定理 10.2[276] 由 $D_{1/2}^N$ 到 $R_{1/2}^N$ 的映射 $R_{\lambda,1/2}(\cdot)$ 是存在的，它是非线性对角化的具有解析表达式的算子，简记为：

$$R_{\lambda,1/2}(\boldsymbol{x})=(f_{\lambda,1/2}(x_1),f_{\lambda,1/2}(x_2),\cdots,f_{\lambda,1/2}(x_N))^{\mathrm{T}} \tag{10-14}$$

其中

$$f_{\lambda,1/2}(x_i)=\frac{2}{3}x_i\left(1+\cos\left(\frac{2\pi}{3}-\frac{2}{3}\varphi_\lambda(x_i)\right)\right)$$

$$\varphi_\lambda(x_i)=\arccos\left(\frac{\lambda}{8}\left(\frac{|x_i|}{3}\right)^{-\frac{3}{2}}\right)$$

定理 10.3[276] 如果 $\boldsymbol{x}^*=(x_1^*,x_2^*,\cdots,x_N^*)^{\mathrm{T}}$ 是 $L_{1/2}$ 正则化问题的解，μ 是一个给定的正的实数，且满足 $0<\mu<\|\mathbf{A}\|^{-2}$，那么 $\boldsymbol{x}_i^*\neq 0$，或者

$$\left|[B_\mu(\boldsymbol{x}^*)]\right|\leqslant\frac{\sqrt[3]{54}}{4}(\lambda\mu)^{\frac{2}{3}} \tag{10-15}$$

特别地，可以写出 x^* 的分量的表达式

$$x_i^*=\begin{cases}f_{\lambda,\mu,1/2}([B_\mu(x_i^*)]_i & |[B_\mu(x_i^*)]_i|>\frac{\sqrt[3]{54}}{4}(\lambda\mu)^{\frac{2}{3}}\\ 0 & \text{否则}\end{cases} \tag{10-16}$$

因此，求解 $L_{1/2}$ 正则化问题的解可以通过下面公式迭代来求：

$$\boldsymbol{x}^{n+1}=H_{\lambda_n,\mu_n,1/2}(\boldsymbol{x}+\mu\mathbf{A}^{\mathrm{T}}(\boldsymbol{y}-\mathbf{A}\boldsymbol{x})) \tag{10-17}$$

其中，$H_{\lambda_n,\mu_n,1/2}$ 是半阈值迭代算子，且由下式诱导：

$$h_{\lambda,\mu,1/2}(\boldsymbol{x})=\begin{cases}f_{\lambda,\mu,1/2}(\boldsymbol{x}) & |\boldsymbol{x}|>\frac{\sqrt[3]{54}}{4}(\lambda\mu)^{\frac{2}{3}}\\ 0 & \text{否则}\end{cases} \tag{10-18}$$

10.2.3 参数选择

正则化问题解的好坏与正则化参数 λ 的选取有很大的关系。而最优的正则化参数的选择是一个非常困难的问题。在大多数情况下,“试错”方法,如交叉验证法仍然是一个公认较好的选择。然而,当一些先验信息已知时,可以合理设置调整参数的方法,下面说明参数选取方法。

根据定理 10.2 和 10.3 可知,$L_{1/2}$ 正则化问题的解有 k 个稀疏度(即非零元素不大于 k)时,以下不等式成立:

$$|[B_\mu(\boldsymbol{x}^*)]_i|>\frac{\sqrt[3]{54}}{4}(\lambda\mu)^{\frac{2}{3}}\Leftrightarrow i\in\{1,2,\cdots,k\} \tag{10—19}$$

$$|[B_\mu(\boldsymbol{x}^*)]_j|\leqslant\frac{\sqrt[3]{54}}{4}(\lambda\mu)^{\frac{2}{3}}\Leftrightarrow j\in\{k+1,k+2,\cdots,N\} \tag{10—20}$$

由此可得,

$$\frac{\sqrt{96}}{9\mu}|[B_\mu(\boldsymbol{x}^*)]_{k+1}|^{\frac{3}{2}}\leqslant\lambda^*<\frac{\sqrt{96}}{9\mu}|[B_\mu(\boldsymbol{x}^*)]_k|^{\frac{3}{2}} \tag{10—21}$$

即

$$\lambda^*\in[\frac{\sqrt{96}}{9\mu}|[B_\mu(\boldsymbol{x}^*)]_{k+1}|^{\frac{3}{2}},\frac{\sqrt{96}}{9\mu}|[B_\mu(\boldsymbol{x}^*)]_k|^{\frac{3}{2}}] \tag{10—22}$$

上式给出了正则化参数的取值范围。由于 $|[B_\mu(\boldsymbol{x}^*)]_{k+1}|$ 是向量 $[B_\mu(\boldsymbol{x}^*)]$ 的分量按降序排列时的第 k 个元素的绝对值,因此可取

$$\lambda^*=\frac{\sqrt{96}}{9\mu}[(1-\alpha)|[B_\mu(\boldsymbol{x}^*)]_{k+1}|^{\frac{3}{2}}+\alpha|[B_\mu(\boldsymbol{x}^*)]_k|^{\frac{3}{2}}] \tag{10—23}$$

其中,$\alpha\in[0,1)$。

令 $\alpha=0$,则得到 λ^* 最合理的选择

$$\lambda^*=\frac{\sqrt{96}}{9\mu}|[B_\mu(\boldsymbol{x}^*)]_{k+1}|^{\frac{3}{2}} \tag{10—24}$$

注意 λ^* 和 t^* 越大,则 $L_{1/2}$ 正则化问题的解越稀疏,且对于给定的 μ,上式均成立,这里取 $\mu_0>0$。在实际应用中,可以用迭代求解所得到的 $\boldsymbol{x}^n$ 代替 $\boldsymbol{x}^*$,则有

$$\lambda_n^*=\frac{\sqrt{96}}{9\mu_0}|[B_{\mu_0}(\boldsymbol{x}^n)]_{k+1}|^{\frac{3}{2}} \tag{10—25}$$

在文献[301,302]中,赵谦、孟德宇、徐宗本等给出了半阈值迭代算法中参数的选择方法,具体如下:

方案 1:取 $\mu_n=\mu_0$,其中 $0<\mu_0\leqslant\|\boldsymbol{A}\|^{-2}$;根据交叉验证方法选取 λ_n。

方案 2：$\mu_n \in (0,\mu_0]$；$\lambda_n = \frac{\sqrt{96}}{9}\|\boldsymbol{A}\|^2 |[B_{\mu_0}(\boldsymbol{x}^n)]_{k+1}|^{\frac{3}{2}}$。

方案 3：$\mu_n = \mu_0$；$\lambda_n = \min\{\lambda_{n-1}, \frac{\sqrt{96}}{9}\|\boldsymbol{A}\|^2 |[B_{\mu_0}(\boldsymbol{x}^n)]_{k+1}|^{\frac{3}{2}}\}$。

其中，$\mu_0 = \frac{1-\varepsilon}{\|\boldsymbol{A}\|^2}$，$\varepsilon \in (0,1)$。

在方案 1 中，取 $\varepsilon = 0$，且此方案用于稀疏度未知的情形。而方案 2 和方案 3 用于稀疏度已知的情形。在方案 3 中，参数的选取方法确保了参数序列 $\{\lambda_n\}$ 单调递减。

10.2.4　收敛性分析

本节证明了采用方案 1 时半阈值算法的收敛性。

定理 10.4[276]：令 $\{\boldsymbol{x}_n\}$ 是由方案 1 的半阈值算法生成的序列。则(1) $\{\boldsymbol{x}_n\}$ 是最小化序列，并且 $C_\lambda(\boldsymbol{x}_n)$ 收敛于 $C_\lambda(\boldsymbol{x}^*)$，其中 $\boldsymbol{x}^*$ 是最小化序列 $\{\boldsymbol{x}_n\}$ 的极限点；(2) $\{\boldsymbol{x}_n\}$ 是渐进正则的，即 $\lim\limits_{n\to\infty}\|\boldsymbol{x}_{n+1} - \boldsymbol{x}_n\| = 0$；(3) 当 μ 充分小时，$\{\boldsymbol{x}_n\}$ 收敛到 $\boldsymbol{x} = H_{\lambda\mu,1/2}(B_\mu(\boldsymbol{x}))$ 的静止点。

证明　下面通过以下三个步骤来证明这一点。

步骤 1：我们证明 $\{\boldsymbol{x}_n\}$ 的任何极限点都是 $\boldsymbol{x} = H_{\lambda\mu,1/2}(B_\mu(\boldsymbol{x}))$ 的一个静止点。假设，比如，$\boldsymbol{x}^*$ 是 $\{\boldsymbol{x}_n\}$ 的一个极限点。那么存在子序列 $\boldsymbol{x}_{n_i}$，使得 $\boldsymbol{x}_{n_i} \to \boldsymbol{x}^*$ $(i\to\infty)$。根据

$$\boldsymbol{x}^{n+1} = H_{\lambda_n,\mu_n,1/2}(\boldsymbol{x} + \mu\boldsymbol{A}^{\mathrm{T}}(\boldsymbol{y} - \boldsymbol{A}\boldsymbol{x})) \tag{10-26}$$

这意味着

$$\boldsymbol{x}_{n_i+1} = H_{\lambda\mu,1/2}(B_\mu(\boldsymbol{x}_{n_i})) \to H_{\lambda\mu,1/2}(B_\mu(\boldsymbol{x}^*))(i\to\infty) \tag{10-27}$$

注意到 $H_{\lambda\mu,1/2}$ 是不连续的，但 $\boldsymbol{x}_{n_i} \to \boldsymbol{x}^*$ 意味着每个 p 的 $|[B_\mu(\boldsymbol{x}_{n_i})]_p|$ 的子序列存在，比如说，$|[B_\mu(\boldsymbol{x}_{n_i})]_p|$ 本身，满足 $|[B_\mu(\boldsymbol{x}_{n_i})]_p| > (\sqrt[3]{54}/4)(\lambda\mu)^{2/3}$，并且 $\lim\limits_{i\to\infty}|[B_\mu(\boldsymbol{x}_{n_i})]_p| > (\sqrt[3]{54}/4)(\lambda\mu)^{2/3}$，或者 $|[B_\mu(\boldsymbol{x}_{n_i})]_p| \leqslant (\sqrt[3]{54}/4)(\lambda\mu)^{2/3}$，在此基础上我们可以证明其有效性。然而，根据定理 10.3，我们有 $\lim\limits_{i\to\infty}\boldsymbol{x}_{n_i+1} = \lim\limits_{i\to\infty}\boldsymbol{x}_{n_i} = \boldsymbol{x}^*$。然后，$\boldsymbol{x}^* = H_{\lambda\mu,1/2}(B_\mu(\boldsymbol{x}^*))$。也就是说，$\boldsymbol{x}^*$ 是 $\boldsymbol{x} = H_{\lambda\mu,1/2}(B_\mu(\boldsymbol{x}))$ 的静止状态。

步骤 2：证明 $\boldsymbol{x} = H_{\lambda\mu,1/2}(B_\mu(\boldsymbol{x}))$ 的静止状态是有限的。实际上，让 Υ 为 $\boldsymbol{x} = H_{\lambda\mu,1/2}(B_\mu(\boldsymbol{x}))$ 的有限状态集，并且让 $\Upsilon_k = \{\boldsymbol{x}^* \in \Upsilon : |\mathrm{supp}(\boldsymbol{x}^*)| = k\}$。那么 $\Upsilon = \bigcup\limits_{k=1}^{N}\Upsilon_k$ 是显然的。我们只需要说明 Υ_k 包含有限数量的元素。让 $\boldsymbol{x}^* = (x_1^*, x_2^*, \cdots, x_N^*) \in \Upsilon_k$。那么，对于任何 $i \in \mathrm{supp}(\boldsymbol{x}^*)$，$x_i^* = h_{\lambda\mu,1/2}([B_\mu(\boldsymbol{x}^*)]_i)$ 并且 $[B_\mu(\boldsymbol{x}^*)]_i > (\sqrt[3]{54}/4)(\lambda\mu)^{2/3}$。$\Upsilon_k$ 最多包含其成分由 k 个有限值和 $N-k$ 个零组成的向量。所有

这些向量都是有限的，这说明了 Υ 的有限性。

步骤 3：证明 $\{\boldsymbol{x}_n\}$ 的收敛是正确的。这直接来自 $\{\boldsymbol{x}_n\}$ 具有极限点的事实，每个极限点都在 Υ 中，这是一个有限离散集，并且 $\{\boldsymbol{x}_n\}$ 是渐进正则的。

定理 10.4 的证明完成。定理 10.4 暗示如果 μ 足够小，则具有方案 1 的半阈值算法肯定会收敛。

10.2.5 仿真实例

本节把半阈值迭代算法应用于不含噪声的信号恢复。该问题可以表述为一个 L_0 问题：$\min_{\boldsymbol{x}\in\mathbf{R}^N}\|\boldsymbol{x}\|_0$，s.t. $\boldsymbol{y}=\boldsymbol{A}\boldsymbol{x}+\boldsymbol{\varepsilon}$。这里 $\boldsymbol{A}\in\mathbf{R}^{M\times N}$ 是一个感知矩阵，$\boldsymbol{y}\in\mathbf{R}^M$ 是观测到的信号，$\boldsymbol{\varepsilon}$ 是观测到的噪声，而 $\boldsymbol{x}\in\mathbf{R}^N$ 是要恢复的信号。考虑一个实值不带噪声长度($N=512$)的信号，如图 10－1 所示，其中 $\boldsymbol{x}$ 是 k－稀疏的，$k=130$。模拟的目的是由感知矩阵 $\boldsymbol{A}$ 所决定的 M 次观测中恢复原始信号 $\boldsymbol{x}\in\mathbf{R}^{512}$，其中 M 比 512 小得多。样本是取值于[0,512]中的高斯随机向量。实验结果表明半阈值算法是有效的。

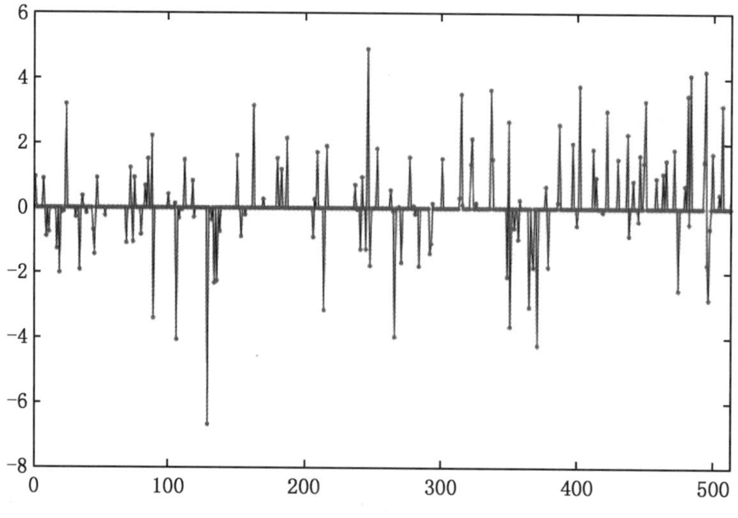

图 10－1　长度为 512、稀疏度为 130 的不含噪信号

$L_{1/2}$ 正则子，与 L_0 正则子相比更易于求解；而与 L_1 正则子相比，具有更好的稀疏性和稳健性。$L_{1/2}$ 正则化问题可以通过半阈值迭代算法快速求解，本节介绍了该算法，以及如何进行参数选择，并进行了算法收敛性的分析。

10.3　迭代重加权 L_q 极小化算法

重加权 L_1 子问题的求解方法思路如下[296,307]：给定初始点 $\boldsymbol{x}^k$，此算法将权重 $w_i:=(\varepsilon+|x_i^k|)^{q-1}$ 极小化 $\sum_j w_i|x_i|$ 与其他目标函数相结合。令 $\boldsymbol{x}^k=\boldsymbol{x}$，$\varepsilon=0$，并且定义 0/0=0，可以得到等式 $w_i:=(\varepsilon^2+|x_i^k|^2)^2$ 和 $\sum_i w_i|x_i|^2$，在对重新加权的最小二乘子问题进行求解时，利用 $w_i:=(\varepsilon^2+|x_i^k|^2)^2$ 和 $\sum_i w_i|x_i|^2$ 对 $\|\boldsymbol{x}\|_q^q$ 进行近似。在重新加权的 L_1/L_2 迭代中，令固定参数 $\varepsilon>0$，可以避免除以 0 的数值问题，同时可以达到 $x^\varepsilon\ \lim\limits_{k\to\infty}x^k$ 的解中绝对值大于 $O(|\varepsilon|)$ 的元素很少的效果。因此，一般用一个靠近 x^0 的误差为 $O(|\varepsilon|)$ 的元素来近似 x^ε。为了让稀疏向量 $\boldsymbol{x}$ 从 $\boldsymbol{b}=\boldsymbol{A}\boldsymbol{x}$ 中还原，这些算法应当从一个较大的值开始，再逐渐减小 ε。

10.3.1　迭代重加权 L_1 极小化算法

对于弹性 $L_2-L_q(0<q<1)$ 正则化问题[307]：

$$\min_{\boldsymbol{x}\in\mathbf{R}^N} L(\boldsymbol{x},\varepsilon,\lambda_1,\lambda_2)=\frac{1}{2}\|\boldsymbol{A}\boldsymbol{x}-\boldsymbol{b}\|_2^2+\lambda_1\sum_{i=1}^{N}(|x_i|+\varepsilon)^q+\lambda_2\|\boldsymbol{x}\|_2^2 \tag{10-28}$$

可以通过迭代加权 L_1 极小化算法对其进行求解。问题转化为

$$\boldsymbol{x}^{k+1}\in\arg\min_{\boldsymbol{x}\in\mathbf{R}^N}\{L_k(\boldsymbol{x},\varepsilon_k,\lambda_1,\lambda_2)\}=\frac{1}{2}\|\boldsymbol{A}\boldsymbol{x}-\boldsymbol{b}\|_2^2+\lambda_1\|\boldsymbol{W}^k\boldsymbol{x}\|_1+\lambda_2\|\boldsymbol{x}\|_2^2 \tag{10-29}$$

利用迭代重新加权 L_1 极小化算法对弹性 L_2-L_q 正则化问题求解算法如下。

输入：观测向量 $\boldsymbol{b}\in\mathbf{R}^m$（$\mathbf{R}^m$ 为 m 维向量空间），感知矩阵 $\boldsymbol{A}\in\mathbf{R}^{m\times N}$（$\mathbf{R}^{m\times N}$ 为 $m\times N$ 维矩阵空间）

选择合适的 λ_1、λ_2、$\bar{\varepsilon}$、p、q 参数，满足 $\lambda_1>0$，$\lambda_2>0$，$\bar{\varepsilon}>0$，$p\in(0,1)$，$q\in(0,1)$

初始化 $k=0$，$\varepsilon_0\gg\bar{\varepsilon}$，$\boldsymbol{x}^0\in\mathbf{R}^N$，$w_i^0=\dfrac{q}{(|x_i^0|+\varepsilon_0)^{1-q}}$，$i=1,2,\cdots,N$

令 $k=0,1,2,\cdots$，循环开始

第一步：$\boldsymbol{x}^{k+1}\in\arg\min\limits_{\boldsymbol{x}\in\boldsymbol{R}^N}\{L_k(\boldsymbol{x},\varepsilon_k,\lambda_1,\lambda_2)=\dfrac{1}{2}\|\boldsymbol{A}\boldsymbol{x}-\boldsymbol{b}\|_2^2+\lambda_1\|\boldsymbol{W}^k\boldsymbol{x}\|_1+\lambda_2\|\boldsymbol{x}\|_2^2\}$

第二步：$\varepsilon_{k+1}=\rho\varepsilon_\kappa$；如果 $\varepsilon_{k+1}<\bar{\varepsilon}$，则设置 $\varepsilon_{k+1}=\bar{\varepsilon}$

第三步：$w_i^{k+1}=\dfrac{q}{(|x_i^{k+1}|+\varepsilon_{k+1})^{1-q}}, i=1,2,\cdots,N$

第四步：当$\|\boldsymbol{x}^{k+1}-\boldsymbol{x}^k\|_2/\|\boldsymbol{x}^{k+1}\|_2<tol$，其中 tol 是允许相对误差，停止；否则返回第一步

对于算法的第 k 次迭代，第一步处理一个 L_1/L_2 凸优化问题。所以，这里通过快速迭代收缩阈值算法（FISTA）对其进行求解。记 $L_k(\boldsymbol{x},\varepsilon,\lambda_1,\lambda_2)=f(\boldsymbol{x})+g_k(\boldsymbol{x})$，其中 $f(\boldsymbol{x})=\dfrac{1}{2}\|\boldsymbol{Ax}-\boldsymbol{b}\|_2^2+\lambda_2\|\boldsymbol{x}\|_2^2, g_k(\boldsymbol{x})=\lambda_1\|W^k\boldsymbol{x}\|_1$，算法的具体步骤如下所示。

初始化 $\boldsymbol{z}^0\in\mathbf{R}^N$，设置 $q_0=1,\boldsymbol{u}^0=\boldsymbol{z}^0$ 和一个利普希茨常数 L

令　$L==0,1,2,\cdots$，循环开始

第一步：$\boldsymbol{y}^l=\boldsymbol{u}^l-L^{-1}\nabla f(\boldsymbol{u}^l)$

第二步：$\boldsymbol{z}^{l+1}=s_{\frac{\lambda_1}{L}}(\boldsymbol{y}^l,w^k)$

第三步：$q^{l+1}=\dfrac{1+\sqrt{1+4q_1^2}}{2}$

第四步：$\boldsymbol{u}^{l+1}=\boldsymbol{z}^l+\dfrac{q^{l-1}}{q^{l+1}}(\boldsymbol{z}^{l+1}-\boldsymbol{z}^l)$

第五步：当$\dfrac{\|\boldsymbol{z}^{l+1}-\boldsymbol{z}^l\|}{\|\boldsymbol{z}^{l+1}\|_2}<tol$，其中 tol 是允许相对误差，停止，输出 $\boldsymbol{x}=z^{l+1}$；否则回到第一步

定义收缩阈值算子 S 为 $S_\beta(\boldsymbol{x},\boldsymbol{w})=(S_\beta(x_1,w_1),\cdots,S_\beta(x_N,w_N))^{\mathrm{T}}$，其中

$$S_\beta(x_i,w_i)=\mathrm{sgn}(x_i)\max\{0,|x_i|-\beta w_i\}, i=1,2,\cdots,N \tag{10—30}$$

下面不加证明地给出收敛性分析证明过程中使用的主要结论。

引理 10.1[307]：给定 $0<q<1$，如果 $\varepsilon_k\geqslant\varepsilon_{k+1}>0$，那么对于任何 $\alpha,\beta\subset R$，都满足下列不等式：

$$(\varepsilon_k+\alpha)^q-(\varepsilon_{k+1}+|\beta|)^q+\frac{q(|\beta|-|\alpha|)}{(\varepsilon_k+|\alpha|)^1 q}\geqslant 0 \tag{10—31}$$

定理 10.5[307]　如果序列$\{\boldsymbol{x}_k\}$是通过迭代重新加权 L_1 极小化算法得到的，则有

$$\|\boldsymbol{Ax}^k-\boldsymbol{Ax}^{k+1}\|_2^2\leqslant 2(L(\boldsymbol{x}^k,\varepsilon_k,\lambda_1,\lambda_2)-L(\boldsymbol{x}^{k+1},\varepsilon_{k+1},\lambda_1,\lambda_2)) \tag{10—32}$$

$$\|\boldsymbol{x}^k-\boldsymbol{x}^{k+1}\|_2^2\leqslant\lambda_2^{-1}(L(\boldsymbol{x}^k,\varepsilon_k,\lambda_1,\lambda_2)-L(\boldsymbol{x}^{k+1},\varepsilon_{k+1},\lambda_1,\lambda_2)) \tag{10—33}$$

由定理 10.5 中的$\|\boldsymbol{Ax}^k-\boldsymbol{Ax}^{k+1}\|_2^2\leqslant 2(L(\boldsymbol{x}^k,\varepsilon_k,\lambda_1,\lambda_2)-L(\boldsymbol{x}^{k+1},\varepsilon_{k+1},\lambda_1,\lambda_2))$可知，$\{L(\boldsymbol{x}^k,\varepsilon_k,\lambda_1,\lambda_2)\}$是单调递减并且有界的，所以$\{\boldsymbol{x}^k\}$是有界的。另外，由定理 10.5 中的$\|\boldsymbol{x}^k-\boldsymbol{x}^{k+1}\|_2^2\leqslant\lambda_2^{-1}(L(\boldsymbol{x}^k,\varepsilon_k,\lambda_1,\lambda_2)-L(\boldsymbol{x}^{k+1},\varepsilon_{k+1},\lambda_1,\lambda_2))$可得$\{x^k\}$序列是渐进正则的。

n 个多项式方程组中含有 n 个复变元，若方程组对应最高阶项组成的方程组仅存在零解，则这个方程组就存在有限解。

引理 10.2：$P(z,\overline{w})=0$ 是与 n 个复变元相对应的 n 个多项式系统，令 $Q(z,\overline{a},\overline{c})=0$ 是与该多项式系统相对应的最高阶系统。若 $Q(z,\overline{a},\overline{c})=0$ 只存在零解 $z=0$，那么多项式系统 $P(z,\overline{w})=0$ 的解的个数为 $\Gamma=\prod_{i=1}^{n} q_i$，其中 q_i 是 P_i 的阶。

以下是对于迭代重加权 L_1 极小化算法的收敛性定理。

定理 10.6[307]：当 $\varepsilon_k \geqslant \varepsilon_{k+1} \geqslant \cdots \geqslant \overline{\varepsilon} > 0, \lambda_1, \lambda_2 > 0$ 由迭代重加权 L_1 极小化算法产生的 $\{x^k\}$ 序列是收敛的。将极限点记作 x^*，即 $\lim\limits_{K\to\infty} x^k = x^*$。另外，当 $\varepsilon=\overline{\varepsilon}$ 时，x^* 是

$$\min_{\boldsymbol{x}\in\mathbf{R}^N} L(\boldsymbol{x},\varepsilon,\lambda_1,\lambda_2)=\frac{1}{2}\|\boldsymbol{A}\boldsymbol{x}^k-\boldsymbol{b}\|_2^2+\lambda_1\sum_{i=1}^{N}(|x_i^k|+\varepsilon_k)^q+\lambda_2\|\boldsymbol{x}^k\|_2^2 \tag{10-34}$$

问题的稳定点。

10.3.2　FOCUSS 算法

FOCUSS (focal underdetermined system solver)是一类迭代重加权最小二乘方法。文献[303]对 FOCUSS 给出了正式的描述。算法通过重新加权最小二乘来寻找 $L_p(0<p<1)$ 范数的局部最小值点，分为两步：首先，寻找一个稀疏信号的低分辨率估计；然后，对解进行修剪(prune)来进行稀疏表示，修剪过程通过利用一个广义的仿射尺度变换来实现。基本的 FOCUSS 具体算法为：

步骤 1：初始化，输入 $\boldsymbol{x}^{(0)}$，观测信号 $\boldsymbol{y}$，字典 $\boldsymbol{D}$，$i=0$，迭代次数 N；

步骤 2：令 $i=i+1$；

步骤 3：$W^{(i)}=\text{diag}(\boldsymbol{x}^{(i-1)})$，$q^{(i)}=(DW^{(i)})^{\dagger}\boldsymbol{y}$，$\boldsymbol{x}^{(i)}=W^{(i)}q^{(i)}$；

步骤 4：若 $i<N$，则跳转到步骤 2；否则，返回 $\boldsymbol{x}^{(i)}$。

在相关性较强的情况下，FOCUSS 方法可以得到很好的性能，然而 FOCUSS 的缺点是计算量较大。IRLS 与 FOCUSS 是 $0<p<1$ 时的方法，虽然比 L_1 方法效果要好，但是需要迭代多次，同时对噪声并不稳健。FOCUSS 方法使用的损失函数具有很多局部最小值解(但当 $p\to 0$ 时，损失函数的全局最小值与线性模型的稀疏解达到一致)，常会收敛到准最优(suboptimal)局部最小值点，称为收敛误差(convergence errors)，即 FOCUSS 存在收敛误差。在什么样的情况下，局部最小值点恰好为 P_0 问题的全局最小值点，是需要研究的问题。

10.3.3　正交情况下的平滑近似方法

在 $\boldsymbol{D}$ 为酉矩阵的情况下，考虑加性噪声，具有稀疏约束的去噪模型为：

$$x = \underset{x}{\operatorname{argmin}} \| y - Dx \|_2^2 + \lambda \| x \|_p^p \tag{10-35}$$

式中，$\lambda > 0$ 为正则参数，$p \in (0,2)$ 为表征稀疏度的参数。

目前求解模型式(10－35)需要借助于迭代过程，且需预先确定模型参数 λ 与 p，极大地限制了该模型的应用。有文献将该模型求解与广义岭估计联系起来，得到 $p \to 0^{\dagger}$ 时模型参数取值 $\lambda p = 2\sigma^2$，但仍须迭代求解。而且，没有分析 p 取其他值时解的情况。这里主要解决以上两个问题。首先通过单调有界原理以及求解二元高阶方程，得到模型的解析解，继而借助于最优参数估计性能准则证明 $p \to 0^{\dagger}$ 为最优模型参数值，并具有稳健性。

为了保证 L_p 范数惩罚项在零点处的可微性，进行如下平滑近似：

$$x_i^k \approx \sum_{i=1}^{n} (|x_i|^2 + \varepsilon)^{\frac{k}{2}} \tag{10-36}$$

根据复导数定义，对由此构成的目标函数关于 x 求偏导，令其结果为 0，可得：

$$-(D^{\mathrm{T}} y - x) + \frac{\lambda p}{2} \operatorname{diag}((|x_i|^2 + \varepsilon)^{\frac{p}{2}-1} x) = 0 \tag{10-37}$$

令 $g = D^{\mathrm{T}}$，根据不动点方法，构造迭代表达式：

$$\hat{x}^{(n+1)} = \left(1 + \frac{\lambda \rho}{2} \operatorname{diag}(|\hat{x}_i^{(n)}|^2 + \varepsilon)^{\frac{p}{2}-1}\right)^{-1} g \tag{10-38}$$

式中，上标(n)表示迭代次数。可以看到，每一个分量 x_i 的估计是独立的，即

$$\hat{x}_i^{(n+1)} = \left(1 + \frac{\lambda \rho}{2} \operatorname{diag}(|\hat{x}_i^{(n)}|^2 + \varepsilon)^{\frac{p}{2}-1}\right)^{-1} g_{(i)} \tag{10-39}$$

当

$$\frac{\| \hat{x}^{(n+1)} - \hat{x}^{(n)} \|_2^2}{\| \hat{x}^{(n+1)} \|_2^2} \leqslant \gamma \tag{10-40}$$

时结束迭代过程。其中 γ 可取为 10^{-6}。

下面仅对 x_i 进行分析。令初值为 $\hat{x}_i^{(0)} = g_i$。为表达简洁，在不引起混淆的情况下，省略下标 i。由迭代过程产生的序列$\{\hat{x}^{(1)}, \hat{x}^{(2)}, \cdots, \hat{x}^{(n)}, \cdots\}$，可看成复数列。复数列收敛的必要充分条件为由各项的实部与虚部构成的两个实数列都收敛。可以验证，不论复数值的实部与虚部取正数还是负数，该序列实部与虚部单调递减且有界，界为 0。根据单调有界原理可知序列极限存在。令序列极限为 $\tilde{x}$，对式(10－39) 两边取极限得：

$$\tilde{x} = \left(1 + \frac{\lambda p}{2} (|\tilde{x}|^2 + \varepsilon)^{\frac{p}{2}-1}\right)^{-1} g \tag{10-41}$$

可见，上述方程的一个解为 0。下面考虑非零解的情况。上式可写为

$$(2|\tilde{x}|^{p-2} + \lambda p)\tilde{x} = 2|\tilde{x}|^{p-2} g \tag{10-42}$$

该方程包含 λ、p、$\tilde{x}$ 三个未知数，难以求解。但当 $p \to 0^{\dagger}$ 以及 $p=0.5,1,1.5$ 时可对该方程进行求解，得到 $\tilde{x}$ 关于 λ 的表达式，再利用相关估计值性能限定准则，可进一步得到 λ 的取值，即 $\tilde{x}$ 的最终解析表达式。

10.4　迭代重加权最小二乘法

10.4.1　L_1 范数最小化问题与线性规划问题的等价性

L_1 范数最小化问题可以等价为线性规划问题，后者作为优化问题已经被深入研究，并形成了内点法、单纯形法等成熟的求解方法，并存在可用的工具包如 matlab。下面分析两者的等价性。

令 $\boldsymbol{x}=\boldsymbol{u}-\boldsymbol{v}$，其中 $\boldsymbol{u},\boldsymbol{v}\in\mathbf{R}^n$ 且为非负向量。那么，仅对于 $\boldsymbol{x}$ 中的正值元素，有 u_i 非 0；对于 $\boldsymbol{x}$ 中的负值元素，有 v_i 非 0。这就意味着 $\boldsymbol{u}$ 对应 $\boldsymbol{x}$ 中的正值，其他坐标元素为 0；$\boldsymbol{v}$ 对应 $\boldsymbol{x}$ 中所有负值的绝对值，其他坐标元素为 0. 令 $\boldsymbol{z}=[\boldsymbol{u}^{\mathrm{T}},\boldsymbol{v}^{\mathrm{T}}]^{\mathrm{T}}\in\mathbf{R}^{2n}$，则有 $\|\boldsymbol{x}\|_1=\sum_{i=1}^{2n}z_i$，且 $\boldsymbol{D}\boldsymbol{x}=\boldsymbol{D}(\boldsymbol{u}-\boldsymbol{v})=[\boldsymbol{D},-\boldsymbol{D}]\boldsymbol{z}$。那么，$L_1$ 范数最小化问题等价于下面的线性规划问题：

$$\begin{cases}\min\limits_{\boldsymbol{x}}\sum\limits_{i=1}^{2n}z_i\\ \text{s. t. } \boldsymbol{y}=[\boldsymbol{D},-\boldsymbol{D}]\boldsymbol{z},\boldsymbol{z}\geqslant 0\end{cases}\tag{10—43}$$

上式为线性规划问题。下面分析两个模型是否等价，即对于一个最优解，需要确定稀疏向量 $\boldsymbol{x}$ 可以分解为两个非负向量的假设。在此，利用反证法。假设对于某一 i，存在 u_i 与 v_i 皆非 0。同时，考虑非负约束，$u_i>0$，$v_i>0$。不妨假定 $u_i\geqslant v_i$，这样的假设对结果无影响。令 $u'_i=u_i-v_i$，$v'_i=0$。可以看到，非负约束仍满足，因为 $D_{ji}u_i-D_{ji}v_i=D_{ji}u'_i-D_{ji}v'_i$，那么，$x_i=u'_i-v'_i$ 仍为可行解。然而，这样也将目标函数降低了 $2v_i$，与最初解的最优性相矛盾。因此，可以说 $\boldsymbol{u}$ 与 $\boldsymbol{v}$ 不可能有重叠，这意味着将稀疏向量 $\boldsymbol{x}$ 可以分解为两个非负向量的假设是成立的。

当 $0<p<1$ 时，可以产生更稀疏或更满足要求的稀疏向量。但由于 $0<p<1$ 时，优化模型可能是非凸的，导致局部最小值解，为求解增加了困难。大多数算法采用了对稀疏向量重新加权，即对每一个元素施加不同的权重的思想，产生了一系列重加权算法。同时，加权方法也适用于 L_1 范数最小化模型。

10.4.2 L_1 范数与 L_2 范数迭代重加权模型

迭代重加权方法可应用于 L_1 范数与 L_2 范数等不同模型，可分为可分离与不可分离两类（目前大多数算法属于可分离类），研究用于求解稀疏表示的不同迭代重加权方案。对于重加权 L_2 范数模型来说，可求解以下迭代表达式：

$$\boldsymbol{x}^{(i+1)} \to \underset{\boldsymbol{x}}{\arg\min} \|\boldsymbol{y}-\boldsymbol{D}\boldsymbol{x}\|_2^2 + \lambda \sum_j w_j^{(i)} x_j^2 = \boldsymbol{W}^{(i)} \boldsymbol{D}^{\mathrm{T}} (\lambda \boldsymbol{I} + \boldsymbol{D}\boldsymbol{W}^{(i)} \boldsymbol{D}^{\mathrm{T}})^{-1} \boldsymbol{y} \tag{10-44}$$

式中，$\boldsymbol{W}^{(i)}$ 为对角加权矩阵。

对于重加权 L_1 范数模型来说，可求解以下迭代表达式：

$$\boldsymbol{x}^{(i+1)} \to \underset{\boldsymbol{x}}{\arg\min} \|\boldsymbol{y}-\boldsymbol{D}\boldsymbol{x}\|_2^2 + \lambda \sum_j w_j^{(i)} \mid x_j \mid \tag{10-45}$$

在 L_2 重加权方法中，权重一般设置为：

$$w_j^{(i+1)} = \frac{1}{|x_j^{(i+1)}|^2 + \varepsilon} \tag{10-46}$$

在 L_1 重加权方法中，权重一般设定为：

$$w_j^{(i+1)} = \frac{1}{x_j^{(i+1)} + \varepsilon} \tag{10-47}$$

10.4.3 迭代重加权最小二乘法

迭代重加权最小二乘（iterative reweighted least squares，IRIS）算法是一个可以简单解决 Q_1^λ 问题的方法[292]。

设 $X=\mathrm{diag}(|\boldsymbol{x}|)$，有 $\|\boldsymbol{x}\|_1=\boldsymbol{x}^{\mathrm{T}}\boldsymbol{X}^{-1}x$，可以将 L_1 范数视为 L_2 范数平方的一个（自适应加权）版本。给定当前的近似解 $\boldsymbol{x}_{k-1}$，令 $\boldsymbol{X}_{k-1}=\mathrm{diag}(|\boldsymbol{x}_{k-1}|)$ 并尝试求解

$$(Q_1^\lambda)\text{：}\min_{\boldsymbol{x}} \lambda \boldsymbol{x}^{\mathrm{T}} \boldsymbol{X}_{k-1}^{-1} \boldsymbol{x} + \frac{1}{2}\|\boldsymbol{b}-\boldsymbol{A}\boldsymbol{x}\|_2^2 \tag{10-48}$$

这是一个二次优化问题，使用标准的线性代数方法可解。也就是说在获得（近似）解 x_k 情况下，对角矩阵 $\boldsymbol{X}_k$ 的对角线上都是 $\boldsymbol{x}_k$ 的项，算法过程如下。

目标：确定 $\min\limits_{\boldsymbol{x}} \lambda \boldsymbol{x}^{\mathrm{T}} \boldsymbol{X}_{k-1}^{-1} \boldsymbol{x} + \frac{1}{2}\|\boldsymbol{b}-\boldsymbol{A}\boldsymbol{x}\|_2^2$ 的近似解 $\boldsymbol{x}$。

初始化：初始化 $k=0$，令初始化近似值 $x_0=1$，初始化加权矩阵 $\boldsymbol{X}_0=\boldsymbol{I}$。

主要迭代步骤，$k+1$，执行下列程序：归一化最小二乘迭代求解线性系统，得到近似解 $\boldsymbol{x}_{k+1}$：

$$\boldsymbol{x}_{k+1}=(\boldsymbol{X}_k+\boldsymbol{A}^{\mathrm{T}}\boldsymbol{A})^{-1}\boldsymbol{A}^{\mathrm{T}}\boldsymbol{b} \tag{10-49}$$

利用 $\boldsymbol{x}_k$ 更新对角加权矩阵 $\boldsymbol{X}$，

$$X_k(j,j)=|x_k(j)|+\varepsilon \tag{10-50}$$

式中 ε 为较小正数。如果 $\|\boldsymbol{x}_k-\boldsymbol{x}_{k-1}\|_2$ 小于预设阈值，则停止迭代，否则继续迭代，输出结果 $\boldsymbol{x}_k$。

本章小结

非凸、非光滑约束或目标函数的优化平滑近似方法在数学上称为磨光函数法。平滑近似方法的适用条件、近似函数设计、计算过程以及近似精确度分析在应用中都需要具体研究。本章介绍 L_q 优化模型的几种具体的典型平滑方法，为解决此类问题提供思路。

第 11 章　稀疏子空间聚类

本章介绍稀疏子空间聚类。该方法用子空间模型表示给定的数据，然后计算出在每个低维子空间里的表示系数，接着利用这些系数矩阵来构造相似度矩阵，最后使用谱聚类的方法对其进行聚类，得到最终的聚类结果。

11.1　子空间聚类概述

11.1.1　子空间聚类

传统的聚类方法一般采用欧氏距离作为数据之间的相似性度量，但是在高维空间中难以用欧氏距离来度量相似性。子空间聚类算法作为解决高维数据聚类问题的有效算法吸引了研究人员的广泛关注。子空间聚类分析是从另外一个角度对高维数据进行处理，目的是在相同数据集中的不同子空间中挖掘数据不同类簇。由于不同的数据类别可能对应不同的子空间，而子空间的维度也可能是不一样的，因此在原始数据空间中寻找类别簇的难度较高。子空间聚类算法将原始数据空间分割为不同的子空间，从子空间中寻找不同类别存在的可能性。与原始空间数据聚类方法相比较，子空间聚类分析是对数据的一种局部维度约减方法[308−312]。

假设数据矩阵为 $\boldsymbol{X}=(\boldsymbol{x}_1,\boldsymbol{x}_2,\cdots,\boldsymbol{x}_N)\in\mathbf{R}^{M\times N}$，是来自 n 个不同的线性子空间的并 $S=\bigcup_{i=1}^{n}S_i(n\geqslant 1)$，子空间聚类的维数为 d_i，$0<d_i<M$，对应的基矩阵为 $\boldsymbol{B}_i=(\boldsymbol{b}_1,\boldsymbol{b}_2,\cdots,\boldsymbol{b}_{d_i})\in\mathbf{R}^{M\times N}$，则子空间 S_i 可表示为：

$$S_i=\left\{\boldsymbol{y}\in\mathbf{R}^M:\boldsymbol{y}=\boldsymbol{B}_i\boldsymbol{c}=\sum_{j=1}^{d_i}b_jc_j\right\},i=1,2,\cdots,n,\tag{11-1}$$

式中，$\boldsymbol{c}\in\mathbf{R}^{d_i}$ 为 $\boldsymbol{y}$ 在低维子空间中的表示系数。子空间聚类就是将数据矩阵 $\boldsymbol{X}$ 中属于子空间 S_i 的数据分为一类，得到数据的低维表示，并由此得到子空间 S_i 的维数、基矩阵。当子空间的个数大于 1 时，情况变得复杂多变，比如：子空间的维数无法准确确定、基矩阵条件未知，而且不同子空间之间又互相干扰导致信息不够准确等[308]。因此为了简化研究问题，假设不同子空间是相互独立的或者是不相交的。

实现子空间聚类问题的方法有多种，各种方法的理论基础不同，在求解过程上也有很大差异，却都是通过求解数据矩阵 $\boldsymbol{X}$ 在特定基矩阵下的表示系数，从而得到聚类结果。子空间聚类类算法主要分为四类：迭代方法、代数方法、统计方法和基于谱聚类的方法[323－327,340]。

(1)迭代方法，如 K-subspace 和 median K-flats 通过交替分配每个数据样本点到子空间中和将子空间适配到每一个簇类中。这类方法的主要缺点是需要算法运行前提前知道子空间的维度和数目，并且对算法初始化较为敏感。

(2)基于代数分解的方法，首先通过数据矩阵的分解构建相似矩阵，然后通过对相似矩阵的列进行阈值操作找到一个初始分割。在子空间是相互独立的情况下，这类方法被证明正确有效，反之，则算法失败。另外，此类方法对数据集中的噪声和例外点较为敏感。代数几何方法，如广义主成分分析(GPCA)，通过一个多项式来适配数据点，该多项式对于数据点的梯度为包含该数据点的子空间的法向量[326]。尽管 GPCA 算法能够解决维度不同的子空间的问题，但是该方法对噪声和例外点敏感，并且当子空间的数目和维度增加时，算法的复杂度呈指数增加。

(3)统计方法，假设每一个子空间中的数据分布符合高斯分布模型，并且在数据聚类和子空间分解过程交替使用期望最大化。子空间聚类运用统计迭代的方法有多种，如混合概率主成分分析[322]、多阶段学习[313]，随机样本一致(RANSAC)，假设每一个子空间中的数据符合高斯分布模型，并且数据聚类和子空间分解过程交替使用期望最大化。

(4)基于谱聚类的方法。谱聚类算法的思想来源于谱图划分理论，它本质上是将聚类问题转化为对无向图的最优划分问题，期望利用数据集本身作为字典进行数据的稀疏或者低秩表示[325]。相关的全局最优问题的解用来构建相似性图，然后利用高相似性图进行数据的分割。对数据聚类具有很好的应用前景。与传统的聚类算法相比，它具有能在任意形状的样本空间上聚类且收敛于全局最优解的优点。

11.1.2　谱聚类方法

谱聚类算法的思想来源于谱图划分理论，假定将每个数据样本看作无向图 $G(V,E,W)$ 中的顶点，根据样本间的相似度对图中的边赋权重值，图 G 中顶点的集合为 V，E 为图中边的集合，W 则为权重的集合。在无向图 $G(V,E,W)$ 中应用图划分准则，并最优化该准则，使得在同一类中点之间的相似度高，不同类之间的点的相似度低，从而得到聚类结果，划分准则的好坏直接影响到聚类结果的优劣。

谱聚类方法分为局部谱聚类和全局谱聚类。基于局部谱聚类的方法，比如局部子空间亲和力(local subspace affinity,LSA)[326]、局部线性流形聚类(locally linear manifold clustering)[346],利用每个数据点周围的局部信息来构建样本点对的相似图。然后通过利用谱聚类在相似性图上进行划分来得到数据的分割。这类方法在处理子空间交叉附近的数据点时会遇到困难,因为数据点的紧邻包含来自不同子空间的数据点。另外,这类方法对数据点紧邻规模的选择较为敏感,因为该类方法依靠数据点的局部信息来构造亲和图。

基于全局谱聚类的方法期望通过利用全局信息来构建更好的数据点之间相似图来解决这些问题。相关的全局最优问题的解用来构建相似性图,然后利用高相似性图进行数据的分割。这类方法的优点是能够处理包含噪声或者例外点的数据集,并且,原则上这些算法不需要提前知道子空间的维数和子空间数目,如稀疏子空间聚类(SSC)、低秩表示(LRR)和低秩子空间聚类(LRSC)算法将聚类问题表示为利用数据集本身作为字典进行数据的稀疏或者低秩表示[349—350]。

曲率谱聚类(spectral curvature clustering,SCC)算法利用仿射子空间中一组数据点的曲率来构建多路相似性矩阵[347]。SCC 算法能够处理含有噪声的数据集,但是需要获知子空间的数目和维数,并且假设子空间具有相同的维数。另外,随着子空间维度的增加,构建多路相似性矩阵的复杂度呈指数级增长。因此,在实际应用中,通常采用抽样策略来降低计算成本。本章主要分析稀疏子空间聚类算法。

11.2 稀疏子空间聚类

稀疏子空间聚类(sparse subspace clustering,SSC)方法是根据稀疏表示理论对子空间表示系数进行稀疏化的一类子空间聚类方法[308]。子空间聚类的最终目的和结果是要将同一子空间的数据归为一类,将不同的子空间里的数据分为不同的类保存在其相应的子空间里,在子空间相互独立或者子空间之间没有重叠的情况下,属于某一子空间的数据只由这个子空间中的基线性组合而成,即对应于其他子空间的基向量该数据点的表示系数是零,而对应其所属子空间中的基向量其表示系数不全为零。因此,对于高维数据而言,数据在低维子空间中的表示系数就具有稀疏的特性。同一子空间中的数据仅在这一子空间中表示系数不全为零而在其他子空间里系数为零,这些系数表现为相同的稀疏特性,通过对表示系数稀疏约束的求解,突出了数据表示系数的这种稀疏特性,进而提高了数据的聚类精度降低了数据的聚类误差。

11.2.1 稀疏子空间优化模型

如果 $\boldsymbol{W}\in\mathbf{R}^{m\times n}$ $(m<n)$是一个合适的字典,$\boldsymbol{y}$ 是信号,$\boldsymbol{x}_0$ 是 $\boldsymbol{y}$ 在 $\boldsymbol{W}$ 下的稀疏表

示，即

$$\begin{cases} \boldsymbol{x}_0 = \operatorname{argmin}\|\boldsymbol{x}\|_0 \\ \text{s. t.} \quad \boldsymbol{y} = \boldsymbol{W}\boldsymbol{x} \end{cases} \tag{11-2}$$

式中，$\|\boldsymbol{x}\|_0 \leqslant m$，其中$\|\boldsymbol{x}\|_0$ 表示 $\boldsymbol{x}$ 中非零元的个数。

由上述表达式可知稀疏表示可以很好地揭露信号或者图像在特定空间里的本质特征。稀疏子空间聚类方法是根据稀疏表示理论对子空间表示系数进行稀疏化的一类子空间聚类方法。稀疏子空间聚类算法利用数据的自我表示性质，即在子空间并集中的每个点都可以有效地被数据集中其他点的线性组合表示。更精确地说，每个数据点 $\boldsymbol{x}_i \in \bigcup_{i=1}^{n} S_i$ 可以写成

$$\boldsymbol{x}_i = \boldsymbol{X}\boldsymbol{c}_i, c_{ii} = 0 \tag{11-3}$$

这里 $\boldsymbol{c}_i = (c_{i1}, c_{i2}, \cdots, c_{in})^{\mathrm{T}}$，且 $c_{ii} = 0$ 排除了该数据点用它本身来表示的平凡解。然而在字典 $\boldsymbol{X}$ 中 $\boldsymbol{x}_i$ 的表示通常不是唯一的，这是因为在一个子空间中数据的个数通常比它的维数大，也就是 $N_i > d_i$。所以，每个 $\boldsymbol{X}_i$ 以及 $\boldsymbol{X}$ 都有非平凡零空间，这导致每个数据点都有无穷多的表示。由于位于 d_i 维子空间 S_i 中的数据点 $\boldsymbol{x}_i$ 可以被写成子空间 S_i 中 d_i 个其他点的线性组合，因此，理想地说，一个数据点的稀疏表示揭示了和它属于相同子空间中的点，在这个稀疏表示中非零元素的个数对应于数据点所属子空间的维数。对于有无穷多解的等式来说，可以通过最小化目标函数来约束解集，如

$$\begin{cases} \min\|\boldsymbol{c}_i\|_q \\ \text{s. t.} \quad \boldsymbol{x}_i = \boldsymbol{X}\boldsymbol{c}_i, c_{ii} = 0 \end{cases} \tag{11-4}$$

对 q 不同的选择在求解时有不同的影响。通常来说，将 q 从无穷大减小到 0 的过程中，解的稀疏性提高了。由于 L_0 范数是解的非零元素的个数，所以当 $q=0$ 时式(11－3)对应的最小化问题是一个 NP 难问题。又因为是在字典中寻找 x_i 的一个非平凡稀疏表示，于是考虑最小化 L_0 范数最紧的凸松弛。

$$\begin{cases} \min\|\boldsymbol{c}_i\|_1 \\ \text{s. t.} \quad \boldsymbol{x}_i = \boldsymbol{X}\boldsymbol{c}_i, c_{ii} = 0 \end{cases} \tag{11-5}$$

对所有的数据点可把稀疏优化问题(11－5)写成矩阵的形式

$$\begin{cases} \min\|\boldsymbol{C}\|_1 \\ \text{s. t.} \quad \boldsymbol{X} = \boldsymbol{X}\boldsymbol{C}, \operatorname{diag}(\boldsymbol{C}) = 0 \end{cases} \tag{11-6}$$

问题式(11－6)的解对应于数据点的子空间稀疏表示，接下来将它用于对数据进行聚类。Elhamifar 等提出了稀疏子空间聚类方法[308]。该模型选择数据 $\boldsymbol{X}$ 本身作为字典(即自表示)。同时，为了避免获得平凡解，得到的系数矩阵为单位矩阵，会要求自表示矩阵 $\boldsymbol{Z}$ 的对角元素为 0。SSC 这种方法主要追求的是每个数据本身的稀疏表示，

没有描述数据集的全局结构。后来根据矩阵二维稀疏性，学者提出了基于低秩表示(LRR)的子空间聚类方法，该方法的子空间表示模型为

$$\begin{cases}\min\limits_{\boldsymbol{Z}}\|\boldsymbol{Z}\|_*\\ \text{s. t. } \boldsymbol{X}=\boldsymbol{X}\boldsymbol{Z},\operatorname{diag}(\boldsymbol{Z})=0\end{cases}\tag{11-7}$$

此外，利用数据本身具有的相关性，学者又提出了鲁棒子空间聚类的最小二乘回归(least square regression，LSR)方法，该方法的子空间表示模型为

$$\begin{cases}\min\limits_{\boldsymbol{Z}}\|\boldsymbol{Z}\|_F^2\\ \text{s. t. } \boldsymbol{X}=\boldsymbol{X}\boldsymbol{Z},\operatorname{diag}(\boldsymbol{Z})=0\end{cases}\tag{11-8}$$

该模型优点是存在解析解，求解简单，同时该模型还满足强制块对角(EBD)条件，即表示系数矩阵 $\boldsymbol{Z}$ 具有块对角结构。

11.2.2　稀疏子空间聚类

在求解完式(11－6)提出的优化问题后，得到每个数据点的稀疏表示，它的每个非零元素对应于和数据来自相同子空间的数据点。算法下一步通过稀疏系数将数据分割到不同的子空间中。

构造无向图 $G=(V,E,\boldsymbol{W})$，其中 V 表示图中 N 个顶点的集合，这 N 个顶点对应于 N 个数据点且 $E\subseteq V\times V$ 表示顶点之间的边集。矩阵 $\boldsymbol{W}\in\mathbf{R}^{N\times N}$ 是一个非负对称的邻接矩阵，表示边的权重，也就是说顶点 i 和顶点 j 通过权重为 w_{ij} 的边相连。一个理想的邻接矩阵 $\boldsymbol{W}$ 会生成一个相似图，在这个图中，来自同一个子空间的数据点对应的顶点彼此相连，而在不同子空间中的数据点对应的顶点之间没有边连接。

稀疏优化问题可以找到每个数据点的子空间稀疏表示，即在点的稀疏表示中非零元素对应于和给定数据点来自同一子空间的数据点。这给邻接矩阵提供了一个选择 $\boldsymbol{W}=|\boldsymbol{C}|+|\boldsymbol{C}|^{\mathrm{T}}$。其中，$|\boldsymbol{C}|$ 表示 $\boldsymbol{C}$ 中每个元素的绝对值组成的矩阵。由邻接矩阵 $\boldsymbol{W}$ 即可得到图的拉普拉斯矩阵 $\boldsymbol{L}$，再利用 K-means 算法可以得到最终的聚类结果。

以上是无噪声的数据点的聚类，而对于被稀疏异常值和噪声污染的数据点，令

$$\boldsymbol{x}_i=\boldsymbol{x}_i^0+\boldsymbol{e}_i^0+\boldsymbol{z}_i^0\tag{11-9}$$

为第 i 个数据点，其中包含一个干净的点 $\boldsymbol{x}_i^0$，它是完全位于子空间的，稀疏异常值元素 $\boldsymbol{e}_i^0\in\mathbf{R}^D$，且 $\|\boldsymbol{e}_i^0\|_0\leqslant k$，$k$ 为整数，噪声 $\boldsymbol{z}_i^0\in\mathbf{R}^D$，其中 $\|\boldsymbol{z}_i^0\|_2\leqslant\zeta,\zeta>0$ 。由于无损坏的数据是完全位于子空间并集中的，通过数据自我表示的性质，$\boldsymbol{x}_i{}^0\in S_i$ 可以由其他的无损坏数据表示：

$$\boldsymbol{x}_i{}^0=\sum_{j\neq i}c_{ij}\boldsymbol{x}_j^0\tag{11-10}$$

$\boldsymbol{x}_i^0$ 可以由子空间 S_i 中的 d_i 个点的线性组合表示。将式(11－10)代到式(11－9)中可得

$$\boldsymbol{x}_i = \sum_{j \neq i} c_{ij} \boldsymbol{x}_j + \boldsymbol{e}_i + \boldsymbol{z}_i \tag{11-11}$$

写成矩阵的形式为

$$\boldsymbol{X} = \boldsymbol{XC} + \boldsymbol{E} + \boldsymbol{Z}, \operatorname{diag}(\boldsymbol{C}) = 0 \tag{11-12}$$

稀疏子空间聚类的目的就是找到式(11－12)的解($\boldsymbol{C}$,$\boldsymbol{E}$,$\boldsymbol{Z}$),$\boldsymbol{C}$ 对应稀疏表示系数矩阵,$\boldsymbol{E}$ 对应稀疏异常值矩阵,$\boldsymbol{Z}$ 是噪声矩阵。由此得到稀疏子空间聚类的一般模型:

$$\begin{cases} \min \|\boldsymbol{C}\|_1 + \lambda_e \|\boldsymbol{E}\|_1 + \dfrac{\lambda_z}{2} \|\boldsymbol{Z}\|_F^2 \\ \text{s. t. } \boldsymbol{X} = \boldsymbol{XC} + \boldsymbol{E} + \boldsymbol{Z}, \operatorname{diag}(\boldsymbol{C}) = 0 \end{cases} \tag{11-13}$$

其中 L_1 范数增强了 $\boldsymbol{C}$ 和 $\boldsymbol{E}$ 每一列的稀疏性,$\boldsymbol{F}$ 范数促使 $\boldsymbol{Z}$ 每一列中的元素值较小。系数 $\lambda_e > 0$ 和 $\lambda_z > 0$ 用来权衡三个元素在目标函数中的影响。Elhamifar 证明了式(11－13)关于变量($\boldsymbol{C}$,$\boldsymbol{E}$,$\boldsymbol{Z}$)是凸的[308],因此可以用凸规划工具求解。当数据仅仅被噪声污染时,可以将式(11－13)中含 $\boldsymbol{E}$ 的项去掉,同样地,若数据只被稀疏异常值影响,便将式(11－13)中含 $\boldsymbol{Z}$ 的项去掉。一般令 $\lambda_z = \alpha_z / \mu_z$,$\lambda_e = \alpha_e / \mu_e$,$\alpha_e$,$\alpha_z > 1$,且

$$\begin{cases} \mu_z \stackrel{\Delta}{=} \min\limits_i \max\limits_{j \neq i} |\boldsymbol{x}_i^{\mathrm{T}} \boldsymbol{x}_j| \\ \mu_e \stackrel{\Delta}{=} \min\limits_i \max\limits_{j \neq i} \|\boldsymbol{x}_j\|_1 \end{cases} \tag{11-14}$$

在求解以上优化问题后,通过 $\boldsymbol{C}$ 构建相似图,并通过谱聚类框架完成对数据集的分割。下面是稀疏子空间聚类算法的主要步骤。

输入:n 个线性子空间 $\{S_i\}_{i=1}^n$ 并集中的数据点集合 $\{\boldsymbol{x}_i\}_{i=1}^N$,即数据矩阵 $\boldsymbol{X}$。

(1)数据没被污染时对数据矩阵使用模型(11－6),数据被污染时使用模型(11－13)并求解。

(2)通过 $\boldsymbol{c}_i \leftarrow \dfrac{\boldsymbol{c}_i}{\|\boldsymbol{c}_i\|}$ 标准化 $\boldsymbol{C}$ 的列。

(3)用 N 个顶点表示数据点构建相似图 G,并构造图的邻接矩阵。

(4)由图的邻接矩阵构造图的拉普拉斯矩阵 $\boldsymbol{L}$,并利用谱聚类算法得到子空间聚类结果。

(5)输出:子空间聚类结果 $\boldsymbol{X}_1, \boldsymbol{X}_2, \cdots, \boldsymbol{X}_n$。

提出的算法利用了所谓的数据的自表示特性,即子空间并中的每个数据点可以通过数据集中其他点的组合有效重构。每个数据点 $\boldsymbol{y}_i \in S_l$ 可以写成 $\boldsymbol{y}_i = \boldsymbol{Y}\boldsymbol{c}_i$,$c_{ii} = 0$,其

中 $\boldsymbol{c}_i=[c_{i1},c_{i2},\cdots c_{iN}]^{\mathrm{T}}$，约束条件 $c_{ii}=0$ 消除了不属于 S_l 的数据点。换句话说，数据点 $\boldsymbol{Y}$ 的矩阵是一个自表示字典，其中每个点可以写成其他点的线性组合。然而，字典 $\boldsymbol{Y}$ 中 $\boldsymbol{y}_i$ 的表示通常不是唯一的，这是由于子空间中的数据点数量经常大于其维度。如果数据其子空间结构已知，并按类别将数据逐列排放，则一定条件下可令系数矩阵 $\boldsymbol{Y}$ 拥有块对角结构，也即

$$\boldsymbol{Y}=\begin{bmatrix}\boldsymbol{Y}_1 & \boldsymbol{0} & \cdots & \boldsymbol{0}\\ \boldsymbol{0} & \boldsymbol{Y}_2 & \cdots & \boldsymbol{0}\\ \vdots & \vdots & \ddots & \vdots\\ \boldsymbol{0} & \boldsymbol{0} & \cdots & \boldsymbol{Y}_k\end{bmatrix}\tag{11—15}$$

这里，$\boldsymbol{Y}_l(l=1,2\cdots k)$ 代表子空间 S_l 数据的表示系数矩阵；相反，如果这里的 $\boldsymbol{Y}$ 是块对角结构，则揭示了数据的本质子空间结构。稀疏子空间聚类对系数矩阵 $\boldsymbol{Y}$ 使用不同的稀疏约束，以使其尽量具有理想的结构，以此达到子空间聚类的目的。

一般来说，稀疏子空间聚类利用系数向量具有的一维稀疏性或者系数矩阵具有的二维稀疏性通过建立高维数据的低维子空间表示，然后通过表示系数矩阵 $\boldsymbol{Y}$ 来进行数据相似度矩阵 $\boldsymbol{W}=(|\boldsymbol{Y}|+|\boldsymbol{Y}^{\mathrm{T}}|)/2$ 的构造，最后通过基于图割的谱聚类算法获得最终聚类结果。稀疏子空间聚类的基本框架如图 11—1 所示。

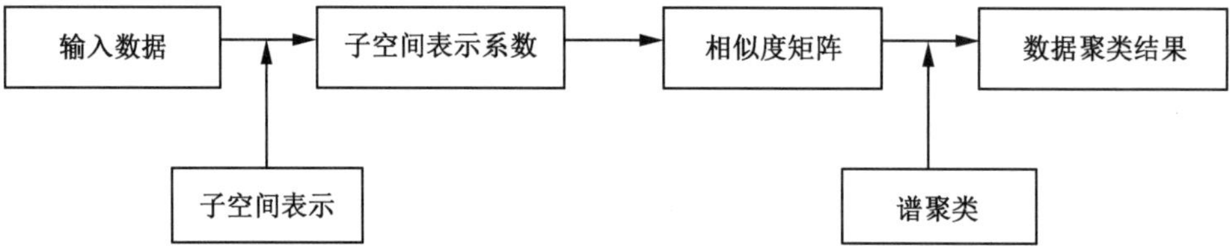

图 11—1 稀疏子空间聚类的基本框架

11.2.3 稀疏子空间聚类模型求解

考虑稀疏优化模型

$$\begin{cases}\min\|\boldsymbol{C}\|_1\\ \text{s.t. } \boldsymbol{Y}=\boldsymbol{YC},\operatorname{diag}(\boldsymbol{C})=0\end{cases}\tag{11—16}$$

其中，矩阵 $\boldsymbol{C}=[\boldsymbol{c}_1,\boldsymbol{c}_2,\cdots,\boldsymbol{c}_N]\in\mathbf{R}^{N\times N}$，列向量 $\boldsymbol{c}_i=[c_{i1},c_{i2},\cdots,c_{iN}]^{\mathrm{T}}$ 对应数据点 $\boldsymbol{y}_i$ 的稀疏表示。$\operatorname{diag}(\boldsymbol{C})\in\mathbf{R}^N$ 是矩阵 $\boldsymbol{C}$ 的对角元素 c_{ii} 组成的向量。在实际问题中数据集中存在噪声而具有误差，采用加入误差项 $\boldsymbol{E}$ 后的 SSC 问题的模型：

$$\begin{cases}\min\limits_{C,E}\dfrac{1}{2}\lambda_2\|\boldsymbol{Y}-\boldsymbol{YC}\|_F^2+\|\boldsymbol{C}\|_1+\lambda_0\|\boldsymbol{E}\|_1\\ \text{s.t. } \operatorname{diag}(\boldsymbol{C})=0\end{cases}\tag{11—17}$$

为求解系数矩阵 $\boldsymbol{C}$，引入两个辅助变量 $\boldsymbol{U}$ 和 $\boldsymbol{Z}$，得：

$$\begin{cases}\min\limits_{\boldsymbol{C},\boldsymbol{E},\boldsymbol{U},\boldsymbol{Z}} \dfrac{1}{2}\lambda_2\|\boldsymbol{Y}-\boldsymbol{YC}-\boldsymbol{E}\|_E^2+\|\boldsymbol{Z}\|_1+\lambda_0\|\boldsymbol{U}\|_1 \\ \text{s. t.}\ \boldsymbol{C}=\boldsymbol{Z},\boldsymbol{E}=\boldsymbol{U},\mathrm{diag}(\boldsymbol{C})=0\end{cases} \tag{11-18}$$

设其增广拉格朗日目标函数为：

$$\arg\min_{\boldsymbol{C},\boldsymbol{E},\boldsymbol{U},\boldsymbol{Z}} \frac{\lambda_n}{2}\|\boldsymbol{Y}-\boldsymbol{YC}-\boldsymbol{E}\|_F^2+\|\boldsymbol{Z}\|_1+\lambda_e\|\boldsymbol{U}\|_1+\langle \boldsymbol{A}_C,\boldsymbol{C}-(\boldsymbol{Z}-\mathrm{diag}(\boldsymbol{Z}))\rangle$$

$$+\frac{\alpha_C}{2}\|\boldsymbol{C}-(\boldsymbol{Z}-\mathrm{diag}(\boldsymbol{Z}))\|_F^2+\langle \boldsymbol{A}_E,\boldsymbol{E}-\boldsymbol{U}\rangle+\frac{\alpha_E}{2}\|\boldsymbol{E}-\boldsymbol{U}\|_F^2 \tag{11-19}$$

式(11－19)表示的 SSC 问题参数 ADMM 迭代求解过程如下。

更新 $\boldsymbol{C}$：

$$(\lambda_n\boldsymbol{Y}^{\mathrm{T}}\boldsymbol{Y}+\alpha_C\boldsymbol{I})\boldsymbol{C}_{k+1}=\lambda_n\boldsymbol{Y}^{\mathrm{T}}(\boldsymbol{Y}-\boldsymbol{E})+\alpha_C(\boldsymbol{Z}_k+\mathrm{diag}(\boldsymbol{Z}_K))-\boldsymbol{A}_{c,k} \tag{11-20}$$

更新 $\boldsymbol{E}$：

$$\boldsymbol{E}_{k+1}=(1+\alpha_E)^{-1}(\boldsymbol{Y}-\boldsymbol{YC}_{k+1}+\alpha_E\boldsymbol{U}_k-\boldsymbol{A}_{E,k}) \tag{11-21}$$

更新 $\boldsymbol{Z}$：

$$\boldsymbol{Z}_{k+1}=\boldsymbol{J}-\mathrm{diag}(\boldsymbol{J}) \tag{11-22}$$

其中

$$\boldsymbol{I}\triangleq\frac{2}{\alpha_C}\left(\boldsymbol{C}_{k+1}+\frac{2\boldsymbol{A}_{C,k}}{\alpha_C}\right) \tag{11-23}$$

$$S_\eta(v)=(|v|-\eta)_++\mathrm{sgn}(v) \tag{11-24}$$

$$(|v|-\eta)_+=\begin{cases}(|v|-\eta) & |v|-\eta\geqslant 0\\ 0 & \text{其他}\end{cases} \tag{11-25}$$

更新 $\boldsymbol{U}$：

$$\boldsymbol{U}_{k+1}=S_{\frac{\lambda_e}{\alpha_E}}(\boldsymbol{E}_{k+1}+\alpha_E^{-1}\boldsymbol{A}_{E,k}) \tag{11-26}$$

更新 $\boldsymbol{A}_E$ 和 $\boldsymbol{A}_C$：

$$\boldsymbol{A}_{C,k+1}=\boldsymbol{A}_{C,k}+\alpha_C(\boldsymbol{C}_{k+1}-\boldsymbol{Z}_{k+1}) \tag{11-27}$$

$$\boldsymbol{A}_{E,k+1}=\boldsymbol{A}_{E,k}+\alpha_E(\boldsymbol{E}_{k+1}-\boldsymbol{U}_{k+1}) \tag{11-28}$$

11.2.4　仿真实验

根据如图 11－2 的数据，利用 SSC 方法，并在此基础上进行调整，然后在 Matlab 中对图 11－2(a)和(b)中的左图进行分类，所得分类结果如右图所示。从图中可以看出(a)图使用 SSC 方法将两条相交的直线分为两类，(b)图中 SSC 能够正确地分为三类，分别为两条直线和一个平面。

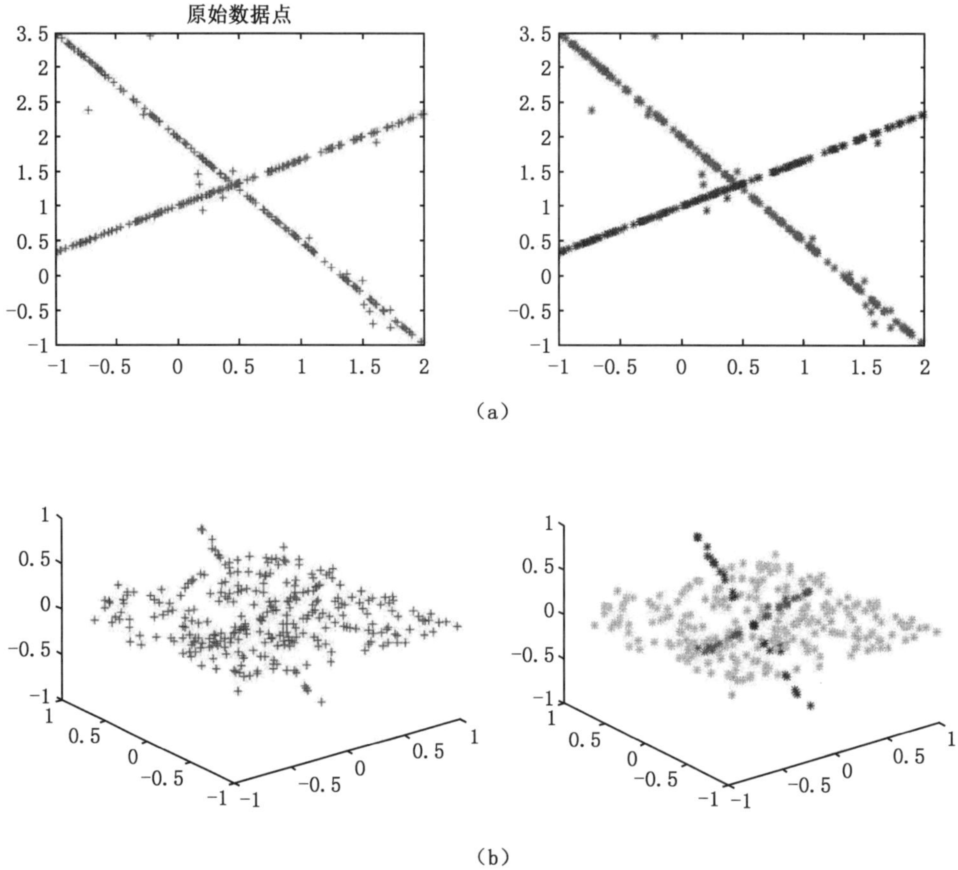

图 11—2 稀疏子空间聚类结果

11.3 稀疏子空间聚类社区发现

11.3.1 网络图的拉普拉斯矩阵

社区的一般性定义是指网络中存在着一些密集群体，社区内部的节点联系紧密，而社区间的连接比较稀疏。有关社区发现的算法有很多，这里主要介绍通过 SSC 算法实现社区发现。在介绍这两者算法之前，先介绍一些预备知识。

对于一个社区网络 $G=(V,E)$。其中 V 中存放的是 G 的顶点数据；E 中存放的是顶点间的连接边数据。而体现了节点间边的连接有无情况的二维数组就是邻接矩阵 $\mathbf{A}\in\mathbf{R}^{n\times n}$。

$$A_{ij}=\begin{cases}1 & 若(v_i,v_j)或\langle v_i,v_j\rangle是E(G)的边\\0 & 若(v_i,v_j)或\langle v_i,v_j\rangle不是E(G)的边\end{cases}\quad i,j\in\{1,2,\cdots,n\} \tag{11-29}$$

如果 G 是图，存在 n 个顶点，则该图的邻接矩阵是 $n\times n$ 的，才可以表示每个顶点间的关系。而邻接矩阵每个位置的元素取值是 1 还是 0，表示其对应的两个顶点之间是否有边相连，由此，邻接矩阵的主对角线上的元素一定都是 0。

如图 11－3 所示，对于有向图和无向图，邻接矩阵有两种。其中有 n 个顶点的无向图的邻接矩阵一定是关于主对角线对称的，需要 $\frac{n(n-1)}{2}$ 个存储单元。而有向图的邻接矩阵则不一定对称，所以有向图的存储需要用到 n^2 个存储单元。

$$A_1=\begin{bmatrix}0&1&1&0\\1&0&0&1\\1&0&0&1\\0&1&1&0\end{bmatrix}\qquad A_2=\begin{bmatrix}0&1&1&0\\0&0&0&1\\1&0&0&1\\0&0&0&0\end{bmatrix}$$

图 11－3　无向图和有向图的邻接矩阵

采用 SSC 算法进行社区发现，需要拉普拉斯矩阵。这里先介绍一下拉普拉斯矩阵。在介绍拉普拉斯矩阵之前，需要先引入梯度概念。梯度指的是一个函数在某一点的方向导数，沿该方向可以取得最大值。假设函数 $f(x,y)$ 具有一阶连续偏导数，那么函数在 (x,y) 处的梯度

$$\nabla f=\frac{\partial f}{\partial x}\vec{i}+\frac{\partial f}{\partial y}\vec{j} \tag{11-30}$$

拉普拉斯算子（Laplace operator），是指在 N 维欧氏空间中的一个二阶微分算子，定义为梯度的散度，它的连续形式为：

$$\Delta f=\nabla^2 f=\nabla\cdot\nabla f=\frac{\partial^2 f}{\partial x^2}+\frac{\partial^2 f}{\partial y^2} \tag{11-31}$$

其离散形式为：

$$\begin{aligned}\Delta f=&[f(x+1,y)+f(x-1,y)-2(x,y)]+\\&[f(x,y+1)+f(x,y-1)-2f(x,y)]\end{aligned} \tag{11-32}$$

将上述结论推广到图（graph）上，设图 G 有 n 个节点，节点 i 的邻域为 N_i，$i\in\{1,$

$2,\cdots,n\}$，图上的函数 $f=(f_1,f_2,\cdots,f_n)$，其中 f_i 表示函数 f 在节点 i 处的函数值。对 i 进行扰动，其可能变为任意一个邻域内的节点 $j\in N_i$：

$$\Delta f_i=\sum_{j\in N_i} w_{ij}(f_i-f_j) \tag{11—33}$$

设每一条边 e_{ij} 的权重为 w_{ij}，且 $w_{ij}=0$ 表示 i,j 两个节点不相邻，则有：

$$\begin{aligned}\Delta f_i&=\sum_{j\in N_i} w_{ij}f_i-\sum_{j\in N_i} w_{ij}f_j\\&=d_if_i-\boldsymbol{w}_{i:}\boldsymbol{f}\end{aligned} \tag{11—34}$$

式中，$w_{i:}$ 是系数向量中除了对角线元素 d_i 之外的其他元素构成的向量。

推广到 G 上的所有节点，我们有：

$$\begin{aligned}\Delta\boldsymbol{f}&=\begin{pmatrix}\Delta f_1\\ \vdots\\ \Delta f_n\end{pmatrix}=\begin{pmatrix}d_1f_1-w_{1:}\boldsymbol{f}\\ \vdots\\ d_nf_n-w_{n:}\boldsymbol{f}\end{pmatrix}=\begin{pmatrix}d_1&\cdots&0\\ \vdots&\ddots&\vdots\\ 0&\cdots&d_n\end{pmatrix}\boldsymbol{f}-\begin{pmatrix}w_{1:}\\ \vdots\\ w_{n:}\end{pmatrix}\boldsymbol{f}\\&=\mathrm{diag}(d_i)\boldsymbol{f}-\boldsymbol{W}\boldsymbol{f}\\&=(\boldsymbol{D}-\boldsymbol{W})\boldsymbol{f}\end{aligned} \tag{11—35}$$

令 $\boldsymbol{L}=\boldsymbol{D}-\boldsymbol{W}$，即为图的拉普拉斯矩阵。

11.3.2 SSC 社区发现方法

SSC 社区发现方法是基于子空间的网络社区算法。首先根据邻接矩阵，求得网络中节点到所有其他节点的测地距离向量 $\boldsymbol{P}$ 来表示每个网络节点。对于未加权网络，测地距离是沿最短路径方向的两个节点间的连接数；对于加权网络，测地距离是沿最短路径的连接权重之和。这就使得同一社区中的两个节点间的测地距离的期望值将小于两个不同社区中的两个节点间的测地距离的期望值。这时，测地距离向量已经将每个节点表示出来，将测地距离向量按列组合成测地距离矩阵。接下来，为了获得基于子空间的社区，则是使用稀疏线性编码来计算每个节点所跨越的子空间的邻近矩阵，即将每个节点表示为同一网络中所有其他节点的稀疏线性组合，并使用线性系数的大小作为相似度值来定义。之后是利用高斯核函数将测地距离矩阵 $\boldsymbol{P}$ 转化为相似度矩阵 $\boldsymbol{W}$：

$$\boldsymbol{W}=\exp\left(-\frac{\boldsymbol{P}\odot\boldsymbol{P}}{2\sigma^2}\right) \tag{11—36}$$

式中，$\odot$ 是哈达玛(hadamard)乘积，在这里指 $\boldsymbol{P}$ 矩阵中的每个元素各自求平方。

对于 $\boldsymbol{w}_i\in\boldsymbol{W}$，有

$$\min\|\boldsymbol{w}_i-\boldsymbol{W}\boldsymbol{\alpha}_i\|_F^2+\|\boldsymbol{\alpha}_i\|_1 \tag{11—37}$$

解得

$$\boldsymbol{\alpha}_i=(\boldsymbol{W}_k(\boldsymbol{w}_i)^{\mathrm{T}}\boldsymbol{W}_k(\boldsymbol{w}_i))^{-1}\boldsymbol{W}_k(\boldsymbol{w}_i)^{\mathrm{T}}\boldsymbol{w}_i \tag{11-38}$$

即此约束确保只有最佳节点才能参与表示给定节点，因此 $\boldsymbol{\alpha}_i$ 的值不得超过相应社区的大小。在较小社区的情况下，较大的值可以允许从其他社区选择一些节点。如果对应于这些节点的系数不是很小，则可能在社区边界中引入误差。然后对关系归一化，得到对称线性的结果矩阵

$$F(i,j)=F(j,i)=\frac{1}{2}\left(\left|\frac{\alpha_i(j)}{\max(\alpha_i)}\right|_1+\left|\frac{\alpha_j(i)}{\max(\alpha_j)}\right|_1\right) \tag{11-39}$$

再根据对称线性的结果矩阵 $\boldsymbol{F}$ 求得度矩阵 $\boldsymbol{D}$：

$$D_s(i,j)=\begin{cases}\sum_{i=1}^{n}F(i,j) & i=j\\ 0 & i\neq j\end{cases} \tag{11-40}$$

$$D_a(i,j)=\begin{cases}\sum_{i=1}^{n}A(i,j) & i=j\\ 0 & i\neq j\end{cases} \tag{11-41}$$

根据 $\boldsymbol{F}$ 和 $\boldsymbol{D}$，求得规范化的拉普拉斯矩阵 $\boldsymbol{L}$：

$$\boldsymbol{L}_s=\boldsymbol{I}-\boldsymbol{D}_s^{1/2}\boldsymbol{F}\boldsymbol{D}_s^{-1/2} \tag{11-42}$$

$$\boldsymbol{L}_a=\boldsymbol{I}-\boldsymbol{D}_a^{-1/2}\boldsymbol{A}\boldsymbol{D}_a^{-1/2} \tag{11-43}$$

$\boldsymbol{L}_s$ 与 $\boldsymbol{L}_a$ 的特征向量将网络 G 的顶点嵌入欧氏空间中，在欧氏空间中可以使用线性方法进行聚类。它们的第二个最小有效特征向量称为 Fiedler 向量，并基于蓝图割准则将网络划分为两个分区[308]。因此，Fiedler 向量有助于发现网络的层次结构。对于多个社区，同样过程被重复以将每个部分划分为两个新分区。或可以选择 $\boldsymbol{L}$ 的 k 个最低有效特征向量并直接计算 k 个簇。设 $\boldsymbol{E}_s$ 是 $\boldsymbol{L}$ 的 k 个最小有效特征向量的矩阵。采用基于欧几里得距离的线性聚类算法，将数据行归一化为单位大小并进行聚类。

在以上的社区检测算法中，输入是对给定网络中任意两个节点之间的最小链接数进行编码的测地距离矩阵。由于测地距离计算算法以邻接矩阵为输入，因此测地距离矩阵中包含的信息本质上是邻接矩阵中信息的另一种形式，这两种信息形式的结合提高了社区边界的准确性。因此，文献[308]中使用邻接矩阵作为谱聚类算法中的邻近矩阵来计算特征向量矩阵 $\boldsymbol{E}_a$。再将 $\boldsymbol{E}_s$ 中获得的节点表示附加到 $\boldsymbol{E}_a$ 中，以获得扩展节点向量

$$\boldsymbol{E}=[\boldsymbol{E}_a,\boldsymbol{E}_S] \tag{11-44}$$

最后，在矩阵 $\boldsymbol{E}$ 上应用 K-means 聚类算法来寻找网络中的社区标签，实现社区发现。虽然本节社区检测算法在结构清晰的稀疏网络中实现了良好的性能，但是该方法

对网络中的扰动敏感，这主要是由于稀疏线性编码仅部分缓解网络中的扰动引起的邻近矩阵中的噪声系数，未考虑其解决方案的全局约束。为此，文献提出了 LRSCD 改进算法[311]。

11.3.3 实验分析

实验 1 用基本 SSC 算法对 Zachary's Karate club 数据、Dolphin social network 数据、American college football 数据，以及 Books about US politics 数据进行社区发现聚类实验。利用数据的自表达能力得到该子空间的基向量，该社团里的所有节点可以表示为相同子空间中基向量的线性组合；基于 ADMM 算法求解子空间表示系数，然后对表示系数进行聚类。社区发现的实验结果如图 11－4 所示。实验表明 SSC 社区发现算法能够准确进行社区聚类。

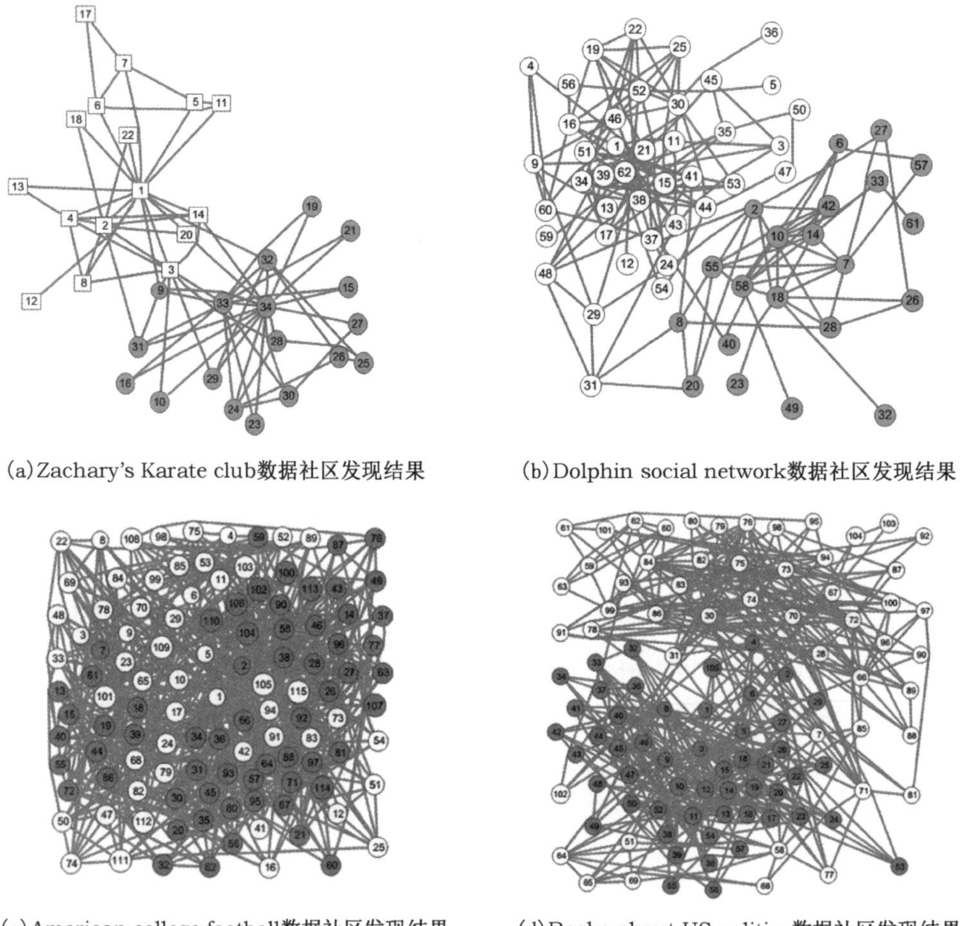

(a) Zachary's Karate club数据社区发现结果

(b) Dolphin social network数据社区发现结果

(c) American college football数据社区发现结果

(d) Books about US politics数据社区发现结果

图 11－4 基于稀疏子空间聚类的网络社区发现算法典型数据集社区发现实验结果

实验 2　在线评论群体网络社区发现。社交平台文本数据是短文本形式，海量文本数据具有高维与稀疏特性，从而使传统聚类算法效果不佳。针对该问题，基于稀疏子空间聚类的社交网络成员社区发现方法，首先综合考虑用户的结构化数据（包括用户属性和用户行为）和非结构化数据（用户评论）构建向量空间模型，利用同义词词林在文本中特征词义项的位置关系计算特征词的相似度；进而采用主成分分析方法进行维度约减，以提高聚类算法的准确性；在此基础上，采用基于 SSC 的社交网络成员社区发现新方法。实验结果表明，对高维数据进行适当维度约减可以提高 SSC 的聚类精度，提出方法在社交网络数据集上取得优良社区划分效果。稀疏子空间聚类中右奇异向量按列取最小的 3 个向量表示数据点，聚类结果如图 11－5 所示。统计相关大 V 账号，同一簇内用户相互推荐关注列表，同时通过词云工具对每个簇内用户文本信息生成词云图，得到不同用户群体对产品的关注度和参与度如图 11－6 所示。

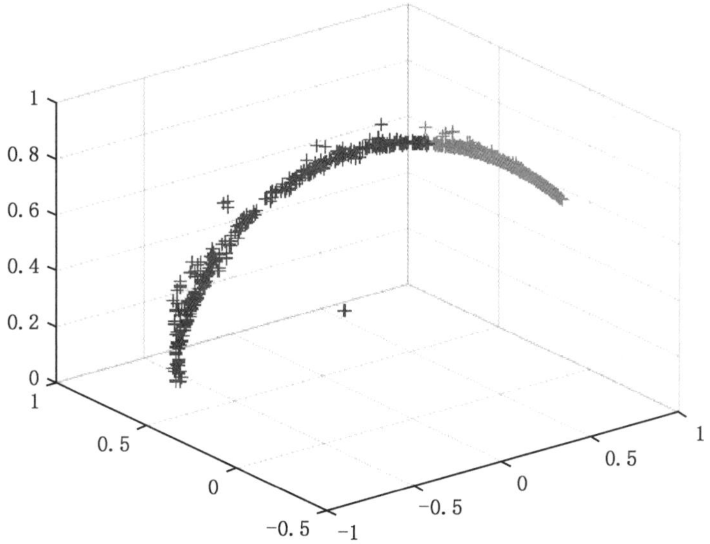

图 11－5　微博网络 SSC 聚类结果

图 11－6　三组组用户评论词云图可视化结果

本章小结

本章介绍的稀疏子空间聚类具有良好的几何意义。该类方法在聚类思想基础上，用子空间模型表示给定的数据，然后计算出在每个低维子空间里的表示系数，利用系数矩阵来构造相似度矩阵，最后使用聚类的方法对其进行聚类。社区发现实验表明该方法有效可行。

第 12 章　基于稀疏表示的人脸识别与检测

本章介绍基于稀疏表示的人脸检测与识别的基本原理;分析基于稀疏表示的人脸检测方法;最后在人脸图像库上进行了实验验证。

12.1　基于稀疏表示的人脸识别方法

12.1.1　人脸识别的主要研究内容

从视频或图像中识别人脸称为人脸识别。人脸识别整个流程主要包括五个部分,它们分别为:人脸采集、人脸检测与定位、图像预处理、特征提取以及匹配与识别[360−362]。

人脸采集:不管是测试人脸图像,还是训练人脸图像,都需要用户在人脸识别前对不同的人脸图像进行采集。为了提高人脸识别的准确度,要从多个人脸的不同角度、不同姿势等方面进行图像采集。

人脸检测与定位:人脸检测的目标是找出输入图像中是否有人脸存在,同时检测并定位出图像中人脸对应的位置。人脸检测是人脸识别最为基础的部分,准确地进行人脸检测能够提高后续人脸识别的准确率与效率。

图像预处理:图像预处理是在人脸检测结果的基础上进行的,为接下来的特征提取起到承接作用。由于早期采集到的人脸图像受光照和其他随机噪声的干扰,必须在特征提取之前对检测到的图像进行灰度校正、归一化以及噪声过滤等预处理。对于人脸检测图像而言,常用的预处理主要包括光线明暗补偿、灰度变换、图像增强、灰度直方图均衡化、灰度归一化以及滤波等。

特征提取:人脸的特征提取是对人脸中某些特定的特征进行获取和建模。目前,基于知识的表征方法是最常用的人脸特征提取的方法。基于知识的表征方法主要根据人脸上的基本器官位置和位置之间的相对距离特性来获取人脸识别的重要特征数据。除了根据基本的器官位置和形状以外,还包括脸部的肤色以及脸部的轮廓等等。

匹配与识别:将提取到的人脸特征数据与事先采集好的训练人脸库中的人脸特征

进行搜索匹配，通过比较匹配度与阈值来判断人脸的身份信息，从而实现人脸的识别。

人脸识别的实现过程如图 12－1 所示。

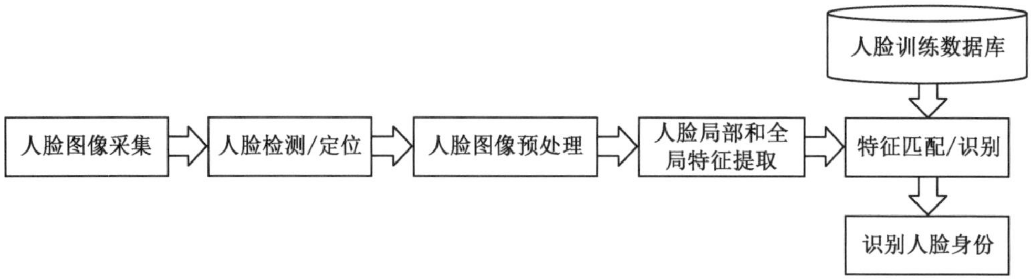

图 12－1　人脸识别过程

随着压缩感知的发展，稀疏表示在人脸识别中得到了成功的应用，为人脸识别开辟了一个新的发展方向。

12.1.2　人脸检测方法介绍

对于人脸识别而言，其实现过程中的基础和重点是人脸检测，人脸检测技术的提高能够促进人脸识别的发展。目前常用的人脸检测算法基本上可以分为四种：基于知识的人脸检测方法，基于不变特征的人脸检测方法，基于模板匹配的人脸检测方法和基于统计学习的人脸检测方法[369－371]。

基于知识的人脸检测方法[367]：该方法首先根据人脸上的基本特征位置和位置之间的相对距离等信息编写描述人脸的规则；然后用定好的人脸规则对输入测试图像进行各种特征提取；最后判断测试图像中是否有人脸图像的存在。

基于不变特征的人脸检测方法[365]：该方法是根据人脸不变特征（如轮廓、肤色以及器官分布特征等）来检测输入图像中是否有人脸存在。与人脸识别中的特征提取相似，只要在图像中提取出人脸所具有的不变的特征，基本上就能将人脸正确地检测出来。

基于模板匹配的人脸检测方法[367]：该方法首先建立标准人脸模板；然后将测试图像划分为不同尺度的窗口，依次用建立好的人脸模板对测试窗口进行人脸匹配度计算；最后通过比较匹配度与阈值来判断该测试窗口中是否存在人脸。

基于统计学习的人脸检测方法[374]：基于统计学习的人脸检测方法将概率论和数理统计知识结合在一起对人脸样本和非人脸样本训练，以获得对人脸目标和非人脸目标进行正确识别的分类器，实现最终的人脸检测。

上述的几种检测方法虽都能实现人脸检测，但大多数方法存在一定的局限性。如基于知识的方法通常只有在背景单一的场景下检测精确度比较高；基于不变特征的方法通常也只适用于背景简单情况下的正面人脸检测，若人脸存在遮盖物或背景比较复杂的情况，其检测精确度也会大大下降；基于统计学习中的自举方法是当前人脸检测方法中使用最普遍、检测效果相对较好的方法，但是这种方法需要大量的正负样本（人脸样本和非人脸样本），过程复杂、耗时长，而且检测鲁棒性也较差。这时需要一种方法，既可以在人脸存在遮盖物或背景比较复杂的情况下，实现较高的检测精确度，又不需要较大的训练样本、节省时间。

12.1.3　基于稀疏表示的人脸识别

当输入测试样本与训练样本中的某一类同属于一类时，那么测试样本就可以用包含同类训练样本的过完备字典进行稀疏编码表示。计算各种训练样本下的测试样本的误差，并比较误差值以确定输入测试样本的类别属性。其中，构造过完备字典是关键，要使字典中的原子数远大于信号的维度，同时字典需要根据类别进行预先排列。

假设有 c 类训练人脸图像，字典矩阵 $\boldsymbol{D}\in\mathbf{R}^{m\times n}$ 是由 c 类人脸对应的 n 个训练图像组成。这样，属于第 i 类的测试图像 $\boldsymbol{y}\in\mathbf{R}^{m\times 1}$ 就能够被第 i 类的训练图像近似线性表示：

$$\boldsymbol{y}\approx\boldsymbol{D}_i\boldsymbol{x}_i,\ \boldsymbol{x}_i\in\mathbf{R}^{n_i\times 1} \tag{12-1}$$

式中，n_i 是第 i 类训练人脸图像的样本个数，$n=n_1+n_2+\cdots+n_i+\cdots+n_c$；矩阵 $\boldsymbol{D}_i$ 表示第 i 类的 n_i 个人脸对应的子字典矩阵；$\boldsymbol{x}_i$ 是 $\boldsymbol{y}$ 在 $\boldsymbol{D}_i$ 上的稀疏表示系数。

实际上测试图像 $\boldsymbol{y}\in\mathbf{R}^{m\times 1}$ 的类别是未知的，所以要用所有的训练图像样本线性表示：

$$\boldsymbol{y}=\boldsymbol{D}\boldsymbol{x},\ \boldsymbol{x}=[\boldsymbol{x}_1;\boldsymbol{x}_2;\cdots;\boldsymbol{x}_i;\cdots;\boldsymbol{x}_c] \tag{12-2}$$

式中，$\boldsymbol{x}\in\mathbf{R}^{n\times 1}$ 是 $\boldsymbol{y}$ 在 $\boldsymbol{D}$ 上的稀疏表示系数，理论上在 $\boldsymbol{x}$ 中只有与 $\boldsymbol{y}$ 同类的训练样本对应的系数不是 0，而 $\boldsymbol{x}$ 中剩余系数均是 0。在人脸识别中，式（12－2）常常是欠定的，此时方程的解将是不唯一的，故通常转化为如下的描述：

$$\begin{cases}\hat{\boldsymbol{x}}=\operatorname{argmin}\|\boldsymbol{x}\|_0\\ \text{s. t. } \boldsymbol{y}=\boldsymbol{D}\boldsymbol{x}\end{cases} \tag{12-3}$$

虽然 $\boldsymbol{x}$ 越稀疏，对 $\boldsymbol{y}$ 的分类和识别越有利，但式（12－3）求解是 NP 难问题，使 L_0 范数最小化问题凸近似为 L_1 最小化问题。

$$\begin{cases}\hat{\boldsymbol{x}}=\operatorname{argmin}\|\boldsymbol{x}\|_1\\ \text{s. t. } \boldsymbol{y}=\boldsymbol{D}\boldsymbol{x}\end{cases} \tag{12-4}$$

在实际应用的人脸识别中，输入图像很容易受到噪声影响，可将上式写成误差约束下的求解问题，如下式：

$$\begin{cases} \hat{\boldsymbol{x}}=\operatorname{argmin}\|\boldsymbol{x}\|_1 \\ \text{s. t. } \|\boldsymbol{y}-\boldsymbol{D}\boldsymbol{x}\|_2 \leqslant \varepsilon \end{cases} \tag{12-5}$$

式中，ε 表示误差容限。

前文介绍的方法求解式(12－5)，例如匹配追踪、正交匹配追踪、基追踪法、梯度投影法等等。通过上述几种方法求得稀疏系数向量 $\boldsymbol{x}$，然后计算每个类别的训练人脸样本对测试人脸样本的重构误差：

$$\min r_i(\boldsymbol{y})=\|\boldsymbol{y}-\boldsymbol{D}\boldsymbol{d}_i(\hat{\boldsymbol{x}}_1)\|_2 \tag{12-6}$$

式中，$r_i(\cdot):\mathbf{R}^n \to \mathbf{R}^n$ 是一个特征映射，其非零元素为 $\hat{\boldsymbol{x}}_1$ 中第 i 类训练样本对应的稀疏系数。比较重构误差值，将测试人脸归属到最小重构误差的人脸类别中。

$$\text{identity}(\boldsymbol{y})=\operatorname{argmin} r_i(\boldsymbol{y}) \tag{12-7}$$

基于稀疏表示的人脸识别的流程图如图 12－2 所示。

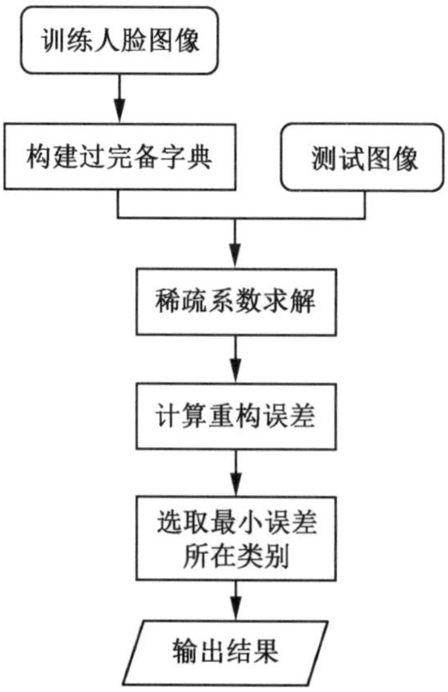

图 12－2　基于稀疏表示的人脸识别流程图

12.1.4　实验分析

下面介绍一个基于稀疏表示的人脸识别的简单实现过程。

如图 12－3 所示，首先构建一个过完备字典矩阵：选取 c 类人脸训练图像，本次实验使用的是耶鲁大学人脸数据库中 15 个人 11 种状态的人脸图像作为训练样本，共计 165 张，每张图像大小为 100×100，将每张图像重新排列成一个列向量，然后全部堆叠为一个过完备字典 $\boldsymbol{D}\in\mathbf{R}^{10\,000\times165}$；然后，随机选取一个人的图像作为输入，为了防止出现系数全为 1 的情况(即完全用自身人脸图像表示)，本实验先对输入图像进行下采

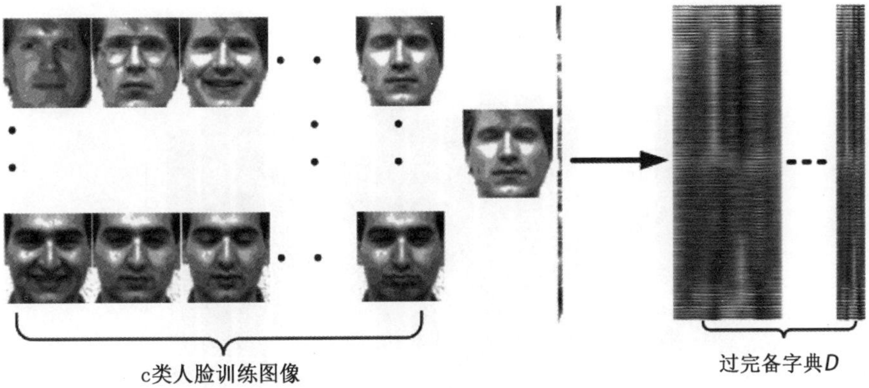

图 12－3　过完备字典构建

样；最后，根据式(12－4)求解稀疏系数表示。

本节使用正交匹配追踪稀疏分解算法对式(12－4)进行求解，得到了输入图像的稀疏系数表示(如图 12－4)。从图中可以看出，输入图像的稀疏系数主要集中在第 3 类人脸训练图像中，因此输入图像被识别为第 3 类。图 12－5 是根据式(12－6)计算的对应于各类训练人脸图像的重构误差，通过重构误差也可以看出第 3 类人脸训练图像的重构误差最小。

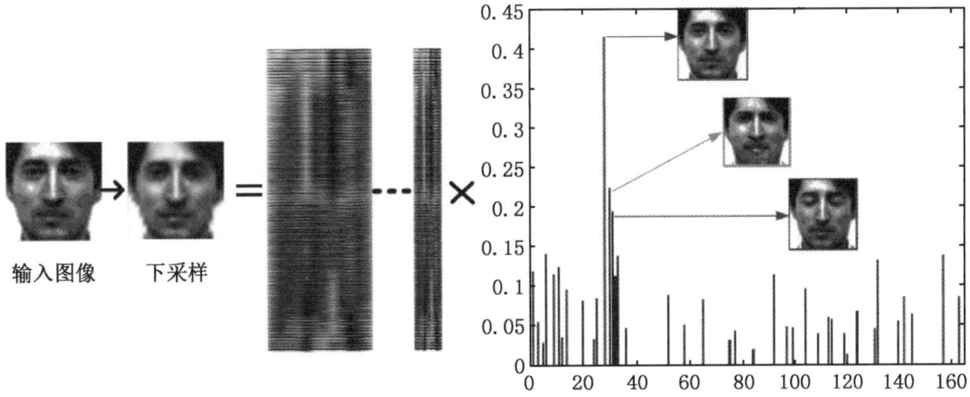

图 12－4　输入图像的稀疏表示系数

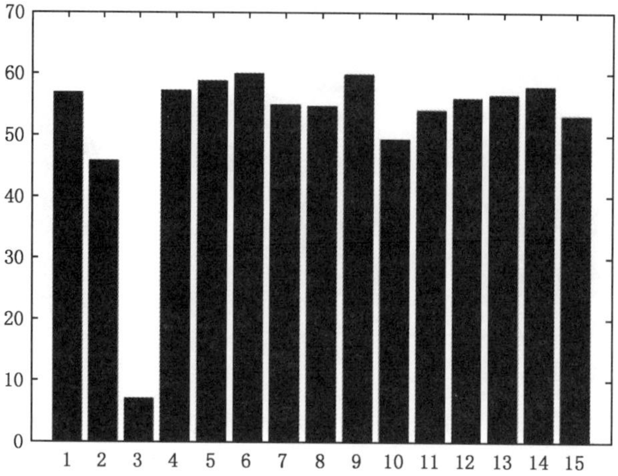

图 12—5 重构误差图

12.2 基于稀疏表示的人脸检测方法

基于稀疏表示的人脸识别不仅能够较高精度地对人脸正确识别，对存在遮挡的人脸也具有较好的鲁棒性，同时也不需要大量的训练样本。本节针对目前人脸检测中遇到的难点，借鉴基于稀疏表示的人脸识别的思想提出了基于稀疏表示的人脸检测方法，给出了合适的解决方法。该解决方法主要思想：第一，将人脸训练图像按照一定的分块规则进行分块，构成过完备字典；第二，将待测图像进行相同大小的分块，将分块后的图像子块依次作为测试图像输入；第三，求解每个图像子块的稀疏系数表示，同时根据给定的人脸子块重构判定公式，判断每个图像子块属于人脸训练图像的某个子块；第四，根据待测图像子块所属人脸训练图像子块在完整测试图像上的聚集程度，进行人脸定位，实现人脸检测。图 12—6 给出了本节提出的基于稀疏表示的人脸检测的流程框架。

12.2.1 方法流程

基于稀疏表示的人脸检测方法具体实现流程如下：

(1)将人脸训练图像样本和测试图像按照一定的规则进行相同大小的均匀分块。采用部分重叠分块规则，将每个人脸训练图像样本划分为 9 个互有重叠且大小相同的人脸子块。为了提高测试图像与训练图像的匹配度，按照测试样本的每个像素位置间隔为训练图像的 1/2 的规则对测试图像进行分块，比如训练图像每隔 10 个像素点进

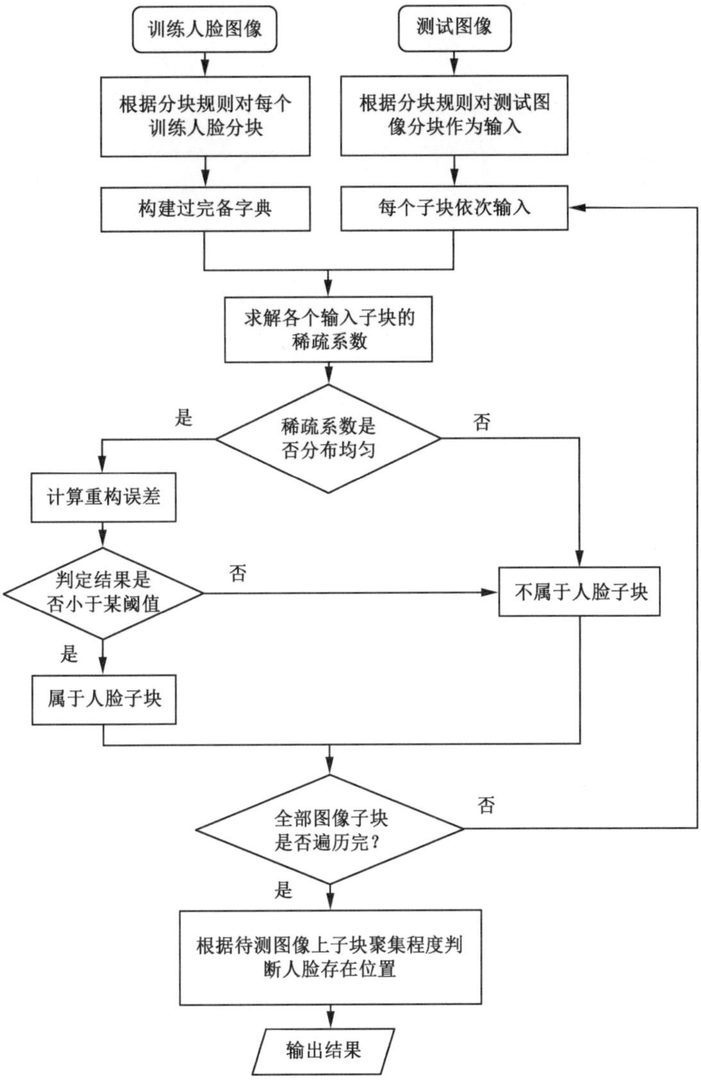

图 12—6　基于稀疏表示的人脸检测方法流程框架

行新的子块划分,测试图像就每隔 5 个像素点进行新的子块划分。如 12—7 图所示,将一个人脸分为 9 个子块,每个子块都会与其他子块存在部分重叠的部分。

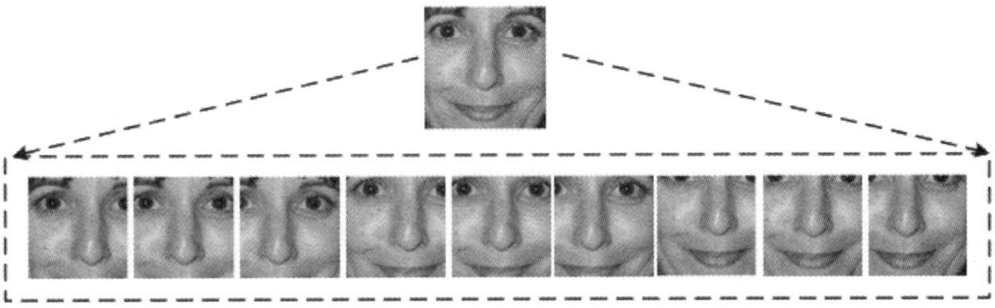

图 12—7　人脸分块示例图

(2)过完备字典矩阵的建立。将每个子块先进行灰度归一化处理,避免人脸图像因受光照影响出现明暗分布不均的情况;然后将所有人脸相同位置的子块归为一类,并将所有子块重排为列向量;最后,按照类别将所有的子块的列向量形式串排序构成一个过完备字典矩阵 $\boldsymbol{D}$。

$$\begin{aligned}\boldsymbol{D}&=[\boldsymbol{D}_1,\boldsymbol{D}_2,\cdots,\boldsymbol{D}_i,\cdots,\boldsymbol{D}_c]\\&=[\boldsymbol{d}_{11},\boldsymbol{d}_{12},\cdots,\boldsymbol{d}_{1n},\boldsymbol{d}_{21},\boldsymbol{d}_{22},\cdots,\boldsymbol{d}_{2n},\cdots,\boldsymbol{d}_{ij},\cdots\boldsymbol{d}_{c1},\boldsymbol{d}_{c2},\cdots,\boldsymbol{d}_{cn}]\in\mathbf{R}^{m\times q}\end{aligned}\quad(12-8)$$

式中,c 表示人脸分块类别;n 表示每个类别中的子块数量,即有 n 个人脸训练图像;矩阵 $\boldsymbol{D}_i$ 表示第 i 类的 n 个人脸子块对应的子字典;$\boldsymbol{d}_{ij}\in\mathbf{R}^{m\times 1}$ 表示第 i 类的第 j $(j=1,2,\cdots,n)$个人脸子块重排后的列矢量;m 表示每个子块的维数,由 $m=w\times h$ 获得(w 和 h 分别表示人脸子块图像的宽和高);q 表示字典矩阵中总共的子块数:$q=c\times n$。

(3)求解每个测试图像子块的稀疏系数表示。将测试图像的每个子块也重排成列向量 $\boldsymbol{y}_k\in\mathbf{R}^{m\times 1}(k=1,2,\cdots,z,z$ 是测试图像子块总数),z 个子块构成一个测试矩阵 $\boldsymbol{Y}\in\mathbf{R}^{m\times z}$。与人脸识别的稀疏分解的算法相同,给定一个待测图像子块 $\boldsymbol{y}_k\in\mathbf{R}^{m\times 1}$,它与第 i 类人脸子块的近似线性表示为:

$$\boldsymbol{y}_k=d_{i1}x_{i1}+d_{i2}x_{i2}+\cdots+d_{ij}x_{ij}+\cdots+d_{in}x_{in}\quad(12-9)$$

式中,$x_{ij}(j=1,2,\cdots,n)$是表示第 i 类第 j 子块的表示系数。因为测试子块图像 $\boldsymbol{y}_k$ 类别是未知的,所以用所有过完备字典矩阵线性表示,那整个测试子块矩阵 $\boldsymbol{Y}$ 的线性表示为:

$$\boldsymbol{Y}=\boldsymbol{DX},\boldsymbol{X}=[\boldsymbol{X}_1,\boldsymbol{X}_2,\cdots,\boldsymbol{X}_k,\cdots\boldsymbol{X}_z]\in\mathbf{R}^{q\times z}\quad(12-10)$$

式中,$\boldsymbol{X}_k=[x_{11}^k\cdots,x_{1j}^k,\cdots,x_{1n}^k,\cdots,x_{i1}^k,\cdots,x_{ij}^k,\cdots x_{in}^k,\cdots,x_{c1}^k,\cdots x_{cn}^k]^{\mathrm{T}}\in\mathbf{R}^{q\times 1}$ 对应于 $\boldsymbol{y}_k$ 的稀疏系数表示,x_{ij}^k 对应于 $\boldsymbol{y}_k$ 在训练样本字典中的 i 类的第 j 个子块的系数。当 $\boldsymbol{y}_k$ 属于第 i 类时,$\boldsymbol{X}_k$ 中 x_{ig}^k 的值会相对较大而其他 $x_{p\cdot}^k(p\neq i)$的值均非常小。

测试图像 $\boldsymbol{Y}$ 在过完备字典上的分类系数问题直接用如下数学模型求解:

$$\begin{cases}\hat{\boldsymbol{X}}=\operatorname{argmin}\|\boldsymbol{X}\|_1\\\text{s. t. }\boldsymbol{y}=\boldsymbol{DX}\end{cases}\quad(12-11)$$

从上式得到的稀疏系数表示矩阵 $\hat{\boldsymbol{X}}$,可以很好地反映出待测图像每个子块所属的类别。

在图 12—8 中,图(a)是待测图像,图(b)、(c)、(d)是对应于图(a)中蓝色(最左方)、红色(中间)和绿色(最右方)框标注图像子块的稀疏系数表示的分布。对于存在人脸图像的测试子块,对应的稀疏系数大部分集中在人脸训练图像的某一类上,而没有存在人脸图像的测试子块,对应的稀疏系数比较均匀地分散在多个类别的人脸训练图像上。

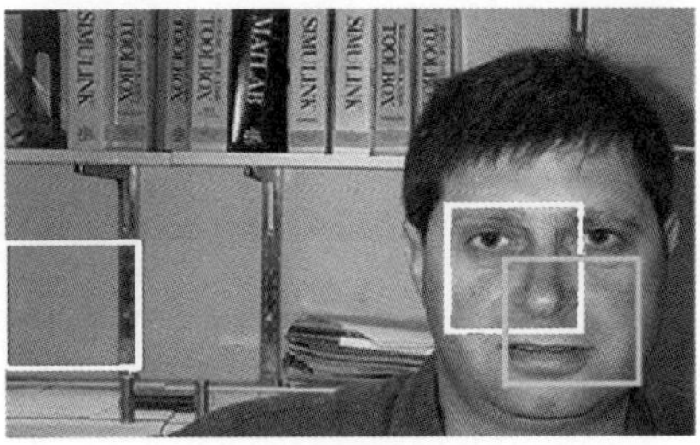
SIMULINK
TOOLBOX
MATLAB

(a)

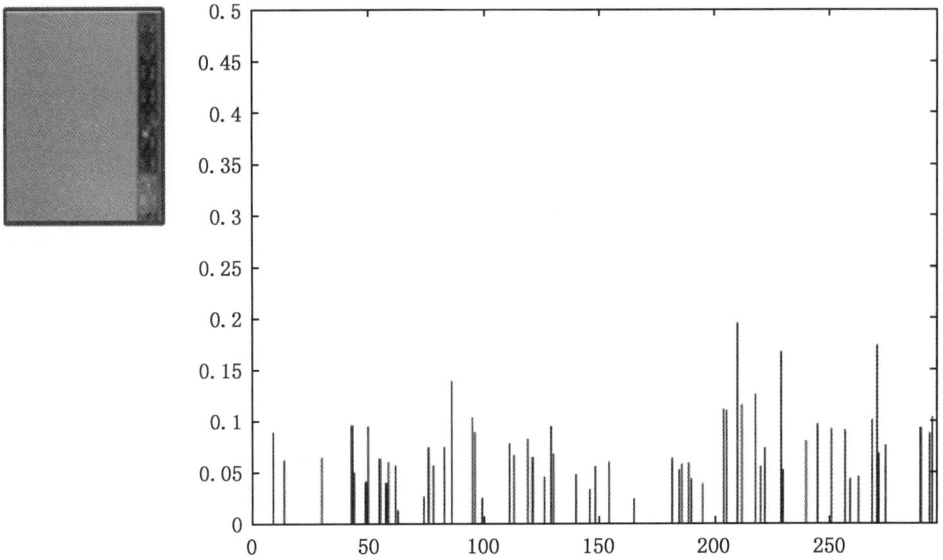
0.5
0.45
0.4
0.35
0.3
0.25
0.2
0.15
0.1
0.05
0
0
50
100
150
200
250

(b)

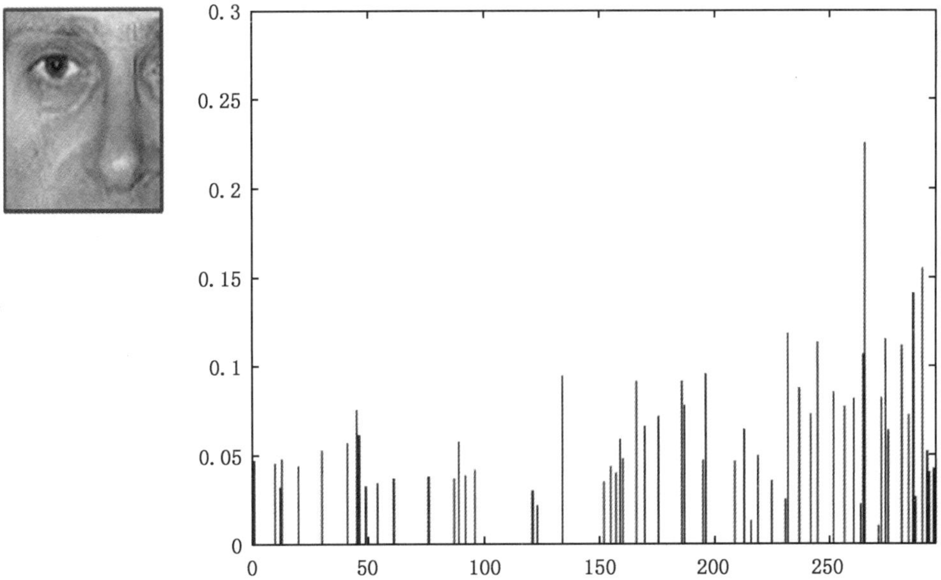
0.3
0.25
0.2
0.15
0.1
0.05
0
0
50
100
150
200
250

(c)

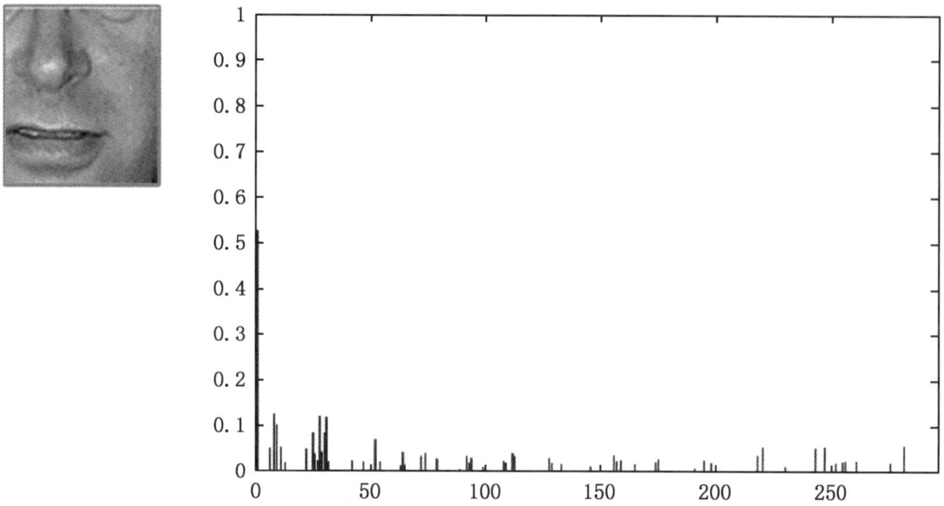

(d)

图 12—8　测试图像子块的稀疏表示分类示例

(4)根据误差判断图像的测试子块是否属于人脸子块部分。为了更好地区分出人脸子块部分和非人脸子块部分，先通过式(12—12)求得每个子块类别对测试子块的重构误差，再通过式(12—13)对重构误差进行再判定，从而提高最后的检测准确率。

计算每个类别训练样本对测试样本的重构误差：

$$r_i(\boldsymbol{y}_k)=\|\boldsymbol{y}_k-\boldsymbol{D}_i\boldsymbol{x}_{i\cdot}^{k}\|_2 \tag{12—12}$$

误差判定公式：

$$label(\boldsymbol{y}_k)=\begin{cases}\underset{i}{\arg\min}\, r_i & \dfrac{|min1-min2|}{min1}>\tau \\ 0 & \text{其他}\end{cases} \tag{12—13}$$

式中，r_i 表示测试子块 $\boldsymbol{y}_k$ 对应过完备字典中第 i 类别的重构误差，$min1$ 和 $min2$ 分别为每个测试子块在各个类别重构误差中的最小和第二小的值。$label(\boldsymbol{y}_k)$为 i 时表示该图像的测试子块为人脸的第 i 个类别，$label(\boldsymbol{y}_k)$为 0 表示该图像的测试子块不属于人脸部分，即是背景。判定式(12—13)的主要目的是为了找出与其他类别相比，重构误差相对较小的那类，防止将背景判定为人脸子块。

(5)根据人脸训练图像字典中各个子块相对于人脸结构的位置，确定图像的测试子块在输入图像的对应位置，然后根据标注规则在输入图像中进行标识，如图 12—9 所示。其中标注规则视人脸训练图像大小以及分块规则而定。

(6)根据输入图像(未分块)中每个图像的测试子块标识点聚集的情况判断是否存在人脸，进而确定人脸的中心位置，然后用矩形标注出来。具体做法：把输入图像分成较小

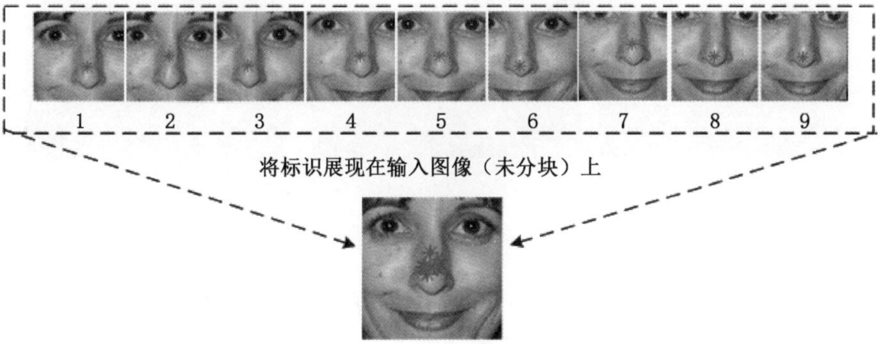

图 12—9　子块在人脸标识示例

的分块；统计每个分块中标识点的数目，保留大于预先设定阈值的分块；然后根据分块位置确定人脸的中心位置；最后，根据人脸训练图像中人脸的大小确定矩形的大小，进而联合人脸的中心位置和矩形大小在完整的输入测试图像中把人脸部分标出来。

12.2.2　实验分析

本次实验选取加州理工大学彩色人脸数据库作为实验数据集来验证所提方法的有效性[359]。在加州理工大学彩色人脸库中随机选取了 20 个不同的人脸作为人脸训练图像样本构成过完备字典。为了符合实验需要，先将 20 个图像只选取人脸部分，并经过统一裁剪得到分辨率为 100×100 的人脸图像，再将这些人脸图像全部转换为灰度图。将获取到的人脸训练图像按照一定的规则进行均匀分块时，将每个人脸训练图像分为 9 个互有重叠且大小相同的人脸子块，每个人脸子块大小为 80×80，将它们中每一个重新排成列向量 $\boldsymbol{d}_{ij}\in\mathbf{R}^{6\,400\times 1}$，然后一起就构成过完备字典 $\boldsymbol{D}\in\mathbf{R}^{6\,400\times 180}$。最后在人脸库中随机选取一张图像作为输入测试图像，并验证本节方法。为了避免计算的偶然性，本次实验对所有子块的稀疏系数求解都重复计算 5 次，然后把平均稀疏系数作为最终的稀疏系数表示。

图 12—10 给出了本节方法在单个人脸图像中的检测效果，其中图(a)是输入的测试图像；(b)是人脸测试子块在输入图像上的标识点(具体见方法的步骤(5)。标注规则：该人脸训练图像大小为 80×80，第 1 类子块标注坐标为(50，50)，第 2 类子块标注坐标为(50，40)，第 3 类子块标注坐标为(50，30)，第 4 类子块标注坐标为(40，50)……依次类推)，由于很多标识点的坐标相同，会在输入测试图像上重叠而无法显示，我们通过数量标注进行说明；图(c)是最后的人脸检测图。通过图(b)可以看出，给定的测试图像中总共检测出 12 个人脸子块，其中只有 1 个子块标注点属于非人脸部分，另外 11 个都聚集在人脸的中心位置处，可见本节方法的精确度较高。

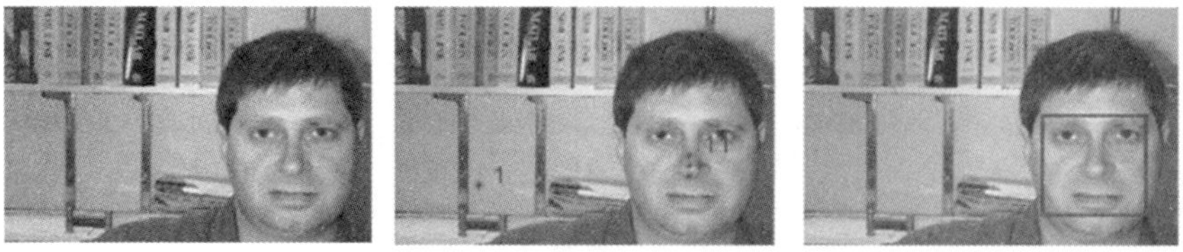

(a)　　(b)　　(c)

图 12－10　单个人脸图像检测效果图

为了进一步验证本节所提出的基于稀疏表示的人脸检测方法的可行性和实际应用性，分别对多个人脸图像和具有不同大小遮挡面积的人脸图像进行实验。结果如图 12－11 和图 12－12 所示，可见本节人脸检测方法在多个人脸和存在部分遮挡人脸的图像中都有比较好的检测效果。通过输入测试图像子块在过完备字典上稀疏系数的大小分布情况以及误差判定公式判断人脸部分的存在，并对单个人脸、多个人脸以及存在部分遮挡情况下的人脸进行实验，均取得了不错的检测效果。该方法的主要优点包括：(1)构建字典过程简单、快速，需要的人脸训练图像样本比自举方法少，且不需要非人脸训练图像样本就可以构成过完备字典；(2)人脸检测的鲁棒性较强，当人脸有不同大小的遮挡时，具有良好的检测效果。

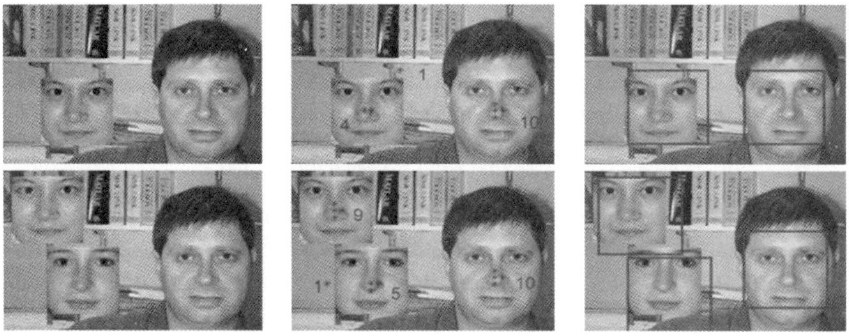

(a)　　(b)　　(c)

图 12－11　多个人脸图像检测效果图

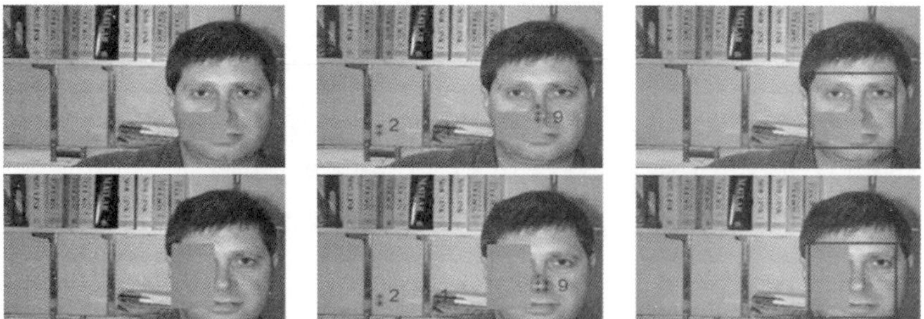

(a)　　(b)　　(c)

图 12－12　部分遮挡人脸检测效果图

本章小结

人脸识别技术已趋于成熟。本章介绍了基于稀疏表示的人脸检测与识别的原理，分析了一种简单的人脸识别稀疏模型。人脸检测是人脸识别的重要步骤之一，本章还分析了一种基于稀疏表示的人脸检测方法，人脸图像库实验表明该方法对遮挡具有鲁棒性。

第 13 章　基于稀疏表示的运动目标检测

本章在 RPCA(robust principal component analysis)的基础上，将低秩表示与稀疏表示结合，提出一种改进的运动目标检测方法。进而，针对动态及复杂背景下的运动目标检测，提出基于低秩—稀疏与全变分表示的运动目标检测新方法。

13.1　RPCA 运动目标检测方法

RPCA 是近年来比较热门的运动检测方法[391—393]。RPCA 通过引入低秩表示与稀疏表示联合表示，来获取运动视频序列中的背景和运动目标部分。它的主要思路是将视频序列所构成的观测数据矩阵分为两部分：具有低秩特性的背景部分和稀疏特性的运动目标部分。其公式化表达如下式所示：

$$\begin{cases}\min\limits_{\boldsymbol{B},\boldsymbol{F}}\operatorname{rank}(\boldsymbol{B})+\lambda\|\boldsymbol{F}\|_0\\ \text{s. t. } \boldsymbol{D}=\boldsymbol{B}+\boldsymbol{F}\end{cases} \tag{13—1}$$

式中，$\boldsymbol{D}\in\mathbf{R}^{m\times n}$ 表示视频序列堆叠成的观测数据矩阵，$\boldsymbol{B}\in\mathbf{R}^{m\times n}$ 表示背景矩阵，$\boldsymbol{F}\in\mathbf{R}^{m\times n}$ 表示运动目标矩阵；$\operatorname{rank}(\boldsymbol{B})$表示矩阵 $\boldsymbol{B}$ 的秩；$\|\boldsymbol{F}\|_0$ 为矩阵 $\boldsymbol{F}$ 的 L_0 范数；λ 表示缩放因子，用来平衡背景和运动目标两部分的比重。由于 $\operatorname{rank}(\cdot)$和$\|\cdot\|_0$ 都是非凸的，通过凸松弛将上式转化为：

$$\begin{cases}\min\limits_{\boldsymbol{B},\boldsymbol{F}}\|\boldsymbol{B}\|_*+\lambda\|\boldsymbol{F}\|_1\\ \text{s. t. } \boldsymbol{D}=\boldsymbol{B}+\boldsymbol{F}\end{cases} \tag{13—2}$$

式中，$\|\boldsymbol{B}\|_*$ 是低秩背景矩阵 $\boldsymbol{B}$ 的核范数表示，即 $\boldsymbol{B}$ 的奇异值之和，$\|\boldsymbol{F}\|_1$ 代表运动目标矩阵 $\boldsymbol{F}$ 的 L_1 范数。

基于 RPCA 的运动目标检测方法能够同时建立背景模型和提取出运动目标，不需要预先准备好只含有背景的视频序列模型，而且也不存在参数更新的问题。这些优点使 RPCA 在运动目标检测方面得到广泛的应用。

13.2　基于低秩—稀疏表示的运动目标检测方法

13.2.1　问题描述和方法思路

虽然 RPCA 在处理背景中含有噪声、数据缺失以及缓慢的光照变化等情况时，可以得到不错的检测效果，但实际应用中，经常会存在运动目标移动比较缓慢的情况，这时 RPCA 很有可能会将前景部分中移动比较缓慢的那部分判定为背景，从而出现把移动缓慢的目标漏检的问题。为了解决运动目标误检的问题，本节提出了一种基于低秩—稀疏表示的运动目标检测方法。该方法的基本思路：第一，利用光流法估计连续视频序列之间的光流场，用它来生成一个二进制运动掩模作为运动权重矩阵。该运动权重矩阵相当于在方法模型建立前对视频序列进行预处理，对每帧视频图像的运动目标和背景部分进行预先判断，防止把运动缓慢的目标误判成背景。第二，将得到的运动权重矩阵和正交子空间学习表示思想相结合，在 RPCA 的基础上建立背景低秩、运动目标稀疏的优化模型。其中，鲁棒正交子空间学习表示思想应用在低秩矩阵恢复上，目的是为了减少求解模型的复杂度，用一个在正交子空间下系数的群稀疏性代替低阶矩阵上的核范数。最后，使用交替方向乘子法—块坐标下降法(alternating direction method of multipliers—block coordinate descent，ADMM— BCD)迭代计算方法得到检测视频序列中的背景和运动目标。

本节方法的应用场景为固定摄像头所拍摄的视频序列。首先，将待检测的视频序列中每一帧图像都形成列向量，进而构成观测数据矩阵中的列。假设待检测的视频序列为 $\boldsymbol{X}=[\boldsymbol{X}_1,\boldsymbol{X}_2,\cdots,\boldsymbol{X}_i,\cdots,\boldsymbol{X}_n]$，$\boldsymbol{X}_i\in\mathbf{R}^{M\times N}$ 表示视频中每帧图像，每帧图像的大小为 $M\times N$，这样每帧图像构成列向量 $\boldsymbol{d}_i\in\mathbf{R}^{MN\times 1}$，则视频序列就形成了一个数据矩阵 $\boldsymbol{D}=[\boldsymbol{d}_1,\boldsymbol{d}_2,\ldots,\boldsymbol{d}_n]\in\mathbf{R}^{MN\times n}$。本章提出的方法流程框架如图 13—1 所示，具体实现详见后几小节。

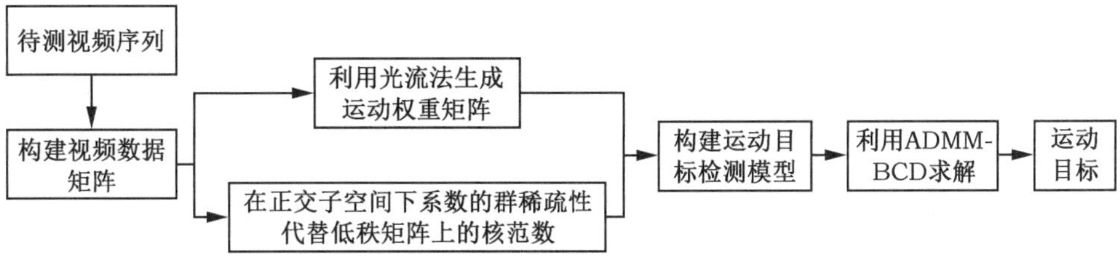

图 13—1　本节方法流程图

13.2.2　运动权重矩阵

光流法是利用视频图像中随时间变化的运动物体的光流特性，通过计算图像中像素的位移矢量光流场来初始化基于轮廓的跟踪算法，即使运动目标存在遮挡也能够有效地提取运动目标。同时，光流法对检测过程中的噪声特别敏感。本节取其优势之处，利用光流法对移动目标（包括噪声）的敏感，对待测视频中的序列进行预处理，产生运动权重矩阵。光流法主要利用图像序列中像素强度的时间变化和相关性来确定每个像素位置的移动。根据光流法原理，假设待测视频中某序列帧上的点(x,y)在时刻t的灰度为$I(x,y,t)$，$t+\mathrm{d}t$时刻该点运动到新的位置为$(x+\mathrm{d}x,y+\mathrm{d}y)$时，由于灰度值没有变化，故有：

$$I(x,y,t)=I(x+\mathrm{d}x,y+\mathrm{d}y,t+\mathrm{d}t) \tag{13-3}$$

将上式在(x,y,t)处进行一阶泰勒级数展开，同时忽略掉高次项，得：

$$\frac{\partial I}{\partial x}\mathrm{d}x+\frac{\partial I}{\partial y}\mathrm{d}y+\frac{\partial I}{\partial t}\mathrm{d}t=0 \tag{13-4}$$

将上式两边同时除以$\mathrm{d}t$，得到光流约束方程：

$$\frac{\partial I}{\partial x}u+\frac{\partial I}{\partial y}v+\frac{\partial I}{\partial t}=0 \tag{13-5}$$

其中，

$$u=\frac{\mathrm{d}x}{\mathrm{d}t},v=\frac{\mathrm{d}y}{\mathrm{d}t} \tag{13-6}$$

令光流$w=(u,v)$，则$u(x,y)$表示位置点的水平移动分量，$v(x,y)$表示位置点的垂直移动分量。求解$w=(u,v)$有两个经典的算法：HS（Horn－Schunck）光流算法和 LK（Lucas－Kanade）光流算法[383－385]。

通过 LK 光流算法获取连续两个视频序列X_i和X_{i-1}的水平分量u_i和垂直分量v_i，然后通过下式来获取运动权重矩阵$\mathbf{W}=[w_1,w_2,\cdots,w_n]\in\mathbf{R}^{MN\times n}$：

$$w_{i,k}=\begin{cases}1 & \sqrt{(u_{i,k})^2+(v_{i,,k})^2}<\tau\\0 & \text{其他}\end{cases} \tag{13-7}$$

式中，$u_{i,k}$和$v_{i,k}$分别表示u_i和v_i第i帧中第k个元素上的的光流矢量；$w_{i,k}$表示第i帧中第k个元素的运动权重值；τ是运动幅度的阈值，一般把它设置为运动场中的所有像素的平均值。如果某个w_i存在全为 1 的情况，说明该权重列向量对应的视频图像中不含有运动目标，我们就可以把它从观测数据矩阵中移除，这在一定程度上减少了计算量，假设后面遇到的待检测视频数据矩阵都是把不含运动目标的视频帧移除后的情况。根据光流法获取的运动权重作用于数据矩阵能够很好地把背景标注出来，并且把缓慢移动的运动目标在背景中占主导的区域抑制住。

13.2.3　鲁棒正交子空间学习

目前，几乎大部分求解基于 RPCA 模型中的低秩矩阵恢复都需要对核范数项进行多次奇异值分解迭代运算，虽说到最后都能取得不错的效果，但当对时间有要求或者处理大规模数据(如视频序列)时，迭代核范数最小化并不是最优推荐使用的。尤其前期使用了计算量较大的光流法进行预处理，所以提出的方法要在不影响检测精确度的情况下，还保持较快的运算速度。鲁棒正交子空间学习方法(robust orthonormal subspace learning，ROSL)用于实现有效的低秩恢复，通过低秩矩阵在正交子空间下的系数的群稀疏性来加速该低秩矩阵的秩最小化[397]。ROSL 通过引入一种新的秩极小化公式来代替 RPCA 中的核范数求解。

假设观测 $\boldsymbol{D}\in\mathbf{R}^{m\times n}$ 是通过低秩矩阵 $\boldsymbol{B}$ 和噪声矩阵 $\boldsymbol{F}$ 组成的。与 RPCA 不同，ROSL 是在普通正交子空间(由 $\boldsymbol{C}=[\boldsymbol{C}_1,\boldsymbol{C}_2,\cdots,\boldsymbol{C}_k]\in\mathbf{R}^{m\times k}$ 构成)表示低秩矩阵为 $\boldsymbol{B}=\boldsymbol{C\alpha}$，其中 $\boldsymbol{\alpha}=[\boldsymbol{\alpha}_1;\boldsymbol{\alpha}_2;\cdots;\boldsymbol{\alpha}_k]\in\mathbf{R}^{k\times n}$ 是表示系数，$\boldsymbol{\alpha}_i$ 表示 $\boldsymbol{C}_i$ 对 $\boldsymbol{B}$ 各列的贡献，子空间的维数 k 设置为 $k=\beta r$($\beta>1$ 是一个常数，r 是矩阵 $\boldsymbol{B}$ 的秩)。受群稀疏性的启发，ROSL 利用系数 $\boldsymbol{\alpha}$ 的群稀疏性约束 $\boldsymbol{B}$ 的秩，其主要思想是，给定 $\boldsymbol{B}=\boldsymbol{C\alpha}$，$\boldsymbol{B}$ 的秩(确切地说是 $\boldsymbol{\alpha}$ 的秩)就是 $\boldsymbol{\alpha}$ 的非零行数。为了避免系数 $\boldsymbol{\alpha}$ 的消失，子空间基 $\boldsymbol{C}$ 被约束在单位球面上，即 $\boldsymbol{C}_i^{\mathrm{T}}\boldsymbol{C}_i=1$。为了进一步使 $\boldsymbol{\alpha}$ 的群稀疏性是秩($\boldsymbol{B}$)的有效度量，对 $\boldsymbol{C}$ 的列进行正交约束，即 $\boldsymbol{C}_C^{\mathrm{T}}=\boldsymbol{I}_k$($\boldsymbol{I}_k$ 是恒等式矩阵)，来消除 $\boldsymbol{C}$ 中各列的相关性。因此，ROSL 通过最小化 $\boldsymbol{\alpha}$ 的非零行的数量和 $\boldsymbol{F}$ 的稀疏性可以从 $\boldsymbol{D}$ 恢复低秩矩阵 $\boldsymbol{B}$：

$$\begin{cases}\min\limits_{\boldsymbol{F},\boldsymbol{D},\boldsymbol{\alpha}}\|\boldsymbol{\alpha}\|_{row-0}+\lambda\|\boldsymbol{F}\|_0\\ \text{s. t. }\boldsymbol{C\alpha}+\boldsymbol{F}=\boldsymbol{D},\boldsymbol{C}^{\mathrm{T}}\boldsymbol{C}=\boldsymbol{I}_k,\forall i\end{cases}\tag{13—8}$$

由于 L_1 范数是 L_0 范数的一个近似替代，文献[397]证实了 $\|\boldsymbol{\alpha}\|_{row-1}=\sum\limits_{i=1}^{k}\|\boldsymbol{\alpha}_i\|_2$ 也是 $\|\boldsymbol{\alpha}\|_{row-0}$ 的近似替代。为了提高计算效率，ROSL 通过最小化 $\boldsymbol{\alpha}$ 的 $row-1$ 范数和 F 的 L_1 范数从 $\boldsymbol{D}$ 中恢复出低秩矩阵 $\boldsymbol{B}$。

$$\begin{cases}\min\limits_{\boldsymbol{F},\boldsymbol{D},\boldsymbol{\alpha}}\|\boldsymbol{\alpha}\|_{row-1}+\lambda\|\boldsymbol{F}\|_1\\ \text{s. t. }\boldsymbol{C\alpha}+\boldsymbol{F}=\boldsymbol{D},\boldsymbol{C}^{\mathrm{T}}C=\boldsymbol{I}_k,\forall i\end{cases}\tag{13—9}$$

该方法通过将低秩矩阵上的核范数替换为轻量级的度量——鲁棒正交子空间下表示系数的群稀疏性，从而加速了稀疏编码。在相同的恢复精度水平下，ROSL 相较于其他求解 RPCA 模型的方法达到了目前最快的效率。

13.2.4 模型建立与求解

(1)模型建立

首先,在 RPCA 模型的基础上引入了计算得到的权重矩阵,得到本节第一阶段模型:

$$\begin{cases}\min\limits_{\boldsymbol{B},\boldsymbol{F}}\|\boldsymbol{B}\|_*+\lambda\|\boldsymbol{F}\|_1\\ \text{s. t.}\ \boldsymbol{W}\cdot\boldsymbol{D}=\boldsymbol{W}\cdot(\boldsymbol{B}+\boldsymbol{F})\end{cases}\tag{13-10}$$

式中,$\boldsymbol{B}\in\mathbf{R}^{MN\times n}$ 表示具有低秩特性的背景矩阵,$\boldsymbol{F}\in\mathbf{R}^{MN\times n}$ 表示具有稀疏特性的运动目标矩阵,"·"表示两个矩阵之间对应元素相乘,权重矩阵 $\boldsymbol{W}$ 对应 $\boldsymbol{D}$ 中像素属于背景的权重大小。

结合 ROSL 的思想:通过在鲁棒正交子空间下表示 $\boldsymbol{B}=\boldsymbol{C\alpha}$,利用系数 $\boldsymbol{\alpha}$ 的群稀疏性来加速矩阵 $\boldsymbol{B}$ 的秩最小化,即将核范数求解转化为低秩矩阵在鲁棒正交子空间表示系数非零行的求解,得到本节提出的模型:

$$\begin{cases}\min\limits_{\boldsymbol{C},\boldsymbol{\alpha},\boldsymbol{F}}\|\boldsymbol{\alpha}\|_{row-1}+\lambda\|\boldsymbol{F}\|_1\\ \text{s. t.}\ \boldsymbol{W}\cdot\boldsymbol{D}=\boldsymbol{W}\cdot(\boldsymbol{C\alpha}+\boldsymbol{F}),\boldsymbol{C}^{\mathrm{T}}C=\boldsymbol{I}_k\end{cases}\tag{13-11}$$

(2)模型求解

本小节采用 ADMM 算法求解式(13—1)。应用增广拉格朗日乘子来消除式(13—11)中的等式

$$\boldsymbol{W}\cdot\boldsymbol{D}=\boldsymbol{W}\cdot(\boldsymbol{C\alpha}+\boldsymbol{F})\tag{13-12}$$

约束,它的增广拉格朗日函数写成:

$$\begin{cases}L_\mu(\boldsymbol{\alpha},\boldsymbol{C},\boldsymbol{F},\boldsymbol{Y},\mu)=\|\boldsymbol{\alpha}\|row-1+\lambda\|\boldsymbol{F}\|1+\langle Y,W\cdot(D-C\alpha-F)\rangle\\ \qquad\qquad+\dfrac{\mu}{2}\|\boldsymbol{W}\cdot(\boldsymbol{D}-\boldsymbol{C\alpha}-\boldsymbol{F})\|_F^2\\ \text{s. t.}\ \boldsymbol{C}^{\mathrm{T}}\boldsymbol{C}=\boldsymbol{I}_k\end{cases}\tag{13-13}$$

式中,$\mu>0$ 是过正则化参数,$\boldsymbol{Y}\in\mathbf{R}^{MN\times n}$ 是拉格朗日乘子。该模型用 ADMM 求解上述拉格朗日函数,该方法通过以下 4 个步骤迭代(其中 j 表示迭代次数):

①求解 $\boldsymbol{F}^{j+1}$

$$\begin{aligned}\boldsymbol{F}^{j+1}&=\arg\min_{\boldsymbol{F}}\lambda\|\boldsymbol{F}\|_1+\langle\boldsymbol{Y}^j,\boldsymbol{W}\cdot(\boldsymbol{D}-\boldsymbol{C}^j\boldsymbol{\alpha}^j-\boldsymbol{F})\rangle+\frac{\mu^j}{2}\|\boldsymbol{W}\cdot(\boldsymbol{D}-\boldsymbol{C}^j\alpha^j-\boldsymbol{F}\|_F^2\\&=\text{shrink}\left(\boldsymbol{W}\cdot(\boldsymbol{D}-\boldsymbol{C}^j\boldsymbol{\alpha}^j)+\frac{\boldsymbol{Y}^j}{\mu^j},\frac{\lambda}{\mu^j}\right)\end{aligned}\tag{13-14}$$

式中,shrink(a,b)表示元素的软阈值运算:shrink$(a,b)=\text{sgn}(a)\times\max(|a|-b,0)$。

②求解 $\boldsymbol{C}^{j+1}$,$\boldsymbol{\alpha}^{j+1}$

$$(\boldsymbol{C}^{j+1},\boldsymbol{\alpha}^{j+1})=\underset{\boldsymbol{C},\boldsymbol{\alpha}}{\operatorname{argmin}}\|\boldsymbol{\alpha}\|_{row-1}+\langle \boldsymbol{Y}^j,\boldsymbol{W}\cdot(\boldsymbol{D}-\boldsymbol{C\alpha}-\boldsymbol{F})\rangle + \frac{\mu^j}{2}\|\boldsymbol{W}\cdot(\boldsymbol{D}-\boldsymbol{Ca}-\boldsymbol{F}^{j+1})\|_F^2 \tag{13-15}$$

因为求解 $\boldsymbol{C}$ 和 $\boldsymbol{\alpha}$ 时，同时约束 $\boldsymbol{W}\cdot\boldsymbol{D}+\frac{\boldsymbol{Y}_j}{\mu}=\boldsymbol{W}\cdot(\boldsymbol{C\alpha}+F^{j+1})$ 是一个非凸问题。但当把这个问题看成一个子问题，即固定一个矩阵，更新另一个矩阵时，该问题就成了一个凸问题。ROSL 中使用了块坐标下降法(BCD)来对该问题进行求解，假设子空间基 $\boldsymbol{C}=[\boldsymbol{C}_1,\cdots,\boldsymbol{C}_t,\cdots,\boldsymbol{C}_k]$ 和系数矩阵 $\boldsymbol{\alpha}=[\boldsymbol{\alpha}_1;\cdots,\boldsymbol{\alpha}_t;\cdots,\boldsymbol{\alpha}_k]$，块坐标下降法通过保持所有其他指标不变，依次更新$(\boldsymbol{C}_t,\boldsymbol{\alpha}_t)$：

$$\boldsymbol{C}_t^{j+1}=\boldsymbol{R}_t^j(\boldsymbol{\alpha}^j)^{\mathrm{T}} \tag{13-16}$$

$$\boldsymbol{\alpha}_t^{j+1}=\frac{1}{\|\boldsymbol{C}_t^{j+1}\|_2^2}\operatorname{shrink}\left((\boldsymbol{C}_t^{j+1})^{\mathrm{T}}\boldsymbol{R}_t^j,\frac{1}{\mu^j}\right) \tag{13-17}$$

式中，$\boldsymbol{R}_t^j$ 被定义为残差：

$$\boldsymbol{R}_t^j=\boldsymbol{W}\cdot\boldsymbol{D}+\frac{\boldsymbol{Y}^j}{\mu^j}-\boldsymbol{W}\cdot\boldsymbol{F}^{j+1}-\boldsymbol{W}\cdot\left(\sum_{w<t}\boldsymbol{C}_w^{j+1}\boldsymbol{\alpha}_w^{j+1}-\sum_{w>t}\boldsymbol{C}_w^j\boldsymbol{\alpha}_w^j\right) \tag{13-18}$$

当考虑正交子空间时，我们需要通过 Gram-Schmidt 过程对 $\boldsymbol{C}^{j+1}$ 进行正交化。新的 $\boldsymbol{C}_t{}^{j+1}$ 通过三个步骤得到：首先，将 $\boldsymbol{R}_t^j$ 投影到 $\boldsymbol{C}=[\boldsymbol{C}_1,\ldots,\boldsymbol{C}_{t-1}]$ 空间上；然后，将 $\boldsymbol{C}_t{}^{j+1}$ 更新为等式(13—16)；最后，通过归一化将其投影到单位球面上。

③更新拉格朗日乘子 $\boldsymbol{Y}^{j+1}$：

$$\boldsymbol{Y}^{j+1}=\boldsymbol{Y}^j+\boldsymbol{\mu}^j\boldsymbol{W}\cdot(\boldsymbol{D}-\boldsymbol{C}^{j+1}\boldsymbol{\alpha}^{j+1}-\boldsymbol{F}^{j+1}) \tag{13-19}$$

④更新增广拉格朗日参数 μ^{j+1}：

$$\mu^{j+1}=\max(\mu^j\rho,\mu_{\max}) \tag{13-20}$$

其中，$\rho>1$ 是一个常数。

故整个模型的解决思路如表 13—1 所示。

表 13—1　　基于低秩—稀疏表示的运动目标检测方法

方法：应用 ADMM-BCD 方法解本章模型的步骤：
输　入：$\boldsymbol{D}\in\mathbf{R}^{MN\times n},\boldsymbol{W}\in\mathbf{R}^{MN\times n},\lambda,k,\mu^0,\rho,\mu_{\max},thr=10e-4,n_{\max}$(最大迭代次数) 初 始 化：$F^0=0,C^0=0,\alpha^0=0,Y^0=zeros(MN,n),j=0$ 模型更新： ①更新 F^{j+1}： $$\boldsymbol{F}^{j+1}=\operatorname{shrink}\left(\boldsymbol{W}\cdot(\boldsymbol{D}-\boldsymbol{C}^j\boldsymbol{\alpha}^j)+\frac{\boldsymbol{Y}^j}{\mu^j},\frac{\lambda}{\mu^j}\right)$$ ②更新 $\boldsymbol{C}^{j+1},\boldsymbol{\alpha}^{j+1}$：令 w 从 1 到 k 依次遍历计算 　a　计算 w 列残差： $$R_t^j=W\cdot D+Y^j/\mu^j-W\cdot F^{j+1}-W\cdot\left(\sum_{w<t}C_w^{j+1}\alpha_w^{j+1}-\sum_{w>t}C_w^{j+1}\alpha_w^{j+1}\right)$$

续表

b 正交化：$R_t^j = R_t^j - \sum_{w=1}^{t-1} C_w^{j+1}(C_w^{j+1})^{\mathrm{T}} R_t^j$；
c 更新 C_t^{j+1}：$C_t^{j+1} = R_t^j(\alpha^j)^T, C_t^{j+1} = C_t^{j+1}/\|C_t^{j+1}\|_2$
d 更新 α_t^{j+1}：$\alpha_t^{j+1} = \mathrm{shrink}((C_t^{j+1})^T, 1/\mu^j)$
③更新 Y^{j+1}：$$Y^{j+1} = Y^j + \mu^j W \cdot (D - C^{j+1}\alpha^{j+1} - F^{j+1})$$
④更新 μ^{j+1}：$$\mu^{j+1} = \max(\mu^j \rho, \mu_{\max}),\ j = j+1$$
停止条件：$err = \|W \cdot (D - C^{j+1}\alpha^{j+1} - F^{j+1})\|_2 < thr$ 或 $j > n_{\max}$
两者满足其中一个即可停止运算。
输　出：$B = C^{j+1}\alpha^{j+1}, F^{j+1}$

13.2.5 仿真实验分析

为了验证本节方法的有效性，本次实验将分别采用公开视频库的视频序列（Lobyy 视频和 Hall 视频）和作者拍摄的两组视频序列进行实验分析。在相同条件下，将本节所提出的方法与 RPCA 进行对比。实验在 MATLAB R2014b 环境下实现，实验所选用的计算机是 32 位操作系统的联想笔记本电脑，处理器为 Intel(R) Core(TM)2 Duo CPU T5750@ 2.00GHz 2.00GHz。首先，对作者拍摄的单人运动目标和双人运动目标的两组视频进行实验分析，这两组视频都有 40 帧，每帧大小为 300×431。进行实验仿真时，本章将方法涉及的各个参数分别设定为 $n_{\max} = 500C$，$\rho = 1.2$，$\lambda = 1/\sqrt{\max(300\times160, 40)} = 0.0028$，$\mu^0 = 1\,000/norm$（$norm$ 是视频矩阵的最大奇异值）。

图 13－2 是用本节方法和 RPCA 方法在单人运动目标视频序列上的检测结果。第一行是拍摄视频序列中的第 10 帧图像，第二行是拍摄视频序列中第 30 帧图像。通过比较两种方法处理的背景和运动目标比较，可以发现：两种方法对运动目标的提取几乎没有差别，但在第 30 帧图像中，RPCA 处理后的背景图像中有运动目标的黑影存在。

图 13－3 是用本节法和 RPCA 方法在双人运动目标视频序列上的检测结果。第一行是拍摄视频序列中的第 10 帧图像，第二行是拍摄视频序列中第 20 帧图像。该组视频序列除了运动目标个数与上个实验不同外，同时该组视频前半段的运动目标移动的速度也相对比较缓慢。通过比较两种方法处理的背景和运动目标，可以明显发现：

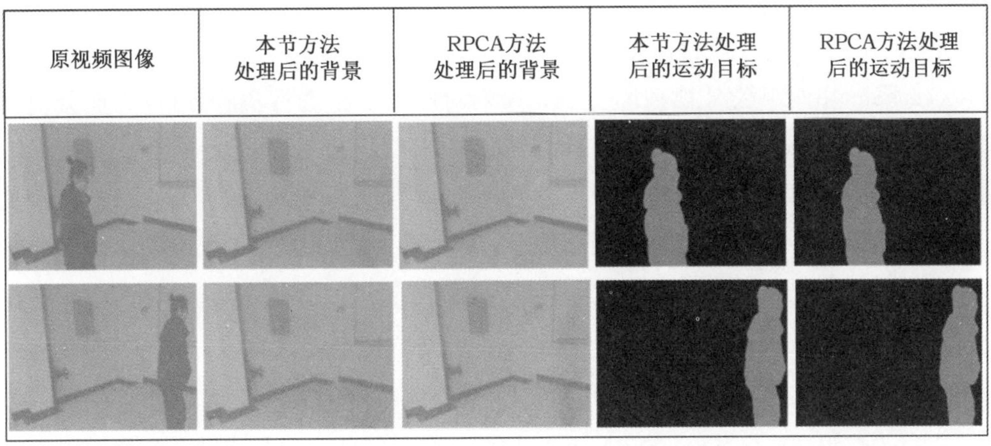

图 13—2　本节方法和 RPCA 在单人运动目标视频上的检测结果

两种方法对前半段视频序列处理效果存在明显差异，本节方法仍能较完整地将运动目标提取出来和较好将背景进行恢复；但用 RPCA 恢复的背景中不仅存在部分运动目标的黑影，而且运动目标中间还出现了“空洞”现象。可见，本节方法对运动目标移动比较缓慢的检测效果要优于 RPCA。

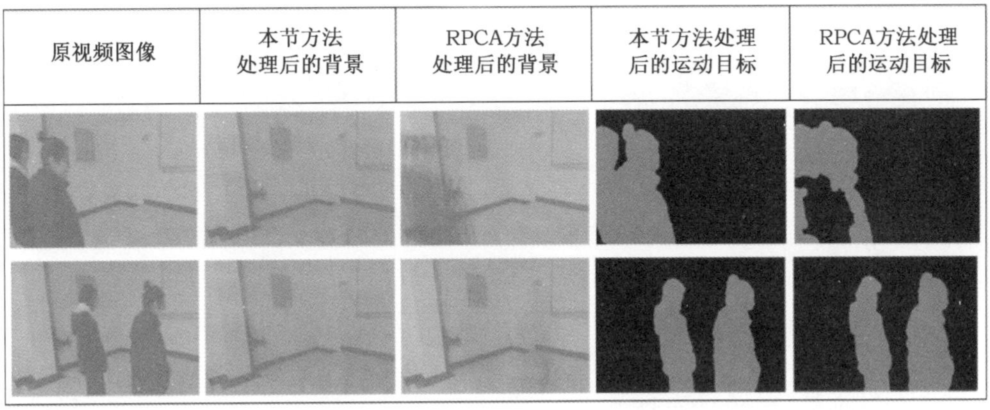

图 13—3　本节方法和 RPCA 在双人运动目标视频上的检测结果

表 13—2 对比了两种方法的运行时间。

表 13—2　　两种方法的运行时间对比表　　单位：秒

方法名	RPCA	本节方法
单人运动目标	165.78	23.34
双人运动目标	167.27	21.62

通过对两组视频进行仿真和方法结果对比，可看出本节方法所用时间比 RPCA

大大缩短了。而且从背景恢复图中可以明显看出:RPCA 方法恢复的背景中,前期存在明显的伪影,以致运动目标的检测效果不是很理想。

接下来,用两组公开视频库的视频序列对所提方法进行实验分析,它们分别是 Lobyy 视频和 Hall 视频。Lobyy 视频背景是在一个办公室中,整个背景中只有光线的明暗变化;Hall 视频背景是在一个公共场所,运动目标比较多,且行人动作比较复杂。选取 Lobyy 视频中的 36 帧进行实验,每帧大小为 128×160,仿真时本节方法各个参数分别设定为 $n_{\max}=500C$, $\rho=1.2$, $k=30$, $\lambda=1/\sqrt{\max(128\times160,36)}=0.0070$, $\mu_0=1\,000/norm$($norm$ 是 Lobyy 视频矩阵的最大奇异值)。选取 Hall 视频中的 31 帧进行实验,每帧大小为 144×176,仿真时本节方法各个参数分别设定为 $\lambda=0.0063$, $k=30$, $\rho=1.2$, $n_{\max}=500$, $\mu_0=1\,000/norm$($norm$ 是 Hall 视频矩阵的最大奇异值)。两组的检测结果如图 13—4 和图 13—5 所示。

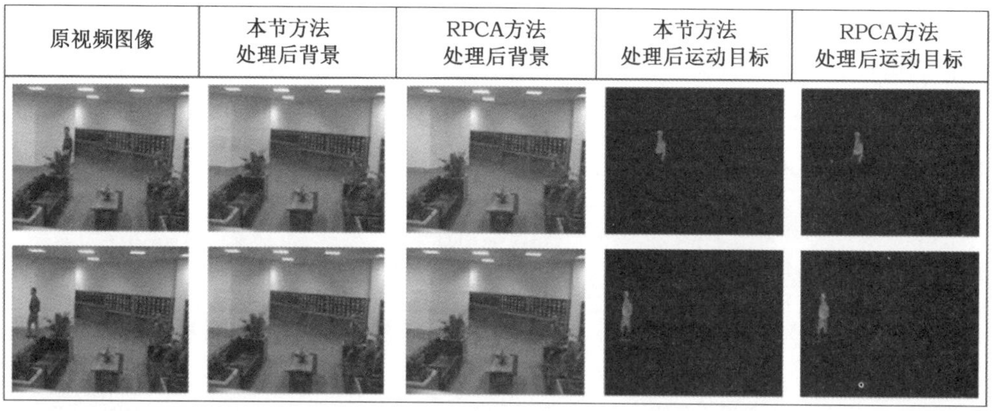

图 13—4　本节方法和 RPCA 在 Lobyy 视频上的检测结果

图 13—5　本节方法和 RPCA 在 Hall 视频上的检测结果

通过 Lobyy 视频的检测结果可看出，对于背景比较简单、单个运动目标的视频，本节所提的方法能够和 RPCA 方法的检测效果基本一致。但值得一提的是，当两种方法达到同一检测效果时，RPCA 用了 9.371 6 秒，而本节方法只用了 1.621 4 秒。通过 Hall 视频的检测结果可看出，本节方法和 RPCA 方法在第 10 帧上的检测效果基本一致；第 25 帧部分存在差异，第 25 帧视频中两标注处都存在运动目标，两种检测方法对一个标注处都能检测出来，但由于视频帧中另一个标注处运动较缓慢，RPCA 没有很好地检测出来，背景中也存在模糊的伪影，而本节方法却能很好地检测出来。

为了定量地分析实验仿真结果，RPCA 和本节方法在 Hall 视频上同样执行次数(40 次)，比较两者的误差收敛情况，结果如图 13—6 所示。

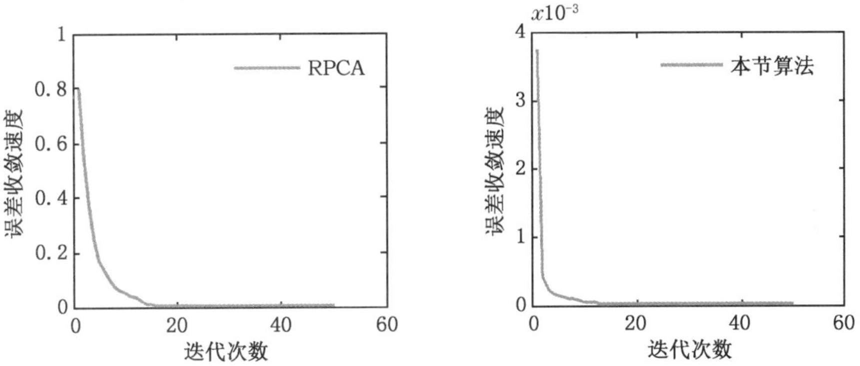

图 13—6　两种方法的误差收敛对比示意图

从图 13—6 可看出，当实现背景相同时，虽然两种方法最终都能达到较满意的误差精度，但本节的方法比 RPCA 方法先达到理想误差精度，因此可以证明本节方法确实可以加快误差收敛，减少计算时间。

本节提出了一个基于低秩—稀疏表示的运动目标检测方法。该检测方法是基于 RPCA 的运动目标检测方法，同时结合运动权重矩阵和正交子空间学习思想提出的。该方法不仅解决了只利用 RPCA 方法对存在运动缓慢的目标检测不精确和恢复的背景中存在运动目标伪影的问题，还解决了传统求解低秩矩阵 SVD 迭代复杂度高的问题。实验表明，本节所提出的运动检测方法在完整性和准确性方面性能要优于 RPCA 方法，同时整体的运算时间也远远快于 RPCA 方法。

13.3　基于低秩—稀疏与全变分表示的运动目标检测方法

由于进行运动目标检测时，视频序列中的背景不仅仅只是单一或简单的，往往还具有多样性和复杂性，因此运动目标检测可以分为两种情况讨论：静态背景和动态背景。静态背景下，视频序列中的背景基本保持不变，只有运动目标在移动；动态背景下，视频序列中除了运动目标发生位置变化外，部分背景也存在或大或小的位置变化。目前，针对静态背景下的目标检测方法已经发展得比较成熟，目标检测在动态背景中的应用也越来越广泛。故本节将针对动态及复杂背景下的运动目标检测，提出一个新的运动检测方法——基于低秩－稀疏与全变分表示的运动目标检测方法。

13.3.1 问题描述和解决思路

前面我们已经详细介绍了基于 RPCA 的运动目标检测，其基本思路是将视频序列所构成的数据矩阵分为两部分：背景低秩矩阵和运动目标稀疏矩阵。然而，基本的 RPCA 运动目标检测方法只能够很好地处理室内和简单的室外场景，运动目标几乎是均匀运动，而且背景是静态。但在实际情况中使用时，RPCA 的准确度会急剧退化，主要原因是：(1)在现实场景中，经常会存在运动目标移动比较缓慢的情况；(2)背景很可能包含各式各样的变化，例如河流上的涟漪、喷泉和摇摆的树枝等。对于上述两种场景，大多数运动检测模型方法都无法获得良好的性能。13.2 节对传统的 RPCA 运动检测方法做出了改进，解决了运动目标移动比较缓慢的情况，但也只能在静态背景或相对简单的动态背景下有很好的检测效果，关于较为复杂动态背景下的运动目标检测一直以来都是一个难点。

为了解决动态复杂背景下的运动检测的问题，本节提出了一个新的运动目标检测方法，给出了合适的解决方法。该解决方法主要思想：首先，根据运动目标的时间和空间的连续性，通过使用全变分对其进行约束；其次，通过低秩矩阵在正交子空间下系数的群稀疏性来加速该低秩矩阵的秩最小化，实现低秩矩阵的快速恢复；最后，结合上述两点，在基于 RPCA 的目标检测方法的基础上做出了改进，提出本节方法的理论模型并进行求解。同时，为了准确地模拟动态背景下运动目标检测问题，本节还将待检测的视频分解为三个部分：(1)低秩静态背景；(2)稀疏平滑连续运动前景；(3)稀疏动态背景。这会使得方法模型求解更容易和更精确。图 13－7 是本节方法的基本框架，图中 $\boldsymbol{X}$ 表示待处理的视频序列，$\boldsymbol{B}$ 表示背景低秩矩阵，$\boldsymbol{C}$ 表示某正交子空间基，$\boldsymbol{\alpha}$ 表示稀疏系数矩阵，$\boldsymbol{M}$ 表示稀疏矩阵，$\boldsymbol{E}$ 表示动态背景矩阵，$\boldsymbol{F}$ 表示运动目标矩阵，$\boldsymbol{I}_k$ 是单位矩阵。

13.3.2 基于低秩－稀疏和全变分表示的运动目标检测方法

本节在 RPCA 运动检测方法的基础上将具有稀疏动态部分进一步分解为稀疏的运动目标以及更加稀疏的动态背景。由于稀疏的运动目标在时间和空间上都具有连

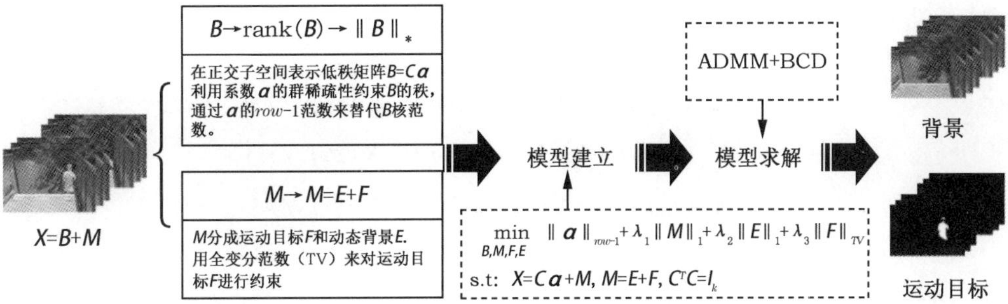

图 13—7　本节方法的基本框架图

续性，满足数学中全变分的理论定义，故本节在 RPCA 的基础上引入了运动目标的全变分约束项。此外为了提高整体方法的运行速度，在 ROSL 的启发下，通过低秩矩阵在正交子空间下系数的群稀疏性来加速该低秩矩阵的秩最小化，引入一种新的秩极小化公式来代替 RPCA 中的核范数求解，从而实现低秩矩阵的快速恢复。

(1)全变分

全变分可以度量信号振荡的整体幅度，它在计算机视觉处理中发挥着重要作用，近年来被大量应用于图像去噪和图像复原。全变分图像处理方法主要特点：各向异性扩散性质、较强的局部自适应性，并且能够在去噪和复原过程中很好地保持图像原本的纹理和边缘等信息。

假设二维图像为 $\boldsymbol{u}\in\mathbf{R}^{m\times n}$，$u(i,j)$表示在像素点$(i,j)$的灰度值。它的全变分定义为：

$$\|\boldsymbol{u}\|_{\mathrm{TV}}=\|\nabla_x\boldsymbol{u}\|_1+\|\nabla_y\boldsymbol{u}\|_1=\sum_{x,y}(|u_x(i,j)|+|u_y(i,j)|) \tag{13—21}$$

其中，$(i,j)\in\Omega$ 表示坐标系中像素点的二维坐标，Ω 表示图像中整个定义域，$u_x(i,j)$，$u_y(i,j)$分别为水平和垂直方向的灰度值变化，它们分别定义如下：

$$\begin{cases}u_x(i,j)=u(i+1,j)-u(i,j)\\u_y(i,j)=u(i,j+1)-u(i,j)\end{cases} \tag{13—22}$$

对于具有动态背景的运动目标检测来说，不仅要考虑单个视频帧的局部相似性，还要考虑视频帧之间的非局部相似性。由于运动目标在时间和空间域上都具有光滑性和连续性，动态的背景一般是非结构化的，并且在时间和空间域分布上会表现出类似噪声的特性，故可使用三维全变分模型有效地去除动态背景的随机扰动。

假设 $X(i,j,t)$表示在 t 时刻像素点(i,j)的灰度值，则三维一全变分定义为：

$$\begin{aligned}\|\boldsymbol{X}\|_{\mathrm{TV}}&=\|\nabla_x\boldsymbol{X}\|_1+\|\nabla_y\boldsymbol{X}\|_1+\|\nabla_z\boldsymbol{X}\|_1\\&=\sum_{i,j,t}(|X_x(i,j,t)|+|X_y(i,j,t)|+|X_z(i,j,t)|)\end{aligned} \tag{13—23}$$

式中，$X_x(i,j,t)$，$X_y(i,j,t)$，$X_z(i,j,t)$分别表示像素点(i,j)沿水平、垂直和时间方向的变化，具体表示如式(13－24)。

$$\begin{cases} X_x(i,j,t)=X(i+1,j,t)-X(i,j,t) \\ X_y(i,j,t)=X(i,j+1,t)-X(i,j,t) \\ X_z(i,j,t)=X(i,j,t+1)-X(i,j,t) \end{cases} \tag{13-24}$$

(2)模型的建立

RPCA 运动检测方法是把数据矩阵分为低秩矩阵和稀疏矩阵，低秩矩阵对应于背景，稀疏矩阵对应于运动目标。由于本节主要研究在动态背景下的运动目标检测，要充分考虑到稀疏矩阵不仅包含运动目标，还包含动态背景。故本节将稀疏矩阵又进一步分解为运动目标矩阵和动态背景矩阵。因为运动目标在时间和空间上连续的特征满足全变分的定义，本节利用全变分(total variation，TV)范数[393]来对运动目标进行约束。

$$\begin{cases} \min\limits_{\boldsymbol{B},\boldsymbol{M},\boldsymbol{F},\boldsymbol{E}} \|\boldsymbol{B}\|_* + \lambda_1\|\boldsymbol{M}\|_1 + \lambda_2\|\boldsymbol{E}\|_1 + \lambda_3\|\boldsymbol{F}\|_{\mathrm{TV}} \\ \text{s. t.} \quad \boldsymbol{X}=\boldsymbol{B}+\boldsymbol{M},\boldsymbol{M}=\boldsymbol{E}+\boldsymbol{F} \end{cases} \tag{13-25}$$

式中，$\boldsymbol{X}\in\mathbf{R}^{m\times n}$ 是视频序列构成的数据矩阵，$\boldsymbol{B}\in\mathbf{R}^{m\times n}$ 是背景低秩矩阵，$\boldsymbol{M}\in\mathbf{R}^{m\times n}$ 是稀疏矩阵，$\boldsymbol{E}\in\mathbf{R}^{m\times n}$ 是动态背景矩阵，$\boldsymbol{F}\in\mathbf{R}^{m\times n}$ 是运动目标矩阵，$\|\boldsymbol{F}\|_{\mathrm{TV}}$ 是矩阵 $\boldsymbol{F}$ 的全变分范数，λ_1、λ_2 和 λ_3 是平衡参数因子。

在 RPCA 中，通常通过核函数的 SVD 多重迭代运算实现对低秩矩阵的恢复，其本身的计算复杂度为 $O(\min(m^2n,mn^2))$，再加上全变分的计算是基于像素级的，如果不对上述模型进行改进，整体的运行速度将会非常缓慢。需要在不影响准确度的条件下，仍能使整体方法保持较快的运行速度。在 ROSL 的启发下，把核范数求解转化为最小稀疏系数矩阵非零行数目的求解。如下式：

$$\begin{cases} \|\boldsymbol{B}\|_* = \|\boldsymbol{\alpha}\|_{row-1} \\ \text{s. t.} \, \boldsymbol{B}=\boldsymbol{C\alpha},\boldsymbol{C}^{\mathrm{T}}\boldsymbol{C}=\boldsymbol{I}_k \end{cases} \tag{13-26}$$

式中，k 表示正交子空间维度；$\boldsymbol{C}=[\boldsymbol{C}_1,\boldsymbol{C}_2,\cdots,\boldsymbol{C}_k]\in\mathbf{R}^{m\times k}$ 表示某正交子空间的基；$\boldsymbol{\alpha}=[\boldsymbol{\alpha}_1;\boldsymbol{\alpha}_2;\cdots;\boldsymbol{\alpha}_k]\in\mathbf{R}^{k\times n}$ 是表示系数，$\|\boldsymbol{\alpha}\|_{row-1}=\sum\limits_{i=1}^{k}\|\boldsymbol{\alpha}_i\|_2$；为了进一步使 $\boldsymbol{\alpha}$ 的群稀疏性是$\|\boldsymbol{B}\|_*$的有效度量，需将 $\boldsymbol{C}$ 的列约束为正交(即 $\boldsymbol{C}^{\mathrm{T}}\boldsymbol{C}=\boldsymbol{I}_k$，$\boldsymbol{I}_k$ 是恒等式矩阵)来消除 C 各列的相关性。将式(13－26)引入到式(13－25)中，以获得本节的最终模型：

$$\begin{cases} \min\limits_{B,M,F,E} \|\boldsymbol{\alpha}\|_{row-1} + \lambda_1\|\boldsymbol{M}\|\mathbf{1} + \lambda_2\|\boldsymbol{E}\|\mathbf{1} + \lambda_3\|\boldsymbol{F}\|_{TV} \\ \text{s. t} \quad \boldsymbol{X}=\boldsymbol{C\alpha}+\boldsymbol{M},\boldsymbol{M}=\boldsymbol{E}+\boldsymbol{F},\boldsymbol{C}^{\mathrm{T}}\boldsymbol{C}=\boldsymbol{I}_k \end{cases} \tag{13-27}$$

(3)模型的求解

本节采用 ADMM 依次迭代求解式(13－27)中 4 个子问题。首先，将式(13－27)写成增广拉格朗日形式：

$$
\begin{aligned}
&L_{\mu}(\boldsymbol{C},\boldsymbol{\alpha},\boldsymbol{M},\boldsymbol{E},\boldsymbol{F},\boldsymbol{Y}_1,\boldsymbol{Y}_2,\mu):\\
&=\|\boldsymbol{\alpha}\|_{row-1}+\lambda_1\|\boldsymbol{M}\|_1+\lambda_2\|\boldsymbol{E}\|_1+\lambda_3\|\boldsymbol{F}\|_{\mathrm{TV}}+\langle\boldsymbol{Y}_1,\boldsymbol{X}-\boldsymbol{C\alpha}-\boldsymbol{M}\rangle\\
&\quad+\frac{\mu}{2}\|\boldsymbol{X}-\boldsymbol{C\alpha}-M\|_F^2+\langle\boldsymbol{Y}_2,\boldsymbol{M}-\boldsymbol{E}-\boldsymbol{F}\rangle+\frac{\mu}{2}\|\boldsymbol{M}-\boldsymbol{E}-\boldsymbol{F}\|_F^2
\end{aligned}
\tag{13－28}
$$

式中，$\boldsymbol{Y}_1\in\mathbf{R}^{m\times n}$、$\boldsymbol{Y}_2\in\mathbf{R}^{m\times n}$ 是拉格朗日乘子，$\mu>0$ 是增广拉格朗日参数，$\langle\cdot,\cdot\rangle$表示矩阵内积。同时优化这 8 个变量计算复杂，类似坐标下降法，采用每次只最小化一个变量，固定其他变量的方式，具体迭代步骤如下：

①求解 $\boldsymbol{C}^{j+1},\boldsymbol{\alpha}^{j+1}$

$$
(\boldsymbol{C}^{j+1},\boldsymbol{\alpha}^{j+1})=\underset{C,\alpha}{\operatorname{argmin}}\|\boldsymbol{\alpha}\|_{row-1}+\langle\boldsymbol{Y}_1^j,\boldsymbol{X}-\boldsymbol{C\alpha}-\boldsymbol{M}^j\rangle+\frac{\mu^j}{2}\|\boldsymbol{X}-\boldsymbol{C\alpha}-\boldsymbol{M}^j\|_F^2
\tag{13－29}
$$

在 $\boldsymbol{X}+\boldsymbol{Y}_1/\mu=\boldsymbol{C\alpha}+\boldsymbol{M}$ 约束下，同时求解 $\boldsymbol{C}$ 和 $\boldsymbol{\alpha}$ 是一个非凸问题。但当把这个问题看成一个子问题，即固定一个矩阵，更新另一个矩阵时，该问题就成了一个凸问题。ROSL 中使用 BCD 对该问题求解，假设某子空间基 $\boldsymbol{C}=[\boldsymbol{C}_1,\ldots,\boldsymbol{C}_t,\ldots\boldsymbol{C}_k]$和系数矩阵 $\boldsymbol{\alpha}=[\boldsymbol{\alpha}_1;\ldots,\boldsymbol{\alpha}_t;\ldots\boldsymbol{\alpha}_k]$，BCD 通过保持所有其他指标不变，依次更新$(\boldsymbol{C}_t,\boldsymbol{\alpha}_t)$，如下式：

$$
\boldsymbol{C}_t^{j+1}=\boldsymbol{R}_t^j(\boldsymbol{\alpha}^j)^{\mathrm{T}}
\tag{13－30}
$$

$$
\boldsymbol{\alpha}_t^{j+1}=\frac{1}{\|\boldsymbol{C}_t^{j+1}\|_2^2}\operatorname{shrink}\left((\boldsymbol{C}_t^{j+1})^{\mathrm{T}}\boldsymbol{R}_t^j,\frac{1}{\mu^j}\right)
\tag{13－31}
$$

式中，$\boldsymbol{R}_t^j$ 被定义为残差：

$$
\boldsymbol{R}_t^j=\boldsymbol{X}+\frac{\boldsymbol{Y}^j}{\boldsymbol{\mu}^j}-\boldsymbol{M}^j-\sum_{w<t}\boldsymbol{C}_w^{j+1}\boldsymbol{\alpha}_w^{j+1}-\sum_{w>t}\boldsymbol{C}_w^j\boldsymbol{\alpha}_w^j
\tag{13－32}
$$

当考虑正交子空间时，需要通过 Gram-Schmidt 过程对 C^{j+1} 进行正交化。新的 $\boldsymbol{C}_t{}^{j+1}$ 通过三个步骤得到：首先，将 $\boldsymbol{R}_t^j$ 投影到 $\boldsymbol{C}=[\boldsymbol{C}_1,\ldots,\boldsymbol{C}_{t-1}]$空间上；然后，将 $\boldsymbol{C}_t{}^{j+1}$ 更新为等式(13－30)；最后，通过归一化将其投影到单位球面上。

②求解 $\boldsymbol{M}^{j+1}$

$$
\begin{aligned}
\boldsymbol{M}^{j+1}&=\underset{\boldsymbol{M}}{\operatorname{argmin}}\lambda_1\|\boldsymbol{M}\|_1+\langle\boldsymbol{Y}_1^j,\boldsymbol{X}-\boldsymbol{C}^{j+1}\boldsymbol{\alpha}^{j+1}-\boldsymbol{M})\rangle+\frac{\mu^j}{2}\|\boldsymbol{X}-\boldsymbol{C}^{j+1}\boldsymbol{\alpha}^{j+1}-\boldsymbol{M}\|_F^2\\
&\quad+\langle\boldsymbol{Y}_2^j,\boldsymbol{M}-\boldsymbol{E}^j-\boldsymbol{F}^j)\rangle+\frac{\mu^j}{2}\|\boldsymbol{M}-\boldsymbol{E}^j-\boldsymbol{F}^j\|_F^2\\
&=\frac{1}{2}\times\operatorname{shrink}\left(\boldsymbol{M}^*,\frac{\lambda_1}{\mu^j}\right)
\end{aligned}
\tag{13－33}
$$

式中：

$$\boldsymbol{M}^{*}=\boldsymbol{X}-\boldsymbol{C}^{j+1}\boldsymbol{\alpha}^{j+1}+\boldsymbol{E}^{j}+\boldsymbol{F}^{j}+(\boldsymbol{Y}_1^j-\boldsymbol{Y}_2^j)/\mu^j \tag{13-34}$$

shrink(a,b)表示元素的软阈值运算：shrink$(a,b)=\mathrm{sgn}(a)\times\max(|a|-b,0)$。

③求解 $\boldsymbol{E}^{j+1}$

$$\begin{aligned}\boldsymbol{E}^{j+1}&=\underset{\boldsymbol{E}}{\arg\min}\lambda_2\|\boldsymbol{E}\|_1+\langle\boldsymbol{Y}_2^j,\boldsymbol{M}^{j+1}-\boldsymbol{E}-\boldsymbol{F}^j\rangle+\frac{\mu^j}{2}\|\boldsymbol{M}^{j+1}-\boldsymbol{E}-\boldsymbol{F}^j\|_F^2\\&=\mathrm{shrink}\left(\boldsymbol{M}^{j+1}-\boldsymbol{F}^j+\frac{\boldsymbol{Y}_2{}^j}{\mu^j},\frac{\lambda_2}{\mu^j}\right)\end{aligned} \tag{13-35}$$

④求解 $\boldsymbol{F}^{j+1}$

$$\begin{aligned}\boldsymbol{F}^{j+1}&=\underset{\boldsymbol{F}}{\arg\min}\lambda_3\|\boldsymbol{F}\|_{\mathrm{TV}}+\langle\boldsymbol{Y}_2^j,\boldsymbol{M}^{j+1}-\boldsymbol{E}^{j+1}-\boldsymbol{F}^j\rangle+\frac{\mu^j}{2}\|\boldsymbol{M}^{j+1}-\boldsymbol{E}^{j+1}-\boldsymbol{F}^j\|_F^2\\&=\underset{\boldsymbol{F}}{\arg\min}\lambda_3\|\boldsymbol{F}\|_{\mathrm{TV}}+\frac{\mu^j}{2}\left\|\boldsymbol{F}-\left(\boldsymbol{M}^{j+1}-\boldsymbol{E}^{j+1}+\frac{\boldsymbol{Y}_2^j}{\mu^j}\right)\right\|_F^2\end{aligned} \tag{13-36}$$

$\boldsymbol{F}^{j+1}$ 可以通过优化下式得到：

$$\min\lambda_3\|\boldsymbol{F}\|_{\mathrm{TV}}+\frac{\mu^j}{2}\left\|\boldsymbol{F}-\left(\boldsymbol{M}^{j+1}-\boldsymbol{E}^{j+1}+\frac{\boldsymbol{Y}_2{}^j}{\mu^j}\right)\right\|_F^2 \tag{13-37}$$

令 $\boldsymbol{G}=\boldsymbol{M}^{j+1}-\boldsymbol{E}^{j+1}+\boldsymbol{Y}_2{}^j/\mu^j$，$\boldsymbol{G}=[\boldsymbol{G}_1,\boldsymbol{G}_2,\ldots,\boldsymbol{G}_n]\in\mathbf{R}^{m\times n}$，将上式改写成：

$$\min_{\{F_p\}_{p=1}^n}\lambda_3\sum_{p=1}^n\|\boldsymbol{F}_p\|_{\mathrm{TV}}+\frac{\mu^j}{2}\sum_{p=1}^n\|\boldsymbol{F}_p-\boldsymbol{G}_p\|_F^2 \tag{13-38}$$

将 $\boldsymbol{F}_p\in\mathbf{R}^{m\times1}$，$\boldsymbol{G}_p\in R^{m\times1}$ 重排：$f_p=\mathrm{reshape}(\boldsymbol{F}_p)\in\mathbf{R}^{m_1\times n_1}$，$g_p=\mathrm{reshape}(\boldsymbol{G}_p)\in R^{m_1\times n_1}$，$m_1$ 和 n_1 分别是指原视频帧的行长和列长。

$$\min_{\{(f_p)_{m_1\times n_1}\}_{p=1}^n}\lambda_3\sum_{p=1}^n\|\boldsymbol{f}_p\|_{\mathrm{TV}}+\frac{\mu^j}{2}\sum_{p=1}^n\|\boldsymbol{f}_p-\boldsymbol{g}_p\|_F^2 \tag{13-39}$$

这样就可以把上式分成 n 个子问题求解，每个子问题使用梯度投影方法，最后把每个子问题求得的 f_p 再次重新堆叠得到 $F_p^{j+1}=\mathrm{reshape}(f_p)\in\mathbf{R}^{m\times1}$，获得最终更新后的 $\boldsymbol{F}^{j+1}$：

$$\boldsymbol{F}^{j+1}\leftarrow[\boldsymbol{F}_1^{j+1},\boldsymbol{F}_2^{j+1},\ldots,\boldsymbol{F}_n^{j+1}] \tag{13-40}$$

⑤求解 $\boldsymbol{Y}_1{}^{j+1}$，$\boldsymbol{Y}_2{}^{j+1}$

$$\begin{cases}\boldsymbol{Y}_1{}^{j+1}=\boldsymbol{Y}_1{}^j+\mu^j(\boldsymbol{X}-\boldsymbol{C}^{j+1}\alpha^{j+1}-\boldsymbol{M}^{j+1})\\Y_2{}^{j+1}=Y_2{}^j+\mu^j(M^{j+1}-E^{j+1}-F^{j+1})\end{cases} \tag{13-41}$$

⑥求解 μ^{j+1}

$$\mu^{j+1}=\max(\mu^j\rho,\mu_{\max}) \tag{13-42}$$

综上，提出的运动检测模型的求解方法流程如表 13—3 所示。

表 13－3　　基于核范数－稀疏和全变分表示的运动目标检测方法

输　入：$X\in\mathbf{R}^{m\times n}$，$\lambda_1>0$，$\lambda_2>0$，$\lambda_3>0$，$thr$（停止标准），$num_{\max}$（最大迭代次数）

初 始 化：$M^0=E^0=F^0=Y_1^0=Y_2^0=\text{zeros}(m,n)$，$C^0=\text{zeros}(m,k)$，$\alpha^0=\text{rand}(k,n)$，$\mu^0>0$，$\rho>1$，$j=0$，$err1=err2=1$（误差值）

模型更新：

①更新（C^{j+1}，α^{j+1}）：令 w 从 1 到 k 依次遍历计算

　a　根据式（13－32）计算第 w 列残差；

　b　正交化：$R_t^j=R_t^j-\sum_{w=1}^{t-1}C_w^{j+1}(C_w^{j+1})^{\mathrm{T}}R_t^j$

　c　更新 C_t^{j+1}：$C_t^{j+1}=R_t^j(\alpha^j)^{\mathrm{T}}$，$C_t^{j+1}=C_t^{j+1}/\|C_t^{j+1}\|_2$　　d　更新 α_t^{j+1}：$\alpha_t^{j+1}=\text{shrink}((C_t^{j+1})^{\mathrm{T}},1/\mu^j)$

②根据式（13－33）（13－34）更新 M^{j+1}；

③根据式（13－35）更新 E^{j+1}；

④根据式（13－36）－（13－40）更新 F^{j+1}；

⑤根据式（13－41）更新 $Y_1{}^{j+1}$，$Y_2{}^{j+1}$；

⑥根据式（13－42）更新 μ^{j+1}；

⑦计算 $j=j+1$；

$$err1=X-C^{j+1}\alpha^{j+1}-M^{j+1},\ err2=M^{j+1}-E^{j+1}-F^{j+1}$$

⑧判断 $j>num_{\max}$，$err1<thr$，$err2<thr$，三个当中满足一个则输出，否则，转到步骤①

输　出：$B^{j+1}=C^{j+1}\alpha^{j+1}$，$M^{j+1}$，$F^{j+1}$，$E^{j+1}$

13.3.3　实验结果分析

为了验证该方法的有效性，实验将分别采用公开视频库的视频序列和作者拍摄的视频序列进行实验分析。在相同条件下，将本节所提出的方法与其他 4 种近期的同类方法（DECOLOR、GRASTA、MAMR、RPCA）[392－396]进行对比。实验在 MATLAB 2016 环境下实现，实验所选用的计算机是 64 位操作系统的戴尔 XPS13 笔记本电脑，处理器为 Intel(R) Core(TM) i5－8250U CPU @ 1.60GHz 1.80GHz。除非另有说明，否则本节方法的参数都设置为默认值：$\rho=1.2$，$num_{\max}=500$，$\mu_0=1\,000/norm$（$norm$ 是视频矩阵的最大奇异值），$\lambda_1=0.4/\sqrt{mn}$；$\lambda_2=2/\sqrt{mn}$；对于平衡全变分的 λ_3 需要分情况，当处理的视频序列只存在静态背景时 $\lambda_3=0.1/\sqrt{mn}$，当处理的视频序列含有动态背景时 $\lambda_3=1/\sqrt{mn}$，这里的 m 和 n 分别是单个视频帧的宽度和高度。

（1）简单背景的视频序列运动检测

本次实验用 DECOLOR、GRASTA、MAMR、RPCA 和本节所提方法先对作者拍摄的单人目标和双人目标运动的视频进行实验，再对 Lobyy 视频和 Hall 视频组进行实验。这四组视频序列的背景比较简单，都只是存在光线明暗变化的问题。由于视频

序列较大，本次实验只取了其中连续 40 帧视频序列进行运动检测实验分析。图 13－8 是 DECOLOR、GRASTA、MAMR、RPCA 和本节方法（从上到下按顺序排列）在作者拍摄视频序列的检测结果图，第一行是分别选取的单人运动目标（左）和双人运动目标（右）视频序列中的两帧图像，第二、第三、第四和第五行分别是 DECOLOR、GRASTA、MAMR 和 RPCA 恢复的背景图像和运动目标检测结果，最后一行是通过本节方法恢复的背景图像和运动目标检测结果。图 13－9 是 DECOLOR、GRASTA、MAMR、RPCA 和本节方法在 Lobyy 和 Hall 视频的检测结果图，第一行是分别选取的 Lobyy 视频（左）和 Hall 视频（右）中的两帧图像，第二、三、四和五分别是 DECOLOR、GRASTA、MAMR 和 RPCA 恢复的背景图像和运动目标检测结果，最后一行是本节方法恢复的背景图像和运动目标检测结果。

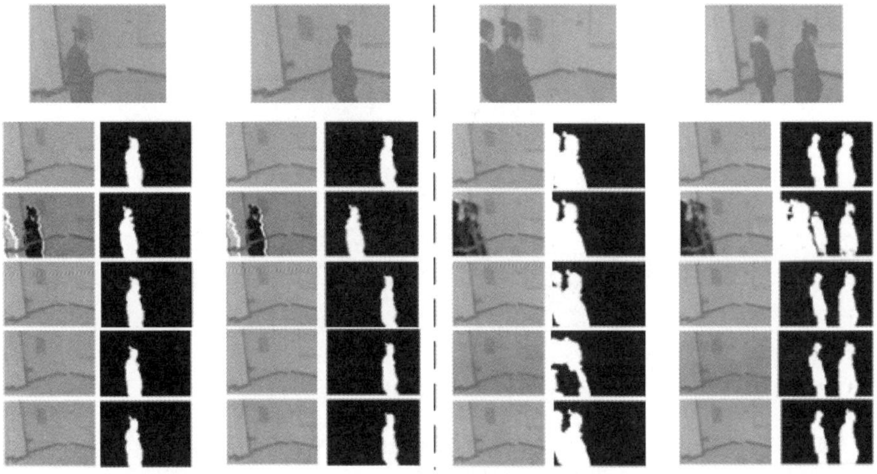

图 13－8　DECOLOR、GRASTA、MAMR、RPCA 和本节方法在作者拍摄视频序列的检测结果

通过图 13－8 和图 13－9 可以看出，对于背景只存在光线明暗变化的单人运动目标视频、Lobyy 视频和 Hall 视频序列，GRASTA 的检测效果最差；本节方法和 DECOLOR、MAMR、RPCA 都能很好地把运动目标检测出来，且较好地恢复出背景。对于前半段运动比较缓慢的双人运动目标视频序列，除了 GRASTA，RPCA 的检测是效果相对较差，它所检测出来的运动目标存在明显的“空洞”现象；而本节方法和剩余 2 种方法均能把运动目标很好地检测出来。除了检测效果上的比较，我们对 5 种方法在相同的运算精度（10^{-3}）情况下的运行时间比较如表 13－4 所示。

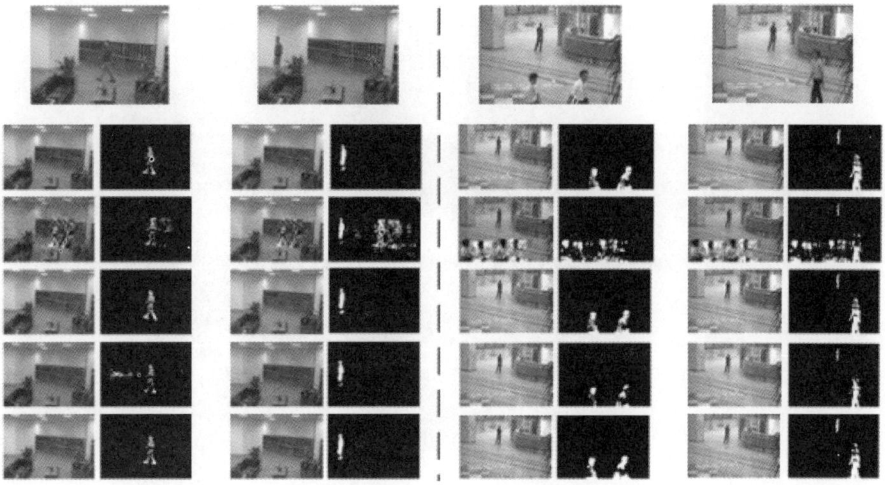

图 13—9　DECOLOR、GRASTA、MAMR、RPCA 和本节方法在 Lobyy 和 Hall 视频的检测结果

表 13—4　　5 种方法运行时间对比表

时间(秒)	单人视频序列	双人视频序列	Lobyy 视频	Hall 视频
DECOLOR	40.795	76.545	5.449	5.485
GRASTA	16.566	16.566	2.219	2.269
MAMR	30.656	27.415	4.806	5.256
RPCA	258.936	196.087	34.496	35.351
本节方法	36.731	31.815	20.242	22.113

从表 13—4 可以看出，在精度要求相同的条件下，本节方法在运行速度上虽然不是最优，但始终要小于 RPCA。可见本节通过低秩矩阵在正交子空间下系数的群稀疏性来加速低秩矩阵的秩最小化，实现了低秩矩阵的快速恢复，使得方法在整体的运行速度上与其他同类方法相当。

(2)复杂背景的视频序列运动检测

为了验证方法在动态背景中的运动检测效果，选择了 Overpass 视频序列进行实验对比分析[401]。Overpass 是 CDnet 数据集中包含动态背景的运动视频序列，该视频数据集中不仅包含输入视频每帧的原图，它还包含二值化处理后的标准运动目标检测图，这为运动检测方法的准确度对比提供了标准。图 13—10 是用 DECOLOR、GRASTA、

(a) Overpass视频中的5帧图像

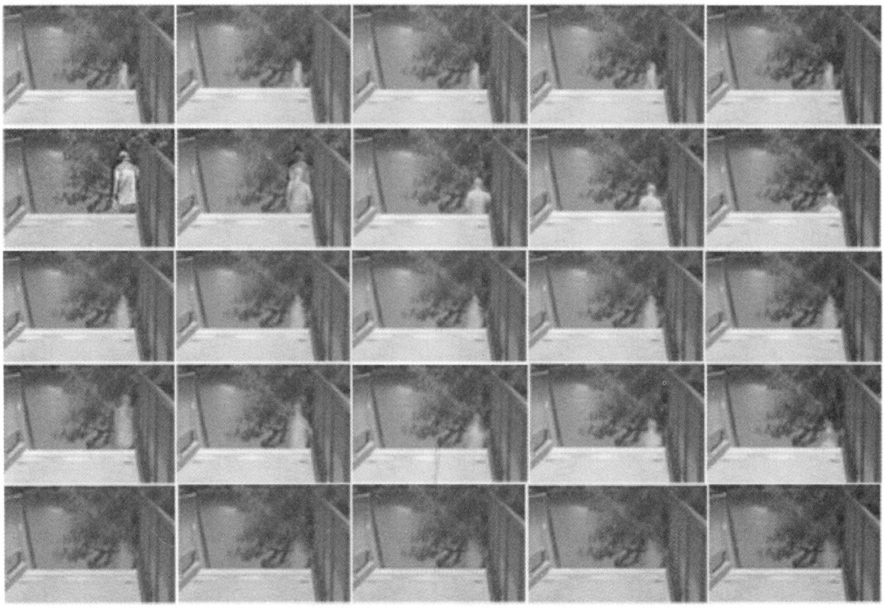

(b) DECOLOR、GRASTA、MAMR、RPCA和本章方法恢复的背景

(c) Overpass视频中的标准运动目标

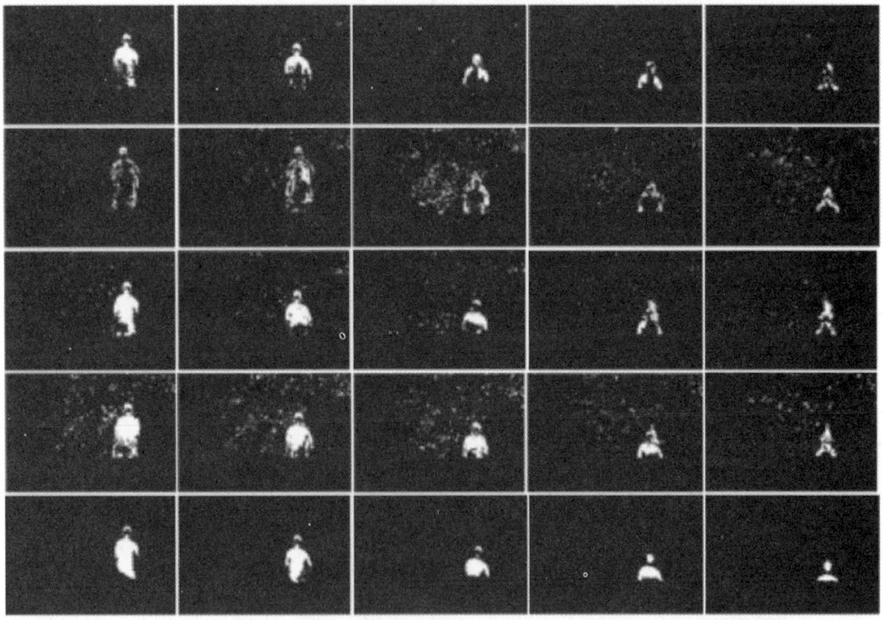

(d) DECOLOR、GRASTA、MAMR、RPCA和本章方法的运动目标检测结果

图 13－10　DECOLOR、GRASTA、RPCA、MAMR 和本节方法在 Overpass 视频上的检测结果

RPCA、MAMR 和本节方法(从上到下按顺序排列)在 Overpass 视频上的检测结果，图(a)是按时间顺序选取 Overpass 视频中的 5 帧图像；图(b)中的 5 行是分别用 DECOLOR、GRASTA、MAMR、RPCA 和本节方法恢复的背景图像；图(c)是 Overpass 视频中提供的标准运动目标；图(d)是分别用 DECOLOR、GRASTA、MAMR、RPCA 和本节方法得到的运动目标检测结果。

Overpass 是一段背景里有抖动树叶的复杂背景视频序列，从图 13－10 的检测效果可看出，这 5 种方法都能把运动目标大体标示出来，但 GRASTA 的检测效果算是相对最差的，它只能把轮廓给提取出来，且受抖动树叶影响较大；尽管 RPCA 可以更好地检测到运动目标，但它也受抖动树叶影响较大；DECOLOR 和 MAMR 比前两种方法检测出来的效果要好，都能够较完整地检测出运动目标，受抖动树叶影响也较小。通过对比发现，以上 4 种方法都存在一个共同的问题：4 种方法后面检测到的运动目标上方都存在拖尾的现象，几乎无法辨别出人形。其中原因是后面几帧图像中运动目标移动比较缓慢，致使恢复的背景受运动目标的影响。而本节方法所检测到的运动目标中几乎没有受抖动树叶的影响，检测效果较好，且后期不存在拖尾现象。

为了定量地比较，采用准确度 p 来比较本节方法与其他 4 种方法的运动检测结果，如下式所示：

$$p=\frac{\text{正确分类的运动目标像素总数}+\text{正确分类的背景总数}}{\text{标准前景图中像素的总数}}\times 100\% \qquad (13-43)$$

式中，标准前景图中像素的总数是 Overpass 视频中对应的标准运动目标图像中总的像素个数(运动目标像素总数＋背景像素总数)；正确分类的运动目标像素总数是每个方法实际检测到的运动目标像素数量之和；正确分类的背景总数是每个方法实际检测到的背景像素数量之和。通过式(13－43)计算出参考方法和本节方法的准确率如表 13－5 所示，在相同精度条件下的运行时间如表 13－6 所示。

表 13－5　提出方法与参照方法准确度对比表

方法名	DECOLOR	GRASTA	MAMR	RPCA	本节方法
准确率(%)	97.74	89.75	97.16	96.80	98.09

表 13－6　提出方法与参照方法运行时间对比表

方法名	DECOLOR	GRASTA	MAMR	RPCA	本节方法
运行时间(秒)	75.341	3.478	22.191	208.444	11.617

由表 13－5 可见，本节方法在准确率上比其他 4 种方法都高。由表 13－6 可见，

本节方法的运行时间虽不是最快的，但要快于 RPCA 和其他几种同类方法。

基于低秩—稀疏与全变分表示的运动目标检测方法，根据运动目标在时间和空间上的连续性，对其进行全变分约束；同时考虑到全变分的计算对运行速度的影响，进而把对低秩矩阵的核范数求解转化为最小稀疏系数矩阵非零行数目的求解，以此提高方法的运行速度。实验结果表明，与其他同类方法相比，本节方法在含复杂背景的视频序列运动目标检测的准确率有明显优势，而且运行速度较快。

本章小结

十多年前的混合高斯模型是运动目标检测的代表性方法。之后，RPCA 模型被引入运动目标检测。理想情况下，如果图像中的运动对象不发生几何形变，那么视频中的运动部分具有低秩特性（秩甚至为 1）。本章将低秩表示与稀疏理论结合，提出了一种改进的运动目标检测方法，能够同时获取运动视频序列中的全局结构和局部结构；同时，考虑视频中运动部分的边界变化有限，进而引入全变分约束，提出新的运动目标检测方法，有效实现了动态及复杂背景下的运动目标检测。

第 14 章　稀疏约束条件下的非负矩阵分解

本章在非负矩阵分解算法模型中引入稀疏约束，并将其应用到社区发现领域，实验说明提出方法的有效性。

14.1　非负矩阵分解概述

一般情况下，原始数据是以数据矩阵的形式组织存在着的，有着线性组合的模型。因此，可以从代数角度思考降维，将原始数据矩阵转化为二因子矩阵，主要实现方法有如主成分分析法(PCA)、矢量量化法(VQ)、独立分量分析法(ICA)等。这些方法都没有约束分解矩阵中元素的符号，减法组合在表示中是被允许的。相比之下，非负矩阵因式分解(NMF)，则对分解矩阵的元素包含了非负性约束，这样就可以得到基于局部的表示，同时也使得问题更具有解读性[409-414]。本质上来看，NMF 方法与传统的 K-means 算法有着密切联系[415-416]。

非负矩阵分解在处理高维数据时表现出纯加性以及强解释性。1994 年 Paatero 等首先提出了正矩阵分解(positive matrix factorization，PMF)的概念[437-438]，但因其主要介绍的拜占庭算法较为复杂，使非负矩阵分解这一概念在当时并没有得到广泛的应用与发展。Lee 和 Seung 于 1999 年提出的非负矩阵分解更为人熟知[409]，并于 2001 年提供了算法求解的详细过程以及收敛证明[412]。相较于前者，Lee 等人提出的基于非负交替最小二乘法以及凸编码算法更为简便实用。自此，由于 Lee 首次发掘了非负矩阵分解算法中基于“部分构成整体”的思想，同时展现了其背后所蕴含的理论和实践价值，使得非负矩阵分解引起了其他科研工作者对该领域的深入探索。现有针对非负矩阵分解的改进办法大致分为如下四类：基本非负矩阵分解，约束非负矩阵分解，结构非负矩阵分解，广义非负矩阵分解[416,436-440]，如图 14－1 所示。

基本的非负矩阵分解(BNMF)，这一类只施加基本的非负约束等；施加约束的非负矩阵分解(CNMF)，这一类在原有的非负约束基础上，施加一些正则化参数的约束；结构化的非负矩阵分解(SNMF)，这一类修改标准的因子分解公式；广义的非负矩阵分解(GNMF)，这一类在广义上突破原有的数据类型或者因式分解模型。从基本的非

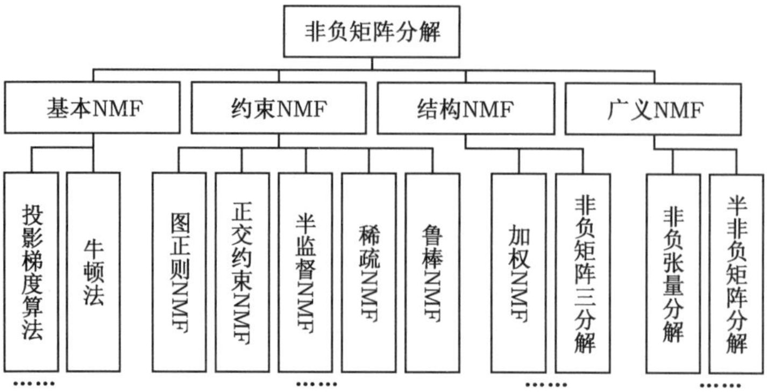

图 14—1 非负矩阵分解改进研究方向

负矩阵分解到广义上的非负矩阵分解,该算法的模型层次愈加广阔和丰富。

对于约束的非负矩阵分解又可以分为稀疏非负矩阵分解(SPNMF)、正交非负矩阵分解(ONMF)、判别非负矩阵分解(DNMF)和基于多样化的非负矩阵分解(MNMF)。其中,SPNMF 施加稀疏性约束;ONMF 施加正交约束;DNMF 涉及分类和鉴别信息;MNMF 保持有局部拓扑性质。

结构性的非负矩阵分解又可以分为加权非负矩阵分解(WNMF)、卷积非负矩阵分解(CVNMF)和非负矩阵三因式分解(NMTF)。其中,WNMF 重视不同元素的相对权重;CVNMF 考虑了时域频域分解;NMTF 将数据矩阵分解为三个因式矩阵。

此外,广义的非负矩阵分解也可以分为非负张量因子分解(NTF)、半非负矩阵分解(Semi-NMF)、非负矩阵集分解(NMSF)和核函数非负矩阵分解(KNMF)。其中,Semi-NMF 仅对特定因式矩阵放松非负矩阵约束;NTF 将矩阵形式的数据推广到了高维张量;NMSF 将数据集从矩阵扩展到了矩阵集;KNMF 是 NMF 的非线性模型。

在以上分类基础上,许多学者还提出了进一步的 NMF 优化模型。这里不一一介绍。

14.2 非负矩阵分解迭代算法

非负矩阵分解(nonnegtive matrix factorization,NMF)对原始数据矩阵 $\boldsymbol{X}$ 施加非负约束,而且对分解得到的矩阵也施加非负约束,通过这种方式来得到数据 $\boldsymbol{X}$ 的隐藏本质信息。所以可以这样来描述一个 NMF 问题:已知非负矩阵 $\boldsymbol{X}\in\mathbf{R}^{M\times N}$,要求找到非负的基矩阵 $\boldsymbol{U}\in\mathbf{R}^{M\times R}$ 和非负的系数矩阵 $\boldsymbol{V}\in\mathbf{R}^{R\times N}$,使得

$$\boldsymbol{X} \approx \boldsymbol{UV}, \text{其中维数 } R < \frac{MN}{M+N} \tag{14-1}$$

14.2.1　优化目标函数

为了解决上述问题,需要选择构造合适的目标函数来求解,一般有以下两种合适的目标函数:

(1)基于欧氏距离:

$$E(\boldsymbol{X} \mid \boldsymbol{UV}) = \|\boldsymbol{X} - \boldsymbol{UV}\|_F^2 = \sum_{i=1}^{N}\sum_{j=1}^{M}(X_{ij} - (\boldsymbol{UV})_{ij})^2 \tag{14-2}$$

其中,$\|\cdot\|_F$ 表示 Frobenius 范数。

(2)基于 KL 离散度:

$$D(\boldsymbol{X} \mid \boldsymbol{UV}) = \sum_{ij}\left(X_{ij}\log\frac{X_{ij}}{(\boldsymbol{UV})_{ij}} - X_{ij} + (\boldsymbol{UV})_{ij}\right) \tag{14-3}$$

两种目标函数都有共同约束:$\boldsymbol{U} \geqslant \boldsymbol{0}, \boldsymbol{V} \geqslant \boldsymbol{0}$。

以式(14—2)的目标函数为例,求得该函数的迭代规则。首先需要明确的是,虽然式(14—2)对于 $\boldsymbol{UV}$ 这个整体来说是凸的,但对于单独的变量 $\boldsymbol{U}$ 或 $\boldsymbol{V}$ 并不都是凸的。因此,期望找到全局最优解是不切实际的,一般情况下只能得到局部最优解。

14.2.2　非负矩阵分解迭代算法

首先推导系数矩阵 $\mathbf{V}$ 的迭代规则,已知目标函数 $E(\boldsymbol{X} \mid \boldsymbol{UV})$,根据最速下降法,设步长为 η,可以得到如下迭代规则:

$$\mathbf{V}_{a\mu} \leftarrow \mathbf{V}_{a\mu} - \eta\frac{\partial E(\boldsymbol{X} \mid \boldsymbol{UV})}{\partial \mathbf{V}_{a\mu}} \tag{14-4}$$

将式(14—2)对 $\mathbf{V}$ 求偏导,可以得到如下表达式:

$$\begin{aligned}\frac{\partial E(\boldsymbol{X} \mid \boldsymbol{UV})}{\partial V_{a\mu}} &= \frac{\partial\left[\sum_{i,j}(X_{ij} - (\boldsymbol{UV})_{ij})^2\right]}{\partial V_{a\mu}} \\ &= \frac{\partial\left[\sum_{i,j}(X_{ij}^2 - 2X_{ij}(\boldsymbol{UV})_{ij} + (\boldsymbol{UV})_{ij}^2)\right]}{\partial V_{a\mu}} \\ &= \frac{-2\partial\sum_{i,j}X_{ij}(\boldsymbol{UV})_{ij}}{\partial V_{a\mu}} + \frac{\partial\sum_{i,j}(\boldsymbol{UV})_{ij}^2}{\partial V_{a\mu}}\end{aligned} \tag{14-5}$$

再将最后得到的两部分分开求解,第一部分求解得到:

$$\frac{-2\partial\sum_{i,j}X_{ij}(\boldsymbol{UV})_{ij}}{\partial V_{a\mu}} = \frac{-2\partial\sum_{i,j=\mu}X_{ij}\sum_{s}U_{is}V_{sj}}{\partial \mathbf{V}_{a\mu}}$$

$$
\begin{aligned}
&=\frac{-2\partial\sum_{i}X_{i\mu}U_{ia}V_{a\mu}}{\partial V_{a\mu}}\\
&=-2\sum_{i}X_{i\mu}U_{ia}\\
&=-2(\boldsymbol{U}^{\mathrm{T}}\boldsymbol{X})_{a\mu}
\end{aligned}
\tag{14-6}
$$

第二部分求解得到：

$$
\begin{aligned}
\frac{\partial\sum_{i,j}(\boldsymbol{UV}^{\mathrm{T}})_{ij}^{2}}{\partial V_{a\mu}}&=\frac{\partial\sum_{i,j=\mu}\left(\sum_{s}U_{is}V_{sj}\right)}{\partial V_{a\mu}}\\
&=\frac{\partial\sum_{i,j=\mu}\left[(U_{ia}V_{a\mu})^{2}+2U_{ia}V_{a\mu}\sum_{s\neq 0}U_{is}V_{s\mu}\right]}{\partial \boldsymbol{V}_{a\mu}}\\
&=2\sum_{i}\left(U_{ia}^{2}V_{a\mu}+U_{ia}\sum_{s\neq a}U_{is}V_{s\mu}\right)\\
&=2\sum_{i}U_{ia}\sum_{s}U_{is}V_{s\mu}=2(\boldsymbol{U}^{\mathrm{T}}\boldsymbol{UV})_{a\mu}
\end{aligned}
\tag{14-7}
$$

再将得到的两部分结合起来，可以得到解：

$$
\frac{\partial E(X|UV)}{\partial V_{a\mu}}=2(\boldsymbol{U}^{\mathrm{T}}\boldsymbol{UV})_{a\mu}-2(\boldsymbol{U}^{\mathrm{T}}\boldsymbol{X})_{a\mu}
\tag{14-8}
$$

令 $\eta=\dfrac{\boldsymbol{V}_{a\mu}}{2(\boldsymbol{U}^{\mathrm{T}}\boldsymbol{UV})_{a\mu}}$，那么就得到 $V_{a\mu}$ 的乘法迭代公式，即：

$$
V_{a\mu}\leftarrow V_{a\mu}\frac{(\boldsymbol{U}^{\mathrm{T}}\boldsymbol{X})_{a\mu}}{(\boldsymbol{U}^{\mathrm{T}}\boldsymbol{UV})_{a\mu}}
\tag{14-9}
$$

同理，就可得到 U_{ia} 的乘法迭代公式：

$$
U_{ia}\leftarrow U_{ia}\frac{(\boldsymbol{XV}^{\mathrm{T}})_{ia}}{(\boldsymbol{UVV}^{\mathrm{T}})_{ia}}
\tag{14-10}
$$

得到目标函数式(14—2)的迭代更新规则：

$$
\begin{cases}
V_{ij}\leftarrow V_{ij}\dfrac{(\boldsymbol{U}^{\mathrm{T}}\boldsymbol{X})_{ij}}{(\boldsymbol{U}^{\mathrm{T}}\boldsymbol{UV})_{ij}}\\
U_{ij}\leftarrow U_{ij}\dfrac{(\boldsymbol{XV}^{\mathrm{T}})_{ij}}{(\boldsymbol{UVV}^{\mathrm{T}})_{ij}}
\end{cases}
\tag{14-11}
$$

下面对求得的迭代规则进行收敛性证明。

定义 14.1 如果 $G(v,v^{t})$ 满足

$$
G(v,v^{t})\geqslant F(v),G(v,v)=F(v)
\tag{14-12}
$$

那么，就把 $G(v,v^{t})$ 称作是 $F(v)$ 的辅助函数。

定理 14.1 如果 G 是 F 的辅助函数，那么 F 在下面的迭代中是非增的：

$$
v^{t+1}=\operatorname{argmin}_{v}G(v,v^{t})
\tag{14-13}
$$

可以得到

$$F(v^{t+1})\leqslant G(v^{t+1},v^{t})\leqslant G(v^{t},v^{t})=F(v^{t}) \tag{14-14}$$

等号是只有在 v^t 是 $G(v,v^t)$ 的局部极小点时才取到的。如果说函数 F 可导，且该导数在 v^t 的一个极小邻域内是连续的，那么 F 的微分 $\nabla F(v^t)=0$。基于此，可以得到一系列序列：

$$F(v_{\min})\leqslant\cdots\leqslant F(v^{t+1})\leqslant F(v^{t})\cdots\leqslant F(v^{0}) \tag{14-15}$$

这些序列是收敛到局部最小点 $v_{\min}=\underset{v}{\operatorname{argmin}}F(v)$ 的。

定理 14.2　设 $\boldsymbol{K}(v^t)$ 为对角阵，有如下表达式：

$$\boldsymbol{K}_{ab}(v^{t})=\gamma_{ab}\frac{(\boldsymbol{U}^{\mathrm{T}}\boldsymbol{U}\boldsymbol{v}^{t})_{a}}{v_{a}^{t}} \tag{14-16}$$

其中 $\gamma_{ab}=\begin{cases}0 & a\neq b\\ 1 & a=b\end{cases}$。　根据以上所述，有

$$G(v,v^{t})=F(v^{t})-(v-v^{t})^{\mathrm{T}}\nabla F(v^{t})+\frac{1}{2}(v-v^{t})^{\mathrm{T}}K(v^{t})(v-v^{t}) \tag{14-17}$$

而 $G(v,v^t)$ 即为 $F(v)=\sum_{i}(x_{i}-\sum_{a}U_{ia}v_{a})^{2}$ 的辅助函数。

证明　因为 $G(v,v)=F(v)$ 显然成立，所以只需要证明 $G(v,v^t)\geqslant F(v)$。又因为

$$G(v,v^{t})=F(v^{t})-(v-v^{t})^{\mathrm{T}}\nabla F(v^{t})+\frac{1}{2}(v-v^{t})^{\mathrm{T}}K(v^{t})(v-v^{t}) \tag{14-18}$$

$$F(v)=F(v^{t})-(v-v^{t})^{\mathrm{T}}\nabla F(v^{t})+\frac{1}{2}(v-v^{t})^{\mathrm{T}}(\boldsymbol{U}^{\mathrm{T}}\boldsymbol{U})(v-v^{t}) \tag{14-19}$$

所以只需要证明：$0\leqslant(v-v^{t})^{\mathrm{T}}[K(v^{t})-\boldsymbol{U}^{\mathrm{T}}\boldsymbol{U}](v-v^{t})$，而这是成立的，证毕。

下面给出迭代规则的收敛性证明。

证明　对于 v 的迭代，根据 $v^{t+1}=\underset{v}{\operatorname{argmin}}G(v,v^{t})$ 得到迭代公式：$v^{t+1}=v^{t}-K(v^{t})^{-1}\nabla F(v^{t})$，根据定理 14.1 可知，$F(v)$ 在此迭代下是非增的，进而可得：

$$v^{t+1}{}_{a}=v^{t}{}_{a}\frac{(\boldsymbol{U}^{\mathrm{T}}x)_{a}}{(\boldsymbol{U}^{\mathrm{T}}\boldsymbol{U}v^{t})_{a}} \tag{14-20}$$

同理，对于 $\boldsymbol{U}$ 的迭代公式，只需交换 $\boldsymbol{U}$ 和 $\boldsymbol{V}$ 即可求得。即可证明 $E(\boldsymbol{X}|\boldsymbol{UV})$ 函数在迭代规则下是非增的，当且仅当 $\boldsymbol{U}$、$\boldsymbol{V}$ 是稳定点时，欧氏距离不再变化。接着只要再对迭代规则做些微小的改动，即可证明修改后的乘性迭代算法的极值点为稳定点。

14.2.3　图正则非负矩阵分解算法

在 NMF 算法基础上，学者根据数据流形的相似数据点应该有相似的数据表示，提出了图正则非负矩阵分解(graph regularized NMF，GNMF)算法，该算法提高了学习的质量，其目标函数为

$$\begin{cases} J_{\mathrm{GNMF}} = \|\boldsymbol{X} - \boldsymbol{UV}\|_F^2 + \lambda \operatorname{tr}(\boldsymbol{VLV}^{\mathrm{T}}) \\ \text{s. t.} \quad \boldsymbol{U} \geqslant \boldsymbol{0}, \boldsymbol{V} \geqslant \boldsymbol{0} \end{cases} \tag{14-21}$$

式中，$\lambda \geqslant 0$ 是正则参数；$\boldsymbol{L} = \boldsymbol{D} - \boldsymbol{W}$ 为图拉普拉斯矩阵，$\boldsymbol{W}$ 为构造图上连接边的权重矩阵，$\boldsymbol{D}$ 为对角度矩阵。

因为目标函数 J_{GNMF} 最小化求解也是关于 $\boldsymbol{U}$ 和 $\boldsymbol{V}$ 的函数，并且 $\boldsymbol{U}$ 和 $\boldsymbol{V}$ 也不都是凸的，所以说想要找到该函数的全局极小值显然也是不现实的，但是可以寻找到一种合适的迭代更新算法来获得局部最优解。

首先可以将式重写为如下表达式：

$$\begin{aligned} J_{\mathrm{GNMF}} &= \operatorname{tr}((\boldsymbol{X} - \boldsymbol{UV})(\boldsymbol{X} - \boldsymbol{UV})^{\mathrm{T}}) + \boldsymbol{\lambda} \operatorname{tr}(\boldsymbol{VLV}^{\mathrm{T}}) \\ &= \operatorname{tr}(\boldsymbol{XX}^{\mathrm{T}}) - 2\operatorname{tr}(\boldsymbol{XV}^{\mathrm{T}}\boldsymbol{U}^{\mathrm{T}}) + \operatorname{tr}(\boldsymbol{UVV}^{\mathrm{T}}\boldsymbol{U}^{\mathrm{T}}) + \lambda \operatorname{tr}(\boldsymbol{VLV}^{\mathrm{T}}) \end{aligned} \tag{14-22}$$

接着，使用拉格朗日乘数 ϕ_{ik} 和 ϕ_{kj} 表示约束 $U_{ik} \geqslant 0$ 和 $V_{kj} \geqslant 0$，设 $\boldsymbol{\psi} = [\phi_{ik}]$ 和 $\boldsymbol{\phi} = [\phi_{kj}]$，于是上式可以用拉格朗日函数重写为

$$L = \operatorname{tr}(\boldsymbol{XX}^{\mathrm{T}}) - 2\operatorname{tr}(\boldsymbol{XV}^{\mathrm{T}}\boldsymbol{U}^{\mathrm{T}}) + \mathbf{tr}(\boldsymbol{UVV}^{\mathrm{T}}\boldsymbol{U}^{\mathrm{T}}) + \lambda \operatorname{tr}(\boldsymbol{VLV}^{\mathrm{T}}) + \operatorname{tr}(\psi \boldsymbol{U}^{\mathrm{T}}) + \operatorname{tr}(\phi \boldsymbol{V}) \tag{14-23}$$

将对 $\boldsymbol{U}$ 和 $\boldsymbol{V}$ 分别求偏导，可以得到

$$\begin{aligned} &\frac{\partial \boldsymbol{L}}{\partial \boldsymbol{U}} - 2\boldsymbol{XV}^{\mathrm{T}} + 2\boldsymbol{UVV}^{\mathrm{T}} + \boldsymbol{\psi} \\ &\frac{\partial \boldsymbol{L}}{\partial \boldsymbol{V}} = -2\boldsymbol{X}^{\mathrm{T}}\boldsymbol{U} + 2\boldsymbol{V}^{\mathrm{T}}\boldsymbol{U}^{\mathrm{T}}\boldsymbol{U} + 2\lambda \boldsymbol{LV}^{\mathrm{T}} + \phi^{\mathrm{T}} \end{aligned} \tag{14-24}$$

再根据 KKT 条件，令 $\boldsymbol{\psi} = \boldsymbol{0}$ 和 $\boldsymbol{\phi} = \boldsymbol{0}$，可以得到有关 U_{ik} 和 V_{kj} 的表达式：

$$\begin{aligned} &-(\boldsymbol{XV}^{\mathrm{T}})_{ik} U_{ik} + (\boldsymbol{UVV}^{\mathrm{T}})_{ik} U_{ik} = 0 \\ &-(\boldsymbol{X}^{\mathrm{T}}\boldsymbol{U})_{kj} V_{kj} + (\boldsymbol{V}^{\mathrm{T}}\boldsymbol{U}^{\mathrm{T}}\boldsymbol{U})_{kj} V_{kj} + \lambda (\boldsymbol{LV}^{\mathrm{T}})_{kj} V_{kj} = 0 \end{aligned} \tag{14-25}$$

接下来就很容易得到，有关 U_{ik} 和 V_{kj} 的乘法迭代规则：

$$\begin{cases} U_{ik} \leftarrow U_{ik} \dfrac{(\boldsymbol{XV}^{\mathrm{T}})_{ik}}{(\boldsymbol{UVV}^{\mathrm{T}})_{ik}} \\ V_{ik} \leftarrow V_{ik} \dfrac{(\boldsymbol{X}^{\mathrm{T}}\boldsymbol{U} + \lambda \boldsymbol{WV}^{\mathrm{T}})_{kj}}{(\boldsymbol{V}^{\mathrm{T}}\boldsymbol{U}^{\mathrm{T}}U + \lambda \boldsymbol{DV}^{\mathrm{T}})_{kj}} \end{cases} \tag{14-26}$$

最后对迭代规则做收敛性证明。因为 GNMF 中 $\boldsymbol{V}$ 的迭代规则与 NMF 中是一致

的，所以 **V** 的迭代是非增的，所以只需要证明 $\boldsymbol{U}$ 的迭代规则。对于 $\boldsymbol{U}$ 的迭代规则，可以由下方的定理 14.3 得知，$\boldsymbol{U}$ 的迭代也是非增的。

定理 14.3　对于给定的数据矩阵 $\boldsymbol{X}\in\mathbf{R}^{M\times N}$ 和随机选择的初始矩阵 $\boldsymbol{U}\in\mathbf{R}^{M\times R}$，$\mathbf{V}\in\mathbf{R}^{R\times N}\geqslant\mathbf{0}$，所提出的交替迭代更新规则可使式(14—22)的目标函数值单调下降。

对于定理 14.3 的证明，令

$$F(\mathbf{V})=\|\boldsymbol{X}-\boldsymbol{U}\boldsymbol{V}\|_F^2+\lambda\,\mathrm{tr}(\boldsymbol{V}\boldsymbol{L}\boldsymbol{V}^{\mathrm{T}}) \tag{14—27}$$

进行求导，可得

$$F'_{ij}=\left[\frac{\partial \boldsymbol{F}}{\partial \mathbf{V}}\right]_{ij}=[-2\boldsymbol{X}^{\mathrm{T}}\boldsymbol{U}+2\mathbf{V}^{\mathrm{T}}\boldsymbol{U}^{\mathrm{T}}\boldsymbol{U}+2\lambda\boldsymbol{L}\boldsymbol{V}^{\mathrm{T}}]$$

$$F''_{ij}=2[\boldsymbol{U}^{\mathrm{T}}\boldsymbol{U}]_{ij}+2\lambda[\boldsymbol{L}]_{ij} \tag{14—28}$$

所以求解变量 **V** 的更新迭代公式等价于拥有合适辅助函数的更新公式。

定理 14.4　函数

$$G(V_{ij},V_{ij}^{(t)})=F_{ij}(V_{ij}^{(t)})+F'_{ij}(V_{ij}^{(t)})(V_{ij}-V_{ij}^{(t)})+\frac{[\mathbf{V}^{\mathrm{T}}\boldsymbol{U}^{\mathrm{T}}\boldsymbol{U}+\lambda\boldsymbol{D}\boldsymbol{V}^{\mathrm{T}}]_{ij}}{V_{ij}^{(i)}}(V_{ij}-V_{ij}^{(t)})^2 \tag{14—29}$$

为函数 F_{ij} 的辅助函数。

证明　令 $F_{ij}(V_{ij})$的泰勒展开序列为

$$F_{ij}(V_{ij})=F_{ij}(V_{ij}^{(t)})+F'_{ij}(V_{ij}^{(t)})(V_{ij}-V_{ij}^{(t)})+\{[\boldsymbol{U}^{\mathrm{T}}\boldsymbol{U}]_{ij}+\lambda[\boldsymbol{L}]_{ij}\}(V_{ij}-V_{ij}^{(t)})^2 \tag{14—30}$$

由式(14—28)可知，$G(V_{ij},V_{ij}^{(t)})\geqslant F_{ij}(V_{ij})$等价于

$$\frac{[\mathbf{V}^{\mathrm{T}}\boldsymbol{U}^{\mathrm{T}}\boldsymbol{U}+\lambda DV^{\mathrm{T}}]}{V_{ij}^{(t)}}\geqslant[\boldsymbol{U}^{\mathrm{T}}\boldsymbol{U}]_{ij}+\lambda[\boldsymbol{L}]_{ij}$$

进一步得到：

$$[\mathbf{V}^{\mathrm{T}}\boldsymbol{U}^{\mathrm{T}}\boldsymbol{U}]_{ij}=\sum_{l=1}^{K}V_{ij}^{(t)}[\boldsymbol{U}^{\mathrm{T}}\boldsymbol{U}]_{ij}\geqslant V_{ij}^{(t)}[\boldsymbol{U}^{\mathrm{T}}\boldsymbol{U}]_{ij} \tag{14－31}$$

$$\lambda[\boldsymbol{D}\boldsymbol{V}]_{ij}=\lambda\sum_{l=1}^{M}D_{il}^{U}V_{ij}^{(t)}\geqslant\lambda D_{ii}^{U}V_{ij}^{(t)}\geqslant\lambda[\boldsymbol{D}-\boldsymbol{W}]_{ij}V_{ij}^{(t)}=\lambda[\boldsymbol{L}]_{ii}V_{ij}^{(t)} \tag{14—32}$$

因此，可知不等式成立，即 $G(V_{ij},V_{ij}^{(t)})\geqslant F_{ij}(V_{ij})$，故 $G(V_{ij},V_{ij})=F_{ij}(V_{ij})$。

下面给出定理 14.3 的证明。

证明　把式(4—28)代入式(14—29)$G(V_{ij},V_{ij}^{(t)})$中并求极值，可得

$$V_{ij}^{(t+1)}=V_{ij}^{(t)}-V_{ij}^{(t)}\frac{F'_{ij}(V_{ij}^{(t)})}{2[\mathbf{V}^{\mathrm{T}}\boldsymbol{U}^{\mathrm{T}}\boldsymbol{U}+\lambda\boldsymbol{D}\mathbf{V}^{\mathrm{T}}]_{ij}}$$

$$=V_{ij}^{(t)}\frac{[\boldsymbol{X}^{\mathrm{T}}\boldsymbol{U}+\lambda\boldsymbol{W}\boldsymbol{V}^{\mathrm{T}}]_{ij}}{[\boldsymbol{V}^{\mathrm{T}}\boldsymbol{U}^{\mathrm{T}}\boldsymbol{U}+\lambda\boldsymbol{D}\boldsymbol{V}^{\mathrm{T}}]_{ij}} \tag{14—33}$$

综上所述，目标函数是非增的。同 NMF 算法一样，GNMF 算法也可进行一些微小的改动，使得改动的算法收敛于稳定点。

14.3　SSC-NMF 结合的社区发现方法

本节将 SSC 与 NMF 结合的算法应用于社区发现。首先介绍社区发现领域的相关知识；之后具体说明 SSC 算法和 NMF 算法在这一领域的应用；最后尝试将 SSC 与 NMF 相结合，建立起 SSC-NMF 模型，从理论上说明该模型在社区发现这一领域应用可行性。其中 SSC-NMF 模型创新性地在 NMF 模型中引入了稀疏自表示约束，比原先的 NMF 算法增加了将高维数据约简的一步，这使得数据的本质特征更容易显现，便利了后续 NMF 算法的进行，使得分解的结果更具备数据的真实内涵。

14.3.1　NMF 社区发现方法

根据网络生成的过程，假设网络可以划分成多个低维子空间。从而子空间中基向量中的每一个节点代表了属于各个社区的软隶属度，它决定了所有节点对和社区之间的关系。一个网络可表示为 $G=(V,E)$，其中 V 为节点集合，E 为边的集合。邻接矩阵 $\mathbf{A}\in\mathbf{R}^{n\times n}$，定义 A_{ij} 表示节点 x_i 和 x_j 间是否存在边连接。如果 x_i 和 x_j 之间存在边连接，则 $A_{ij}=1$，否则 $A_{ij}=0$。现在假设 G 是一个无向无权的图，同时假设网络中的社区数量是已知的。对于以图形形式表示的网络，其邻接矩阵 $\mathbf{A}$ 可以体现网络的结构，也是非负的。如果通过矩阵分解得到负元素，这对于社区网络的重构是没有意义的，所以可以利用 NMF 施加非负约束。在社区发现中，利用 NMF 来获得有效社区表示，从而确定低维度数据空间中网络的底层结构。

有学者提出对称的二因子模型算法(SNMF)，通过改变 NMF 算法的分解模型来更好地适用于社区发现，表示为

$$\begin{cases}\min\|\boldsymbol{X}-\boldsymbol{U}\boldsymbol{U}^{\mathrm{T}}\|_F^2\\ \text{s. t.}\ \boldsymbol{U}\geqslant 0\end{cases} \tag{14—34}$$

依据非负矩阵分解的求解思想，令 $J=\|\boldsymbol{X}-\boldsymbol{U}\boldsymbol{U}^{\mathrm{T}}\|_F^2$，有

$$U_{ij}=U_{ij}-\eta\frac{\partial J}{\partial U_{ij}}$$

$$\frac{\partial J}{\partial U_{ij}}=(-4\boldsymbol{X}\boldsymbol{U}+4\boldsymbol{U}\boldsymbol{U}^{\mathrm{T}}\boldsymbol{U})_{ij} \tag{14—35}$$

选取 $\eta=\frac{U_{ij}}{(8\boldsymbol{U}\boldsymbol{U}^{\mathrm{T}}\boldsymbol{U})_{ij}}$，可得该目标函数的迭代规则为

$$U_{ij}\leftarrow U_{ij}\left(\frac{1}{2}+\frac{(\boldsymbol{X}\boldsymbol{U})_{ij}}{(2\boldsymbol{U}\boldsymbol{U}^{\mathrm{T}}\boldsymbol{U})_{ij}}\right) \tag{14-36}$$

在此函数式中，$\boldsymbol{X}\in\mathbf{R}^{n\times n}$ 是邻接矩阵或特征矩阵，$\boldsymbol{U}\in\mathbf{R}^{n\times k}$ 是隶属度矩阵，n 表示节点数，k 表示社区数，其每行元素的值表示每个节点隶属于各社区的程度。社区发现函数：$C_i=\mathrm{argmax}(U_i)$，即把第 i 个节点划分到隶属度值最大的那个社区。

14.3.2　SSC－NMF 算法

由于 SSC 算法是基于子空间聚类的思想实现社区发现，主要注意点在于求得社区的相似度矩阵 $\boldsymbol{W}$，再将相似度矩阵自表示，得到系数矩阵 $\boldsymbol{Z}$，再根据系数矩阵构造结果矩阵 $\boldsymbol{F}$。而 NMF 算法是基于矩阵分解的思想实现社区发现，主要注意点在于找到一个合适的特征矩阵进行分解。所以，在这里，尝试将 SSC 算法中得到的结果矩阵作为 NMF 算法所需要的特征矩阵，以稀疏约束的非负矩阵分解的形式来实现社区发现，可以得到如下目标函数：

$$\begin{cases}\min \frac{1}{2}\|\boldsymbol{W}-\boldsymbol{W}\boldsymbol{Z}\|_F^2+\lambda\|\boldsymbol{Z}\|_1+\|\boldsymbol{Z}-\boldsymbol{U}\boldsymbol{V}\|_F^2\\ \text{s. t.}\ \boldsymbol{U}\geqslant\boldsymbol{0},\boldsymbol{V}\geqslant\boldsymbol{0}\end{cases} \tag{14-37}$$

式中，$\boldsymbol{W}$ 为社区 G 的相似度矩阵，$\boldsymbol{W}=\exp\left(-\frac{\boldsymbol{A}\odot\boldsymbol{A}}{2\sigma^2}\right)$，$\boldsymbol{A}$ 是社区网络的邻接矩阵；$\boldsymbol{Z}$ 是 $\boldsymbol{W}$ 的自表示系数矩阵，以 $\boldsymbol{Z}$ 作为特征矩阵进行非负矩阵分解，得到隶属度矩阵 $\boldsymbol{U}$。

因为目标函数式是平方和相加，可将其分成两部分来理解。第一部分是：$\min \frac{1}{2}\|\boldsymbol{W}-\boldsymbol{W}\boldsymbol{Z}\|_F^2+\lambda\|\boldsymbol{Z}\|_1$；第二部分是：$J_2=\min\|\boldsymbol{Z}-\boldsymbol{U}\boldsymbol{V}\|_F^2$，s. t. $\boldsymbol{U}\geqslant\boldsymbol{0},\boldsymbol{V}\geqslant\boldsymbol{0}$。同时因为这两部分是先后关系，对整体目标函数的求解贡献是不相关的，所以可以转化成对如下两个函数分别求解：

$$J_1=\min\|\boldsymbol{W}-\boldsymbol{W}\boldsymbol{Z}\|_F^2+\lambda\|\boldsymbol{Z}\|_1 \tag{14-38}$$

$$\begin{cases}J_2=\min\|\boldsymbol{Z}-\boldsymbol{U}\boldsymbol{V}\|_F^2\\ \text{s. t.}\ \boldsymbol{U}\geqslant\boldsymbol{0},\boldsymbol{V}\geqslant\boldsymbol{0}\end{cases} \tag{14-39}$$

对于第一部分目标函数 J_1，用 ADMM 的思想进行求解，令 $\boldsymbol{\beta}_i=\boldsymbol{z}_i$，得到如下表达式：

$$L(w,z,\lambda)=\frac{1}{2}\|\boldsymbol{w}_i-W_k(\boldsymbol{w}_i)\boldsymbol{z}_i\|_F^2+\lambda\|\boldsymbol{\beta}_i\|+\frac{\rho}{2}\|\boldsymbol{z}_i-\boldsymbol{\beta}_i-\boldsymbol{B}\|_F^2 \tag{14-40}$$

得到迭代规则：

$$\begin{cases} z_i^{K+1} := (W_k(w_i)^{\mathrm{T}} W_k(w_i) + \rho \boldsymbol{I})^{-1} (W_k(w_i) \boldsymbol{y}_i + \boldsymbol{\rho\beta}^K - \boldsymbol{B}^K) \\ \boldsymbol{\beta}^{K+1} := S_{\frac{\lambda}{\rho}} \left(z_i^{K+1} + \dfrac{\boldsymbol{B}^K}{\rho} \right) \\ \boldsymbol{B}^{K+1} := \boldsymbol{B}^K + \rho (z_i^{K+1} - \boldsymbol{\beta}^{K+1}) \end{cases} \tag{14—41}$$

由此可求得 z_i，即得到解矩阵 $\boldsymbol{Z}^*$。

对于第二部分目标函数 J_2，是非负矩阵分解表示式，可以采用最速下降法（沿负梯度方向下降速度最快）的思想求解：

$$U_{ij} \leftarrow U_{ij} - \eta \frac{\partial J_2}{\partial U_{ij}} \tag{14—42}$$

$$\frac{\partial J_2}{\partial U_{ij}} = -2(\boldsymbol{ZV}^{\mathrm{T}})_{ij} + 2(\boldsymbol{UVV}^{\mathrm{T}})_{ij} \tag{14—43}$$

取 $\eta = \dfrac{U_{ij}}{(2\boldsymbol{UVV}^{T})_{ij}}$，可以得到 $\boldsymbol{U}$ 的迭代规则：

$$U_{ij} \leftarrow U_{ij} \left(\frac{(\boldsymbol{ZV}^{\mathrm{T}})_{ij}}{(\boldsymbol{UVV}^{\mathrm{T}})_{ij}} \right) \tag{14—44}$$

同理，可得 $\boldsymbol{V}$ 的迭代规则为

$$V_{ij} \leftarrow V_{ij} \left(\frac{(\boldsymbol{U}^{\mathrm{T}}\boldsymbol{Z})_{ij}}{(\boldsymbol{U}^{\mathrm{T}}\boldsymbol{UV})_{ij}} \right) \tag{14—45}$$

14.3.3 收敛性分析

因为模型中的两部分是存在先后求解关系，所以对于式(14—37)的影响也是相互独立的，所以只要对这两部分的迭代分别证明收敛性即可证明最终总体迭代对于目标函数是收敛的。第二部分，式(14—39)是传统的 NMF 算法表达式，其迭代规则使目标函数收敛的证明已在非负矩阵分解算法一节给出。

第一部分式(14—38)是标准的 SSC 算法表达式，其求解方式用到的是 ADMM 算法，所以对于该函数式收敛性质的证明，与 ADMM 算法的收敛性证明是类似的。

对于迭代式(14—41)，只要凸函数 $\frac{1}{2}\|\boldsymbol{w}_i - W_k(\boldsymbol{w}_i)\boldsymbol{z}_i\|_F^2$ 和 $\boldsymbol{z}_i = \boldsymbol{\beta}_i$ 是定义在合适的非空闭集合上的，则该目标函数式解一定存在。同时，拉格朗日函数 L 至少有一个鞍点。所以，只要能够证明残差收敛、目标函数值收敛、对偶变量收敛，就能证明 SSC 的解是可行的，最终得到的目标函数值是最优的，并且最终对偶变量的值收敛到某个对偶变量的最优解。

定义一个李雅普诺夫函数和对偶空间上的残差，即

$$\begin{cases} V^k := \frac{1}{\rho}\|\boldsymbol{y}^k - \boldsymbol{y}^*\|_2^2 + \rho\|\boldsymbol{B}(\boldsymbol{z}^k - \boldsymbol{z}^*)\|_2^2 \\ s^k := \rho\boldsymbol{A}^{\mathrm{T}}\boldsymbol{B}(\boldsymbol{z}^k - \boldsymbol{z}^{k-1}) \end{cases} \tag{14-46}$$

之后的证明过程与 ADMM 算法收敛性证明相似，详细过程见第 9.2.3 节，这里不再赘述。综上所述，SSC-NMF 算法的迭代规则是收敛的。

14.4　仿真实验分析

本节通过实验验证 NMF 算法在社区发现上的有效性；同时比较 NMF 算法和 SSC－NMF 算法在几个数据集的聚类效果。

14.4.1　实验数据集与评价指标

本节实验选用了三个数据集[421－424]，包含 Footabll、Karate_club 和 polbooks 三种真实网络，网络中节点、边、预计划分集合数如表 14－1 所示。

表 14－1　　　　选取的四个数据集网络属性

真实网络	节点	边	集合
Football	115	616	12
Karate_club	34	78	2
polbooks	105	441	3

本节实验采用的方法为 NMF、RNMF 和 GNMF 这三种传统的非负矩阵分解算法和 SSC-NMF 非负矩阵分解算法。通过实验对比验证 SSC－NMF 对于社区发现应用的可行性。本实验采用如下评价社区发现质量的指标：标准互信息（NMI）、ARI 指标和聚类准确率（ACC）。

已知真实社区的划分结果，可以用标准互信息度量（NMI）和 ARI（adjusted rand index）标准来衡量社区发现结果的精度，其中

$$NMI = \frac{-2\sum_{i=1}^{C_A}\sum_{j=1}^{C_B} C_{ij} \cdot \log\left(\frac{C_{ij} \cdot N}{C_i \cdot C_j}\right)}{\sum_{i=1}^{C_A} C_i \cdot \log\left(\frac{C_i}{N}\right) + \sum_{j=1}^{C_B} C_{ij} \cdot \log\left(\frac{C_j}{N}\right)} \tag{14-47}$$

式中，N 是社区节点数，A、B 是两种社区划分的类型，$\boldsymbol{C}$ 是一个混合矩阵，C_{ij} 表示在 A 划分类型中属于社区 i，在 B 划分类型中属于社区 j 的节点数量。C_A(C_B)表示 A

(B)社区划分类型中的社区数量。NMI 值越大,A 和 B 的社区划分结果越相似,和真实社区进行比较,则可以说明算法的结果越准确。与模块度指标相比,NMI 被认为相对更公平,因为模块度指标往往会遇到分辨率极限问题,并且无法遵循不同网络中分散的社区结构。

$$ARI=a_{11}-\frac{\dfrac{(a_{11}+a_{01})(a_{11}+a_{10})}{a_{00}}}{\dfrac{(a_{11}+a_{01})+(a_{11}+a_{10})}{2}-\dfrac{(a_{11}+a_{01})(a_{11}+a_{10})}{a_{00}}} \tag{14-48}$$

式中,a_{11} 表示真实和实验所得的社区划分一致的节点数,a_{00} 表示真实和实验所得的社区划分不一致的节点数,a_{10} 表示在真实中属于同一社区而在实验中却不属于同一社区的节点数,a_{01} 表示在真实中不是同一社区而在实验得中却属于同一社区的节点数。

聚类准确率(ACC)计算式为:

$$ACC=\frac{TP+TN}{TP+TN+FP+FN} \tag{14-49}$$

式中,TP 指正例预测正确的个数,TN 指负例预测正确的个数,FP 指负例预测错误的个数,FN 指正例预测错误的个数。ACC 指标值越大,则聚类算法的聚类质量越好。

14.4.2 实验结果分析

图 14－2 到图 14－4 显示 Football、Karate_club 和 polbooks 三个数据集的原始社区结构图。

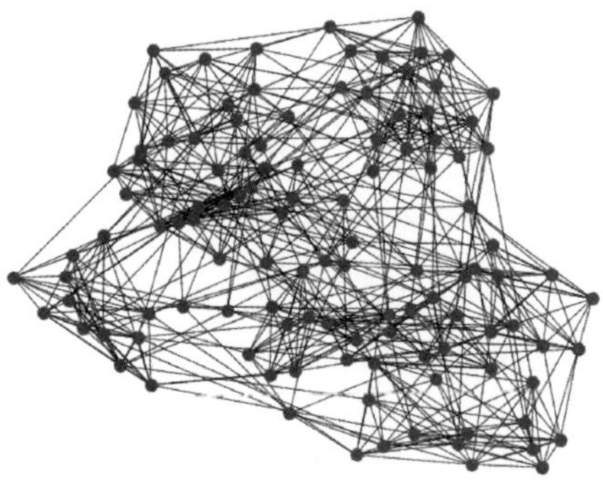

图 14－2 Football 社区结构图

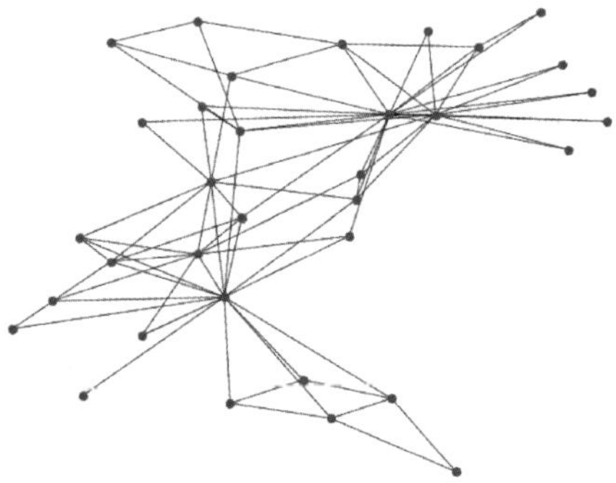

图 14－3 Karate_club 社区结构图

根据 W 的定义可知 σ 取值会对结果产生影响,所以令 $s=2\sigma^2$,选取了 1.6、1.7、1.8、1.9、2.0、2.1 六个数值对三个数据集分别进行实验,得到表 14－2 到表 14－4 三种结果。

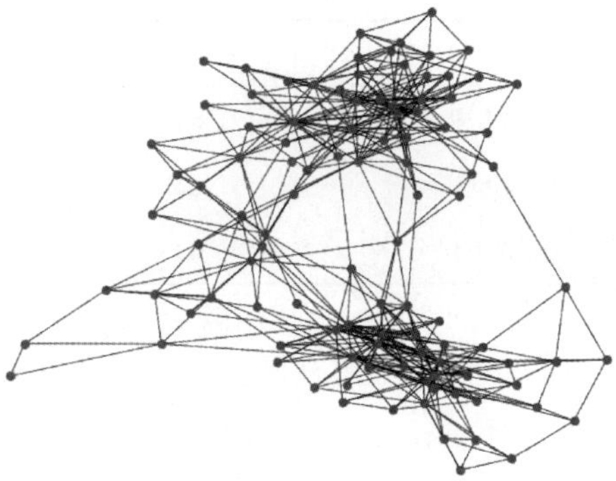

图 14—4　polbooks 社区结构图

表 14—2　Football 数据集实验结果

s	*AC*	*ARI*	*NMI*
1.6	0.904 3	0.835 3	0.898 0
1.7	0.913 0	0.840 9	0.904 7
1.8	0.904 3	0.820 4	0.892 7
1.9	0.904 3	0.820 4	0.892 7
2.0	0.904 3	0.820 4	0.892 7
2.1	0.904 3	0.822 7	0.893 0

表 14—3　karate_club 数据集实验结果

s	*AC*	*ARI*	*NMI*
1.6	0.970 6	0.882 3	0.837 2
1.7	0.970 6	0.882 3	0.837 2
1.8	0.970 6	0.882 3	0.837 2
1.9	0.970 6	0.882 3	0.837 2
2	0.970 6	0.882 3	0.837 2
2.1	0.970 6	0.882 3	0.837 2

表 14—4　polbooks 数据集实验结果

s	*AC*	*ARI*	*NMI*
1.6	0.828 6	0.627 4	0.598 2
1.7	0.828 6	0.627 4	0.598 2
1.8	0.838 1	0.648 3	0.613 5

续表

s	AC	ARI	NMI
1.9	0.838 1	0.648 3	0.613 5
2	0.838 1	0.648 3	0.613 5
2.1	0.838 1	0.648 3	0.613 5

可见，对于 Footabll 网络，s 取 1.7 时社区实现效果最好；对于 karate_club 网络，s 在 1.6 到 2.1 的取值无影响；对于 polbooks 网络，s 取 1.8 时实现效果最好。可见对于不同的网络，s 的最优取值是不同的。

表 14—5 到表 14—7 和图 14—5 到图 14—7 显示了四种算法在三组数据集下的 3 个指标，分别为 *AC*、*ARI*、*NMI*。其中，SSC—NMF 算法中 s 取 1.9。

表 14—5　　基本数据集准确率 *AC* 对比

真实网络	NMF	RNMF	GNMF	SSC—NMF
Football	0.834 8	0.834 8	0.930 4	0.904 3
Karate_club	0.970 6	0.970 6	0.970 6	0.970 6
polbooks	0.819 0	0.828 6	0.819 0	0.838 1

表 14—6　　基本数据集 *ARI* 对比

真实网络	NMF	RNMF	GNMF	SSC—NMF
Football	0.763 4	0.762 6	0.896 7	0.820 4
Karate_club	0.882 3	0.882 3	0.882 3	0.882 3
polbooks	0.615 8	0.629 3	0.615 8	0.648 3

表 14—7　　基本数据集 *NMI* 对比

真实网络	NMF	RNMF	GNMF	SSC—NMF
Football	0.884 8	0.884 5	0.924 2	0.892 7
Karate_club	0.837 2	0.837 2	0.837 2	0.837 2
polbooks	0.516 1	0.550 0	0.516 1	0.613 5

实验结果可以看出 Football 数据集实验时，对于 *AC* 指标，SSC-NMF 的结果高达 0.904 3，而 NMF 的为 0.834 8；对于 *ARI* 指标，SSC-NMF 的结果高达 0.820 4，而 NMF 只有 0.763 4；对于 *NMI* 指标，SSC-NMF 的结果高达 0.892 7，而 NMF 只有 0.884 8。从 *AC*、*ARI*、*NMI* 这三个指标上都可以看出 SSC-NMF 算法在 Football 数

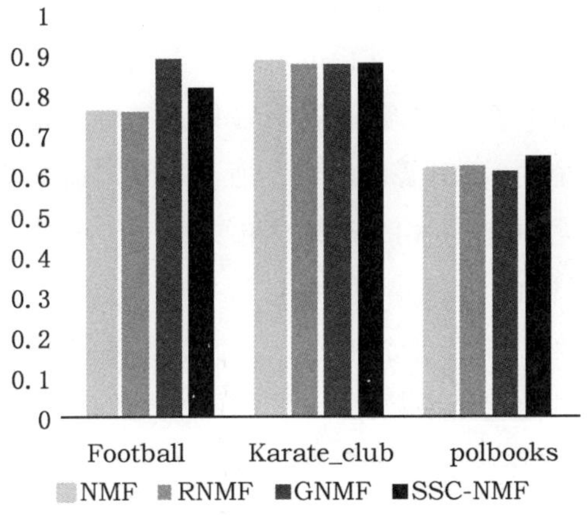

图 14－5　基本数据集 *AC* 对比

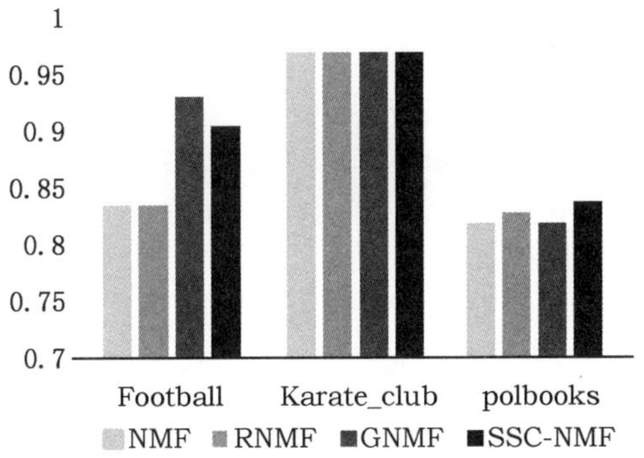

图 14－6　基本数据集 *ARI* 对比

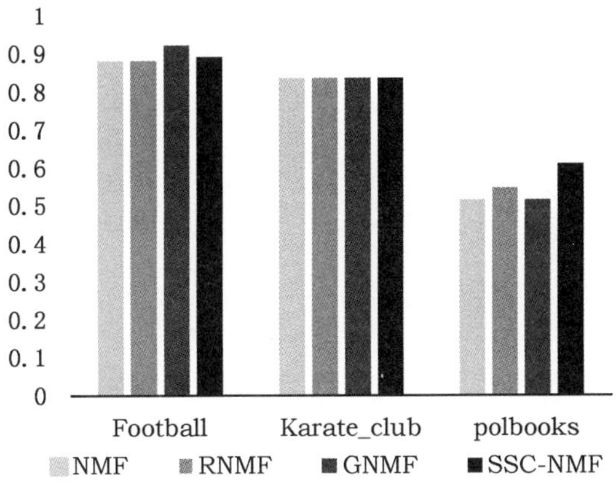

图 14－7　基本数据集 *NMI* 对比

据集网络的实现上明显优于传统的 NMF 算法。在进行 Karate_club 数据集实验时，四个算法的实现效果相差不大。在进行 polbooks 数据集实验时，从 *AC*、*ARI*、*NMI* 三个指标来看，SSC-NMF 算法的实现效果最好。整体上看，对于该数据集，SSC-NMF 算法明显优于传统的 NMF 算法。综上所述，SSC-NMF 算法对于小型数据集如 Football、Karate_club 数据集的社区实现效果要优于传统的 NMF 算法。实验说明 NMF 算法在社区发现中的具体实现，并且观察在此基础上发展出来的 RNMF、GNMF 和本章提出的 SSC-NMF 算法在社区领域的具体实用性。实验结果显示 SSC-NMF 算法对于 Football 这些小型数据集的实现效果要好于传统的 NMF 算法，说明提出的 SSC-NMF 模型在社区发现上存在一定的有效性和实用性，但是如何优化模型，使得该模型能适应于更多的复杂大型社区网络是未来需要继续探索的。

本章小结

对于处理类似图像的数据，非负矩阵分解算法具有一定物理意义和可解释性。本章将稀疏约束引入非负矩阵分解，提出了稀疏约束条件下的非负矩阵分解算法，并将其应用于社区发现，实验验证了提出模型与方法的可行性。该方法既表达了数据集的非负性特点，又描述了数据聚类的稀疏特性，具有一定的应用价值。

参考文献

第 1 章

[1]Michael Elad. 稀疏与冗余表示——理论及其在信号与图像处理中的应用[M]. 曹铁勇，杨吉斌，赵裴，李莉译. 北京：国防工业出版社，2010.

[2]焦李成. 稀疏学习、分类与识别[M] . 北京：科学出版社，2017.

[3]闫敬文，刘蕾，屈小波. 压缩感知及应用[M]. 北京：国防工业出版社，2015.

[4]李廉林，李芳. 稀疏感知导论[M]. 北京：科学出版社，2017.

[5]Jean-Luc Starck，Fionn Murtagh，Jalal M. Fadili. 稀疏图像与信号处理：小波，曲波，形态多元性[M]. 肖亮，张军，刘鹏飞译. 北京：国防工业出版社，2015.

[6]郭金库，刘光斌，余志勇，等. 信号稀疏表示理论及其应用[M]. 北京：科学出版社，2013.

[7]栾悉道，王卫威，谢毓湘，等. 稀疏表示方法导论[M]. 北京：电子工业出版社，2017.

[8]Irina Rish，Genady Ya. Crabarnik. 稀疏建模理论、算法及其应用[M]. 栾悉道，王卫威，谢毓湘，朱培栋译. 北京：电子工业出版社. 2018.

[9]石光明，林杰，高大化，等. 压缩感知理论的工程应用方法[M]. 西安：西安电子科技大学出版社，2017.

[10]Trevor Hastie. 稀疏统计学习及其应用[M]. 刘波，景鹏杰译. 北京：人民邮电出版社，2019.

[11]李洪安. 信号稀疏化与应用[M]. 西安：西安电子科技大学出版社，2017.

[12]戴琼海. 多维信号处理：快速变换、稀疏表示与低秩分析[M]. 北京：清华大学出版社，2016.

[13]Donoho D L. Compressed Sensing[J]. IEEE Transactions on Information Theory，2006，52(4)：1289－1306.

[14]戴琼海，付长军，季向阳. 压缩感知研究[J]. 计算机学报，2011，34(3)：425－434.

[15]焦李成，杨淑媛，刘芳，等. 压缩感知回顾与展望[J]. 电子学报，2011，39(7)：1651－2006.

[16]荆楠，毕卫红，胡正平，等. 动态压缩感知综述[J]. 自动化学报，2015，4(1)：22－37.

[17]王卫卫，李小平，冯象初，等. 稀疏子空间聚类综述[J]. 自动化学报，2015，41(8)：1373－1384

[18]马坚伟，徐杰，鲍跃全，等. 压缩感知及其应用：从稀疏约束到低秩约束优化[J]. 信号处理，2012，28(5)：609－623.

[19]彭义刚,索津莉,戴琼海,等. 从压缩传感到低秩矩阵恢复:理论与应用[J]. 自动化学报,2013,39(7):981—994.

[20]任越美,张艳宁,李映. 压缩感知及其图像处理应用研究进展与展望[J]. 自动化学报,2014,40(8):1563—1575.

[21]王红亮,王帅,刘文怡. 压缩感知实现方法及应用综述[J]. 探测与控制学报,2014,36(4):53—61.

第 2 章

[22]Zhang Z,Xu Y,Yang J,et al. A Survey of Sparse Representation:Algorithms And applications[J]. IEEE Access,2015,3:490—530.

[23]Stephane Mallat. 信号处理的小波导引[M]. 杨力华,戴道清,黄文良,湛秋辉译. 北京:机械工业出版社,2012.

[24]Cheng H,Liu Z,Yang L,et al. Sparse Representation and Learning in Visual Recognition:Theory and Applications[J]. Signal Processing,2013,93(6):1408—1425.

[25]Yue G, Mingxiang Z, Fuying G. Research on Speech Ccompression Based on Wavelet Transform and Compressed Sensing[J]. Application Research of Computers,2017,34(12):3672—3674.

[26]Elad M. Sparse and Redundant Representations[M]. New York:Springer,2010.

[27]Zhang L,Zhou W D,Chang P C,et al. Kernel Sparse Representation-based Classifier [J]. IEEE Transactions on Signal Processing,2012,60(4):1684—1695.

[28]Candés E,Tao T. Near Optimal Signal Recovery From Random Projections:Universal Encoding Strategies [J]. IEEE Transactions on Information Theory,2006,52(1):5406—5425.

[29]Donoho D. Compressed Sensing [J]. IEEE Transactions on Information Theory,2006,52:1289—1306.

[30]F. Gorodnitsky I. ,D. Rao B. Convergence Analysis of a Class of Adaptive Weight Norm Exptrapolation Algorithms [C]. Conference Record of the Twenty-Senventh Asilomar Conference on Signals,Systems and Computers,1993,339—343.

[31]Donoho D,Reeves G. The Sensitivity of Compressed Sensing Performance to Relaxation of Sparsity [C]. IEEE International Symposium on Information Theory Proceedings, 2012, 2211—2215.

[32]Elad M. Sparse and Redundant Representation Modeling—What Next [J]. IEEE Signal Processing Letters,2012,19(12):922—928.

[33]Lewiciki M,Sejnowski T J. Learning Overcomplete Represrntations [J]. Neural Computation,2000,12,12(2):337—365.

[34]文再文,印卧涛,刘歆,等. 压缩感知和稀疏优化简介[J]. 运筹学学报,2012,16(3):49—64.

[35]方红,杨海蓉. 贪婪算法与压缩感知理论[J]. 自动化学报,2011,37(12):1413—1421.

[36]任越美,张艳宁,李映. 压缩感知及其图像处理应用研究进展与展望[J]. 自动化学报,2014,40(08):1563—1575.

[37]杜卓明,耿国华,贺毅岳. 一种基于压缩感知的二维几何信号压缩方法[J]. 自动化学报,2012,38(11):1841—1846.

[38]陶卿,高乾坤,姜纪远,等. 稀疏学习优化问题的求解综述[J]. 软件学报,2013,24(11):2498—2507.

第3章

[39]Mallat S. A Wavelet Tour of Signal Processing[M]. Academic Press,1999.

[40]Meyer Y. Pseudo Differential Operators [J]. Proc Symp Pure Math,1985,43 (1):215—235.

[41]I. Daubechies. Ten Lectures on Wavelets[M]. SIAM,Philadelphia,PA,1992.

[42]Mallat S G. A Theory for Multiresolution Signal Decomposition: the Wavelet Representation [J]. IEEE Transactions on Pattern Analysis and Machine Intelligence,1989,11(7):674—693.

[43]Daubechies I. Orthonormal Bases of Compactly Supported Wavelets[J]. Communications on Pure and Applied Mathematics,1988,41(7):909—996.

[44]Coifman R R,Wickerhauser M V. Entropy-based Algorithms for Best Basis Selection[J]. Information Theory,IEEE Transactions on Signal Process,1992,38(2):713—718.

[45]Kovacevic J,Vetterli M. Perfect Reconstruction Filter Banks With Rational Sampling Factors[J]. IEEE Trans. Signal Process. 41 (6) (1993) 2047—2066.

[46]Kingsbury N G. The Dual-tree Complex Wavelet Transform: A New Efficient Tool for Image Restoration and Enhancement[C]. Proc. European Signal Processing Conf. Rhodes,1998,319—322.

[47]Bayram I,Selesnick I. Overcomplete Discrete Wavelet Transforms With Rational Dilation Factors[J]. IEEE Trans on Signal Process. 2009,57(1):131—145.

[48]Bayram I,Selesnick I W. A Dual-tree Rational-Dilation Complex Wavelet Transform[J]. Signal Processing,IEEE Transactions on,2011,59(12):6251—6256.

[49]Choi M,Kim R Y,Nam M R,et al. Fusion of Multispectral and Panchromatic Satellite Images Using the Curvelet Transform[J]. IEEE Geoscience and Remote Sensing Letters,2005,2(2):136—140.

[50]Starck J,Donoho D L,Candès,Emmanuel J. The Curvelet Transform for Image Denoising [J]. IEEE Transactions on Image Processing,2002,11(6):670—684.

[51]Cunha A L D, Zhou J, Do M N. The Nonsubsampled Contourlet Transform: Theory, Design, and Applications[J]. IEEE Transactions on Image Processing,2006,15(10): 3089—3101.

[52]Emmanuel J. Candès,Donoho D L. Continuous Curvelet Transform: II. Discretization and

Frames[J]. Applied & Computational Harmonic Analysis,2005,19(2):198−222.

[53]Emmanuel J. Candès,Donoho D L . Continuous Curvelet Transform:I. Resolution of the Wavefront Set[J]. Applied & Computational Harmonic Analysis,2005,19(2):162−197.

[54]Ma J,Plonka G . The Curvelet Transform[J]. IEEE Signal Processing Magazine,2010,27(2):118−133.

[55]Devarapu K V,Murala S,Kumar V . Denoising of Ultrasound Images Using Curvelet Transform[C]. 2010 The 2nd International Conference on Computer and Automation Engineering (ICCAE),2010:447−451.

[56]Candès E,Demanet L,Donoho D,et al. Fast Discrete Curvelet Transforms[J]. Multiscale Modeling & Simulation,2006,5(3):861−899.

[57]尚晓清.多尺度分析在图像处理中的应用研究[D]. 西安:西安电子科技大学,2004.

[58]张选德. 脊波分析及其在图像压缩中的应用[D]. 西安:西安电子科技大学,2006.

[59]李映,张艳宁,许星. 基于信号稀疏表示的形态成分分析:进展和展望[J]. 电子学报,2009,37(1):146−152.

[60]练秋生,陈书贞.基于解析轮廓波变换的图像稀疏表示及其在压缩传感中的应用[J]. 电子学报,2010,38(6):1293−1298.

[61]焦李成,谭山. 图像的多尺度几何分析:回顾和展望[J]. 电子学报,2003,31(12A):1975−1981.

[62]倪雪,李庆武,孟凡,等. Curvelet 变换用于人脸特征提取与识别[J]. 应用科学学报,2009,27(1):34−38.

第 4 章

[63]Unser M. Sampling—50 Years after Shannon[J]. Proceedings of the IEEE,2000,88(4):569−587.

[64]Candes E,Romberg J,Tao T. Robust Uncertainty Principles:Exact Signal Reconstruction From Highly Incomplete Frequency Information. IEEE Trams. on Information Theory 2006,52(2):489−509.

[65]Donoho D. Compressed Sensing[J]. IEEE Transactions on Information Theory,2006,52(4):1289−1306.

[66]Donoho D,Huo X. Uncertainty Principles and Ideal Atomic Decomposition. IEEE Trans. Inform. Theory 2001,47:2845−2862.

[67]Tropp A. Just Relax:Convex Programming Methods for Subset Selection and Sparse Approximation. IEEE Trans. Inform. Theory,2006,51(3):1030−1051.

[68]Donoho D. For Most Large Underdetermined Systems of Linear Equations,the Minimal l1-norm Near-solution Approximates the Sparsest Near-solution. Communications on Pure and Applied Mathematics,2006,59(7):907−934.

[69]Donoho D. For Most Large Underdetermined Systems of Linear Equations, the Minimal l1-norm Solution is Also the Sparsest Solution. Communications on Pure and Applied Mathematics, 2006, 59(6): 797—829.

[70]Elad M. Sparse and Redundant Representations: From Theory to Applications in Signal and Image Processing[M]. Springer, 2010.

[71]Donoho D, Elad M. Optimally Sparse Representation in General (Nonorthogonal) Dictionaries via l1 Minimization[C]. Proc. Natl. Acad. Sci. USA, 2003, 100: 2197—2202.

[72]Gorodnitsky F, Rao B. Sparse Signal Reconstruction From Limited Data Using FOCUSS: A Reweighted Norm Minimization Algorithm[J]. IEEE Trans. Signal Proc., 1997, 45: 600—616.

[73]Cohen A, Dahmen W, DeVore R. Compressed Sensing and Best K-term Approximation[J]. Journal of the American Mathematical Society, 2009, 22(1): 211—231.

[74]Gribonval R, Nielsen M. Sparse Representations in Unions of Bases[J]. IEEE Trans. Inform. Theory, 2003, 49(12): 3320—3325.

[75]Candes E J, Wakin M B. An Introduction to Compressive Sampling[J]. IEEE Signal Processing Magazine, 2008, 25(2): 21—30.

[76]Candes E J, Donoho D L. Curvelets and Curvilinear Integrals[J]. Journal of Approximation Theory, 2001, 113(1): 59—90.

[77]Candes E J, Tao T. Decoding by Linear ProgrammingJ]. IEEE Transactions on Information Theory, 2005, 51(12): 4203—4215.

[78]Candes E J, Tao T. Near-optimal Signal Recovery From Random Projections: Universal Encoding Strategies? [J]. IEEE Transactions on Information Theory, 2006, 52: 5406—5425.

[79]Candes E J, Eldar Y C, Needell D, et al. Compressed Sensing With Coherent and Redundant Dictionaries[J]. Applied and Computational Harmonic Analysis, 2011, 31(1): 59—73.

[80]Zhang T. Sparse Recovery With Orthogonal Matching Pursuit Under RIP[J]. IEEE Transactions on Information Theory, 2011, 57(9): 6215—6221.

[81]Haupt J, Bajwa W, Raz G, et al. Toepitz Compressed Sensingmatrices With Applications to Sparse Channel Estimation[J]. IEEE Transactions Information Theory, 2010, 56(11): 5862—5875.

[82]Luo J, Liu X, Rosenberg C. Does Compressed Sensing Improve the Throughput of Wireless Sensor Networks? [C]. IEEE International Conference on Communications, Cape Town, 2010: 1—6.

[83]Lee S, Pattem S, Sathiamoorthy M, et al. Spatially-localized Compressed Sensing and Routing in Multi-hop Sensornetworks[C]. Proceedings of the Third International Conference on Geosensor Networks, Oxford, 2009: 11—20.

[84]Wang Wei, Garofalakis M, Ramchandran K. Distributed Sparse Random Projections for Refinable Approximation[C]. IEEE International Symposium on Information Processing in Sensor Networks, Cambridge, 2007: 331—339.

[85]Gilbert A, Indyk P. Sparse Recovery Using Sparse Matrices[J]. Proceedings of the IEEE,

2010,98(6):937—947.

[86]Wu K,Guo X. Compressive Sensing With Sparse Measurement Matrices[C]. Proceedings of the 73rd IEEE Vehicular Technology Conference,Budapest,2011:1—5.

[87]Candes E J,Romberg J,Tao T. Stable Signal Recovery From Incomplete and Inaccurate Measurements [J]. Applied and Computational Harmonic Analysis,2006,59(8):1207—1223.

[88]Cai T T,Wang L,Xu G W. New Bounds for Restricted Isometry Constants[J]. IEEE Transactions on Information Theory,2010,56(9):4388—4394.

[89]Tropp J A,Gilbert A C. Signal Recovery From Random Measurements via Orthogonal Matchingpursuit[J]. IEEE Transactions on Information Theory,2007,53(12):4655—4666.

[90]孙晶明,王殊,董燕. 稀疏随机矩阵的观测次数下界[J]. 信号处理,2012,28(8):1156—1163.

第 5 章

[91]Ronald A. Devore. Deterministieeon Struetions of Compressed Sensing Matrice[J]. Journal of ComPlexity,2007,23 (4—6) :918—925.

[92]Richard G. Bark-aniuk. More is Less:Signal Processing and the Data Deluge[J]. Science, 2011,331:717—718.

[93]E,Romberg J,Tao T. Stable Signal Recovery From Incomplete and Inaccurate Measurements. Communications on Pure and Applied Mathematics,2006,59 (8) :1207—1223

[94]Candès E,Romberg J. Sparsity and Incoherence in Compressive Sampling[J]. Inverse Problems,2007,23(3):969—985(17).

[95]Tropp J A. Greed is Good: Algorithmic Results for Sparse Approximation[J]. IEEE Transactions on Information Theory, 2004, 50(10): 2231—2242.

[96]Rebollo-Neira L,Lowe D . Optimized Orthogonal Matching Pursuit Approach[J]. IEEE Signal Processing Letters,2002,9(4):137—140.

[97]Cai S,Weng S,Luo B,et al. A Dictionary-learning Algorithm Based on Method Of optimal Directions and Approximate K—SVD[C]// 2016 35th Chinese Control Conference (CCC). IEEE, 2016,6957—6961.

[98]Tropp J A,Gilbert A C. Signal Recovery From Random Measurements via Orthogonal Matching Pursuit[J]. IEEE Transactions on Information Theory,2007,53(12):4655—4666.

[99]Gharavi-Alkhansari,M. ,Huang,T. S. A Fast Orthogonal Matching Pursuit Algorithm [C]. Acoustics,Speech and Signal Processing,,1998. Proceedings of the 1998 IEEE International Conference on,1998,1389—1392.

[100]Coifman R R,Wickerhauser M V. Entropy-based Algorithms for Best Basis Selection [M]. IEEE Press,1992.

[101]Chen S S . Atomic Decomposition by Basis Persuit[J]. SIAM Review,2001,43(1):129—

159.

[102]Mallat S G,Zhang Z . Matching Pursuit wWth Time-frequency Dictionaries[J]. IEEE Transactions on Signal Processing,1994,41(12):3397－3415.

[103]杨真真,杨震,孙林慧. 信号压缩重构的正交匹配追踪类算法综述[J]. 信号处理,2013,29(4):486－496.

[104]秦国领,郑森,王康,等. 一种基于正交匹配追踪的压缩感知信号检测算法[J]. 电讯技术,2016,56(8):856－861.

[105]白凌云,梁志毅,徐志军. 基于压缩感知信号重建的自适应正交多匹配追踪算法[J]. 计算机应用研究,2011,28(11):4060－4063.

[106]李雷,刘盼盼. 压缩感知中基于梯度的贪婪重构算法综述[J]. 南京邮电大学学报(自然科学版),2014,34(6):1－8.

[107]杨海蓉,张成,丁大为,等. 压缩传感理论与重构算法[J]. 电子学报,2011,39(1):142－148.

[108]刘冰,付平,孟升卫. 基于正交匹配追踪的压缩感知信号检测算法[J]. 仪器仪表学报,2010,31(9):1959－1964.

[109]练秋生,石保顺,陈书贞. 字典学习模型、算法及其应用研究进展[J]. 自动化学报,2015,41(2):240－260.

[110]兰俊花. 稀疏表示中字典学习的研究及应用[D]. 天津:天津大学,2015.

[111]金卯亨嘉. 压缩感知中字典学习算法的研究及应用[D]. 天津:天津大学,2014.

[112]谢浪雄. 稀疏表示理论及其应用研究[D]. 广州:广东工业大学,2015.

[113]侯姗姗. 稀疏表示在图像分类问题中的应用研究[D]. 合肥:安徽大学,2016.

[114]张刘刚. 基于匹配追踪(MP)算法的信号自适应分解研究及其应用[D]. 长沙:中南大学,2010.

[115]周航,董西伟,荆晓远. 基于优化字典设计的 MOD 字典学习算法[J]. 计算机技术与发展,2018,28(1):56－59.

[116]张文婷. 基于字典学习的图像超分辨率研究[D]. 北京:北方工业大学,2015.

[117]邹建成,张文婷. 一种基于 MOD 字典学习的图像超分辨率重建新算法[J]. 图学学报,2015,36(3):402－406.

[118]杨真真,杨震,孙林慧. 信号压缩重构的正交匹配追踪类算法综述[J]. 信号处理,2013,29(4):486－496.

[119]邓承志,汪胜前,曹汉强. 基于多原子快速匹配追踪的图像编码算法[J]. 电子与信息学报,2009,31(8):1807－1811.

第 6 章

[120]Wright J,Yang A Y,Ganesh A,et al. Robust Face Recognition via Sparse Representation[J]. IEEE Transactions on Pattern Analysis and Machine Intelligence,2009,31(2):210－227.

[121]Wright J,Ganesh A,Zhou Z H,et al. Demo:Robust Face Recognition via Sparse Representation[C]. 2008 8th IEEE International Conference on Automatic Face & Gesture Recognition, 2008. 942—943.

[122]Wagner A,Wright J,Ganesh A,et al. Towards a Practical Face Recognition System:Robust Registration and Illumination by Sparse Representation[J]. Computer Vision and Pattern Recognition,2009. 597—604.

[123]Candes E J,Wakin M B. An Introduction to Compressive Sampling[J]. IEEE Signal Processing Magazine,2008,25(2):21—30.

[124]Tibshirani R. Regression Shrinkage and Selection via the LASSO[J]. Journal of the Royal Statistical Society Series B—Methodological,1996,58(1):267—288.

[125]Efron B,Hastie T,Johnstone I,et al. Least Angle Regression[J]. Annals of Statistics, 2004,32(2):407—499.

[126]Candes E J,Romberg J K,Tao T. Decoding by Linear Programming[J]. IEEE Transactions on Information Theory,2005,51(12):4203—4215.

[127]Candes E J,Romberg J K,Tao T. Stable Signal Recovery From Incomplete and Inaccurate Measurements[J]. Communicationson Pure and Applied Mathematics,2005,59(8):1207—1223.

[128]Osborne M R,Presnell B,Turlach B A. On the LASSO and its Dual[J]. Journal of Computational and Graphical Statistics,2000,9(2):319—337.

[129]Tibshirani R. Regression Shrinkage and Selection via the IASSO:a Retrospective[J]. Journal of the Royal Statistical Society:Series B (Statistical Methodology),2011,73(3):273—282.

[130]Wu T T,Lange K. Coordinate Descent Algorithms for IASSO Penalized Regression[J]. The Annals of Applied Statistics,2008,2(1):224—244.

[131]Peng Z,Xu Z and Huang J. RSPIRIT:Robust Self-consistent Parallel Imaging Reconstruction Based on Generalized LASSP[C]. 2016 IEEE 13th International Symposium on Biomedical Imaging (ISBI),Prague,2016,pp. 318—321.

[132]Tibshirani R . Regression Shrinkage and Selection via the LASSO[J]. Journal of the Royal Statistical Society,1996,58(1):267—288.

[133]Frank L L E,Friedman J H. A Statistical Biew of Some Chemometrics Regression Tools [J]. Technometrics,1993,35(2):109—135.

[134]Efron B, & Tibshirani R J. An Introduction to the Bootstrap (Monographs on Statistics and Applied Probability 57) [M]. New York: Chapman & Hall, 1993.

[135]Hui,Zou,Trevor,et al. Regularization and Variable Selection via the Elastic Net[J]. Journal of the Royal Statistical Society,2005. 67(Part 2),301—320.

[136]Yuan M,Lin Y . Model Selection and Estimation in Regression With Grouped Variables [J]. Journal of the Royal Statistical Society,2006,68(1):49—67.

[137]Zou,Hui. The Adaptive LASSO and Its Oracle Properties[J]. Publications of the Ameri-

can Statal Association,2006,101(476):1418—1429.

[138]Hong L,Dai F. and Liu H. A Fused-LASSO-based Doppler Imaging Algorithm for Spinning targets With Occlusion Effect[J]. IEEE Sensors Journal,2016,16(9):3099—3108.

[139]Huang P,et al. Classification of Cervical Biopsy Images Based on LASSO and EL-SVM [J]. IEEE Access,2020,8:24219—24228.

[140]W. Jinjia,J. Shaonan and Z. Yaqian. Quadratic Discriminant Analysis Based on Graphical LASSO for Activity Recognition[C]. 2019 IEEE 4th International Conference on Signal and Image Processing (ICSIP),Wuxi,China,2019,70—74.

[141]Jinseog Kim,Insuk Sohn,Sin-HoJung,et al. Analysis of Survival Data With Group LASSO[J]. Communications in Statistics — Simulation and Computation,2012,41(9):1593—1605.

[142]Lukas Meier,SaraVan De Geer,PeterBühlmann. The Group LASSO for Logistic Regression[J]. Journal of the Royal Statistical Society:Series B (Statistical Methodology),2008,70(1):53—71.

[143]Yunzhang Zhu. An Augmented ADMM Algorithm With Application to the Generalized LASSO Problem[J]. Journal of Computational and Graphical Statistics,2017,26(1):195—204.

[144]Wang Xiangfeng,Yan Junchi,Jin Bo,et al. Distributed and Parallel ADMM for Structured Nonconvex Optimization Problem [J]. IEEE Transactions on Cybernetics,2021,51(9):4540—4552.

[145]Bo Jiang,Shiqian Ma,Shuzhong Zhang. Alternating Direction method of Multipliers For real and Complex Polynomial Optimization models[J] . Optimization. 2014,63(6):883—898.

[146]Tibshirani R . Regression Shrinkage and Selection via the LASSO:a Retrospective[J]. 2011,73(3):273—282.

[147]李燕,卫志华,徐凯. 基于 LASSO 算法的中文情感混合特征选择方法研究[J]. 计算机科学,2018,45(01):39—46.

[148]常春云. 基于 LASSO 特征选择的自闭症预测[J]. 北京生物医学工程,2017,36(06):564—568+596.

[149]王国长,梁焙婷,王金枝. 改进的自适应 LASSO 方法在股票市场中的应用[J]. 数理统计与管理,2019,38(04):750—760.

[150]刘建伟,崔立鹏,刘泽宇,等. 正则化稀疏模型[J]. 计算机学报,2015,38(07):1307—1325.

[151]刘柳,陶大程. LASSO 问题的最新算法研究[J]. 数据采集与处理,2015,30(01):35—46.

[152]曾津,周建军. 高维数据变量选择方法综述[J]. 数理统计与管理,2017,36(04):678—692.

[153]王小燕,谢邦昌,马双鸽,等. 高维数据下群组变量选择的惩罚方法综述[J]. 数理统计与管理,2015,34(06):978—988.

[154]杨律,丁守鸿,谢志峰,等. LASSO 整脸形状回归的人脸配准算法[J]. 计算机辅助设计与图形学学报,2015,27(07):1313—1319.

[155]张啸,赵薇,胡焕青,等. 基于 Group LASSO Logistic 回归的 6 月龄婴儿贫血预测模型的

构建[J]. 中国慢性病预防与控制，2020，28(03)：199－205.

[156]方匡南，章贵军，张惠颖. 基于 LASSO-logistic 模型的个人信用风险预警方法[J]. 数量经济技术经济研究，2014，31(02)：125－136.

[157]仝晓云. 交互 LASSO 模型及改进 ADMM 算法研究[D]. 秦皇岛：燕山大学，2016.

[158]袁亚湘，孙文瑜. 最优化理论和方法[M]. 北京：科学出版社，1997

[159]吴江涛，胡定玉，方宇，等. 基于 Group LASSO 的多重信号分类声源定位优化算法[J]. 应用声学，2019，38(02)：261－266.

第 7 章

[160]Candes E，Tao T. The Dantzig Selector：Statistical Estimation When p is Much Larger than n [J]. Annals of Statistics，2007，35(6)：2313－2351.

[161]James G M，Radchenko P，Lv J . DASSO：Connections Between the Dantzig Selector and LASSO[J]. Journal of the Royal Statistical Society，2009，71(1)：127－142.

[162]Asif S，Justin. Dantzig Selector Homotopy With Dynamic Measurements[C]// Computational Imaging VII，SPIE，2009，7246：85－95.

[163]Lu Z，Pong T K，Zhang Y . An Alternating Direction Method for Ginding Dantzig Selectors[J]. Computational Statistics & Data Analysis，2012，56(12)：4037－4046.

[164]Candès，Emmanuel J，Davenport M A. . How Well can We Estimate a Sparse Vector? [J]. Applied and Computational Harmonic Analysis，2013，34(2)：317－323.

[165]Chen S S，Saunders D M A . Atomic Decomposition by Basis Pursuit[J]. SIAM Review，2001，43(1)：129－159.

[166]Cai T T，Xu G X G，Zhang J Z J . On Recovery of Sparse Signals via Minimization[J]. Information Theory IEEE Transactions on，2009，55(7)：3388－3397.

[167]]Zheng S，Liu W . An Experimental Comparison of Gene Selection by LASSO and Dantzig Selector for Cancer Classification[J]. Computers in Biology & Medicine，2011，41(11)：1033－1040.

[168]Mann S，Phogat R，Mishra A K . Dantzig Selector Based Compressive Sensing for Radar Image Enhancement [C]. 2010 Annual IEEE India Conference (INDICON). IEEE，2010：1－4.

[169]Buciu I. Dantzig Selector for Audio Data Reconstruction[C]，2013 7th Conference on Speech Technology and Humank-Computer Dialogue (SpeD). IEEE，2013：1－6.

[170]Fang S，Liu Y J，Xiong X ，et al. Efficient Sparse Hessian-Based Semismooth Newton Algorithms for Dantzig Selector[J]. SIAM Journal on Scientific Computing，2021，43(6).

[171]Donoho D L，Huo X. Uncertainty Principles and Ideal Atomic Decomposition[J]. IEEE Transactions on Information Theory，2001，47：2845－2862.

[172]Donoho D L，Elad E. Maximal Sparsity Representation via L_1 Minimization[C]. Proceedings of the National Academy of Sciences，2003，100：2197－2202.

[173]Tibshirani R. Regression Shrinkage and Selection via the LASSO[J]. Journal of the Royal

Statistical Socirty (Series B),1996,58:267—288.

[174] Boyd S. , V Andenberghe L. Convex Optimization [M]. Cambridge Univ. Press. MR2061575,2004.

[175]James G M. Generalized Linear Models With Functional Predictors[J]. Journal of the Royal Statistical Society: Series B (Statistical Methodology),2002,64(3):411—432.

[176]Wang X,Yuan X. The Linearized Alternating Direction Method of Multipliers for Dantzig Selector[J]. SIAM Journal on Scientific Computing,2012 34(5),2792—2811.

[177]李良. 分组 Dantzig 选择器的大规模分布式求解[D]. 合肥:中国科学技术大学,2014.

[178]张乾,何岸,何洪津.一种解 Dantzig—Selector 模型的快速分解算法[J]. 杭州电子科技大学学报(自然科学版),2016,36(01):97—102.

[179]刘训利,龚勋,王国胤.一种基于非残差估计线性表示模型的人脸识别[J]. 智能系统学报,2014,9(03):285—291.

[180]金坚,谷源涛,梅顺良.压缩采样技术及其应用[J]. 电子与信息学报,2010,32(02):470—475.

[181]胡友超. 含噪测量值下稀疏信号的重构算法研究[D]. 合肥:安徽大学,2015.

[182]盖玉洁. 若干高维模型变量选择和模型重建问题的研究[D]. 济南:山东大学,2011.

[183]曾津,周建军.高维数据变量选择方法综述[J]. 数理统计与管理,2017,36(04):678—692.

[184]怀开展,蒲德洋,许世明,等.求解压缩感知中信号重构问题的原始对偶算法[J]. 军事通信技术,2014,35(01):6—10.

[185]李波. 高维数据的流形学习分析方法[M]. 武汉: 武汉大学出版社,2016.

[186]李根,邹国华,张新雨.高维模型选择方法综述[J]. 数理统计与管理,2012,31(04):640—658.

[187]苏丽敏.高维稀疏数据的 LASSO 和 Dantzig Selector 方法——高维稀疏线性回归模型[D]. 郑州:华北水利水电大学, 2014.

[188]李丹丹,刘琳.部分线性模型下 Adaptive Dantzig Selector 方法的渐近正态性[J]. 纯粹数学与应用数学,2018,34(2):154—159.

[189]盖玉洁,李锋,尹钊,林路,朱力行.自适应的 Dantzig 选择器的渐近性质研究[J].中国科学:数学,2017,47(07):869—886.

[190]李艳敏. 稀疏优化算法研究[D]. 西安:西安理工大学,2018.

[191]胡爽. 经验似然纵向数据和似然 Dantzig Selector 方法[D]. 济南:山东大学,2011.

第 8 章

[192]Tipping M. E. Spares Bayesian Learning and the Relevance Vector Machine[J]. Journal of Machine Learning Research,2001,1:211—244

[193]Chickering D M. Learning Bayesian Networks is NP-Complete[M]. Fisher D,Lenz H J,

eds. Learning From Data. New York,USA:Springer-Verlag,1996,III:121—130.

[194]Chickering D M,Meek C,Heckerman D. Large-sample Learning of Bayesian Networks is NP-Hard[J]. Journal of Machine Learning Research,2003,5:1287—1330.

[195]Margaritis D,Thrun S. Bayesian Network Induction via Local Neighborhoods[M]//Solla S A,Leen T K,Muller K R,eds. Advances in Neural Information Processing Systems 12. Cambridge,USA:MIT Press,2000:505—511.

[196]Bühlmann,Peter. Regression Shrinkage and Selection via the LASSO:a Retrospective [J]. Journal of the Royal Statistical Society. 2011,73(3):273—282.

[197]Bradley Efron,Trevor Hastie. Least Angle Regression [J]. The Annals of Statistics, 2004,32(2):407—499.

[198]Robert Tibshirani. Regression Shrinkage and Selection via the LASSO [J]. Journal of the Royal Statistical Society,Series B,1996,58(1):267—288.

[199]董青. 稀疏贝叶斯正则化方法[D]. 西安:西北大学,2016.

[200]闫敏,韦顺军. 基于稀疏贝叶斯正则化的阵列 SAR 高分辨三维成像算法[J]. 雷达学报, 2018,7(6):705—716.

[201]韦顺军,田博坤,张晓玲,等. 基于半正定规划的压缩感知线阵三维 SAR 自聚焦成像算法[J]. 雷达学报,2018,7(6):664—675

[202]Burnham K P,Anderson D R. Multimodel Inference:Understanding AIC and BIC in Model Selection[J]. Sociological Methods & Research,2004,33(2):261—304.

[203]祝璞,黄章进. 基于稀疏贝叶斯模型的特征选择[J]. 计算机工程,2017,43(4):183—193.

[204]郭珉,石洪波,冀素琴. 贝叶斯网络结构稀疏学习研究进展[J]. 模式识别与人工智能. 2016,29(10):907—923.

[205]王晶. 稀疏贝叶斯学习理论及应用研究[D]. 西安:西安电子科技大学,2012.

[206]施洪亮. 基于块稀疏贝叶斯学习的主题模型[D]. 武汉:武汉大学,2018.

[207]苑焕朝. 基于稀疏贝叶斯学习的图像修复方法[D]. 天津:河北工业大学,2017.

[208]韩崇昭,朱洪艳,段战胜. 多源信息融合(第 3 版)[M]. 北京:清华大学出版社,2022.

[209]刘闯. 基于朴素贝叶斯与半朴素贝叶斯图像识别比较[J]. 信息技术与网络安全,2018,37(12):44—47.

[210]王松涛,周真,靳薇,等. 基于贝叶斯框架融合的 RGB—D 图像显著性检测[J]. 2020,46(4):695—720.

[211]周维. 稀疏贝叶斯学习算法的理论及其应用研究[D]. 武汉:华中科技大学,2021.

[212]钟忺,陈纬航,钟珞. 基于超像素及贝叶斯合并的图像分割算法[J]. 计算机工程与应用, 2018,54(21):83—187+216.

第 9 章

[213]Daubechies I,Defrise M. An Iterative Thresholding Algorithm for Linear Inverse Prob-

lems With a Sparsity Constraint[J]. Commun. Pure Appl. Math,2004,57:45.

[214]Do M N,Vetterli M. The Contourlet Transform:an Effi Cient Directional Multiresolution Image Representation[J]. IEEE Transactions on Image Processing,2005,14(12):2091—2106.

[215]Ma J W. Improved Iterative Curvelet Thresholding for Compressed Sensing and Measurement[J]. IEEE Transactions on Instrumentation and Measurement,2011,60(1):126—136

[216]Bot,Radu Loan. An Incremental Mirror Descent Subgradient Algorithm With Random Sweeping and Proximal Step[J]. Optimization,2019,68(1):33—50.

[217]Tian M,Tong M. Self-adaptive Subgradient Extragradient Method With Inertial Modification for Solving Monotone Variational Inequality Problems and Quasi-nonexpansive Fixed Point Problems[J]. Journal of Inequalities and Applications,2019,2019(1):1—19.

[218]Gu B,Shan Y,Quan X,et al. Accelerating Sequential Minimal Optimization via Stochastic Subgradient Descent[J]. IEEE Transactions on Cybernetics,2019,51(4):2215—2223.

[219]Liang Shu,Wang Leyi. Distributed Quasi-Monotone Subgradient Algorithm for Nonsmooth Convex Optimization Over Directed Graphs[J]. Automatica,2019,101:175—181.

[220]Loreto M,Xu Y. A Numerical Study of Applying Spectral-Step Subgradient Method for Solving Nonsmooth Unconstrained Optimization Problems[J]. Computers and Operations Research,2019,104:90—97.

[221]Foucart S, Rauhut H. A Mathematical Introduction to Compressive Sensing[M]. New York, Basel: Birkhauser,2013.

[222]Thomas Blumensath,Mike E. Davies. Iterative Hard Thresholding for Compressed Sensing[J]. Applied and Computational Harmonic Analysis. 2009. 27(3):265—274.

[223]Thomas Blumensath, Mike E. Iterative Thresholding for Sparse Approximations[J]. Journal of Fourier Analysis and Applications. 2008. 14(5):629—654.

[224]Lange K,Hunter D R,Yang I. Optimization Transfer Using Surrogate Objective Functions[J]. Journal of Computational &Graphical Statistics,2000,9(1):1—20.

[225]Blumensath T,Davies M E. Normalized Iterative Hard Thresholding:Guaranteed Stability and Performance[J]. IEEEJournal of Selected Topics In Signal Processing,2010,4(2):298—309.

[226]Blumensath T. Accelerated Iterative Hard Thresholding[J]. Signal Processing,2012,92(3):752—756.

[227]Foucart S. Hard Thresholding Pursuit:An Algorithm for Compressive Sensing[J]. Siam Journal on Numerical Analysis,2011,49,2543—2563.

[228]Boyd S,Parikh N,Chu E,et al. Distributed Optimization and Statistical Learning Via The Alternating Direction Method of Multipliers[J]. Foundations and Trends In Machine Learning,2011,3(1):1—122.

[229]Hong M,Luo Z Q. on the Linear Convergence of the Alternating Direction Method of Multipliers[J]. Mathematical Programming,2017,162(1—2):165—199.

[230]Xie S, Rahardja S. Alternating Direction Method for Balanced Image Restoration[J]. IEEE Transactions on Image Processing, 2012, 21(11): 4557—4567.

[231]Boyd S, Vandenberghe L. Convex Optimization[M]. Cambridge: Cambridge University Press, 2004.

[232]Wei E, Ozdaglar A. Distributed Alternating Direction Method of Multipliers[C], 2012 IEEE51st IEEEConference on Decision and Control (Cdc). Ieee, 2012: 5445—5450.

[233]Yang J, Yuan X. Linearized Augmented Lagrangian and Alternating Direction Methods for Nuclear Norm Minimization[J]. Mathematics of Computation, 2013, 82(281): 301—329.

[234]Elhamifar E, Vidal R. Sparse Subspace Clustering: Algorithm, Theory, And Applications [J]. IEEE Transactions on Pattern Analysis and Machine Intelligence, 2013, 35(11): 2765—2781.

[235]Polson N G, Scott J G, Willard B T. Proximal Algorithms In Statistics and Machine Learning[J]. Statistical Science, 2015, 30(4): 559—581.

[236]Shi H J M, Tu S, Xu Y, et al. A Primer on Coordinate Descent Algorithms[J]. Arxiv Preprint arXiv: 1610.00040, 2016.

[237]Wright S J. Coordinate Descent Algorithms[J]. Mathematical Programming, 2015, 151 (1): 3—34.

[238]Beck A, Tetruashvili L. on the Convergence of Block Coordinate Descent Type Methods [J]. Siam Journal on Optimization, 2013, 23(4): 2037—2060.

[239]Tseng P. Convergence of A Block Coordinate Descent Method for Nondifferentiable Minimization[J]. Journal of Optimization Theory and Applications, 2001, 109(3): 475—494.

[240]Zhu Z, Storkey A J. Stochastic Parallel Block Coordinate Descent for Large-Scale Saddle Point Problems[C]//Thirtieth AAAI Conference on Artificial Intelligence. 2016, 30(1): 2429—2435.

[241]Wang L C T, Chen C C. A Combined Optimization Method for Solving the Inverse Kinematics Problems of Mechanical Manipulators[J]. IEEE Transactions on Robotics and Automation, 1991, 7(4): 489—499.

[242]Saha A, Tewari A. On the Finite Time Convergence of Cyclic Coordinate Descent Methods [J]. Arxiv Preprint Arxiv: 1005.2146, 2010.

[243]Friedman J, Hastie T, Tibshirani R. Regularization Paths for Generalized Linear Models Via Coordinate Descent[J]. Journal of Statistical Software, 2010, 33(1): 1—22.

[244]Gurbuzbalaban M, Ozdaglar A, Parrilo P A, et al. When Cyclic Coordinate Descent Outperforms Randomized Coordinate Descent[C]//Advances In Neural Information Processing Systems. 2017: 6999—7007.

[245]Qu Z, RichtáRik P. Coordinate Descent With Arbitrary Sampling I: Algorithms and Complexity[J]. Optimization Methods and Software, 2016, 31(5): 829—857.

[246]Li Y, Osher S. Coordinate Descent Optimization for L_1 Minimization With Application To

Compressed Sensing: A Greedy Algorithm[J]. Inverse Problems and Imaging,2009,3(3):487—503.

[247]Gao T,Chu C. Did:Distributed Incremental Block Coordinate Descent for Nonnegative Matrix Factorization[C]. Thirty-Second Aaai Conference on Artificial Intelligence. 2018,32(1):2991—2998.

[248]周威,金以慧. 利用模糊次梯度算法求解拉格朗日松弛对偶问题[J]. 控制与决策,2004(11):1212—1217.

[249]付学东. 非线性互补问题的近似次梯度法[D]. 北京:北京交通大学,2009.

[250]梁瑞宇,邹采荣. 基于自适应次梯度投影算法的压缩感知信号重构[J]. 信号处理,2010(12):1883—1889.

[251]唐国吉,黄南京. 非 Lipschitz 集值混合变分不等式的一个投影次梯度方法[J]. 应用数学和力学,2011(10):1254—1264.

[252]陶蔚,潘志松. 使用 Nesterov 步长策略投影次梯度方法的个体收敛性[J]. 计算机学报,2018,(1):164—176.

[253]叶明露,刘云程. 一类新的伪单调变分不等式的自适应次梯度外梯度投影算法[J]. 数学进展,2018(5):706—718.

[254]段世芳,马社祥. 变步长稀疏自适应的迭代硬阈值图像重构[J]. 计算机工程与应用,2013,35(8):120—124.

[255]陈薪蓓,朱明康,陈建利. 基于迭代投影的梯度硬阈值追踪算法[J]. 运筹学学报,2019,23(1):1—14..

[256]常象宇,饶过. 如何在压缩感知中正确使用阈值迭代算法[J]. 中国科学,2010,40(1):1—12.

[257]王慧慧. 分布式交替方向乘子法研究[D]. 南京:南京大学,2017.

[258]贾慧敏. 求解最优化问题的 ADMM 算法的研究[D]. 武汉:华中科技大学,2016.

[259]姜帆,刘雅梅,蔡邢菊. 一类自适应广义交替方向乘子法[J]. 计算数学,2018,40(04):367—386.

[260]薛倩,杨程屹,王化祥. 去除椒盐噪声的交替方向法[J]. 自动化学报,2013,39(12):2071—2076.

[261]江平,张锦. 基于平行坐标下降法的图像修复[J]. 图学学报,2015,36(02):22—226.

[262]姜纪远,陶卿,高乾坤,等. 求解 AUC 优化问题的对偶坐标下降方法[J]. 软件学报,2014,25(10):2282—2292.

[263]Saha A, Tewari A. on the Finite Time Convergence of Cyclic Coordinate Descent Methods[J]. Computer Science, 2010, 23(1):576—601.

[264]Jerome Friedman, Trevor Hastie, Rob Tibshirani. Regularization Paths for Generalized Linear Models via Coordinate Descent[J]. Journal of statistical software,2010,33(1):1—22.

[265]邓卫钊. 随机梯度下降和对偶坐标下降算法的研究与应用[D]. 秦皇岛:燕山大学. 2016.

[266]郑兵. 一类基于 GSL 规则改进的坐标下降法[D]. 兰州:兰州大学,2020.

[267]钟铁君. 范数最优化问题的交替方向乘子算法[D]. 大连:大连理工大学,2013.

[268]李玉胜. 交替方向法及其应用[D]. 合肥:中国科学技术大学,2015.

[269]王金江. 乘子交替方向法与函数二阶增长条件[D]. 哈尔滨:哈尔滨工业大学,2016.

[270]张赛楠. 求解不等式约束非凸二次规划问题的 ADMM 方法[D]. 大连:大连理工大学,2017.

[271]陈庆国. 关于交替方向乘子法一些问题的研究[D]. 杭州:中国计量大学,2018.

[272]许浩锋. 基于交替方向乘子法的分布式在线学习算法[D]. 合肥:中国科学技术大学,2015.

[273]陈宝林. 最优化理论与算法(第 2 版)[M]. 北京:清华大学出版社,2005.

[274]李学文. 最优化方法[M]. 北京:北京理工大学出版社. 2018.

[275]戴琼海,付长军,季向阳. 压缩感知研究[J]. 计算机学报,2011,34(3):425－434.

第 10 章

[276]Xu Z B, Hai Z, Yao W, et al. $L_{1/2}$ Regularization[J]. Science China Information Sciences, 2010,53(6):1159－1169.

[277]Zongben X U, Chang X, Fengmin X U, et al. $L_{1/2}$ Regularization: a Thresholding Representation Theory and a Fast Solver[J]. IEEE Transactions on Neural Networks & Learning Systems, 2012,23(7):1013－1027.

[278]Zong-Ben, Hai-Liang, Wang, et al. Representative of $L_{1/2}$ Regularization Among Lq ($0<Q\leqslant1$) Regularizations: an Experimental Study Based on Phase Diagram[J]. Acta Automatica Sinica, 2012,38(7):1225－1228.

[279]Zeng J, Xu Z, Zhang B, et al. Accelerated $L_{1/2}$ $L_{1/2}$ Regularization-Based Sar Imaging via Bcr and Reduced Newton Skills[J]. Signal Processing, 2013, 93(7):1831－1844.

[280]Chen X, Peng Z M, Jing W F. Sparse Kernel Logistic Regression Based on $L_{1/2}$ Regularization[J]. Science China Information Sciences, 2013, 56(4):1－16.

[281]Cheng L, Yong L, Luan X Z, et al. Iterative $L_{1/2}$ Regularization Algorithm For Variable Selection In The Cox Proportional Hazards Model[J]. Journal of Neuroscience Research, 2015, 58(2):318－327.

[282]Engl H W, Ramlau R. Regularization of Inverse Problems[M]. Springer Berlin Heidelberg, 2015.

[283]Zhang J, Ping Z, Chen Y, et al. $L_{1/2}$－Regularized Deconvolution Network for the Representation and Restoration of Optical Remote Sensing Images[J]. Gas & Heat, 2001, 52(5):2617－2627.

[284]Zhang B, Chai H, Yang Z, et al. Application of $L_{1/2}$ Regularization Logistic Method in Heart Disease Diagnosis[J]. Biomed Mater Eng, 2014, 24(6):3447－3454.

[285]Zeng J,Lin S,Wang Y,et al. $L_{1/2}$ Regularization:Convergence of Iterative Half Thresholding Algorithm[J]. IEEE Transactions on Signal Processing,2013,62(9):2317—2329.

[286] Xu Z. Data Modeling:Visual Psychology Approach and $L_{1/2}$ Regularization Theory [M]// Proceedings of the International Congress of Mathematicians 2010 (Icm 2010):(In 4 Volumes). 2010:3151—3184.

[287]Zeng J,Lin S,Xu Z. Sparse Regularization:Convergence of Iterative Jumping Thresholding Algorithm[J]. IEEE Transactions on Signal Processing,2016,64(19):5106—5118.

[288]Donoho D L,Tsaig Y,Drori I,et al. Sparse Solution of Underdetermined Systems of Linear Equations by Stagewise Orthogonal Matching Pursuit[J]. IEEE Transactions on Information Theory,2012,58(2):1094—1121.

[289]Liu C,Liang Y,Luan X Z,et al. The $L_{1/2}$ Regularization Method for Variable Selection in the Cox Model[J]. Applied Soft Computing,2014,14:498—503.

[290]Luan X Z,Liang Y,Liu C,et al. A Novel $L_{1/2}$ Regularization Shooting Method for Cox'S Proportional Hazards Model[J]. Soft Computing,2014,18(1):143—152.

[291]Beck A,Teboulle M. A Fast Interative Shrinkage Thresholding Algorithm for Linear Inverse Problems[J]. Siam Journal in Imaging Science,2009,2:183—202

[292]S. Osher,M. Burger,D. Goldfarb,et al. an Iterative Regularization Method for Variation Based Image Restoration[J]. Muitiscale Model. Simul,2005,4(2):460—489.

[293]Rick Chartrand,Wotao Yin. Iteratively Reweighted Algorithms for Compressive Sensing [J]. 2008:3869—3872.

[294]W. Yin,S. Osher,D. Goldfarb,et al. Bregman Iterative Algorithms for L_1-Minimization With Applications to Compressed Sensing[J]. Siam J. Imaging Sci,2008,1(1):143—168.

[295]Cai J F,Osher S,Shen Z. Linearized Bregman Iterations for Compressed Sensing[J]. Mathematics of Computation,2009,78(267):1515—1536.

[296]Ge D,Jiang X,Ye Y. A Note on the Complexity of L P Minimization[J]. Mathematical Programming,2011,129:285—299.

[297]Candes E J,Wakin M B,Boyd S P. Enhancing Sparsity By Reweighted L_1 Minimization [J]. Journal of Fourier Analysis and Applications,2008,14:877—905.

[298]Mohimani H,Babaie-Zadeh M,Jutten C. A. Fast Approach for Overcomplete Sparse Decomposition Based on Smoothed L_0 Norm[J]. IEEE Transactions on Signal Processing,2009,57(1):289—301.

[299]Hyder M M,Mahata K. An Improved Smoothed L_0 Approximation Algorithm for Sparse Representation[J]. IEEE Transactions on Signal Processing,2010,58(4):2194—2205.

[300]Zayyani H,Babaie-Zadeh M. Thresholded Smoothed L_0 Dictionary Learning for Sparse Representations[C]. I Eee International Conference on Acoustics,Speech and Signal Processing,2009,1825—1828.

[301]赵谦,孟德宇,徐宗本. $L_{1/2}$正则化 Logistic 回归[J]. 模式识别与人工智能,2012,25(5):721—728.

[302]Zeng J,Lin S,Xu Z. Sparse Regularization:Convergence of Iterative Jumping Thresholding Algorithm[M]. IEEE Press, 2016.

[303]张海,王尧,常象宇,等. $L_{1/2}$正则化[J]. 中国科学:信息科学,2010,40(03): 412—422.

[304]吴磊,顾广泽. $L_{1/2}$ 正则化问题的最优性条件及下降算法[J]. 湖南大学学报(自然科学版),2013,40(8):114—118.

[305]王璞玉,张海,曾锦山. 分布式 $L_{1/2}$ 正则化[J]. 高校应用数学学报:A 辑,2017,32(3):332—342.

[306]易大义,陈道琦. 数值分析引论[M]. 杭州:浙江大学出版社,2001.

[307]张勇,叶万洲. 一种求解弹性 L_2-L_Q正则化问题的算法[J]. 运筹学学报,2016,20(4):11—20.

第 11 章

[308]E Elhamifar,R Vidal. Sparse Subspace Clustering: Algorithm, Theory, and Applications [J]. IEEE Transactions on Pattern Analysis & Machine Intelligence,2012,35(11):2765—2781.

[309]M Elad. Sparse and Redundant Representations: From Theory to Applications in Signal and Image Processing[M]. Springer Publishing Company,Incorporated,2010,02(1):1094—1097.

[310]Vidal R,Favaro P. Low Rank Subspace Clustering (Lrsc)[J]. Pattern Recognition Letters,2014,43(7):47—61.

[311]Zhuanlian Ding,Xingyi Zhang,Dengdi Sun,et al. Low-Rank Subspace Learning Based Network Community Detection[J]. Knowledge-Based Systems,2018,155(1):71—82.

[312]Wenhui Wu,Sam Kwong,Yu Zhou,et al. Nonnegative Matrix Factorization With Mixed Hypergraph Regularization for Community Detection[J]. Information Sciences,2018,435 (1) 263—281.

[313]Zhu X,Suk Hi,Lee S W,Shen D. Subspace Regularized Sparse Multi-Task Learning for Multi-Class Neurodegenerative Disease Identification[J]. IEEE Trans Biomed Eng,2015,63(3):607—618.

[314]Donoho D L. For Most Large Underdetermined Systems of Linear Equations the Minimal 1—Norm Solution is Also the Sparsest Solution[J]. Communications on Pure & Applied Mathematics,2015,59(6):797—829.

[315]Recht B,Fazel M,Parrilo P. Guaranteed Minimum-rank Solutions of Linear Matrix Equations via Nuclear Norm Minimization[J]. Siam Review,2010,52(3):471—501.

[316]Liu G,Lin Z,Yan S, et al. Robust Recovery of Subspace Structures by Low-Rank Representation[J]. IEEE Transactions on Pattern Analysis & Machine Intelligence,2013,35(1):171—184.

[317]Favaro P, Vidal R, Ravichandran A. A Closed Form Solution To Robust Subspace Estimation and Clustering[C]. IEEEConference on Computer Vision & Pattern Recognition. 2011,42(7): 1801—1807.

[318]Wanjun Chen, Erhu Zhang, Zhuomin Zhang. A Laplacian Structured Representation Model in Subspace Clustering for Enhanced Motion Segmentation[J]. Neurocomputing, 2016, 208(1`): 174—182.

[319]Yiju Wang, Wanquan Liu, Louis Caccetta, et al. Parameter Selection for Nonnegative L_1 Matrix/Tensor Sparse Decomposition[J]. Operations Research Letters, 2015, 43(4): 423—426.

[320]Needell D, Tropp J A. CoSaMP: Iterative Signal Recovery From Incomplete and Inaccurate Samples [J]. Applied and Computational Harmonic Analysis, 2008, 26(3): 301—321.

[321]Bradley P S, Mangasarian O L. K-Plane Clustering[J]. Journal of Global Optimization, 2000, 16(1): 23—32.

[322]Tipping M E, Bishop C M. Mixtures of Probabilistic Principal Component Analyzers[J]. Neural Computation, 1999, 11(2): 443—482

[323]Chen G L, Lerman G. Spectral Curvature Clustering (Scc) [J]. International Journal of Computer Vision, 2009, 81(3): 317—330.

[324]Von Luxburg U. A Tutorial on Spectral Clustering[J]. Statistics and Computing, 2007, 17(4): 395—416.

[325]Lauer F, Schnorr C. Spectral Clustering of Linear Subspaces for Motion Segmentation [C]. In: Proceedings of the 12th IEEE International Conference on Computer Vision (Iccv). Kyoto, Japan: Ieee, 2009. 678—685.

[326]Vidal R, Ma Y, Sastry S. Generalized Principal Component Analysis (Gpca)[J]. IEEE Transactions on Pattern Analysis and Machine Intelligence. 2005, 27(12): 1945—59. 16.

[327]Ma Y, Yang Ay, Derksen H, et al. Estimation of Subspace Arrangements With Applications In Modeling and Segmenting Mixed Data[J]. Siam Review. 2008, 50(3): 413—58.

[328]Zihe Zhou, Bo Tian. Research on Community Detection of Online Social Network Members Based on the Sparse Subspace Clustering Approach[J]. Future Internet, 2019, 11(12): 1—15.

[329]Elhamifar E, Vidal R. Clustering Disjoint Subspaces via Sparse Representation[C]. In 2010 IEEE International Conference on Acoustics, Speech and Signal Processing 2010, 1926—1929.

[330]Soltanolkotabi M, Candes E J. A Geometric Analysis of Subspace Clustering With Outliers [C]. The Annals of Statistics. 2012 Aug 1: 2195—238.

[331]Elhamifar E, Vidal R. Sparsity In Unions of Subspaces for ClassifiCation and Clustering of High-Dimensional Data[C]. In: Proceedings of The 49th Annual Allerton Conference on Communication, Control, and Computing. Monticello, Illinois, Usa: Ieee, 2011. 1085—1089

[332]Elad M, Aharon M. Image Denoising via Sparse and Redundant Representations Over Learned Dictionaries[J]. IEEE Transactions on Image Processing, 2006, 15(12): 3736—3745

[333]Starck J L,Elad M,Donoho D L. Image Decomposition via the Combination of Sparse Representations and a Variational Approach[J]. IEEE Transactions on Image Processing,2005,14(10):1570—1582

[334]Yang J C,Wright J,Huang T S,et al. Image Superresolution Via Sparse Representation[J]. IEEE Transactions on Image Processing,2010,19(11):2861—2873

[335]Wright J,Yang A Y,Ganesh A,et al. Robust Face Recognition via Sparse Representation[J]. IEEE Transactions on Pattern Analysis and Machine Intelligence,2009,31(2):210—227

[336]Li C G,Guo J,Zhang H G. Local Sparse Representation Based Classifi Cation[C]. In: Proceedings of the 20th International Conference on Pattern Recognition (Icpr). Istanbul,Turkey: Ieee,2010. 649—652

[337]Yin J,Liu Z H,Jin Z,et al. Kernel Sparse Representation Based Classifi Cation[J]. Neurocomputing,2012,77(1):120—128

[338]Zihe Zhou, Bo Tian. Research on Community Detection of Online Social Network Members Based on the Sparse Subspace Clustering Approach[J]. Future Internet 2019, 11(12), 254.

[339]Bo Tian,Weizi Li. Community Detection Method Based on Mixed-Norm Sparse Subspace Clustering[J]. Neurocomputing,2018,275(1):2150—2161.

[340]王卫卫,李小平,冯象初. 稀疏子空间聚类综述[J]. 自动化学报,2015,41(8):1373—1384.

[341]彭义刚,索津莉,戴琼海,等. 从压缩传感到低秩矩阵恢复:理论与应用[J]. 自动化学报,2013,39(7):981—994.

[342]陈吉成,陈鸿昶,于洪涛. 基于聚类质量的半监督 Inmf 动态社区检测算法[J]. 计算机工程,2019,45(10):227—233.

[343]许亚骏. 子空间聚类算法研究及应用[D]. 无锡:江南大学,2016.

[344]黄斯达,陈启买. 基于相似度度量的高维聚类算法的研究[J]. 微计算机信息,2009,25(27):187—198.

[345]王生生,刘大有,曹斌,等. 一种高维空间数据的子空间聚类算法[J]. 计算机应用,2005,25(11):2615—2617.

[346]雷迎科. 流形学习算法及其应用研究[D]. 合肥:中国科学技术大学,2011.

[347]曹文明,冯浩. 仿生模式识别与信号处理的几何代数方法[M]. 北京:科学出版社,2010.

[348]欧阳佩佩,赵志刚,刘桂峰. 一种改进的稀疏子空间聚类算法[J]. 青岛大学学报(自然科学版),2014,27(3):44 — 48.

[349]邓振云. 稀疏子自表达的子空间聚类算法[D]. 桂林:广西师范大学,2016.

[350]曲从哲. 子空间聚类分析新算法及应用研究[D]. 无锡:江南大学,2016.

[351]张有仑. 压缩感知中的贪婪类重构算法研究[D]. 北京:北京理工大学,2016.

第12章

［352］Li X X, Liang R, Feng Y, et al. Robust Face Recognition With Occlusion by Fusing Image Gradient Orientations With Markov Random Fields[C]// International Conference on Intelligent Science and Big Data Engineering. Springer International Publishing, 2015, 9242: 431－440.

［353］Feng Zhao, Jing Li, Lu Zhang, et al. Multi-View Face Recognition Using Deep Neural Networks[J]. Future Generation Computer Systems, 2020, 111.

［354］Chen Zhao, Xuelong Li, Yongsheng Dong. Learning Blur Invariant Binary Descriptor for Face Recognition[J]. Neurocomputing, 2020, 404(9): 34－40.

［355］Meng Yang, Zhizhao Feng, Simon C. K. Shiu, et al. Fast and Robust Face Recognition via Coding Residual Map Learning Based Adaptive Masking[J]. Pattern Recognition . 2014, 47(2): 535－543.

［356］Weihua Ou, Xinge You, Dacheng Tao, et al. Robust Face Recognition via Occlusion Dictionary Learning[J]. Pattern Recognition. 2014, 47(4): 1559－1572.

［357］Ali Javed. Face Recognition Based on Principal Component Analysis[J]. International Journal of Image, Graphics and Signal Processing(Ijigsp) . 2013, 5(2): 38－44.

［358］Anhu R, Lei W. Improvement of Human Face Recognition Algorithm Based on Pca[J]. Computer & Digital Engineering, 2016, 44(11): 2110－2143.

［359］Ross Beveridge J, Geof H. Givens, P. Jonathon Phillips, et al. FRVT 2006: Quo Vadis Face Quality[J]. Image and Vision Computing, 2009, 28(5): 732－743.

［360］董艳花，张树美，赵俊莉. 有遮挡人脸识别方法综述[J]. 计算机工程与应用，2020，56(09)：1－12.

［361］陈哲，吴小俊. 基于结构化低秩恢复的鲁棒人脸识别算法[J]. 计算机工程与应用，2019，55(6)：126－132.

［362］郑方，艾斯卡尔・肉孜，王仁宇，等. 生物特征识别技术综述[J]. 信息安全研究，2016，2(01)：12－26.

［363］李洋. 图像边缘检测技术在人脸中的研究与实现[D]. 成都：电子科技大学，2013.

［364］赵宝柱，靳艳峰，耿科明. 基于Bp网络的人脸图像边缘检测算法[J]. 计算机工程与设计，2007(21)：5181－5182＋5260.

［365］杨利平，辜小花. 用于人脸识别的相对梯度直方图特征描述[J]. 光学精密工程，2014，22(01)：152－159.

［366］赵雯，吴小俊. 基于鉴别性低秩表示及字典学习的鲁棒人脸识别算法[J]. 计算机应用研究，2017，34(10)：283－287.

［367］杨超. 复杂光照下的人脸识别算法研究[D]. 武汉：武汉科技大学，2019.

［368］王丽娟，李可爱，郝志峰，等. 基于低秩表示的鲁棒回归模型[J]. 计算机工程，2020，46(01)：74－79＋86.

［369］刘心宇. 基于子空间回归学习的人脸压缩图像复原[D]. 南京：南京邮电大学，2019.

[370]庞芳. 基于稀疏表示理论的图像目标检测[D]. 上海：上海大学，2019.

[371]山世光. 人脸识别中若干关键问题的研究[D]. 北京：中国科学院研究生院(计算技术研究所)，2004.

[372]赵武锋. 人脸识别中特征提取方法的研究[D]. 杭州：浙江大学，2009.

[373]黎健. 基于 Adaboost 和 Svm 的人脸检测识别系统设计[D]. 南京：东南大学，2019.

[374]李越东. 浅析大数据下人脸识别研判技术应用[J]. 中国公共安全，2019(06)：115－118.

第13章

[375]Agarwal S, Awan A, Roth D. Learning to Detect Objects In Images via a Sparse, Part-based Representation[J]. IEEE Transactions on Pattern Analysis and Machine Intelligence, 2004, 26(11): 1475－1490.

[376]Elad M. Sparse and Redundant Representation Modeling—What Next? [J]. IEEE Signal Processing Letters, 2012, 19(12): 922－928.

[377]Olshausen B A, Field D J. Emergence of Simple-Cell Receptive Field Properties by Learning a Sparse Code for Natural Images[J]. Nature, 1996, 381(6583): 607－609.

[378]Tropp J A. Greed is Good: Algorithmic Results for Sparse Approximation[J]. IEEE Transactions on Information Theory, 2004, 50(10): 2231－2242.

[379]Wright J, Yang A Y, Ganesh A. Robust Face Recognition via Sparse Representation [J]. IEEE Transaction on Pattern Analysis and Machine Intelligence, 2009: 210－227.

[380]Xue Mei, Haibin Ling. Robust Visual Tracking and Vehicle Classification via Sparse Representation [J]. IEEE Transactions on Pattern Analysis and Machine Intelligence, 2011, 33(11): 2259－2272.

[381]Jung C, Jiao L, Qi H, et al. Image Deblocking via Sparse Representation [J]. Image Communication, 2012, 27(6): 663－677.

[382]Zhang L, Lenders P. Knowledge-Based Eye Detection for Human Face Recognition[C]// Knowledge-Based Intelligent Engineering Systems and Allied Technologies, 2000. Proceedings. Fourth International Conference on. IEEE, 2000, 117－120.

[383]Barron J L, Fleet D J, Beauchemin S S. Performance of Optical Flow Techniques [J]. International journal of computer vision, Vol. 12, No. 1, 1994, pp. 43－77.

[384]Han X, Gao Y, Lu Z, et al. Research on Moving Object Detection Algorithm Based on Improved Three Frame Difference Method and Optical Flow[C]// Fifth International Conference on Instrumentation & Measurement. Ieee, 2016, 580－584.

[385]Shafie A A, Hafiz F, Ali M H. Motion Detection Techniques Using Optical Flow [J]. World Academy of Science on Engieering and Technology, 2009, 56(7): 559－561.

[386]Lim T, Han B, Han J H. Modeling and Segmentation of Floating Foreground and Background in Videos [J]. Pattern Recognition. 2012, 45(4): 1696－1706.

[387]Lee D S. Effective Gaussian Mixture Learning for Video Background Subtraction [J]. IEEE Transactions on Pattern Analysis & Machine Intelligence,2005,27(5):827—832.

[388]Maeda T,Ohtsuka T. Reliable Background Prediction Using Approximated Gmm[C]// Iapr International Conference on Machine Vision Applications. Ieee,2015,142—145.

[389]Sheikh Y,Shah M. Bayesian Modeling of Dynamic Scenes for Object Detection [J]. IEEE Transactions on Pattern Analysis and Machine Intelligence. 2005,27(11):1778—1792.

[390]Spampinato C,Palazzo S,Kavasidis I. A Texton-Based Kernel Density Estimation Approach for Background Modeling Under Extrme Conditions [J]. Computor Vision and Image Understanding,2014,122:74—83.

[391]Shahid N,Kalofolias V,Bresson X,et al. Robust Principal Component Analysis on Graphs [C]//IEEEInternational Conference on Computer Vision (Iccv). Ieee,2015,2812—2820.

[392]Ye X,Yang J,Sun X,et al. Foreground-Background Separation From Video Clips via Motion-Assisted Matrix Restoration[J]. IEEE Transactions on Circuits and Systems for Video Technology,2015,25(11):1721—1734.

[393]Cao X,Yang L,Guo X. Total Variation Regularized Rpca for Irregularly Moving Object Detection Under Dynamic Background [J]. IEEE Transactions on Cybernetics,Vol. 46,No. 4,2016, Pp. 1014—1027.

[394]Javed S,Mahmood A,Bouwmans T,et al. Background-Foreground Modeling Based on Spatiotemporal Sparse Subspace Clustering[J]. IEEE Transactions on Image Processing,2017,26(12):5840—5854.

[395]Lin Zhu,Yuanhong Hao,Yuejin Song. $L_{1/2}$ Norm and Spatial Continuity Regularized Low-Rank Approximation for Moving Object Detection in Dynamic Background [J]. IEEESignal Processing Letters,2018,25(1):15—19.

[396]Zhou X,Yang C,Yu W. Moving Object Detection by Detecting Contiguous Outliers in the Low-Rank Representation[J]. IEEE Transactions on Pattern Analysis & Machine Intelligence,2013,35(3):597—610.

[397]Wright J . Robust Face Recognition via Sparse Representation[J]. IEEE Trans. Pattern Anal. Mach. Intell. 2008,31(2):210—227.

[398]Lauer F,Schnorr C. Spectral Clustering of Linear Subspaces for Motion Segmentation [C]. In:Proceedings of the 12th IEEEInternational Conference on Computer Vision (ICCV). Kyoto,Japan:Ieee,2009. 678—685.

[399]A Goh,R Vidal. Segmenting Motions of Different Types by Unsupervised Manifold Clustering[C]. IEEE Conference on Computer Vision & Pattern Recognition,2007:211—216.

[400]杨磊,庞芳,胡豁生. 基于低秩—稀疏联合表示的视频序列运动目标检测(英文)[J]. 系统仿真学报, 30(12):4693—4702.

[401]杨磊, 庞芳, 胡豁生. 低秩—稀疏与全变分表示的运动目标检测方法[J]. 控制理论与应

用,2020,37(1):81—88.

[402]文军,吴玲达,曾璞等. 新闻视频相似关键帧识别与故事单元关联分析研究[J]. 软件学报,2010,21(11):14.

[403]李修志,吴健,崔志明,等. 复杂交通场景中采用稀疏表示的车辆识别方法[J]. 中国图像图形学报,2012,17(3):387—392.

[404]姜军,张桂林. 一种基于知识的快速人脸检测方法[J]. 中国图象图形学报,2002,7(1):6—10.

[405]刘翼光,沈理. 利用 Hausdorff 距离人脸图像定位算法[J]. 计算机研究与发展,2001,38(4):475—481.

[406]山世光,高文,陈熙霖. 基于纹理分布和变形模板的面部特征提取[J]. 软件学报,2001,12(4):570—577.

[407]兰琦. 视频序列中的人脸检测与跟踪技术研究[D]. 北京:中国科学院大学(中国科学院光电技术研究所),2017.

[408]黄萍. 基于稀疏表示的运动目标检测方法研究[D]. 南昌:华东交通大学,2014.

第 14 章

[409]Daniel D. Lee, H. Sebastian Seung. Algorithms for Non-Negative Matrix Factorization [C]. Advances in Neural Information Processing Systems 13: Proceedings of the 2000 Conference, Mit Press. Pp. 556—562.

[410]Gillis N . The Why and How of Nonnegative Matrix Factorization[J]. Mathematics, 2014,257—291.

[411]Hoyer P O. Non-Negative Matrix Factorization With Sparseness Constraints[J]. Journal of Machine Learning Research, 2004, 5(1): 1457—1469.

[412]Lee D D, Seung H S. Learning the Parts of objects by Non-Negative Matrix Factorization [J]. Nature, 1999, 401(6755): 788.

[413]Kun Zeng, Jun Yu, Cuihua Li, et al. Image Clustering by Hyper-Graph Regularized Non-negative Matrix Factorization[J]. Neurocomputing . 2014, 138: 209—217.

[414]Li Huirong, Zhang Jiangshe, Shi Guang, et al. Graph-Based Discriminative Non-Negative Matrix Factorization With Label Information [J]. Neurocomputing, 2017(266): 91—100.

[415]Dijana Tolic, Nino Antulovfantulin. A Nonlinear Orthogonal Non-Negative Matrix Factorization Approach To Subspace Clustering [J]. Ivica Kopriva. Pattern Recognition, 2018(82): 40—55.

[416]Y. Wang, Y. Zhang. Nonnegative Matrix Factorization: A Comprehensive Review[J]. IEEE Transactions on Knowledge and Data Engineering, Vol. 25, No. 6, pp. 1336—1353.

[417]Xiaobo Xiao, Lai Wei. Robust Subspace Clustering via Latent Smooth Representation Clustering[J]. Neural Processing Letters, 2020, 52(2) : 1317—1337.

[418]Zhang Zhenyue, Zhao Keke. Low-rank Matrix Approximation With Manifold Regulariza-

tion[J]. IEEE Transactions on Pattern Analysis and Machine Intelligence,2013,35(7) :1717—29.

[419]He W,Zhang H,Zhang L. Sparsity-Regularized Robust Non-Negative Matrix Factorization for Hyperspectral Unmixing[J]. IEEE Journal of Selected Topics in Applied Earth Observations and Remote Sensing,2016,9(9):4267—4279.

[420]Shang Ronghua,et al. Non-Negative Spectral Learning and Sparse Regression-Based Dual-Graph Regularized Feature Selection[J]. IEEE Transactions on Cybernetics,2018,48(2) :793—806.

[421]Zhang Z Y,Wang Y,Ahn Y Y. Overlapping Community Detection in Complex Networks Using Symmetric Binary Matrix Factorization[J]. Phys. Rev. E,87 (6) (2013),Article 062803

[422]Liu Guangcan,et al. Robust Recovery of Subspace Structures by Low-Rank Representation[J]. IEEE Transactions on Pattern Analysis and Machine Intelligence,2013,35(1):171—84.

[423]A. Mahmood, M. Small. Subspace Based Network Community Detection Using Sparse Linear Coding[J]. IEEE Transactions on Knowledge and Data Engineering,Vol. 28,No. 3,pp. 801—812.

[424]Zhuanlian Ding,et al. Low-Rank Subspace Learning Based Network Community Detection [J]. Knowledge-Based Systems,2018,155 :71—82.

[425]Nebgen Benjamin T,et al. A Neural Network for Determination of Latent Dimensionality in Non-Negative Matrix Factorization[J]. Machine Learning:Science and Technology,2021,2(2):025012—.

[426]Hongwei Qi,Haiyan Bai. Community Discovery Algorithm Under Big Data:Taking Microblog as an Example[J]. International Journal of Web Based Communities,2021,17(2):88—98.

[427]Chen Jie,et al. Low-Rank Representation With Adaptive Dictionary Learning for Subspace Clustering[J]. Knowledge-Based Systems,2021,107053.

[428]J. Chen,J. Yang. Robust Subspace Segmentation via Low-rank Representation[J]. IEEE Transactions on Cybernetics,2014,44(8):1432—1445.

[429]C. Leng,H. Zhang,G. Cai,et al. Graph Regularized Lp Smooth Non-negative Matrix Factorization for Data Representation[J]. IEEE/CAA Journal of Automatica Sinica,2019,6(02):584—595

[430]Min X,Chen Y,Ge S. Nonnegative Matrix Factorization With Hessian Regularizer[J]. Pattern Analysis & Applications,2018,21(2):501—513

[431]René Vidal,Paolo Favaro. Low Rank Subspace Clustering (LRSC)[J]. Pattern Recognition Letters,2014,43 :47—61.

[432]Yang Yang Li,et al. Mining Intrinsic Information via Matrix-Factorization-Based Approaches for Collaborative Filtering in Recommender Systems[J]. Neurocomputing,2017,249:48—63.

[433]Wang Shuigen,et al. Nmf-Based Image Quality Assessment Using Extreme Learning Machine. [J]. IEEET ransactions on Cybernetics,2017,47(1):232—243.

[434]Jia Hairong,Wang Weimei,Mei Shulin. Combining Adaptive Sparse NMF Feature Extrac-

tion and Soft Mask to Optimize DNN for Speech Enhancement[J]. Applied Acoustics,2021,171:107666.

[435]Zhang R,Nie R,Guo M,et al. Learning of Fuzzy K-Means and Nonnegative Spectral Clustering With Side Information[J]. IEEETransactions on Image Processing,2019,28(5):2152－2162.

[436]骆孜,龙华,邵玉斌,等.基于聚类的非负矩阵分解推荐算法研究[J]. 通信技术,2018,51(11):2675－2679.

[437]邓伟巍. 基于非负矩阵分解的分类算法研究[D].大连:大连理工大学,2016.

[438]杨洪礼. 非负矩阵与张量分解及其应用[D].青岛:山东科技大学,2011.

[439]余江兰,李向利,董晓亮. 基于核的 $L_{2,1}$ 范数非负矩阵分解在图像聚类中的应用[J]. 数学杂志,2019,39(03):440－454.

[440]刘维湘,郑南宁,游屈波. 非负矩阵分解及其在模式识别中的应用[J]. 科学通报,2006,51(3):241－250.

[441]李向利,张雯,余江兰. 求解非负矩阵分解的交替非负最小二乘法的一种修正策略[J]. 数学杂志,2018,38(6):1023－1030.

[442]李孟杰,谢强,丁秋林. 基于正交非负矩阵分解的 K－Means 聚类算法研究[J].计算机科学,2016,43(5):204－208.

[443]谢伟建. 基于 $L_{2,1/2}$ 稀疏约束和余弦相似度的非负矩阵分解聚类算法[D].南昌:华东交通大学,2018.

[444]林晓炜,陈黎飞.结构扩展的非负矩阵分解社区发现算法[J].山东大学学报(工学版),2021,51(02):57－64＋73.

[445]李乐,章毓晋. 基于线性投影结构的非负矩阵分解[J].自动化学报,2010,36(1):23－39.